人工智能核心技术体系译丛

人工神经网络原理：

从基础设计到深度学习

PRINCIPLES OF ARTIFICIAL NEURAL NETWORKS: BASIC DESIGNS TO DEEP LEARNING

[美]丹尼尔·格劳佩（Daniel Graupe） 著
韩光辉 译

北京理工大学出版社
BEIJING INSTITUTE OF TECHNOLOGY PRESS

北京市版权局著作权合同登记号 图字：01－2024－4584

图书在版编目（CIP）数据

人工神经网络原理：从基础设计到深度学习／（美）丹尼尔·格劳佩著；韩光辉译. -- 北京：北京理工大学出版社，2025. 3.

ISBN 978－7－5763－5216－0

Ⅰ. TP18

中国国家版本馆 CIP 数据核字第 2025FU7244 号

责任编辑：李颖颖　　**文案编辑**：李思雨
责任校对：周瑞红　　**责任印制**：李志强

出版发行／北京理工大学出版社有限责任公司
社　　址／北京市丰台区四合庄路 6 号
邮　　编／100070
电　　话／（010）68944439（学术售后服务热线）
网　　址／http://www.bitpress.com.cn

版 印 次／2025 年 3 月第 1 版第 1 次印刷
印　　刷／三河市华骏印务包装有限公司
开　　本／710 mm×1000 mm　1/16
印　　张／28
字　　数／485 千字
定　　价／148.00 元

丛书序

人工智能（Artificial Intelligence）近几年呈现迅猛发展的势头，从 AlphaGo 到 ChatGPT 再到 DeepSeek，不断刷新着人们的认知，体现了 AI 技术从实验室研究逐渐走向产业应用的趋势，孕育着新的工业革命的可能。在这样一个大背景下，北京理工大学出版社推出《人工智能核心技术体系译丛》，希望它对 AI 技术在中国的应用与研究起到预期的积极作用。

人工智能技术表面上看来日新月异、五花八门，实则深入到技术核心，其知识结构是稳定的，有其固有逻辑和完整体系。智能是人区别于世间万物的根本属性，因此人工智能本质上是认识人自身的学问，是以“认识和模拟人类智能”为中心而形成的技术体系的总和，包括人工神经网络、机器学习、符号智能、行为智能、群智能、进化计算六种实现途径，涵盖了对人类大脑工作机制、学习能力、问题求解能力、语言能力、推理能力、行为能力、社交能力及人类智能起源的模拟。由六大实现途径构成的知识结构，有助于技术人员成体系地学习与研究人工智能技术，获得人工智能学科独特的思维模式。

《人工智能核心技术体系译丛》以上述人工智能知识结构为主线，面向学科发展前沿，分别在每种实现途径下精心挑选了国外出版的最新相关学术著作。其中，符号智能方面，包括 *Natural Language Understanding and Cognitive Robotics*（Masao Yokota）、*Knowledge Engineering*（Gheorghe Tecuci）、*Artificial Intelligence and Problem Solving*（Danny Kopec 等）；人工神经网络方面，包括 *Principles of Artificial Neural Networks*（Daniel Graupe）、*Hands – On Mathematics for Deep Learning*（Jay Dawani）；机器学习方面，包括 *Metalearning*（Pavel Brazdil 等）、*Machine*

Learning with Quantum Computers（Maria Schuld）；群智能、行为智能与进化计算方面的著作有 *Multiagent Systems*（Gerhard Weiss）、*Evolutionary Computation*（Kenneth A. De Jong）。这些著作的内容均具有较高的、长期的参考价值，综合反映了人工智能技术当前的国际发展水平。本丛书的翻译者均为国内从事相关研究的资深学者。

他山之石，可以攻玉。国外人工智能核心技术体系学术著作的引进、翻译，可以起到与国内相关著作相互印证的作用，对于发展我国的人工智能事业有良好的借鉴意义，可以帮助读者更好地建立起对于人工智能的系统全面的认知，更好地把握学科发展方向与趋势，从而更好地推动人工智能技术在我国的学术研究与产业化应用，更重要的是能在此基础上深入思考 AI 六大实现途径背后的理论根基，即隐藏在人类智能的表现、结构与起源背后的智能本质。我们离此越近，AI 便越引人入胜。

我们期待读者对于本套译丛的反馈：liuxiabi@ bit. edu. cn。

刘峡壁
北京理工大学

译者序

在 AlexNet 深度卷积神经网络夺取 2012 年 ImageNet LSVRC 挑战赛冠军后，深度神经网络获得了研究者的极大关注，也取得了大幅进步，并且在不同的工业领域得到广泛应用。生成式大模型是当前全球的研究热点。这是深度神经网络（深度学习）研究的最新进展，也是人工神经网络有效性的最新例证。

由于深度学习是人工神经网络技术几十年发展的结晶，难以从散落在不同时期学术文献里的细节中掌握其全貌，因此系统学习人工神经网络，需要一本能够基本涵盖神经网络纵向发展历程关键节点技术的好书。本书从生物神经网络基础开始，围绕人工神经网络技术的纵向发展特征进行了深入浅出的讲解和探讨，极具特色。首先，本书的章节结构有序合理，第 1 章内容高屋建瓴，介绍人工神经网络的引入及其角色；第 2 ~ 3 章介绍生物神经网络基础和人工神经网络基本原理；第 4 ~ 12 章介绍从感知机开始的人工神经网络发展历程中的重要节点技术；第 13 ~ 16 章介绍深度学习神经网络的概念、技术、案例。其次，本书内容翔实，向读者介绍了人工神经网络中使用的基本方法，并试图解释它们的数学基础和设计细节。最后，本书突出知识学习的实用性，在第 4 ~ 9 章、第 11 ~ 12 章、第 16 章均含有相应的案例研究代码供读者学习参考，能激发读者的学习兴趣。

本书可作为理工科大学人工智能、计算机、数据科学等专业高年级本科生或者研究生教学用书，也可作为人工智能相关领域研究/技术人员的参考书籍。另外，对该主题感兴趣的读者也可将本书作为自学参考用书。读者使用本书的先决条件是具备一些线性代数和微积分方面的数学基础以及计算编程技能（不限于特定的编程语言）。

最后，感谢为本书公式编辑做出贡献的研究生贾怡康和赵仁楷。同时，感谢北京理工大学的刘峡壁教授、北京理工大学出版社的李思雨女士为本书顺利出版提供的帮助和支持。翻译过程难免存在疏漏和错误，诚恳希望读者朋友批评指正。

韩光辉

致 谢

感谢休伯特·科尔迪莱夫斯基博士（Dr. Hubert Kordylewski）对我的深度学习神经网络和相关工作的帮助。休伯特·科尔迪莱夫斯基是我的朋友和以前的学生，他在使LAMSTAR成为现实方面起到了重要作用。

非常感谢芝加哥迈克尔·瑞斯医院（Michael Reese Hospital）和伊利诺伊大学医学院的Kate H. Kohn博士，以及伊利诺伊大学医学院的Boris Vern博士，感谢他们审阅了本书的部分手稿并提供了有益的评论。

非常感谢许多不同大学的同事与我合作完成了这本书的相关工作，丰富了我对这项工作的认识和理解。尤其要感谢我的老师、同事和朋友——利物浦大学的约翰林恩博士（Dr. John Lynn）；我的老师——以色列理工学院海法分校的朱利斯博士（Dr. Julius Preminger, Technion, Haifa）、利物浦大学的亚历克·奥尔德雷德博士和路易斯·罗森黑德博士（Dr. Alec S. Aldred and Dr. Louis Rosenhead）以及苏黎世联邦理工学院的乔治·莫希茨博士（Dr. George Moschytz, ETH, Zurich）、刘博士（Dr. Ruey - Wen Liu，香港人，Notre Dame University）、黄博士（Dr. Yih - Fang Huang, Notre Dame）、康斯坦丁·斯拉文博士（Dr. Konstantin Slavin MD, UIC）、丹妮拉·图内蒂博士（Dr. Daniela Tuninetti, UIC）和黄博士（Dr. Qiu Huang, Notre Dame）。

这些年来我从我所有的助手那里学到了很多东西，我不能忘记他们的奉献和帮助。我必须提到那些与这项工作直接相关的人：Dr. Yunde Zhong、Dr. Aaron Field MD、Dr. Jonathan Waxman MD、Dr. Ishita Basu、John Uth、Jonathan Abon、Mary Smollack和Dr. Nivedita Khobragade。

我要感谢几位学生，在过去的二十年里，他们在芝加哥伊利诺伊大学电子工程与计算机科学系和电气与计算机工程系参加我的神经网络课程，并允许我将他们写的程序作为本书各章节的家庭作业和课程项目的一部分。他们是：Vasanth Arunachalam、Abdulla Al - Otaibi、Giovanni Paolo Gibilisco、Sang Lee、Maxim Kolesnikov、Hubert Kordylewski、Alvin Ng、Eric North、Maha Nujeimo、Michele Panzeri、Silvio Rizzi、Padmagandha Sahoo、Daniele Scarpazza、Sanjeeb Shah、Xiaoxiao Shi 和 Dr. Yunde Zhong。

我还要感谢芝加哥伊利诺伊大学深度学习神经网络课上的学生，他们允许我在这本书中使用他们关于深度学习神经网络课程项目的程序和结果。他们是：Arindam Bose、Jeffrey Tran、Debasish Bose、John Caleb Somasundaram、Nidamulo Kudinya、Anusha Daggubati、Aparna Pongoru、Saraswathi Gangineni、Veera Sunitha Kadi、Prithvi Bondili、Dhivya Somasundaram、Eric Wolfson、Abhinav Kumar、Mounika Racha、Yudongsheng Fan、Chimnayi Deshpande、Fangjiao Wang、Syed Ameenuddin Hussain、Sri Ram Kumar Muralidharan、Xiaouxiao Shi 和 Miao He。

最后，我真诚地感谢本书编辑 Steven Patt，其对本书所有版本提供了持续帮助和支持。

第四版前言

本书第四版向读者介绍了人工神经网络中使用的基本方法，并试图解释它们的数学基础和设计细节。然而，与早期版本不同的是，新版本增加了关于深度学习神经网络及其概念的章节，这些技术已经在所有 IT 领域的人工智能（artificial intelligence，AI）和神经网络（neural network，NN）工作中发挥了重要作用，并将在可预见的未来继续发挥作用。

从研究人工智能，特别是人工神经网络开始，这些领域试图通过大脑协调不同皮层完成特定任务的能力，利用大脑网络的方法论来解决复杂的问题。

直到20 世纪 90 年代初，大多数人工神经网络的研究都集中在单皮层（single - cortex）模型上，在单一方法的一个或几个阶段（层）中，可能会有平行的皮层。将视觉、运动和听觉等几个不同的皮层整合在一起的设计扩展，促进了能够深入研究复杂问题的深度学习神经网络（deep learning neural networks，DLNN）的出现。本书第 13 ~ 16 章涉及两种这样的设计。

许多其他 DLNN 设计已经被提出。然而，本书详细讨论的设计不仅在应用方面具有广泛的普遍性，而且它们的计算速度要快得多，并且通常具有更好的误差特性。此外，它们比大多数其他设计更接近神经网络的过程。

丹尼尔·格劳佩

第一版前言

本书是由1990—1996年间我在芝加哥伊利诺伊大学电子工程与计算机科学系教授的一年级研究生课程“神经网络”的课堂讲义演变而来。虽然这门课是研究生的一年级课程，但几名来自不同工程系的大四本科生也较容易地学习了这门课。将该课程作为研究生课程，主要是历史和时间安排的原因，这是因为在我们的研究项目中没有这门课程，且在美国大部分大学的大四本科课程中也没有这门课程。因此，我认为这本源于课堂讲义的书非常适合这些本科生。此外，它应该适用于几乎所有理工科大学的该级别学生。学习它的先决条件是所有这些学生都需具备一定的线性代数和微积分方面的数学基础以及计算编程技能（不限于特定的编程语言）。

事实上，我坚信神经网络是一个对所有这些学生和年轻专业人士都具有知识兴趣和实用价值的领域。人工神经网络不仅提供了对重要计算体系结构和方法的理解，而且还提供了对生物神经网络机制的理解（当然是非常简化的）。

直到最近，神经网络还被许多计算机工程师和企业高管视为“玩具”。这在过去可能是合理的，因为神经网络最多只能应用于可分析的小记忆[①]问题，而这些问题用其他计算工具一样能成功处理。我相信（在后面章节中我试图给出一些

---

① 译者注：在人工神经网络研究中，常常使用“记忆（memory）”一词。人工神经网络将处理的数据信息存储在神经元间的权值中，能够体现出联想记忆功能。具体地说，人工神经网络通过对输入信息的响应将激活信号分布在网络神经元上，通过网络训练（学习）使得相应特征被准确“记忆”在网络连接权值上，当再次输入类似模式时神经网络就能迅速作出判断。但是在神经网络的规模给定以后，在训练学习中由权值矩阵所能记忆的模式类别信息总量是有限的，后续新输入模式会对已经记忆的模式产生某种抵消效应，致使网络呈现“遗忘”特性，从而使网络的分类能力受到影响。

证明来支持我的观点）神经网络确实是一种合理的，而且是目前唯一有效的工具，可以处理非常大的记忆。

这种网络的美妙之处在于，它们能够并且将在不久的将来允许如下案例发生。例如，计算机用户克服编程表示上的轻微错误（缺少一个琐碎但重要的命令，如一个句点或任何其他符号或字符），并且让计算机执行该命令。显然，这需要在键盘和主程序之间有一个神经网络缓冲区。它应该允许在互联网上既有趣又高效地浏览。神经网络超大规模集成电路的进步，未来几年将在控制、通信和医疗设备中实现许多具体应用，包括假肢和器官以及神经假体方面，如神经肌肉在某些瘫痪情况下的刺激辅助装置。

对于作为教师的我来说，看到没有信号处理或模式识别背景的学生如何在几周（10~15 h）的课程中轻松解决语音识别、字符识别和参数估计问题，就像本书中包含的案例研究一样，这是非常了不起的。这种计算能力使我清楚地认识到，神经网络工具的优点是巨大的。在任何其他课程中，学生可能需要花费更多的时间来完成这样的任务，并将花费更多的计算时间。请注意，我的学生只使用个人电脑（PC）来完成这些任务（模拟所有相关的网络）。由于神经网络的构建模块非常简单，所以使得这成为可能。这种简单性是神经网络的主要特点：据我所知，家蝇不会使用高级微积分来识别模式（食物、危险），它的中枢神经系统（CNS）计算机也不会以皮秒为周期工作。因此，对神经网络的研究试图找出其中的原因。这引出并带动了神经网络理论的发展，也是这个令人激动领域的指路明灯。

丹尼尔·格劳佩

伊利诺伊州芝加哥市

1997 年 1 月

目　录

第1章 人工神经网络的引入及其角色

顾名思义，人工神经网络是一种计算网络，它试图以粗略的方式模拟生物（人类或动物）中枢神经系统的神经细胞（神经元）网络中的决策过程。这个模拟是一个细胞对细胞（神经元对神经元，元素对元素）的模拟。它借鉴了生物神经元和该类生物神经元网络的神经生理学知识。因此，它与传统的（数字或模拟）计算机不同，后者用于取代、增强或加速人类大脑的计算，而不考虑计算元素及其网络的组织。不过，我们要强调的是，神经网络所提供的模拟是非常粗糙的。

那么，为什么我们要将人工神经网络（artificial neural networks，下文表示为神经网络或 ANNs）不仅仅视为是模拟练习呢？我们必须问这个问题，尤其因为（至少）从计算方面来讲，传统的数字计算机可以做人工神经网络能做的一切事情。

答案显示了两个重要的方面，即神经网络实际上是一种新的计算机体系结构和一种相对于传统计算机的新的算法体系结构。它允许使用非常简单的计算操作（加法、乘法和基本逻辑元素）来解决复杂的、数学上界定含混的问题以及非线性问题或随机问题。传统算法使用复杂的方程组，并且仅适用于一个给定的、确切的问题。人工神经网络在计算和算法上非常简单，并且具有自组织特性，使其能够适用于广泛的问题。

例如，如果一只家蝇避开了一个障碍物，或者一只老鼠避开了一只猫，那么家蝇或老鼠当然不会求解轨迹上的微分方程，也不会使用复杂的模式识别算法。它的大脑非常简单，但它使用了一些基本的神经细胞，这些细胞从根本上遵循高级动物和人类的神经细胞结构。人工神经网络的解决方案也将达到这种简单性（很可能不一样）。阿尔伯特·爱因斯坦说，一个解决方案或模型必须尽可能简单，以适应当前的问题。尽管生物系统固有的速度很慢（它们的基本计算步骤大约需要1 ms，而今天的电子计算机不到1 ns），但为了像它们一样高效和通用，我们只能通过收敛到尽可能简单的算法架构来实现。虽然高级数学和逻辑可以为解决方案提供一个广泛的通用框架，并可以简化为具体但复杂的算法，但神经网络的设计旨在最大限度地简单和最大限度地自组织。神经网络的基础算法结构非常简单，但它是一个高度适应广泛问题的算法结构。我们注意到，在目前的神经网络状态下，它们的自适应范围是有限的。然而，它们的设计是通过对生物网络的总体模拟来实现这种简单性和自组织特性，而生物网络是（必须）由相同的原则指导的。

人工神经网络与传统计算机不同且具有潜在优势的另一个方面是其高并行性（元素并行性）。传统数字计算机是一种顺序机器。如果一个晶体管（数百万个晶体管中的一个）坏了，那么整个机器就会停止工作。在成年人的中枢神经系统中，每年有成千上万的神经元死亡，而大脑功能却完全不受影响，除非极少数关键部位的大量细胞死亡（如严重中风）。这种对少数细胞损坏的不敏感是由于生物神经网络的高并行性，而不是传统数字计算机（或模拟计算机，在单个运算放大器损坏、电阻器或电线断开的情况下）的顺序设计。同样的冗余特性也适用于人工神经网络。然而，由于目前大多数人工神经网络仍然在传统数字计算机上进行模拟，因此对组件故障不敏感的这一方面并不成立。尽管如此，在单个芯片上由数百甚至数千个人工神经网络神经元组成的集成电路方面，人工神经网络硬件的可用性有所增加（Jabri et al.，1996；Hammerstrom，1990；Haykin，1994）。在这种情况下，人工神经网络的后一个特征成立。

此外，深度学习神经网络的发展从20世纪90年代早期开始，导致了人们对神经网络的研究猛烈剧增，并使它们成为人工智能（AI）和机器学习（ML）广泛应用的主要工具。这种网络（特别是卷积神经网络）目前是信息技术在图像或语音识别和检索问题上的主要应用方法。从医学到金融等领域，大量其他应用正在迅速地形成。深度学习神经网络基于下面描述的早期神经网络的原理和基本结构，并且在准确性和计算速度方面与其他深度学习方法相比非常具有优势（详见第16章）。

人工神经网络的令人兴奋之处不应局限于它试图模仿人类大脑中的决策过程，甚至它自组织能力的程度也可以通过复杂的人工智能算法嵌入到传统数字计算机中。人工神经网络的主要贡献在于，在其对生物神经网络的总体模仿中，它允许非常低层次的编程来解决复杂的问题，特别是那些非分析性或非线性以及非平稳或随机的问题，并以一种自组织的方式完成。这种方式适用于广泛的问题，而不需要重新编程或程序本身的其他干预。对部分硬件故障的不敏感是其另一个具有很大吸引力的特征，但它只有在使用专用人工神经网络硬件时才会实现。

人们普遍认为，人工神经网络的出现为简化特定目的和广泛目的的编程和算法设计提供了新的系统架构，它应该引起人们对最简单算法的关注。当然，不应该抛弃高等数学和逻辑，因为它们在数学理解中永远是至高无上的，并且总是为最终的具体化简提供系统的基础。

让很多学生和我都感到惊奇的是，虽然一年级的工程与计算机科学研究生背景各不相同，且之前没有神经网络、信号处理或模式识别的学习背景，但是他们经过六周的课程学习就能够独立地、无须帮助地解决语音识别、模式识别和字符识别的问题，并且可以在几秒或几分钟内适应（在一定范围内）发音或模式的变化。在一个学期课程结束时，他们使用各自人工神经网络的 PC 模拟，能够展示这些程序的运行和适应这些变化。我的经验是，通过常规方法获得相同结果的研究时间和背景远远超过使用人工神经网络所获得的结果。这证明了人工神经网络的简单性和通用性，以及人工神经网络的潜力。

显然，如果要解决一组定义良好的确定性微分方程，就不会使用人工神经网络，就像不会让老鼠或猫来解决它一样。但是，识别、诊断、过滤、预测和控制等问题将是适合人工神经网络的问题。

这些都表明，人工神经网络非常适合解决复杂的、不明确的、高度非线性的、有许多不同变量的或随机的问题。这类问题在医学、金融、安全等领域比比皆是，是涉及重大利益且重要的问题。本书在多个章节后给出案例研究的目的是向读者介绍这些应用程序和它们的（编程）实现过程。

显然，没有一门学科能包揽一切。人工神经网络始于 20 世纪 50 年代，到 20 世纪 80 年代得到人们的广泛关注，目前还处于起步阶段。尽管如此，我们仍可以说，到目前为止，人工神经网络在决策理论、信息检索、预测、检测、机器诊断、控制、数据挖掘及其相关领域的许多方面都发挥着重要作用，并在人类努力的许多领域中得到了应用。

第 2 章
生物神经网络基础

生物神经网络由神经细胞（神经元）组成，如图 2.1 所示。生物神经网络的互连如图 2.2 所示。神经元的细胞体（包括神经元的细胞核）是大多数神经"计算"发生的地方。神经活动通过电触发器从一个神经元传递到另一个神经元。电触发器沿着神经元的轴突从一个细胞传递到另一个细胞，这要借助于以下电化学过程：沿轴突的电压门控离子交换和神经递质分子通过膜在突触间隙上的扩散（图 2.3）。轴突可以看作是一根连接线。然而，信号流动的机制不是通过电传导，而是通过离子扩散传递的电荷交换。这个运输过程沿着神经元的细胞，沿着轴突向下，然后通过轴突末端的突触连接，经过一个非常狭窄的突触空间，以 3 m/s 的平均速度到达下一个神经元的树突或细胞体，如图 2.3 所示。

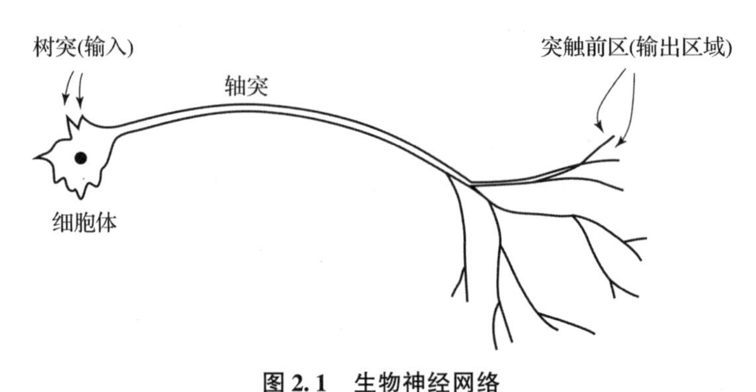

图 2.1　生物神经网络

图 2.1 和图 2.2 显示，一个给定的神经元可能有不同的（数百个）突触，且一个神经元可以连接（传递其信息/信号）到许多（数百个）其他神经元。同样，由于每个神经元有许多树突，因此单个神经元可以接收来自许多其他神经元

的信息（神经信号）。生物神经网络以这种方式相互连接（Ganong，1973）。

需要特别注意的是，并非所有的互连都具有相同权值。这是因为一些神经元比其他的神经元具有更高的优先级（更高权值），而另一些神经元是兴奋性的或抑制性的（用于阻止信息的传递）。这些差异受化学差异的影响，也受神经元、轴突和突触连接处内部及附近存在的化学递质和调节物质的影响。神经元之间互连的性质和信息的权值也是人工神经网络（ANNs）的基础。

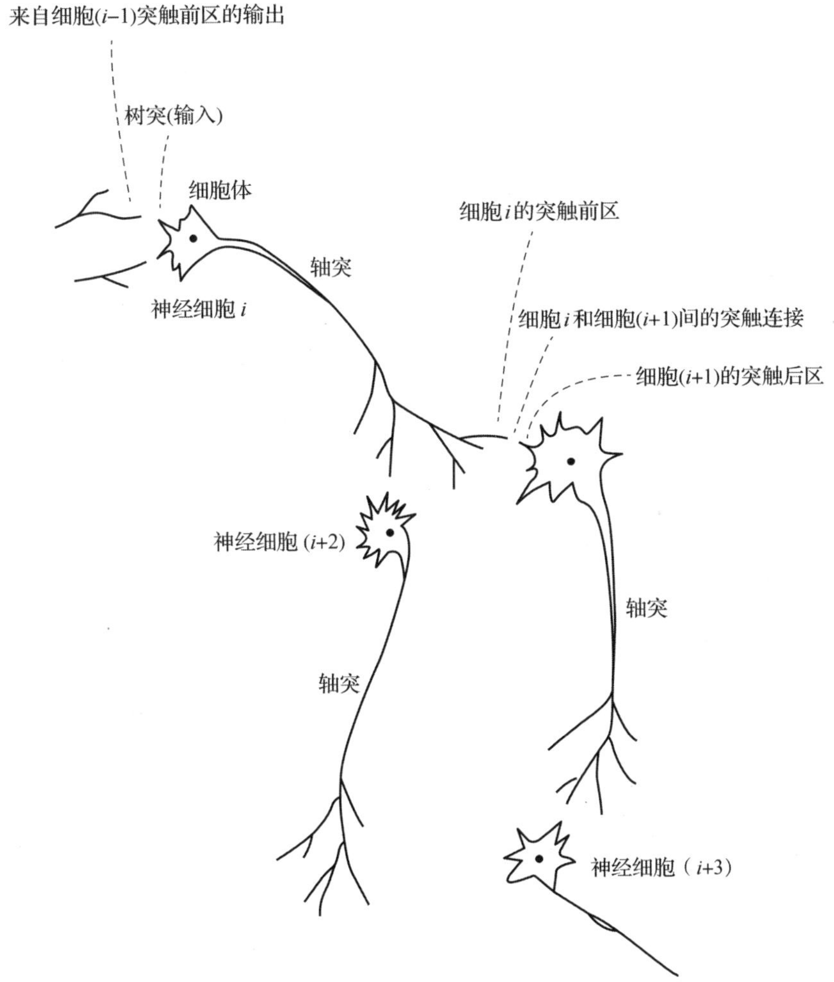

图 2.2　生物神经网络的互连

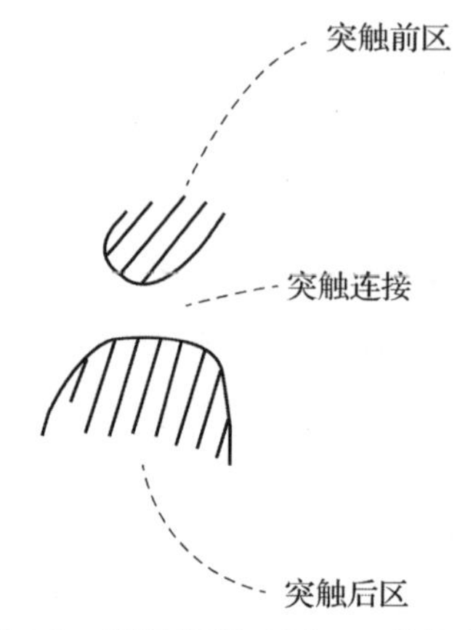

图 2.3 突触连接（图 2.2 的细节）

图 2.1 神经元素的简单类比如图 2.4 所示。在该模拟中，作为每个人工神经网络的共同构建块（神经元），我们观察到如上所述各种互连（突触）中信息权值的差异。图 2.1 中生物神经元的细胞体、树突、轴突和突触连接的类似物在图 2.4 的相应部分中表示。图 2.2 的生物神经网络因此变成了图 2.5 的网络。

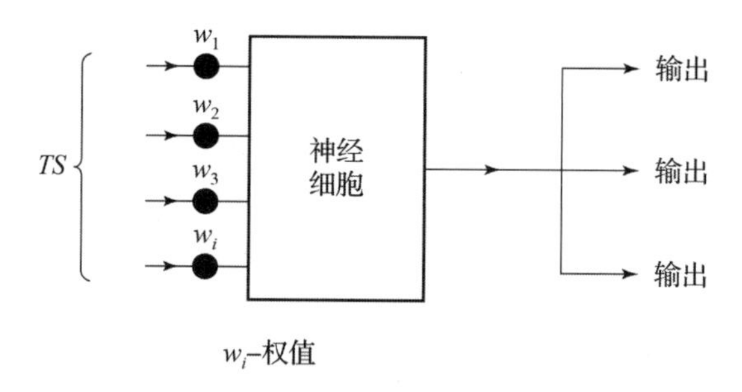

图 2.4 生物神经细胞示意图

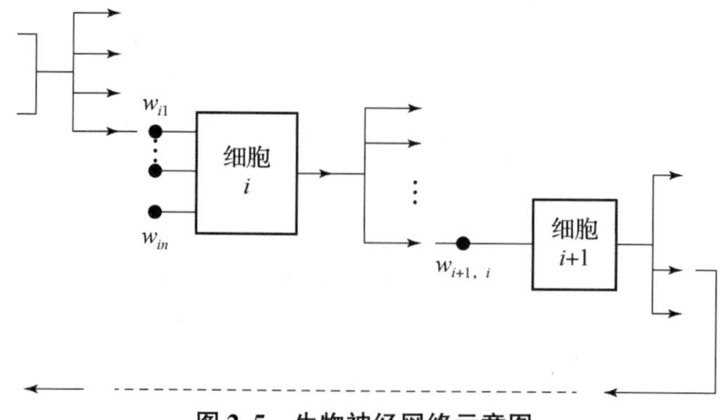

图 2.5 生物神经网络示意图

扩散过程和电荷[1]（信号）沿轴突传播的细节在其他地方有很好的记录（Katz，1966）。这些内容超出了本书的范围，并且不影响人工神经网络的设计或理解，这里发生电传导而不是正负离子的扩散。

这种差异也解释了生物神经网络传输速度的缓慢，其中信号以 1.5～5 m/s 的速度传播，而不是电线传导的速度（光速的数量级）。我们认为在数字模拟或实现的人工网络中，离散数字处理降低了速度，但是它仍将远远高于生物网络的速度，并且是（微型）计算机指令执行速度的函数。

---

① 实际上，“电荷”并不传播；膜极化变化是由离子位移介导的。

第 3 章 人工神经网络的基本原理及其结构

3.1 人工神经网络设计的基本原理

人工神经网络（ANNs）的基本原理最早由 McCulloch 和 Pitts 在 1943 年提出，其基于以下 5 个假设：

①神经元的活动要么全有，要么全无。

②在给定的神经加法间隔内，必须有一定数量大于 1 的突触被激发，才能使神经元被激发。

③神经系统中唯一显著的延迟是突触延迟。

④任何抑制性突触的活动都绝对阻止了神经元在那个时候的兴奋。

⑤互连网络的结构不随时间而改变。

根据上面的假设①可知，神经元是一个二进制元件。

虽然这些可能是历史上最早的系统原则，但它们并不都适用于当今最先进的人工神经网络设计。

由 D. Hebb（1949）提出的赫布学习律（赫布规则）也是一个被广泛应用的原则。赫布学习律规定：

“当细胞 A 的轴突足够接近细胞 B，并且当细胞 A 反复并持续参与细胞 B 的放电时，那么在一个或两个细胞中会发生一些生长过程或代谢变化，从而提高细胞 A 的效率（Hebb，1949）”（细胞 A 的输出对细胞 B 的上述放电贡献权重增加）。

赫布规则（Hebbian Rule）可以用以下巴甫洛夫狗（Pavlovian Dog）（Pavlov，1927）的例子来解释：假设细胞S引起了唾液分泌，并受到细胞F的刺激，而细胞F又因看到食物而兴奋。同样，假设细胞L因听到铃声而兴奋，它连接到细胞S，但不能单独引起细胞S放电。

现在，在细胞F反复刺激细胞S的同时，细胞L也在刺激细胞S，然后细胞L最终将在没有细胞F刺激的情况下导致细胞S兴奋。这是由于从细胞L输入到细胞S的权重最终增加所致。在这里，就像上面的赫布规则一样，细胞L和细胞S分别扮演细胞A和细胞B的角色。

同时，也不必在所有的ANNs设计中都采用赫布规则。尽管如此，它还是在第8章、第10章和第13章的设计中被使用。

然而，对ANNs的任一神经元的输入使用权值，且这些权值依据某些过程而发生变化是所有ANNs的共同特征，这也发生在所有的生物神经元中。在生物神经元中，权值通过复杂的生化过程而发生变化，且发生在神经细胞的树突侧、突触连接处、（通过突触连接的）化学信使的生化结构中。生物神经元的权值改变也受靠近细胞膜的膜外生化变化的影响。

联想记忆（associative memory，AM）原则（Longuett－Higgins，1968），即意味着输入到一组神经元中的信息向量（模式、编码）可能（通过重复应用这些输入向量）在一组神经元中修改某个神经元的输入权值，从而使它们更接近编码输入。

“赢者通吃”（winner－takes－all，WTA）规则（Kohonen，1984），即如果在N个神经元的数组中接收相同的输入向量，那么只有一个神经元会放电，这个神经元的权值最适合给定的输入向量。当只有一个神经元可以完成工作时，这个原理可以避免大量神经元的放电。它与上述AM原则密切相关。

AM原则和WTA原则基本上都存在于生物神经网络中。例如，它们负责接收来自视网膜的红光视觉信号，最终会在视觉皮层的同样非常特定的一小组神经元中结束。又如，在一个新生婴儿中，最初的“红色”光信号可能连接到一个非特定的神经元（其权值最初是随机设置的，但更接近“红色”信号的编码）。只有在接收神经元中重复存储，才能修改其编码，以更好地接近给定的“红色”光信号的阴影。

3.2 基本神经结构

（1）历史上，最早的 ANNs 是由心理学家弗兰克·罗森布拉特（心理学评论，1958）提出的感知机。

（2）R. Lee（1950）提出 Artron（基于统计开关的神经元模型）。它是一个决策自动机，没有网络架构，可以被视为一个统计神经元自动机（前感知机）。它超出了本书的讨论范围。

（3）Adaline（自适应线性神经元，由 B. Widrow 在 1960 年提出）。这种人工神经元也被称为 ALC（自适应线性组合器），ALC 是它的主要成分。它是单个神经元，而不是一个网络。

（4）Madaline（many adaline），也是由 B. Widrow 提出（1988）。这是基于 Adaline 的人工神经网络形式，但它是一个多层神经网络。

以上 4 种神经元的原理，尤其是感知机原理，是几乎所有人工神经网络架构中常见的构建模块。除了 Madaline 之外，上述所有其他模型都是单神经元模型，至多可被看作单层神经元①。

4 种主要的多层通用网络架构如下：

（1）反向传播网络。这是一种基于多层感知机的人工神经网络，为隐藏层学习提供了一个优雅的解决方案（Rumelhart et al.，1986）。它的计算源于它的数学基础，可以被认为是 Richard Bellman 动态规划理论的梯度版本（Bellman，1961），详见第 7 章。

（2）Hopfield 网络（Hopfield，1982）。该网络与早期的人工神经网络在许多重要方面存在不同，特别是在使用神经元之间反馈的循环特征上。因此，尽管它的一些原则已经被纳入人工神经网络（基于早期4 个 ANNs），但它本身在很大程度上是一个人工神经网络类。其权值调整机制基于 AM 原理（参见第 3.1 节），详见第 6 章。

（3）对偶传播网络（Hecht－Nielsen，1987）。其中，Kohonen 的自组织映射

---

① 该网络层仅有一个神经元构成。——译者注

(SOM）被用来促进无监督学习，利用WTA原理来优化计算和结构，详见第8章。

（4）LAMSTAR（大记忆存储和检索）网络。这是一个Hebbian网络，它使用了大量Kohonen SOM层及WTA原理。它的独特之处在于使用了基于康德的链接权值（Graupe and Lynn，1969）连接不同层（存储信息的类型）。链接权值允许网络同时整合各种维度或表示性质的输入，并结合输入量之间的相关性。它所考虑的层可能类似于生物中枢神经系统的皮层。LAMSTAR网络还引入了特征图（feature map，FM），它映射了神经元放电的状态（处于“开”或“关”状态），在深度学习神经网络中起着重要作用（详见第15章）。在卷积神经网络（第14章）中还独立地引入了一种存在差异的FM。此外，LAMSTAR网络在其学习结构中加入了（渐进式）遗忘，可以在部分数据丢失的情况下继续不间断运行。

第9~12章讨论的其他网络（ART、Cognitron、统计训练、循环网络）包含这些基本网络的某些元素（或将它们用作构建块），这通常在与其他决策元素（统计或确定性的）以及高级控制器结合时发生。

3.3 感知机的输入/输出原理

感知机可能是历史上最早提出的人工神经元（Rosenblatt，1958），也是几乎所有人工神经网络的基本构建单元。Artron可能也被认为是最古老的人造神经元。然而，它缺乏感知机及其密切相关的Adaline的通用性，并且除了引入统计开关外，它在人工神经网络后来的历史中也没有那么大的影响力。第5章将对此进行讨论。在这里，只需说明其基本结构（如第2章的图2.1所示），即它是一个非常粗略、简单的生物神经元模型，图3.1再次展示了它的结构。它遵循以下输入/输出关系：

$$z = \sum_i w_i x_i \tag{3.1}$$

$$y = f_N(z) \tag{3.2}$$

式中，w_i是输入x_i处的权值；z是节点（求和）输出；$f_N(z)$是一个稍后将讨论的非线性算子，得到图3.2中神经元的输出y。

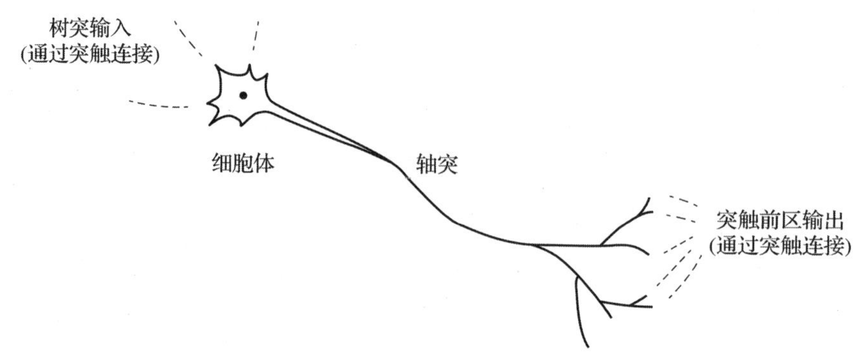

图 3.1　生物神经元的输入/输出结构

（注释：输入的权值是通过树突生物化学变化和突触修改来确定的）

（资料来源：M. F. Bear，N. Cooper and F. E. Ebner，“A physiological basis for a theory of synaptic modification”，Science，237（1987）42－48.）

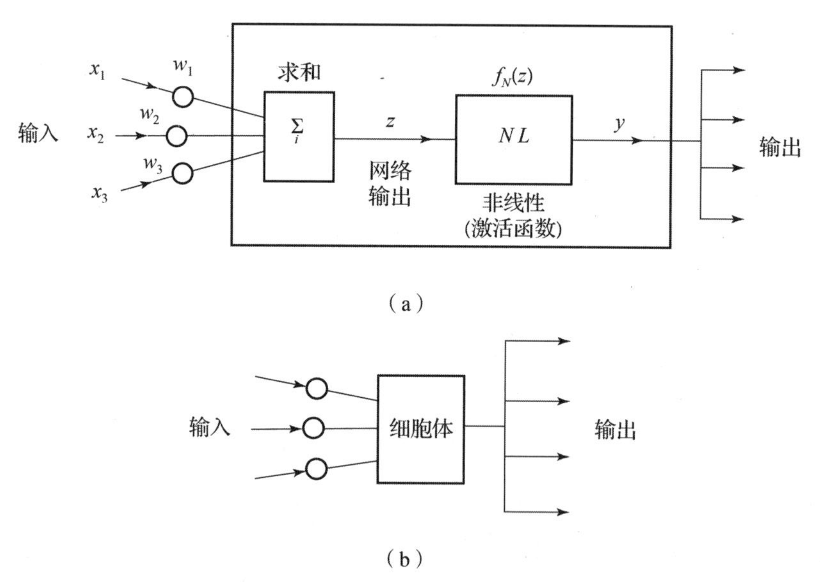

图 3.2　感知机的输入/输出结构示意图

（a）详细结构；（b）简化结构

3.4　The Adaline（ALC）

B. Widrow（1960）的 Adaline（adaptive linear neuron）具有第 3.1 节所述的双极感知机的基本结构，并涉及某种最小误差平方（least－error－square，LS）

权值训练。它遵循的输入/节点关系如下：

$$z = w_0 + \sum_{i=1}^{n} w_i x_i \tag{3.3}$$

其中，w_0 是偏差项，并受第 3.4.1 节或第 3.4.2 节训练程序的约束。式（3.2）的非线性元素（运算符）在这里是一个简单的阈值单元，产生如图 3.3 所示的 Adaline 的输出 y，即

$$y = \operatorname{sign}(z) \tag{3.4}$$

使得

$$w_0 = 0 \tag{3.5 - a}$$

从而得到

$$z = \sum_{i} w_i x_i \tag{3.5 - b}$$

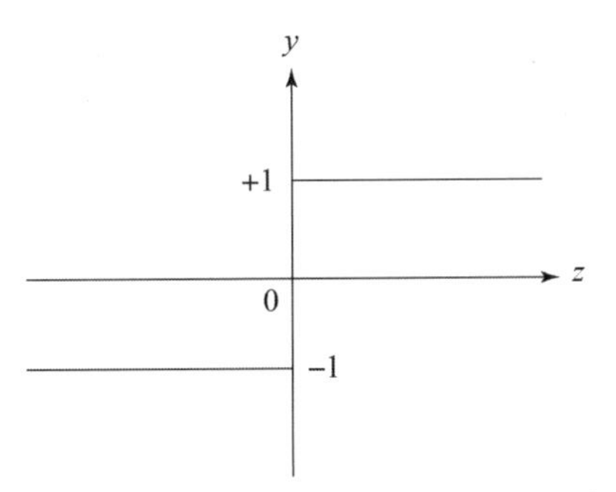

图 3.3　激活函数的非线性（signum 函数）

3.4.1　ALC 的 LMS 训练

人工神经网络的训练就是设置其权值的过程。Adaline 的训练包括训练 ALC（adaptive linear combiner）的权值。ALC 是所有 Adaline/感知机神经元共有的线性求和单元。该训练按照以下过程进行。

给定 L 个训练集 $\boldsymbol{X}_1$，…，$\boldsymbol{X}_L$；d_1，…，d_L。其中，

$$\boldsymbol{X}_i = [x_1, \cdots, x_n]_i^{\mathrm{T}}; \quad i = 1, 2, \cdots, L \tag{3.6}$$

式中，i 表示第 i 个集合；n 表示输入个数；d_i 表示神经元的期望输出。

我们定义一个训练代价，使得

$$J(\boldsymbol{w}) \triangleq E[e_k^2] \cong \frac{1}{L} \sum_{k=1}^{L} e_k^2 \tag{3.7}$$

$$\boldsymbol{w} \triangleq [w_1, \cdots, w_n]_L^{\mathrm{T}} \tag{3.8}$$

其中，E 表示期望，e_k 表示第 k 个集合的训练误差，即

$$e_k \triangleq d_k - z_k \tag{3.9}$$

式中，z_k 表示神经元的实际输出。

根据上面的符号，我们得到

$$E[e_k^2] = E[d_k^2] + \boldsymbol{w}^{\mathrm{T}} E[\boldsymbol{x}_k \boldsymbol{x}_k^{\mathrm{T}}] \boldsymbol{w} - 2\boldsymbol{w}^{\mathrm{T}} E[d_k \boldsymbol{x}_k] \tag{3.10}$$

其中，

$$E[\boldsymbol{x}\boldsymbol{x}^{\mathrm{T}}] \triangleq R \tag{3.11}$$

$$E[d\boldsymbol{x}] = \boldsymbol{p} \tag{3.12}$$

从而得到梯度∇J，使得

$$\nabla J = \frac{\partial J(\boldsymbol{w})}{\partial \boldsymbol{w}} = 2R\boldsymbol{w} - 2\boldsymbol{p} \tag{3.13}$$

因此，$\boldsymbol{w}$ 的（最优）LMS（最小均方）设置，即产生最小代价 $J(\boldsymbol{w})$ 的设置为

$$\nabla J = \frac{\partial J}{\partial \boldsymbol{w}} = 0 \tag{3.14}$$

由式（3.13）可知，满足

$$\boldsymbol{w}^{\mathrm{LMS}} = R^{-1}\boldsymbol{p} \tag{3.15}$$

上述 LMS 过程采用期望，而训练数据仅限于少量的 L 集合，因此样本平均值将是 LMS 过程中使用的真实期望的不准确估计，收敛到真实估计需要 $L \to \infty$。通过使用 ALC 采用最速下降（梯度最小二乘法）训练过程，提供了一种使用 L 集合的小样本平均值的替代方法。详见第 3.4.2 节。

3.4.2 ALC 的最速下降训练

训练 ALC 神经元的最速下降过程（steepest descent procedure）并不能克服小样本平均的缺点，正如第 3.4.1 节 LMS 过程所讨论的那样。然而，它确实试图提供从一个训练集到下一个训练集的权值设置估计。从一个训练集到下一训练集，是从 $L = n + 1$ 开始，其中 n 是输入的数量。注意到 n 个权值，下述关系是必要的：

$$L > n + 1 \tag{3.16}$$

最速下降过程，即梯度搜索过程，介绍如下。

将第 w 次迭代（第 m 个训练集）后的权重向量设置为 $\boldsymbol{w}(m)$，则

$$\boldsymbol{w}(m+1) = \boldsymbol{w}(m) + \Delta\boldsymbol{w}(m) \tag{3.17}$$

其中，$\Delta\boldsymbol{w}$ 为 $\boldsymbol{w}(m)$的改变（变化量）。该变化量为

$$\Delta\boldsymbol{w}(m) = \mu\nabla J_{\boldsymbol{w}(m)} \tag{3.18}$$

μ 是速率参数，其设置将在下面讨论，并且

$$\nabla J = \left[\frac{\partial J}{\partial\omega_1}, \cdots, \frac{\partial J}{\partial\omega_n}\right]^{\mathrm{T}} \tag{3.19}$$

更新式（3.17）中 $\boldsymbol{w}(m)$的最速下降过程如下：

（1）对第 m 个训练集应用输入向量 $\boldsymbol{x}_m$ 和期望输出 d_m。

（2）确定下式中的 e_m^2：

$$\begin{aligned} e_m^2 &= [d_m - \boldsymbol{w}^{\mathrm{T}}(m)\boldsymbol{x}(m)]^2 \\ &= d_m^2 - 2d_m\boldsymbol{w}^{\mathrm{T}}(m)\boldsymbol{x}(m) + \boldsymbol{w}^{\mathrm{T}}(m)\boldsymbol{x}(m)\boldsymbol{x}^{\mathrm{T}}(m)\boldsymbol{w}(m) \end{aligned} \tag{3.20}$$

（3）评估

$$\begin{aligned} \nabla J &= \frac{\partial e_m^2}{\partial\boldsymbol{w}(m)} = 2\boldsymbol{x}(m)\boldsymbol{w}^{\mathrm{T}}(m)\boldsymbol{x}(m) - 2d_m\boldsymbol{x}(m) \\ &= -2[d(m) - \boldsymbol{w}^{\mathrm{T}}(m)\boldsymbol{x}(m)]\boldsymbol{x}(m) = -2e_m\boldsymbol{x}(m) \end{aligned} \tag{3.21}$$

从而用 e_m^2 作为 J 的近似值，得到 ΔJ 的近似值为

$$\nabla J \cong -2e_m\boldsymbol{x}\ (m)$$

（4）通过式（3.17）、式（3.18）更新 $\boldsymbol{w}(m+1)$，即

$$\boldsymbol{w}(m+1) = \boldsymbol{w}(m) - 2\mu e_m\boldsymbol{x}(m) \tag{3.22}$$

这就是人工神经网络的 Delta 法则。

这里选择 μ 来满足

$$\frac{1}{\lambda_{\max}} > \mu > 0 \tag{3.23}$$

如果 x 的统计量是已知的，其中

$$\lambda_{\max} = \max[\lambda(R)] \tag{3.24}$$

$\lambda(R)$是式（3.11）中 R 的特征值，否则我们可以考虑随机逼近的 Dvoretzky 定理

（Graupe，Time Series Anal.，Chap. 7）来选择μ，即

$$\mu = \frac{\mu_0}{m} \tag{3.25}$$

可以用一些特殊的μ_0（如$\mu_0 = 1$）来保证$\boldsymbol{w}(m)$在$m \to \infty$时收敛到未知但真实的$\boldsymbol{w}$，即在（不切实际但理论上存在）极限内。

第 4 章
感知机

4.1 基本结构

感知机（perceptron）可能是最早的神经计算模型，由 F. Rosenblatt 提出，可以追溯到 1958 年（参见第 3.3 节）。我们可以认为使用非线性符号函数的神经元模型是感知机的特例，如第 3.4 节所述。感知机作为大多数后期模型的构建模块，包括前面讨论的 Adaline，其神经元模型可以被认为是感知机的一个特例。感知机具有如图 4.1 所示的生物神经元的基本结构：1 个神经细胞、几个连接到输出的加权输入连接、输入侧的几个神经元，以及 1 个细胞的输出连接到输出侧的几个其他神经细胞。它不同于 Adaline 和 Madaline 的神经元模型，因为它使用了平滑激活函数（非线性的“平滑切换”）。然而，Adaline 和 Madaline 的“硬切

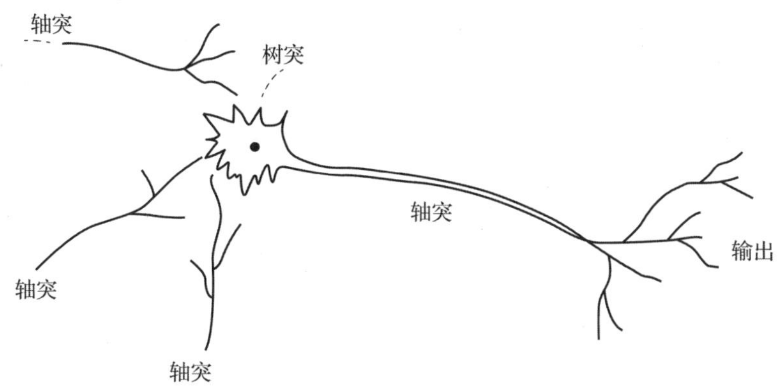

图 4.1　生物神经元的基本结构

换”激活函数可被认为是感知机激活函数的极限情况。由多个加权的输入/细胞/输出组成单元的神经元模型是感知机。它在结构、加权输入（权值可调）、输出（作为上述加权输入的函数）方面类似于生物神经元。感知机（人工神经元）的结构如图 4.2 所示。

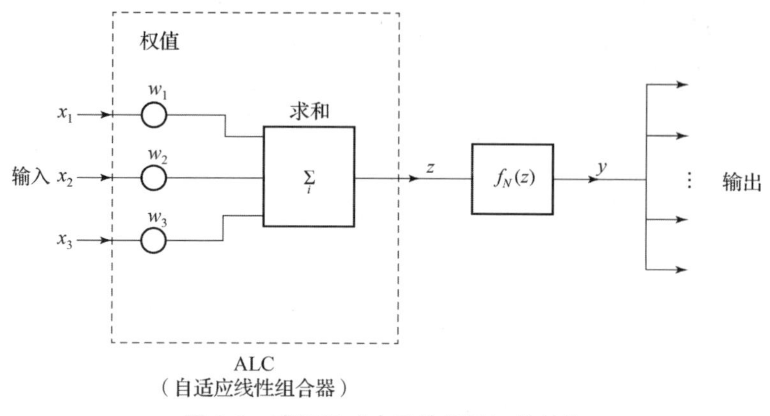

图 4.2 感知机（人工神经元）的结构

这种感知机的网络被称为感知机神经网络。设第 i 个感知机的求和输出为 z_i，其输入为（x_{i1}，⋯，x_{in}），则感知机的求和关系为

$$z_i = \sum_{j=1}^{m} w_{ij} x_{ij} \tag{4.1}$$

w_{ij}是第 i 个细胞的第 j 个输入的权值（权值可调，如下所示），则式（4.1）可写成矢量形式如下：

$$z_i = \boldsymbol{w}_i^{\mathrm{T}} \boldsymbol{x}_i \tag{4.2}$$

其中，

$$\boldsymbol{w}_i = [w_{i1}, \cdots, w_{in}]^{\mathrm{T}} \tag{4.3}$$

$$\boldsymbol{x}_i = [x_{i1}, \cdots, x_{in}]^{\mathrm{T}} \tag{4.4}$$

其中，T 表示 $\boldsymbol{w}$ 的转置。

4.1.1 感知机的激活函数

因为（存在）细胞体的激活操作，所以感知机单元的输出不同于式（4.1）或式（4.2）的求和输出，就像生物细胞的输出不同于其输入加权和一样。激活操作是用激活函数$f(z_i)$表示的。它是一个非线性函数，产生第 i 个单元的输出 y_i，即

$$y_i = f(z_i) \tag{4.5}$$

激活函数 f 也被称为挤压函数。它使细胞的输出保持在一定限度内，就像生物神经元的情况一样。存在不同的函数 $f(z_i)$ 可用，它们都具有上述极限性质。最常见的激活函数是 sigmoid 函数，它是满足如下关系的连续可微函数（见图 4.3）：

$$y_i = \frac{1}{1 + \exp(-z_i)} = f(z_i) \tag{4.6}$$

使得（见图 4.4）：

$$\{z_i \to -\infty\} \Leftrightarrow \{y_i \to 0\};\ \{z_i = 0\} \Leftrightarrow \{y_i = 0.5\};\ \{z_i \to \infty\} \Leftrightarrow \{y_i \to 1\}$$

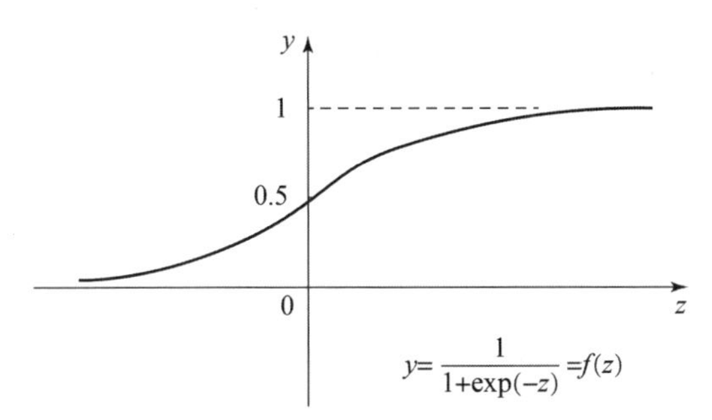

图 4.3　感知机的单极激活函数

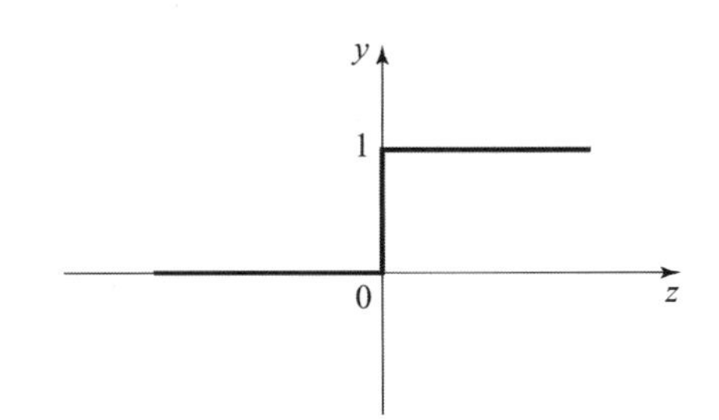

图 4.4　二值（0，1）激活函数

另一个常用的激活函数为

$$y_i = \frac{1 + \tanh(z_i)}{2} = f(z_i) = \frac{1}{1 - \exp(-2z_i)} \tag{4.7}$$

由于其形式与式（4.6）的 S 型 sigmoid 函数颇为相似，则同样有

$$\{z_i \to -\infty\} \Leftrightarrow \{y_i \to 0\};\ \{z_i = 0\} \Leftrightarrow \{y_i = 0.5\};\ \{z_i \to \infty\} \Leftrightarrow \{y_i \to 1\}$$

最简单的激活函数是硬切换限制阈值单元，其满足以下条件：

$$y_i = \begin{cases} 1, & z_i \geqslant 0 \\ 0, & z_i < 0 \end{cases} \tag{4.8}$$

如图4.4所示，并用于前面描述的Adaline网络（第4章前述），可以考虑将式（4.6）或式（4.7）的激活函数修改为式（4.8）所示的二值阈值单元，其中通过阈值时的过渡被平滑。

在许多应用中，激活函数被移动了，使其输出 y 的范围变为 $-1\sim1$（图4.5），而不是0~1。这是通过式（4.6）或式（4.7）的激活函数乘以2，然后从结果减去1.0得到的。由式（4.6）可以得到

$$y_i=\frac{2}{1+\exp(-z_i)}-1=\tanh(z_i/2) \tag{4.9}$$

或由式（4.7）可以得到

$$y_i=\tanh(z_i)=\frac{1-\exp(-2z_i)}{1+\exp(-2z_i)} \tag{4.10}$$

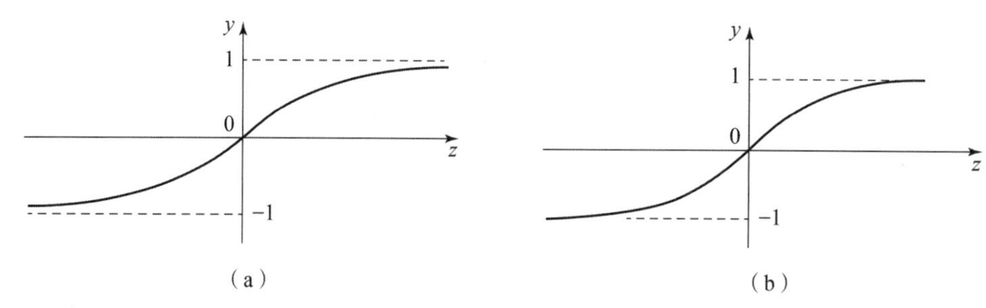

图4.5 双极激活函数

（a）$y=\frac{2}{1+\exp(-z)}-1$；（b）$y=\tanh(z)=\frac{e^z-e^{-z}}{e^z+e^{-z}}$

虽然感知机只有一个神经元（最多是一个单层网络），但我们将在下面第4.A节中介绍一个感知机解决简单线性参数辨识问题的研究案例。

4.2 单层表示问题

感知机的学习定理是Rosenblatt在1961年提出的。定理表明，感知机可以学习（解决）任何它可以表示（模拟）的东西。然而，我们看到这个定理并不适用于单感知机（或任何具有二值或双极输出的神经元模型，如第3章所述）或单层神经元模型。稍后我们会看到，它确实适用于神经元在多层网络中连接的模型。

对于双输入情况，单层感知机产生如图 4.6（a）所示的描述。这表示其适用于单层中的几个不相互连接的神经元。

图 4.2 所示的感知机是由图 4.6（b）中的双输入感知机模式引起的。

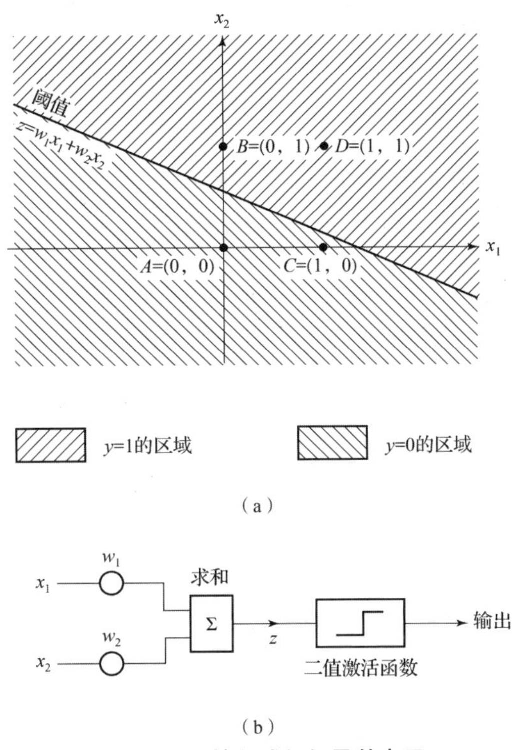

图 4.6　双输入感知机及其表示

（a）单层感知机：双输入情况；（b）双输入感知机

因此，三输入感知机的表示如图 4.7 所示，其中阈值变成了一个平面。

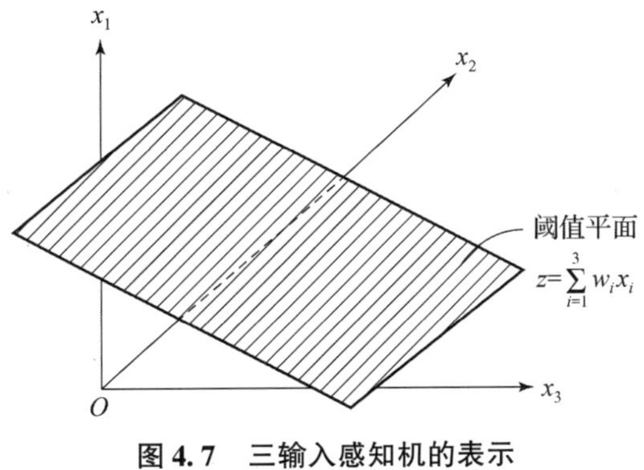

图 4.7　三输入感知机的表示

通过参考文献（Rosenblatt，1961）中的表示定理可知感知机可以解决所有线性可分或可以简化为线性可分问题。

4.3 单层感知机的局限性

1969年，明斯基和派珀特出版了一本书（Minsky and Papert，1969），书中指出，正如E. B. Crane在1965年的一本不太知名的书中所指出的那样，感知机的能力存在严重的局限性，这一点可以从它的表示定理中看出。例如，他们已经证明感知机甚至不能解决双态异或（XOR）问题$[(x_1 \cup x_2) \cap (\bar{x}_1 \cup \bar{x}_2)]$，或者它的补充——同或问题（XNOR）。表4.1为异或（XOR）真值表。

表4.1 异或（XOR）真值表

状态	输入		输出
	x_1	x_2	z
A	0	0	0
B	1	0	1
C	0	1	1
D	1	1	0

注：XOR表示$(x_1 \cup x_2) \cap (\bar{x}_1 \cup \bar{x}_2)$；$\bar{x}$表示非$x$。

显然，没有类似图4.6的线性可分情况可以表示异或问题。

事实上，有很多问题是单层分类器无法解决的。因此，对于一个具有越来越多输入的单层神经网络来说，可以分类的问题数量只占可以公式化问题总数的很小一部分。

具体来说，具有二值输入的神经元可以有2^n种不同的输入模式。因为每个输入模式可以产生2个不同的二值输出，那么就有2^{2^n}个不同的n元函数。然而，n个二值输入的线性可分问题的数量是2^{2^n}的一小部分，从表4.2中可以明显看出，这可由Windner（1960）的理论来解释，也可参见Wasserman（1989）的理论。

表 4.2　线性可分二值问题的数量

输入数量 n	2^{2^n}	线性可分问题数量
1	4	4
2	16	14（除 XOR、XNOR 外的所有问题）
3	256	104
4	65 536	1.9×10^3
5	4.3×10^9	9.5×10^4
⋮	⋮	⋮
$n > 7$	x	$< x^{1/3}$

资料来源：P. D. Wasserman：Neural Computing：Theory and Practice © 1989 International Thomson Computer Press；经许可转载。

4.4　多层感知机

为了克服 Minsky 和 Papert 指出的局限性，且这在当时导致了人们对人工神经网络的极大失望，并导致研究者对人工神经网络的研究急剧下降（接近总数），因此有必要确认继续用超越单层人工神经网络。

Minsky 和 Papert（1969）已经表明，单层人工神经网络可以解决（表示）位于凸开放区域或凸封闭区域点的分类问题，如图 4.8 所示。凸区域是指区域内的任意两点可以由完全位于该区域内的直线连接的区域。在 1969 年，除了输出（y）可访问的神经元之外，没有其他方法可以设置权值。随后的研究表明（Rumelhart et al.，1986），两层人工神经网络可以解决非凸问题，包括上面的异或问题。扩展到三层或更多层，就可以将 ANNs 表示并解决的问题类型扩展到基本上没有边界。然而，在 20 世纪六七十年代，没有强大的工具来设置多层神经网络的权值。虽然多层训练已经在一定程度上用于 Madaline，但对于一般的多层问题，它的速度很慢，而且不够严格。解决方案要等待反向传播算法的形成，这将在第 6 章中介绍。

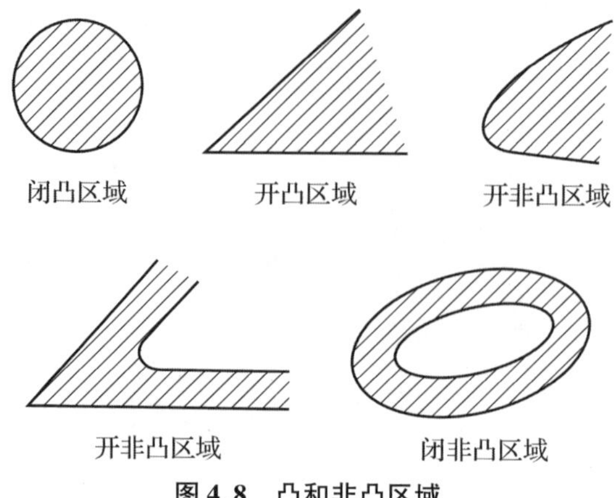

图 4.8 凸和非凸区域

上面关于多层感知机网络的介绍，完全适用于任何神经元模型，也适用于任何多层神经网络，包括本书后面章节中讨论的所有网络。因此，它也适用于第 5 章的 Madaline 和第 7 章的循环网络（其循环结构使单层表现为动态多层网络）。

4.A 感知机案例研究：识别自回归信号参数（AR 时间序列识别）

目标：

使用单个感知机对五阶自回归（AR）模型的时间序列参数识别进行建模。

问题设置：

首先，使用添加高斯白噪声 $w(n)$ 的五阶 AR 模型生成 2 000 个样本的时间序列信号 $x(n)$。信号与采样次数的关系如图 4.A.1 所示，数学模型如下：

$$x(n) = \sum_{i=1}^{M} a_i x(n-i) + w(n) \tag{4.A.1}$$

式中，M 为模型阶数；a_i 为 AR 参数向量 $\boldsymbol{a}$ 的第 i 个元素。

真实 AR 参数［已作为神经网络的未知参数参与生成信号 $x(u)$］为

$$a_1 = 1.15;\ a_2 = 0.17;\ a_3 = -0.34;\ a_4 = -0.01;\ a_5 = 0.01$$

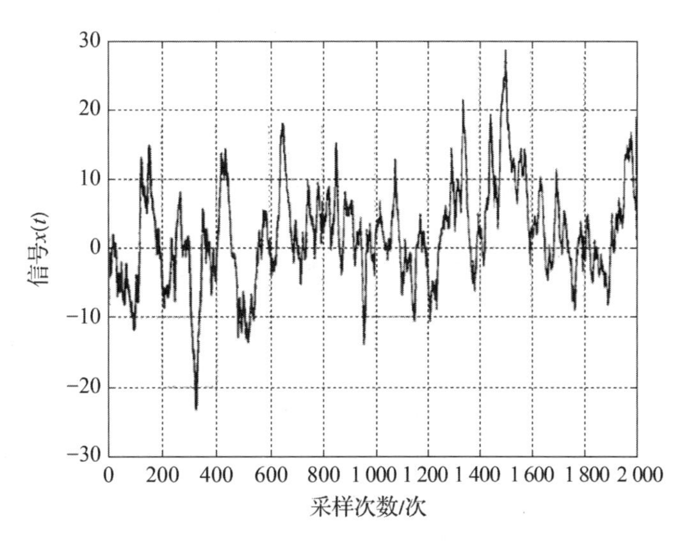

图 4. A. 1　信号与采样次数的关系

（AR 参数：$\boldsymbol{a}$ = [1. 15　0. 17　−0. 34　−0. 01　0. 01]）

此处表示的算法是基于确定性训练的。第 11. B 节中给出了针对相同问题的相同算法的随机版本。给定一个时间序列信号 $x(n)$ 和该信号 AR 模型的阶数 M，则

$$\hat{x}(n)=\sum_{i=1}^{M}\hat{a}_i x(n-i) \tag{4. A. 2}$$

其中，$\hat{x}(n)$ 是 $x(n)$ 的估计值，则可定义

$$e(n)\triangleq x(n)-\hat{x}(n) \tag{4. A. 3}$$

因此，当 $\hat{a}_i$ 收敛于 a 时，有

$$e(n)\to w(n) \tag{4. A. 4}$$

该模型的感知机神经网络信号流程图如图 4. A. 2 所示。由于高斯白噪声与其过去无关，则

$$E[w(n)w(n-k)]=\begin{cases}\sigma_x^2, & k=0\\ 0, & \text{其他}\end{cases} \tag{4. A. 5}$$

因此，我们定义均方误差（MSE）为

$$\text{MSE} \triangleq \hat{E}[e^2(n)] = \frac{1}{N}\sum_{i=1}^{N} e^2(i) \tag{4. A. 6}$$

这是误差 $e(h)$ 在 N 个样本上的抽样方差。

确定性训练：

给定式（4. A. 2）中的 $x(n)$，求出满足下式的 $\hat{a}_i$：

$$\hat{x}(n) = \sum_{i=1}^{M} \hat{a}_i x(n-i) = \hat{\boldsymbol{a}}^{\mathrm{T}} \boldsymbol{x}(n-1)$$

$$\hat{\boldsymbol{a}} \triangleq [\hat{a}_1, \cdots, \hat{a}_M]^{\mathrm{T}}$$

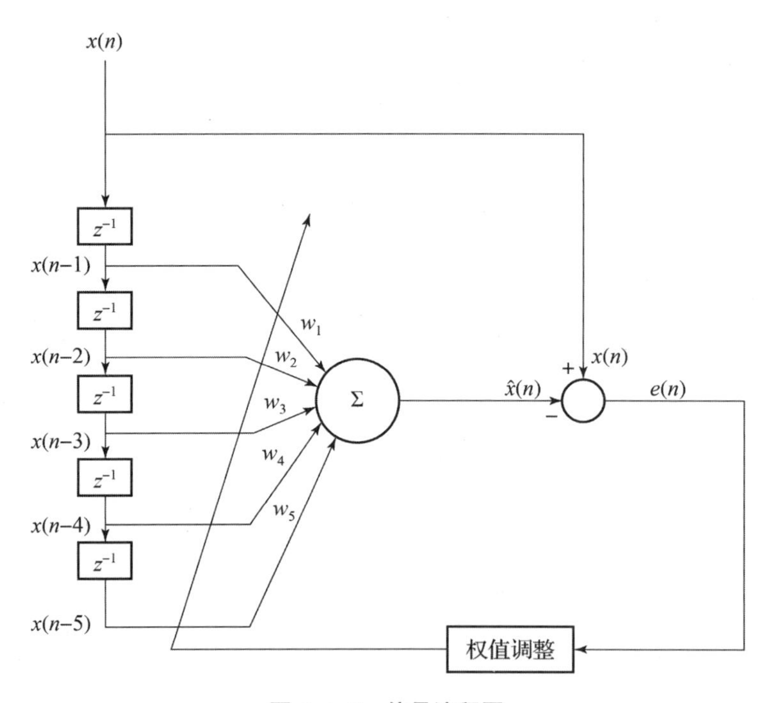

图 4. A. 2 信号流程图

然后计算

$$e(n) = x(n) - \hat{x}(n) \tag{4. A. 7}$$

利用 delta 规则和动量项，更新权向量 $\hat{\boldsymbol{a}}$ 以最小化式（4. A. 6）中的 MSE 误差，即

$$\Delta\hat{\boldsymbol{a}}(n) = 2\mu e(n)\boldsymbol{x}(n-1) + \alpha\Delta\hat{\boldsymbol{a}}(n-1) \tag{4. A. 8}$$

$$\hat{\boldsymbol{a}}(n+1)=\hat{\boldsymbol{a}}(n)+\Delta\hat{\boldsymbol{a}}(n) \tag{4.A.9}$$

其中，

$$\hat{\boldsymbol{a}}(n)=[\hat{a}_1(n),\cdots,\hat{a}_5(n)]^{\mathrm{T}}$$

$$\boldsymbol{x}(n-1)=[x(n-1),\cdots,x(n-5)]^{\mathrm{T}}$$

$$\mu_0=0.001$$

$$\alpha=0.5$$

μ 随着迭代步长逐渐减小，且

$$\mu=\frac{\mu_0}{1+k} \tag{4.A.10}$$

注意：α 是一个动量系数，且因为它可以提高收敛速度，所以它被添加到更新方程中。

图 4. A. 3 显示了 MSE 与迭代次数的关系。确定性训练流程图如图 4. A. 4 所示。

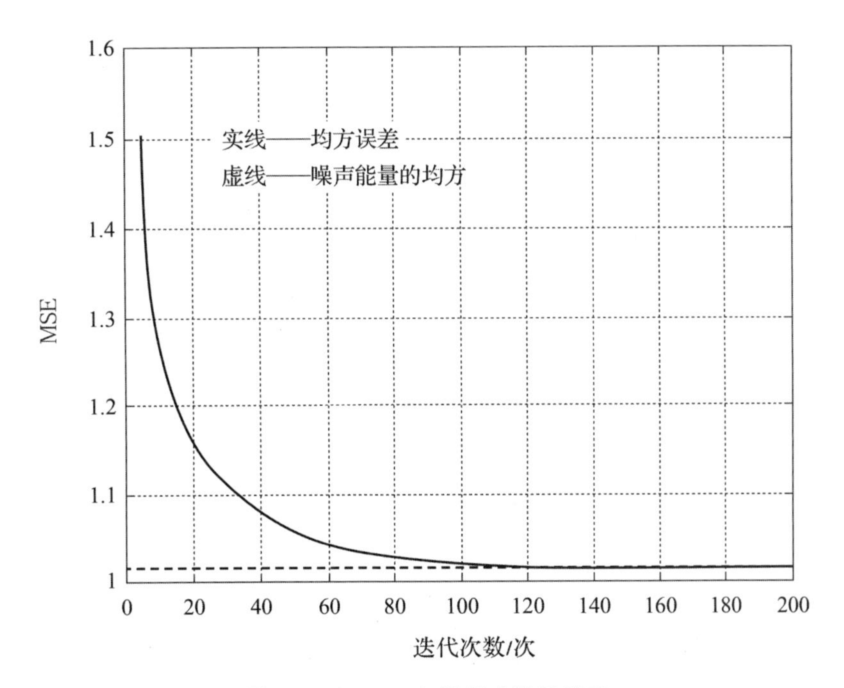

图 4. A. 3　MSE 与迭代次数的关系

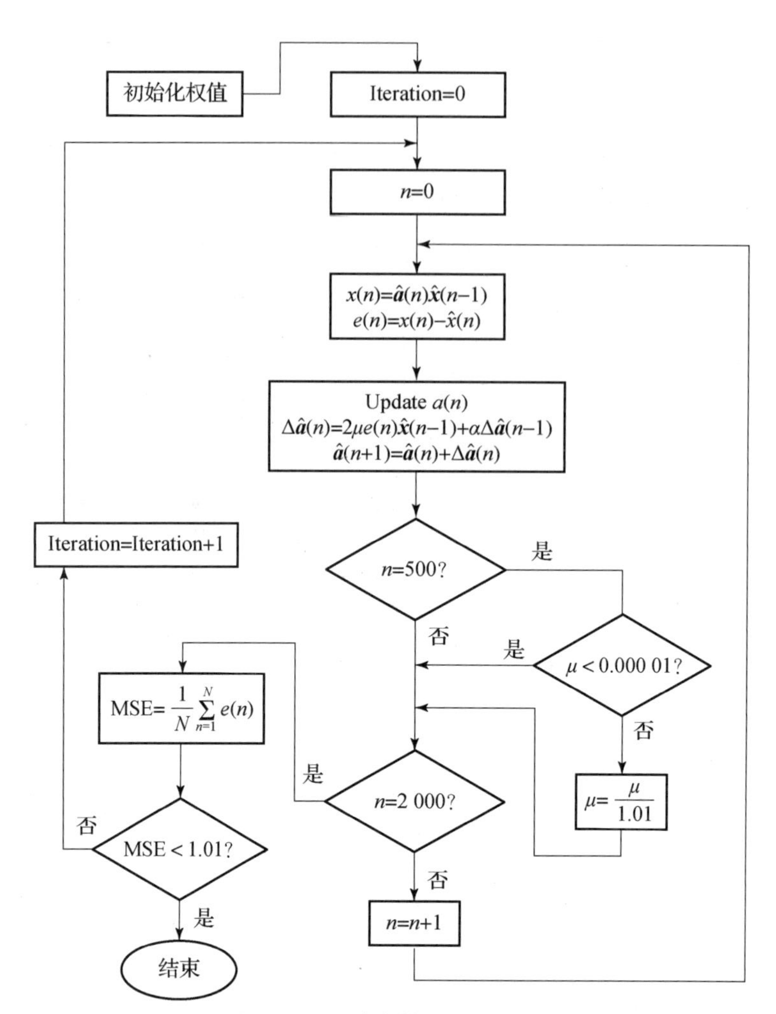

图 4. A. 4　确定性训练流程图

源代码程序：

用 MATLAB ® 编写（MATLAB 是 MathWorks 公司的注册商标），如下所示。

```
%%%%%%%%%%%%%%%%%%%%%%%%%%%%%%%%%%%%%%%%%%%%%%%%%%%%%%%%%%%%%%%%%%%%%%%%%%%%%%%
%
%  MATLAB FILE
%
%
%
%
%
%
%%%%%%%%%%%%%%%%%%%%%%%%%%%%%%%%%%%%%%%%%%%%%%%%%%%%%%%%%%%%%%%%%%%%%%%%%%%%%%%

f1 = fopen('ESTIMATEBP1.dat','w');
fprintf(f1,'\nTHE FOLLOWING IS THE WEIGHT CHANGE AND THE MEAN SQUARE ERROR');
```

```
fprintf(f1,'\n-----------------------------------------------------------\n\n');
w1 = rand(5,1)/5;
w2 = rand(1)/5; bias = 4.0; delw2 = 0;
mu = 0.001;
delw1 = 0;  momentum = 0.5;

n = 5; ITERATION=2000;
Xpad = zeros(ITERATION+n,1);
Xpad(n+1:n+ITERATION) = X;
Xest = zeros(ITERATION+n,1);
error = zeros(size(X));
MSE = zeros(200,1);
count = 1;
        for loop=1:400
            totalerr = 0;
            for i=n+1:n+ITERATION
                xt = Xpad(i-n:i-1) ;
                dt = Xpad(i);
                z1 = w1'*xt + w2*bias;
                error(i) = dt - z1;
                phi_o = (dt-z1)*xt;
                delw1 = mu*phi_o + momentum*delw1;
                delw2 = mu*(dt-z1)*bias + momentum*delw2;
                w1 = w1 + delw1;
                w2 = w2 + delw2;
                if round(i/500)*500 == i
                fprintf(f1,'\n\t%6.3f\t%6.3f\t%6.3f\t%6.3f\t%6.3f',fliplr(w1'));
                   if mu > 0.000001
                      mu = mu/1.01;
                   end
                end
            end
            if  round(loop/1)*1 == loop
                MSE(loop) = (error'*error)/ITERATION;
                fprintf(f1,'\n\t%6.3f\t%6.3f\t%6.3f\t%6.3f\t%6.3f',fliplr(w1'));
                fprintf(f1,'\n  %d\t      MEANSQUARE ERROR = %6.4f\n\n',loop,MSE(loop));
                disp([loop      fliplr(w1')])
                momentum = momentum/1.00001;
                if MSE < 0.019
                   loop = 1000
                end
            end
        end
fclose(f1);
```

计算结果：

参数估计（权值）和均方误差确定性训练，不添加偏置项，如下所示。

```
        1.15    0.17   -0.34   -0.01    0.01 = true (unknown) parameters

        0.598   0.446  -0.171   0.380  -0.231
  1          MEANSQUARE ERROR = 117.0848


        0.743   0.353  -0.254   0.302  -0.131
  2          MEANSQUARE ERROR = 17.5898


        0.808   0.300  -0.247   0.209  -0.062
  3          MEANSQUARE ERROR = 4.2322
```

```
         0.838   0.271  -0.229   0.145  -0.021
4              MEANSQUARE ERROR = 1.9580

         0.856   0.253  -0.214   0.106   0.002
5              MEANSQUARE ERROR = 1.5033

         0.869   0.240  -0.205   0.082   0.014
6              MEANSQUARE ERROR = 1.3857

         0.881   0.230  -0.201   0.069   0.021
7              MEANSQUARE ERROR = 1.3386

         0.892   0.221  -0.200   0.060   0.026
8              MEANSQUARE ERROR = 1.3103

         0.901   0.214  -0.201   0.054   0.029
9              MEANSQUARE ERROR = 1.2892

         0.911   0.208  -0.203   0.050   0.031
10             MEANSQUARE ERROR = 1.2717

         0.920   0.203  -0.206   0.046   0.032
11             MEANSQUARE ERROR = 1.2564

         0.928   0.199  -0.209   0.042   0.034
12             MEANSQUARE ERROR = 1.2427

         0.936   0.195  -0.212   0.039   0.035
13             MEANSQUARE ERROR = 1.2301

         0.944   0.191  -0.215   0.036   0.036
14             MEANSQUARE ERROR = 1.2185

         0.951   0.188  -0.218   0.034   0.036
15             MEANSQUARE ERROR = 1.2077
32             MEANSQUARE ERROR = 1.1047

         1.040   0.165  -0.262   0.000   0.036
33             MEANSQUARE ERROR = 1.1014

         1.043   0.165  -0.264  -0.001   0.035
34             MEANSQUARE ERROR = 1.0982

         1.046   0.164  -0.266  -0.003   0.035
35             MEANSQUARE ERROR = 1.0952

         1.050   0.164  -0.268  -0.004   0.035
36             MEANSQUARE ERROR = 1.0923
```

```
        1.053   0.163  -0.269  -0.006   0.034
37            MEANSQUARE ERROR = 1.0894

        1.056   0.163  -0.271  -0.007   0.034
38            MEANSQUARE ERROR = 1.0867

        1.059   0.163  -0.273  -0.008   0.033
39            MEANSQUARE ERROR = 1.0840

        1.062   0.162  -0.274  -0.009   0.033
40            MEANSQUARE ERROR = 1.0814

        1.064   0.162  -0.276  -0.011   0.033
41            MEANSQUARE ERROR = 1.0789

        1.067   0.162  -0.277  -0.012   0.032
42            MEANSQUARE ERROR = 1.0765

        1.070   0.162  -0.278  -0.013   0.032
43            MEANSQUARE ERROR = 1.0741

        1.072   0.161  -0.280  -0.014   0.031
44            MEANSQUARE ERROR = 1.0718

        1.075   0.161  -0.281  -0.015   0.031
45            MEANSQUARE ERROR = 1.0696

        1.077   0.161  -0.282  -0.016   0.030
46            MEANSQUARE ERROR = 1.0675

        1.079   0.161  -0.283  -0.018   0.030
47            MEANSQUARE ERROR = 1.0654

        1.081   0.161  -0.284  -0.019   0.030
48            MEANSQUARE ERROR = 1.0634
        1.137   0.169  -0.302  -0.040   0.019
181           MEANSQUARE ERROR = 1.0181

        1.137   0.169  -0.302  -0.040   0.019
182           MEANSQUARE ERROR = 1.0181

        1.137   0.169  -0.302  -0.040   0.019
183           MEANSQUARE ERROR = 1.0181

        1.137   0.169  -0.302  -0.040   0.019
184           MEANSQUARE ERROR = 1.0181

        1.137   0.169  -0.302  -0.040   0.019
185           MEANSQUARE ERROR = 1.0181
```

```
          1.137    0.169   -0.302   -0.040    0.019
186             MEANSQUARE ERROR = 1.0181

          1.137    0.169   -0.302   -0.040    0.019
187             MEANSQUARE ERROR = 1.0181

          1.137    0.169   -0.302   -0.040    0.019
188             MEANSQUARE ERROR = 1.0181

          1.137    0.169   -0.302   -0.040    0.019
189             MEANSQUARE ERROR = 1.0181

          1.137    0.169   -0.302   -0.040    0.020
190             MEANSQUARE ERROR = 1.0181

          1.137    0.169   -0.302   -0.040    0.020
191             MEANSQUARE ERROR = 1.0181

          1.137    0.169   -0.302   -0.040    0.020
192             MEANSQUARE ERROR = 1.0181

          1.137    0.169   -0.302   -0.040    0.020
193             MEANSQUARE ERROR = 1.0181

          1.137    0.169   -0.302   -0.040    0.020
194             MEANSQUARE ERROR = 1.0181

          1.137    0.169   -0.302   -0.040    0.020
195             MEANSQUARE ERROR = 1.0181

          1.137    0.169   -0.302   -0.040    0.020
196             MEANSQUARE ERROR = 1.0181

          1.137    0.169   -0.302   -0.040    0.020
197             MEANSQUARE ERROR = 1.0181

          1.137    0.169   -0.302   -0.040    0.020
198             MEANSQUARE ERROR = 1.0181

          1.137    0.169   -0.302   -0.040    0.020
199             MEANSQUARE ERROR = 1.0181

          1.137    0.169   -0.302   -0.040    0.020
200             MEANSQUARE ERROR = 1.0181
```

仅带偏置项的参数估计（权值）和均方误差的确定性训练，如下所示。

```
      1.15    0.17  -0.34   -0.01    0.01 = true (unknown) parameters

      0.587   0.451  -0.180   0.380  -0.246
1          MEANSQUARE ERROR = 122.0708

      0.733   0.353  -0.257   0.303  -0.147
2          MEANSQUARE ERROR = 19.3725

      0.800   0.297  -0.249   0.209  -0.076
3          MEANSQUARE ERROR = 4.3699

      0.831   0.268  -0.230   0.145  -0.035
4          MEANSQUARE ERROR = 1.9879

      0.850   0.249  -0.215   0.105  -0.011
5          MEANSQUARE ERROR = 1.5141

      0.863   0.236  -0.205   0.081   0.002
6          MEANSQUARE ERROR = 1.3927

      0.875   0.226  -0.201   0.067   0.009
7          MEANSQUARE ERROR = 1.3445

      0.886   0.217  -0.200   0.058   0.014
8          MEANSQUARE ERROR = 1.3158

      0.896   0.210  -0.201   0.052   0.017
9          MEANSQUARE ERROR = 1.2943

      0.906   0.204  -0.203   0.048   0.020
10         MEANSQUARE ERROR = 1.2765

      0.915   0.199  -0.206   0.044   0.022
11         MEANSQUARE ERROR = 1.2609

      0.924   0.195  -0.209   0.040   0.023
12         MEANSQUARE ERROR = 1.2469

      0.932   0.191  -0.212   0.037   0.025
13         MEANSQUARE ERROR = 1.2341

      0.940   0.188  -0.215   0.035   0.026
14         MEANSQUARE ERROR = 1.2223

      0.947   0.185  -0.218   0.032   0.027
15         MEANSQUARE ERROR = 1.2113
```

```
        1.136   0.169  -0.301  -0.040   0.018
181           MEANSQUARE ERROR = 1.0168

        1.136   0.169  -0.301  -0.040   0.018
182           MEANSQUARE ERROR = 1.0168

        1.136   0.169  -0.301  -0.040   0.018
183           MEANSQUARE ERROR = 1.0168

        1.136   0.169  -0.301  -0.040   0.018
184           MEANSQUARE ERROR = 1.0168

        1.136   0.169  -0.301  -0.040   0.018
185           MEANSQUARE ERROR = 1.0168

        1.136   0.169  -0.301  -0.040   0.018
186           MEANSQUARE ERROR = 1.0168

        1.136   0.169  -0.301  -0.040   0.018
187           MEANSQUARE ERROR = 1.0168

        1.136   0.169  -0.301  -0.040   0.018
188           MEANSQUARE ERROR = 1.0168

        1.136   0.169  -0.301  -0.040   0.018
189           MEANSQUARE ERROR = 1.0168

        1.136   0.169  -0.301  -0.040   0.018
190           MEANSQUARE ERROR = 1.0168

        1.136   0.169  -0.302  -0.040   0.018
191           MEANSQUARE ERROR = 1.0168

        1.136   0.169  -0.302  -0.040   0.018
192           MEANSQUARE ERROR = 1.0168

        1.136   0.169  -0.302  -0.040   0.018
193           MEANSQUARE ERROR = 1.0168

        1.136   0.169  -0.302  -0.040   0.018
194           MEANSQUARE ERROR = 1.0168

        1.136   0.169  -0.302  -0.040   0.018
195           MEANSQUARE ERROR = 1.0168

        1.136   0.169  -0.302  -0.040   0.018
196           MEANSQUARE ERROR = 1.0168
```

```
        1.136   0.169  -0.302  -0.040   0.018
197          MEANSQUARE ERROR = 1.0168

        1.136   0.169  -0.302  -0.040   0.018
198          MEANSQUARE ERROR = 1.0168

        1.136   0.169  -0.302  -0.040   0.018
199          MEANSQUARE ERROR = 1.0168

        1.136   0.169  -0.302  -0.040   0.018
200          MEANSQUARE ERROR = 1.0168
```

可以观察上面确定的参数（如在第 200 次迭代时）与第 4. A 节刚开始确定的原始但未知的参数的接近程度。

第 5 章 Madaline

Madaline（Many Adaline）是单神经元双极 Adaline 的多层扩展网络，这也归功于 B. Widrow（1988）。由于 Madaline 网络是第 3 章 Adaline 的直接多层扩展，因此我们在讨论历史上较早的反向传播网络之前提出它（详见第 4.4 节的介绍）。尽管它的效率较低，但是它的权值调整方法比反向传播更直观，并提供了对多层网络中调整权值难度的理解。Madaline 的基本结构如图 5.1 所示，它由两层 Adaline 和一个输入层组成，该输入层仅作为网络的输入分配器。图 5.2 显示了两层 Madaline 网络。

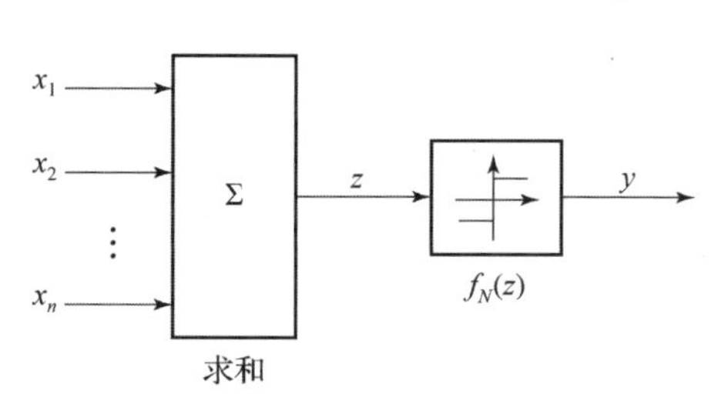

图 5.1　Madaline 的基本结构

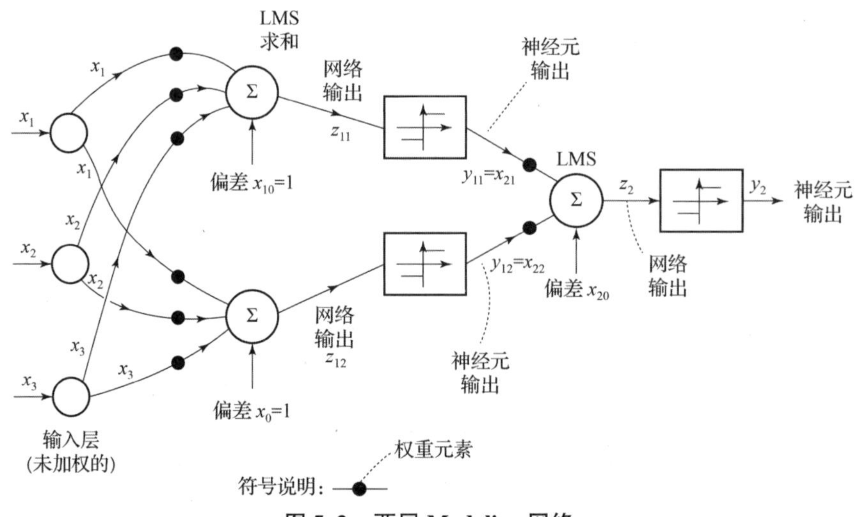

图 5.2　两层 Madaline 网络

5.1　Madaline 训练

Madaline 训练与 Adaline 训练的不同之处在于，没有或无法获得内层的部分期望输出。内层也被称为隐藏层。就像在人类中枢神经系统（central nervous system，CNS）中一样，虽然人类并未注意到参与学习的 CNS 内单个神经元的结果，但我们可以从期望和不期望的结果中接收到学习信息，因此在 ANNs 中神经元的内层信息是不可用的。

Madaline 采用了一种称为 Madaline 规则 II（Madaline Rule II）的训练程序。该规则基于最小干扰原则（Widrow et al.，1988），如下所示：

（1）所有权值初始化为低随机值。随后，一个具有 L 个输入向量 $\boldsymbol{x}_i$（$i=1, 2, \cdots, L$）的训练集被作为输入，每次使用一个向量。

（2）计算输出层不正确的双极值的数量，并将该数字记为每个给定输入向量的误差 e。

（3）对于输出层的所有神经元有：

①取 th 为激活函数的阈值（最好为 0），检查 $[z-th]$ 对于在此步骤中考虑的特定层的给定向量训练集的每个输入向量。从上面选择第一个未设置的神经元，但它对应于在该输入向量集上出现的最低 abs $[z-th]$。因此，对于输入集中有 L 个输入向量和 n 个神经元的层的情况，从 z 的 $n \times L$ 个值中进行选择。这是可以通过权值的最小变化来反转其极性的节点，因此被记为最小干扰神经元（minimum-disturbance neuron），并且 abs $[z-th]$ 的对应值是最小干扰，由此衍生出程序名。一个先前未设置的神经元是指权值尚未设置的神经元。

②随后，人们应该改变后一个神经元的权值，使该单元的双极输出 y 发生变化。权值的最小改变将导致这种变化［通过第 3.4.2 小节中修改的最速（下降）过程，考虑 $[z-th]$ 而不是式（3.22）的 e_m］。显然，式（3.22）的输入向量 $\boldsymbol{x}$ 是产生该干扰的向量，向量 $\boldsymbol{x}$ 用于修改最小干扰神经元的权值向量；或者，可以使用随机更改作为上面向量 $\boldsymbol{x}$ 的元素。

③将输入向量集再次传播到输出。

④如果权值的变化降低了步骤（2）的性能代价“e”，则此变化被接受；否

则，原始（先前的）权值被恢复到该神经元，并转到对应于同一神经元中下一个最小扰动的输入向量。

⑤继续，直到同一神经元的输出误差数减少为止。

（4）对除输入层外的所有层重复步骤（3）。

（5）对输出层的所有神经元：对模拟节点输出 z 最接近于零的神经元二元组，应用步骤（3）、(4)。

（6）对输出层的所有神经元：对模拟节点输出最接近于零的神经元三元组，应用步骤（3）、(4)。

（7）转到下一个向量，直到第 L 个向量。

（8）重复 L 向量的进一步组合，直到训练满意为止。

以此类推，同样的过程可以重复到神经元的四元组。但是，这个设置会变得非常冗长，因此可能不合理。所有权值最初都设置为（不同的）低随机值。权值可以是一个固定范围内的正数或负数，如 $-1\sim1$。前面章节中式（3.18）的初始学习率 μ 应该为 $1\sim20$。为了获得足够的收敛性，隐藏层神经元的数量应该至少为 3 个，最好更多。第 3.4.2 小节的最速下降算法需要许多迭代步骤（通常是数千次）才能收敛。对于激活函数，最好使用双极函数而不是二值函数配置。

上面对 Madaline 神经网络（neural network，NN）的讨论表明，Madaline 是一种启发式的直观方法，不能指望它具有惊人性能。尽管它对噪音也很敏感，但是它表明对梯度 Adaline 的直观修改可以产生一个可运作的多层神经网络（即使是低效的）。尽管 Madaline 具有本书后面章节中讨论的其他几个神经网络的基本特性，但后面章节讨论的网络要比 Madaline 神经网络高效得多，且对噪声的敏感度也要低得多。

5. A　Madaline 案例研究[①]：字符识别

5. A. 1　问题陈述

设计一个 Madaline（多重 Adaline）神经网络来识别 3 个字符 0、C 和 F。这

---

① Computed by Vasanath Arunachalam，ECS Dept.，University of Illinois，Chicago，2006.

些字符以二进制格式提供，并使用 6 × 6 网格表示。神经网络应该用各种模式进行训练和测试，并且应该观察总错误率和收敛量。用于训练和测试的待识别模式如图 5. A. 1 所示。

1	1	1	1	1	1
1	−1	−1	−1	−1	−1
1	−1	−1	−1	−1	−1
1	−1	−1	−1	−1	−1
1	−1	−1	−1	−1	−1
1	1	1	1	1	1

(a)

1	1	1	1	1	1
1	−1	−1	−1	−1	1
1	−1	−1	−1	−1	1
1	−1	−1	−1	−1	1
1	−1	−1	−1	−1	1
1	1	1	1	1	1

(b)

1	1	1	1	1	1
1	−1	−1	−1	−1	−1
1	1	1	1	1	1
1	−1	−1	−1	−1	−1
1	−1	−1	−1	−1	−1
1	−1	−1	−1	−1	−1

(c)

图 5. A. 1　用于训练和测试的待识别模式

(a) 表示字符 C 的模式；(b) 表示字符 0 的模式；(c) 表示字符 F 的模式

5. A. 2 网络设计

如图 5. A. 2 所示的三层 Madaline 网络被实现，分别是输入层（6 个神经元）、隐藏层（3 个神经元）、输出层（2 个神经元）。包含字符 0、C 和 F 的网格作为网络输入（具有 36 个值）。一共给出了 15 个这样的输入集，每个字符 5 个。网络的初始权值在 -1 ~ 1 范围内随机设置。

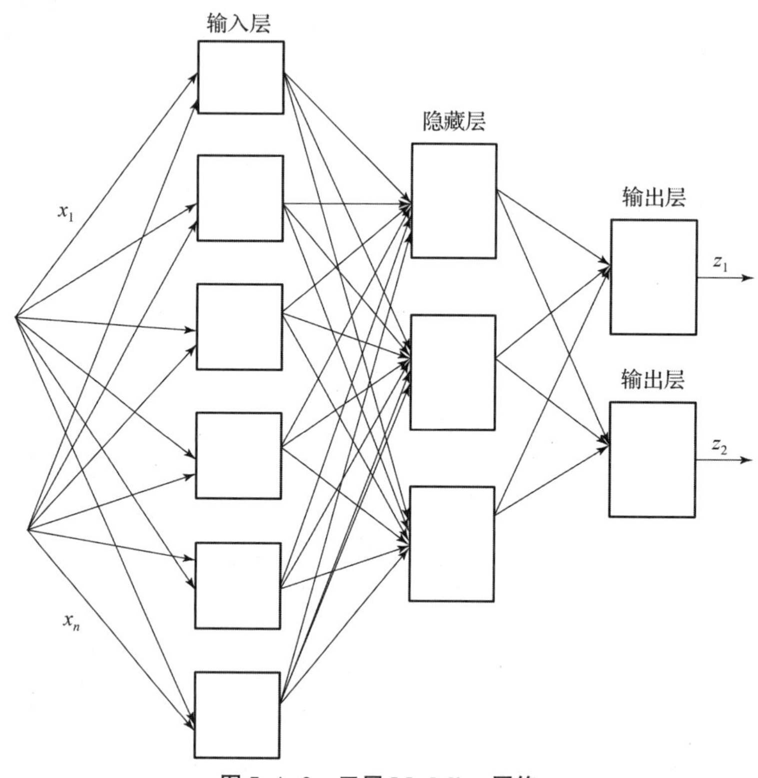

图 5. A. 2 三层 Madaline 网络

5. A. 3 网络训练

下面是训练反向传播神经网络的基本步骤：

（1）生成包含字符 0、C 和 F 的 5 组训练数据集。

（2）将此训练集（图 5. A. 3）馈送到网络。

（3）在 -1 ~ 1 范围内随机设置网络权值。

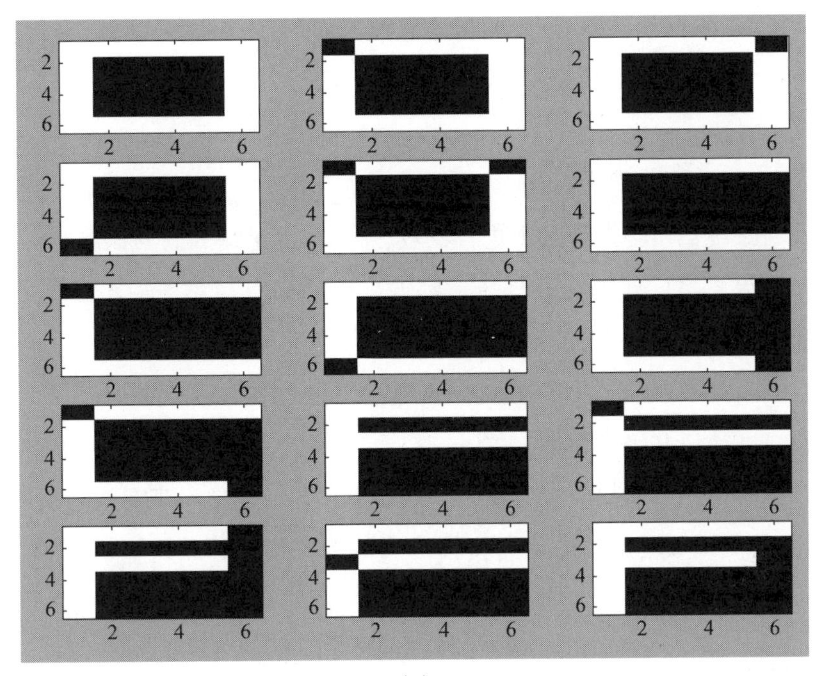

(a)

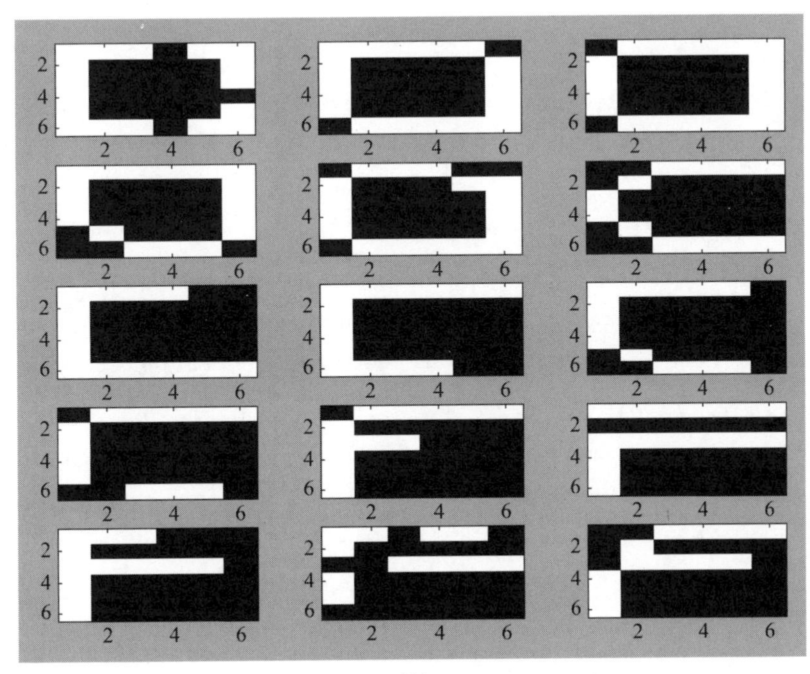

(b)

图 5. A. 3 训练集

(a) 训练集 1；(B) 测试集 2

（4）对每个神经元使用硬限幅传递函数，即

$$Y(n)=\begin{cases}1, & x\geqslant 0\\ -1, & x<0\end{cases}$$

（5）每个输出作为输入传递到后续层。

（6）将最终输出与期望输出进行比较，计算 15 个输入的累积误差。

（7）如果误差百分比大于 15%，则输出层的权值（对于输出最接近 0 的神经元）使用下式更新：

$$新权值 = 旧权值 + 2 * 常量 * 上一层输出 * 误差$$

（8）更新权值并确定新的误差。

（9）各种神经元的权值被更新，直到没有误差或误差小于期望的阈值。

（10）将测试数据集馈送到更新权值后的新网络，并获得输出（误差），从而确定网络的效率。

5.A.4 结果

结果如下：

（1）隐藏层权值矩阵。

```
w_hidden  =

Columns 1 through 12

 -0.9830   0.6393   0.1550  -0.2982  -0.7469  -0.0668   0.1325  -0.9485   0.2037   0.1573   0.1903  -0.8288
  0.2329  -0.1504   0.6761   0.0423   0.6629   0.1875   0.1533  -0.1751  -0.6016  -0.9714   0.7511  -0.3460
  0.9927  -0.4033   0.4272   0.8406   0.6071   0.5501  -0.3400  -0.8596  -0.7581   0.3686  -0.6020  -0.6334
  0.8494  -0.7395  -0.2944   0.7219  -0.1397  -0.4833   0.5416  -0.8979  -0.1973   0.6348  -0.2891   0.5008
  0.7706   0.9166  -0.0775  -0.4108  -0.1773  -0.6749   0.4772   0.1271  -0.8654   0.7380  -0.0697   0.4995
  0.5930  -0.0853   0.8175  -0.0605  -0.7407   0.4429   0.6812  -0.7174   0.9599  -0.3352  -0.3762  -0.5934

Columns 13 through 24

  0.5423   0.1111   0.7599  -0.4438  -0.5097   0.9520  -0.1713  -0.7768  -0.1371   0.7247  -0.2830   0.4197
 -0.2570  -0.4116  -0.3409   0.5087   0.6436  -0.0342  -0.7515  -0.7608   0.2439  -0.8767   0.4824  -0.3426
  0.6383  -0.0592   0.9073   0.0101  -0.2051   0.9051  -0.6792   0.4301  -0.7850  -0.1500  -0.2993   0.2404
 -0.2520   0.2275   0.1467   0.3491  -0.5696  -0.7650  -0.3104   0.5042  -0.8040   0.5050   0.1335   0.1340
 -0.0943   0.9710  -0.2042  -0.6193  -0.8348   0.3316   0.4818  -0.7792   0.6217   0.9533   0.3451   0.7745
 -0.2432  -0.1404  -0.7061  -0.8046  -0.6752   0.6320  -0.2957   0.9080   0.5916  -0.7896   0.6390   0.4778

Columns 25 through 36

  0.1716  -0.2363   0.8769   0.6879   0.6093  -0.3614  -0.6604  -0.6515   0.4398   0.4617  -0.8053   0.5862
  0.7573  -0.4263  -0.6195  -0.4669   0.1387  -0.0657  -0.6288  -0.2554   0.5135  -0.5389  -0.5124  -0.7017
  0.1269   0.9827  -0.2652  -0.5645   0.3812  -0.3181   0.6370  -0.9764  -0.6817  -0.6304   0.9424   0.0069
 -0.4123   0.0556  -0.8414  -0.4920   0.4873   0.3931   0.6202  -0.8650   0.3017   0.7456   0.0283   0.3789
 -0.9717  -0.2941  -0.9094  -0.6815  -0.5724   0.9575  -0.9727  -0.4461  -0.1779   0.9563  -0.6917   0.8462
  0.6046  -0.0979  -0.0292  -0.3385   0.6320  -0.3507  -0.3482  -0.1802   0.4422   0.8711   0.0372   0.1665
```

(2) 输出层权值矩阵。

$$\text{w\_output} = \begin{matrix} 0.9749 & 0.5933 & -0.7103 & 0.5541 & -0.6888 & -0.3538 \\ 0.0140 & 0.2826 & 0.9855 & 0.8707 & 0.4141 & 0.2090 \end{matrix}$$

在任何更改之前：

$$\text{w\_output} = \begin{matrix} 0.9749 & 0.5933 & -0.7103 & 0.5541 & -0.6888 & -0.3538 \\ 0.0140 & 0.2826 & 0.9855 & 0.8707 & 0.4141 & 0.2090 \end{matrix}$$

$$\text{z\_output} = \begin{matrix} 0.5047 & 1.501 \end{matrix}$$

$$\text{y\_output} = \begin{matrix} 1 & 1 \end{matrix}$$

输出层权值修改：

(1) z 值最接近阈值的神经元。

z_index = 1

(2) 变化前的权值。

$$\text{w\_output\_min} = \begin{matrix} 0.9749 & 0.5933 & -0.7103 & 0.5541 & -0.6888 & -0.3538 \\ 0.0140 & 0.2826 & 0.9855 & 0.8707 & 0.4141 & 0.2090 \end{matrix}$$

(3) 变化后的权值。

$$\text{w\_output\_min} = \begin{matrix} 0.2549 & 1.3133 & 0.0097 & 1.2741 & -1.4088 & -0.3538 \\ 0.0140 & 0.2826 & 0.9855 & 0.8707 & 0.4141 & 0.2090 \end{matrix}$$

(4) 下一输出层神经元。

z_ind = 2

收敛后输出层的最终值：

$$\text{w\_output} = \begin{matrix} 0.2549 & 1.3133 & 0.0097 & 1.2741 & -1.4088 & -0.3538 \\ -0.7060 & 1.0026 & 1.7055 & 1.5907 & -0.3059 & 0.2090 \end{matrix}$$

$$\text{z\_output} = \begin{matrix} 1.7970 & 3.0778 \end{matrix}$$

$$\text{y\_output} = \begin{matrix} 1 & 1 \end{matrix}$$

收敛后隐藏层的最终值：

w_hidden =

Columns 1 through 12

$$\begin{matrix} -0.2630 & 1.3593 & 0.8750 & 0.4218 & -0.0269 & 0.6532 & 0.8525 & -1.6685 & -0.5163 & -0.5627 & -0.5297 & -1.5488 \\ 0.2329 & -0.1504 & 0.6761 & 0.0423 & 0.6629 & 0.1875 & 0.1533 & -0.1751 & -0.6016 & -0.9714 & 0.7511 & -0.3460 \\ 0.9927 & -0.4033 & 0.4272 & 0.8406 & 0.6071 & 0.5501 & -0.3400 & -0.8596 & -0.7581 & 0.3686 & -0.6020 & -0.6334 \\ 0.8494 & -0.7395 & -0.2944 & 0.7219 & -0.1397 & -0.4833 & 0.5416 & -0.8979 & -0.1973 & 0.6348 & -0.2891 & 0.5008 \\ 1.4906 & 1.6366 & 0.6425 & 0.3092 & 0.5427 & 0.0451 & 1.1972 & -0.5929 & -1.5854 & 0.0180 & -0.7897 & -0.2205 \\ 0.5930 & -0.0853 & 0.8175 & -0.0605 & -0.7407 & 0.4429 & 0.6812 & -0.7174 & 0.9599 & -0.3352 & -0.3762 & -0.5934 \end{matrix}$$

Columns 13 through 24

```
  1.2623   0.8311   1.4799   0.2762   0.2103   0.2320   0.5487  -1.4968  -0.8571   0.0047  -1.0030  -0.3003
 -0.2570  -0.4116  -0.3409   0.5087   0.6436  -0.0342  -0.7515  -0.7608   0.2439  -0.8767   0.4824  -0.3426
  0.6383  -0.0592   0.9073   0.0101  -0.2051   0.9051  -0.6792   0.4301  -0.7850  -0.1500  -0.2993   0.2404
 -0.2520   0.2275   0.1467   0.3491  -0.5696  -0.7650  -0.3104   0.5042  -0.8040   0.5050   0.1335   0.1340
  0.6257   1.6910   0.5158   0.1007  -0.1148  -0.3884   1.2018  -1.4992  -0.0983   0.2333  -0.3749   0.0545
 -0.2432  -0.1404  -0.7061  -0.8046  -0.6752   0.6320  -0.2957   0.9080   0.5916  -0.7896   0.6390   0.4778
```

Columns 25 through 36

```
  0.8916  -0.9563   0.1569  -0.0321  -0.1107  -1.0814   0.0596  -1.3715  -0.2802  -0.2583  -1.5253  -0.1338
  0.7573  -0.4263  -0.6195  -0.4669   0.1387  -0.0657  -0.6288  -0.2554   0.5135  -0.5389  -0.5124  -0.7017
  0.1269   0.9827  -0.2652  -0.5645   0.3812  -0.3181   0.6370  -0.9764  -0.6817  -0.6304   0.9424   0.0069
 -0.4123   0.0556  -0.8414  -0.4920   0.4873   0.3931   0.6202  -0.8650   0.3017   0.7456   0.0283   0.3789
 -0.2517  -1.0141  -1.6294  -1.4015  -1.2924   0.2375  -0.2527  -1.1661  -0.8979   0.2363  -1.4117   0.1262
  0.6046  -0.0979  -0.0292  -0.3385   0.6320  -0.3507  -0.3482  -0.1802   0.4422   0.8711   0.0372   0.1665
```

```
z_hidden =   23.2709   6.8902   7.3169   0.6040   22.8362   -3.5097
y_hidden =   1         1        1        1        1         -1
```

最终累积误差：

counter = 7

训练效率：

eff = 82. 5000%

测试过程：

使用0、C和F各5个字符来测试训练后的网络。结果发现，该网络可以从15个给定字符中检测出12个字符，效率达到80%。

测试效率：

eff = 80. 0000%

5. A. 5 结论与观察

（1）针对不同的测试和训练模式对神经网络进行训练和测试。观察所有情况下的收敛量和错误率。

（2）收敛性很大程度上取决于隐藏层和每个隐藏层中神经元的数量。

（3）每个隐藏层的神经元数量不能太少，但也不能太多。

（4）在大多数测试案例中，经过适当训练的神经网络在分类数据方面非常准确。观察到的错误率约为6%，这对于人脸检测等分类问题来说是理想的。

5.A.6 MATLAB 实现 Madaline 网络的源代码

主函数:

```
% Training Patterns
X = train_pattern ();
nu = 0.04;
% Displaying the 15 training patterns
figure (1)
for i = 1: 15
   subplot (5, 3, i)
   imshow (reshape (X (:, i), 6, 6));
   % display_image (X (:, i), 6, 6, 1);
end

% Testing Patterns
Y = test_pattern ();
nu = 0.04;
% Displaying the 15 testing patterns
figure (2)
for i = 1: 15
   subplot (5, 3, i)
   imshow (reshape (Y (:, i), 6, 6));
   % display_image (Y (:, i), 6, 6, 1);
end

% Initializations
index = zeros (2, 6);
counter1 = 0;
counter2 = 0;

% Assign random weights initially at the start of training
w_hidden = (rand (6, 36) -0.5) *2;
w_output = (rand (2, 6) -0.5) *2;
% load w_hidden.mat
% load w_output.mat

% Function to calculate the parameters (z, y) at the hidden and output
layers given the weights at the two layers
[z_hidden, w_hidden, y_hidden, z_output, w_output, y_output, counter] =
calculation (w_hidden, w_output, X);

disp ('Before Any Changes')
w_output
```

```
z_output
y_output

save z_output z_output;
save z_hidden z_hidden;
save y_hidden y_hidden;
save y_output y_output;

counter

% i = 1;
% min_z_output = min (abs (z_output));
disp ('At counter minimum')
if (counter ~ = 0)
    [w_output_min, z_index] = min_case (z_output, w_output, counter,
y_hidden, nu);
    [z_hidden_min, w_hidden_min, y_hidden_min, z_output_min, w_
output_min, y_output_min, counter1] = calculation (w_hidden, w_output_
min, X);
end

w_output_min
z_output_min
y_output_min

if (counter > counter1)
    % load w_output.mat;
    % load z_output.mat;
    % load y_output.mat;
    counter = counter1;
    w_output = w_output_min;
    z_output = z_output_min;
    y_output = y_output_min;
    index (2, z_index) = 1;
end

[w_output_max, z_ind] =max_case(z_output, w_output, counter, y_hidden,
nu);
[z_hidden_max, w_hidden_max, y_hidden_max, z_output_max, w_output_max,
y_output_max, counter2] = calculation (w_hidden, w_output_max, X);

disp ('At Counter minimum')

counter2
w_output_max;
```

```
z_output_max;
y_output_max;

if (counter2 < counter)
    counter = counter2;
    w_output = w_output_max;
    z_output = z_output_max;
    y_output = y_output_max;
    index (2, z_ind) = 1;
end

% Adjusting the weights of the hidden layer
hidden_ind = zeros (1, 6);
z_hid_asc = sort (abs (z_hidden));
for i = 1: 6
   for k = 1: 6
      if z_hid_asc (i) == abs (z_hidden (k))
         hidden_ind (i) = k;
      end
   end
end

r1 = hidden_ind (1);
r2 = hidden_ind (2);
r3 = hidden_ind (3);
r4 = hidden_ind (4);
r5 = hidden_ind (5);
r6 = hidden_ind (6);

disp ('At the beginning of the hidden layer Weight Changes - Neuron 1')
% load w_hidden.mat;
if ( (counter ~ =0) && (counter >6))
   [w_hidden_min] = min_hidden_case (z_hidden, w_hidden, counter,
X, nu, hidden_ind (1));
   [z_hidden_min, w_hidden_min, y_hidden_min, z_output_min, w_
output, y_output_min, counter3] = calculation (w_hidden_min, w_output,
X);
   counter3
end

w_hidden;
if (counter3 < counter)
   counter = counter3;
   w_hidden = w_hidden_min;
   y_hidden = y_hidden_min;
```

```
        z_hidden = z_hidden_min;
        z_output = z_output_min;
        y_output = y_output_min;
        index (1, r1) = 1;
    end

    disp ('Hidden Layer - Neuron 2')
    % load w_hidden.mat;
    % counter = counter2;
    if ( (counter ~ =0) && (counter >6))
        [w_hidden_min] = min_hidden_case (z_hidden, w_hidden, counter,
X, nu, hidden_ind (2));
        [z_hidden_min, w_hidden_min, y_hidden_min, z_output_min, w_
output, y_output_min, counter3] = calculation (w_hidden_min, w_output,
X);
        counter3
    end
    w_hidden;
    w_hidden_min;

    if (counter3 < counter)
        counter = counter3;
        w_hidden = w_hidden_min;
        y_hidden = y_hidden_min;
        z_hidden = z_hidden_min;
        z_output = z_output_min;
        y_output = y_output_min;
        index (1, r2) =1;
    end

    disp ('Hidden Layer - Neuron 3')
    % load w_hidden.mat;
    % counter = counter2;
    if ( (counter ~ =0) && (counter >6))
        [w_hidden_min] = min_hidden_case (z_hidden, w_hidden, counter,
X, nu, hidden_ind (3));
        [z_hidden_min, w_hidden_min, y_hidden_min, z_output_min, w_
output, y_output_min, counter3] = calculation (w_hidden_min, w_output,
X);
        counter3;
    end
    w_hidden;
    w_hidden_min;

    if (counter3 < counter)
```

```
        counter = counter3;
        w_hidden = w_hidden_min;
        y_hidden = y_hidden_min;
        z_hidden = z_hidden_min;
        z_output = z_output_min;
        y_output = y_output_min;
        index (1, r3) = 1;
    end

    disp ('Hidden Layer - Neuron 4')
    % load w_hidden.mat;
    % counter = counter2;
    if ( (counter ~ =0) && (counter >6))
        [w_hidden_min] = min_hidden_case (z_hidden, w_hidden, counter,
X, nu, hidden_ind (4));
        [z_hidden_min, w_hidden_min, y_hidden_min, z_output_min, w_
output, y_output_min, counter3] = calculation (w_hidden_min, w_output,
X);
        counter3;
    end
    w_hidden;
    w_hidden_min;
    if (counter3 < counter)
        counter = counter3;
        w_hidden = w_hidden_min;
        y_hidden = y_hidden_min;
        z_hidden = z_hidden_min;
        z_output = z_output_min;
        y_output = y_output_min;
        index (1, r4) =1;
    end
    disp ('Hidden Layer - Neuron 5')

    % load w_hidden.mat;
    % counter = counter2;
    if (counter ~ =0)
        [w_hidden_min] = min_hidden_case (z_hidden, w_hidden, counter,
X, nu, hidden_ind (5));
        [z_hidden_min, w_hidden_min, y_hidden_min, z_output_min, w_
output, y_output_min, counter3] = calculation (w_hidden_min, w_output,
X);
        counter3;
    end

    w_hidden;
```

```
    w_hidden_min;
    if (counter3 < counter)
       counter = counter3;
       w_hidden = w_hidden_min;
       y_hidden = y_hidden_min;
       z_hidden = z_hidden_min;
       z_output = z_output_min;
       y_output = y_output_min;
       index (1, r5) =1;
    end
    disp ('Combined Output Layer Neurons weight change');
    % load w_hidden.mat;
    % counter = counter2;
    if ( (counter ~=0) && (index (2, [1: 2]) ~=1) && (counter >6))
       [w_output_two] = min_output_double (z_hidden, y_hidden, counter,
X, nu, w_output);
       [z_hidden_min, w_hidden_min, y_hidden_min, z_output_min, w_
output, y_output_min, counter3] = calculation (w_hidden, w_output_two,
X);
       counter3;
    end

    w_output;
    % w_output_two;
    if (counter3 < counter)
       counter = counter3;
       % w_hidden = w_hidden_min;
       y_hidden = y_hidden_min;
       z_hidden = z_hidden_min;
       z_output = z_output_min;
       y_output = y_output_min;
       w_output = w_output_two;
    end
    disp ('Begin 2 neuron changes - First Pair')

    % load w_hidden.mat;
    % counter = counter2;
    if ( (counter ~=0) && (index (1, r1) ~=1) && (index (1, r2) ~=1) &&
(counter >6))
       [w_hidden_two] = min_hidden_double (z_hidden, w_hidden, counter,
X, nu, hidden_ind (1), hidden_ind (2));
       [z_hidden_min, w_hidden_min, y_hidden_min, z_output_min, w_
output, y_output_min, counter3] = calculation (w_hidden_two, w_output,
X);
       counter3;
```

```
    end
    w_hidden;
    w_hidden_min;

    if (counter3 < counter)
        counter = counter3;
        w_hidden = w_hidden_min;
        y_hidden = y_hidden_min;
        z_hidden = z_hidden_min;
        z_output = z_output_min;
        y_output = y_output_min;
    end
    disp ('Begin 2 neuron changes - Second Pair')

    % load w_hidden.mat;
    % counter = counter2;
    if ( (counter ~=0) && (index (1, r2) ~=1) && (index (1, r3) ~=1) &&
(counter >6))
        [w_hidden_two] = min_hidden_double (z_hidden, w_hidden, counter,
X, nu, hidden_ind (2), hidden_ind (3));
        [z_hidden_min, w_hidden_min, y_hidden_min, z_output_min, w_
output, y_output_min, counter3] = calculation (w_hidden_two, w_output,
X);
        counter3;
    end
    w_hidden;
    w_hidden_min;
    if (counter3 < counter)
        counter = counter3;
        w_hidden = w_hidden_min;
        y_hidden = y_hidden_min;
        z_hidden = z_hidden_min;
        z_output = z_output_min;
        y_output = y_output_min;
    end
    disp ('Begin 2 neuron changes - Third Pair')

    % load w_hidden.mat;
    % counter = counter2;
    if ( (counter ~=0) && (index (1, r3) ~=1) && (index (1, r4) ~=1) &&
(counter >6))
        [w_hidden_two] = min_hidden_double (z_hidden, w_hidden, counter,
X, nu, hidden_ind (3), hidden_ind (4));
        [z_hidden_min, w_hidden_min, y_hidden_min, z_output_min, w_output,
y_output_min, counter3] = calculation (w_hidden_two, w_output, X);
```

```
        counter3;
    end
    w_hidden;
    w_hidden_min;

    if (counter3 <counter)
        counter = counter3;
        w_hidden = w_hidden_min;
        y_hidden = y_hidden_min;
        z_hidden = z_hidden_min;
        z_output = z_output_min;
        y_output = y_output_min;
    end
    disp ('Begin 2 neuron changes - Fourth Pair')

    % load w_hidden.mat;
    % counter = counter2;
    if ( (counter ~=0) && (index (1, r4) ~=1) && (index (1, r5) ~=1) &&
(counter >6))
        [w_hidden_two] = min_hidden_double (z_hidden, w_hidden, counter,
X, nu, hidden_ind (4), hidden_ind (5));
        [z_hidden_min, w_hidden_min, y_hidden_min, z_output_min, w_
output, y_output_min, counter3] = calculation (w_hidden_two, w_output,
X);
        counter3;
    end
    w_hidden;
    w_hidden_min;

    disp ('Final Values For Output')
    w_output
    z_output
    y_output

    disp ('Final Values for Hidden')
    w_hidden
    z_hidden
    y_hidden

    disp ('Final Error Number')
    counter

    disp ('Efficiency')
    eff = 100 - counter/40 * 100
```

子函数:

****** 用于计算参数的函数(隐藏层的 z 和输出层的 y 给出了该层的权值) *******

```
function [z_hidden, w_hidden, y_hidden, z_output, w_output, y_output,
counter] = calculation(w_hidden, w_output, X)

% Outputs:
% z_hidden - hidden layer z value

% w_hidden - hidden layer weight
% y_hidden - hidden layer output
% Respecitvely for the output layers
% Inputs:
% Weights at the hidden and output layers and the training pattern set
  counter = 0;
  r = 1;
  while(r <=15)
    z_hidden = zeros(1,6);
    y_hidden = zeros(1,6);
    z_output = zeros(1,2);
    y_output = zeros(1,2);

    for i = 1:6
      z_hidden(i) = w_hidden(i,:) * X(:,r);
      if (z_hidden(i) >=0)
        y_hidden(i) = 1;
      else
        y_hidden(i) = -1;
      end %% End of If loop
    end %% End of for loop

    z_hidden;
    y_hidden = y_hidden';
    for i = 1:2
      z_output(i) = w_output(i,:) * y_hidden;
      if (z_output(i) >=0)
        y_output(i) = 1;
      else
        y_output(i) = -1;
      end %% End of If loop
    end%% End of for loop

    y_output;
    % Desired Output
    if (r <=5)
      d1 = [1 1]; % For 0
```

```
        elseif (r >10)
            d1 = [ -1  -1]; % For F
        else
            d1 = [ -1 1]; %  For C
        end

                error_val = zeros(1,2);
                for i = 1:2
                    error_val(i) = d1(i) -y_output(i);
                    if (error_val(i) ~=0)
                        counter = counter +1;
                    end
                end
                r = r +1;
        end % End While
    end %  End function


    % ******** 用于查找成对隐藏层权值变化的函数 **********
    function [w_hidden_two] = min_hidden_double(z_hidden,w_hidden,
counter,X,nu,k,l)
        w_hidden_two = w_hidden;
        for j = 1:36
            w_hidden_two(k,j) = w_hidden_two(k,j) + 2 * nu * X(j,15) * counter;
            w_hidden_two(l,j) = w_hidden_two(l,j) + 2 * nu * X(j,15) * counter;
        end
    end

    % ********* 用于查找隐藏层权值变化的函数 **************
    function [w_hidden_min] = min_hidden_case(z_hidden,w_hidden,counter,
X,nu,k)
        w_hidden_min = w_hidden;
        for j = 1:36
            w_hidden_min(k,j) = w_hidden_min(k,j) + 2 * nu * X(j,15) * counter;
        end
        w_hidden_min
    end


    % ***** 用于更改权值的函数(该权值与输出位置的最大 2z 值关联) *****
    function [w_output_max,z_ind] = max_case(z_output,w_output,counter,
y_hidden,nu)
        % load w_output;
        % load z_output;
        w_output_max = w_output;
```

```
    z_ind = find(abs(z_output) == max(abs(z_output)));

    for j = 1:5
        w_output_max(z_ind,j) = w_output(z_ind,j) +2 * nu * y_hidden(j)
* counter;
    end
    % z_output(z_index) = w_output(z_index,:) * y_hidden;
end

% ***** 用于计算输出神经元(该神经元的 Z 值接近阈值)权值变化的函数 ******
function [w_output_min, z_index] = min_case(z_output, w_output,
counter,y_hidden,nu)
    z_index = find(abs(z_output) == min(abs(z_output)));
    w_output_min = w_output;
    for j = 1:5
        w_output_min(z_index,j) = w_output(z_index,j) + 2 * nu * y_
hidden(j) * counter;
    end
    w_output_min
end

% ******* 用于查找成对输出神经元权值变化的函数 ******
function [w_output_two] = min_output_double(z_hidden, y_hidden,
counter,X,nu,w_output)
    w_output_two = w_output;
    for j = 1:6
        w_output_two([1:2],j) = w_output([1:2],j) +2 * nu * y_hidden(j)
 * counter;
    end
    y_hidden;
    counter;
    2 * nu * y_hidden * counter;
end
```

生成训练集:

```
function X = train_pattern
x1 = [1 1 1 1 1 1 ;1 -1 -1 -1 -1 1;1 -1 -1 -1 -1 1;1 -1 -1 -1 -1 1;
1 -1 -1 -1 -1 1;1 1 1 1 1 1];
x2 = [ -1 1 1 1 1 1 ;1 -1 -1 -1 -1 1;1 -1 -1 -1 -1 1;1 -1 -1 -1 -1 1;
1 -1 -1 -1 -1 1;1 1 1 1 1 1];
x3 = [1 1 1 1 1 -1 ;1 -1 -1 -1 -1 1;1 -1 -1 -1 -1 1;1 -1 -1 -1 -1 1;
1 -1 -1 -1 -1 1;1 1 1 1 1 1];
x4 = [1 1 1 1 1 1 ;1 -1 -1 -1 -1 1;1 -1 -1 -1 -1 1;1 -1 -1 -1 -1 1;
1 -1 -1 -1 -1 1; -1 1 1 1 1 1];
x5 = [ -1 1 1 1 1 -1 ;1 -1 -1 -1 -1 1;1 -1 -1 -1 -1 1;1 -1 -1 -1 -1 1;
```

```
1 -1 -1 -1 -1 1; 1 1 1 1 1 1];
x6 = [1 1 1 1 1 1 ; 1 -1 -1 -1 -1 -1; 1 -1 -1 -1 -1 -1; 1 -1 -1 -1 -
1 -1;
1 -1 -1 -1 -1 -1; 1 1 1 1 1 1];
x7 = [ -1 1 1 1 1 1 ; 1 -1 -1 -1 -1 -1; 1 -1 -1 -1 -1 -1; 1 -1 -1 -1
-1 -1;
1 -1 -1 -1 -1 -1; 1 1 1 1 1 1];
x8 = [1 1 1 1 1 1 ; 1 -1 -1 -1 -1 -1; 1 -1 -1 -1 -1 -1; 1 -1 -1 -1 -
1 -1;
1 -1 -1 -1 -1 -1; -1 1 1 1 1 1];
x9 = [1 1 1 1 1 -1 ; 1 -1 -1 -1 -1 -1; 1 -1 -1 -1 -1 -1; 1 -1 -1 -1
-1 -1;
1 -1 -1 -1 -1 -1;1 1 1 1 1 -1];
x10 = [ -1 1 1 1 1 1 ; 1 -1 -1 -1 -1 -1; 1 -1 -1 -1 -1 -1; 1 -1 -1 -
1 -1 -1;
1 -1 -1 -1 -1 -1; 1 1 1 1 1 -1];
x11 = [1 1 1 1 1 1 ; 1 -1 -1 -1 -1 -1; 1 1 1 1 1 1; 1 -1 -1 -1 -1 -1;
1 -1 -1 -1 -1 -1; 1 -1 -1 -1 -1 -1];
x12 = [ -1 1 1 1 1 1 ; 1 -1 -1 -1 -1 -1; 1 1 1 1 1 1; 1 -1 -1 -1 -1 -1;
1 -1 -1 -1 -1 -1; 1 -1 -1 -1 -1 -1];
x13 = [1 1 1 1 1 -1 ; 1 -1 -1 -1 -1 -1; 1 1 1 1 1 -1; 1 -1 -1 -1 -1 -1;
1 -1 -1 -1 -1 -1; 1 -1 -1 -1 -1 -1];
x14 = [1 1 1 1 1 1 ; 1 -1 -1 -1 -1 -1; -1 1 1 1 1 1; 1 -1 -1 -1 -1 -1;
1 -1 -1 -1 -1 -1; 1 -1 -1 -1 -1 -1];
x15 = [1 1 1 1 1 1 ; 1 -1 -1 -1 -1 -1; 1 1 1 1 1 -1; 1 -1 -1 -1 -1 -1;
1 -1 -1 -1 -1 -1; 1 -1 -1 -1 -1 -1];
xr1 = reshape(x1',1,36);
xr2 = reshape(x2',1,36);
xr3 = reshape(x3',1,36);
xr4 = reshape(x4',1,36);
xr5 = reshape(x5',1,36);
xr6 = reshape(x6',1,36);
xr7 = reshape(x7',1,36);
xr8 = reshape(x8',1,36);
xr9 = reshape(x9',1,36);
xr10 = reshape(x10',1,36);
xr11 = reshape(x11',1,36);
xr12 = reshape(x12',1,36);
xr13 = reshape(x13',1,36);
xr14 = reshape(x14',1,36);
xr15 = reshape(x15',1,36);
X = [xr1' xr2' xr3' xr4' xr5' xr6' xr7' xr8' xr9' xr10' xr11' xr12'
xr13' xr14' xr15'];
```

生成测试集:

```
function [X_test] = test_pattern
X1 = [1 1 1 -1 1 1 ;1 -1 -1 -1 -1 1;1 -1 -1 -1 -1 1;1 -1 -1 -1 -1 -1;
     1 -1 -1 -1 -1 1;1 1 1 -1 1 1];
X2 = [1 1 1 1 1 -1 ;1 -1 -1 -1 -1 1;1 -1 -1 -1 -1 1;1 -1 -1 -1 -1 1;
     1 -1 -1 -1 -1 1; -1 1 1 1 1 1 1];
X3 = [ -1 1 1 1 1 1 ;1 -1 -1 -1 -1 1;1 -1 -1 -1 -1 1;1 -1 -1 -1 -1 1;
     1 -1 -1 -1 -1 1; -1 1 1 1 1 1 1];
X4 = [1 1 1 1 1 1 ;1 -1 -1 -1 -1 1;1 -1 -1 -1 -1 1;1 -1 -1 -1 -1 1;
      -1 1 -1 -1 -1 1; -1 -1 1 1 1 -1];
X5 = [ -1 1 1 1 -1 -1 ;1 -1 -1 -1 1 1;1 -1 -1 -1 -1 1;1 -1 -1 -1 -1 1;
     1 -1 -1 -1 -1 1; -1 1 1 1 1 1 1];
X6 = [ -1 -1 1 1 1 1 ; -1 1 -1 -1 -1 -1;1 -1 -1 -1 -1 -1;1 -1 -1 -1
      -1 -1;-1 1 -1 -1 -1 -1; -1 -1 1 1 1 1];
X7 = [1 1 1 1 -1 -1 ;1 -1 -1 -1 -1 -1;1 -1 -1 -1 -1 -1;1 -1 -1 -1
      -1 -1;1 -1 -1 -1 -1 -1; 1 1 1 1 1 1];
X8 = [1 1 1 1 1 1 ;1 -1 -1 -1 -1 -1;1 -1 -1 -1 -1 -1;1 -1 -1 -1 -1
      -1;1 -1 -1 -1 -1 -1; 1 1 1 1 -1 -1];
X9 = [1 1 1 1 1 -1 ;1 -1 -1 -1 -1 -1;1 -1 -1 -1 -1 -1;1 -1 -1 -1
      -1 -1;-1 1 -1 -1 -1 -1;-1 -1 1 1 1 -1];
X10 = [ -1 1 1 1 1 1 ;1 -1 -1 -1 -1 -1;1 -1 -1 -1 -1 -1;1 -1 -1 -1
       -1 -1;1 -1 -1 -1 -1 -1; -1 -1 1 1 1 -1];
X11 = [ -1 1 1 1 1 1 ;1 -1 -1 -1 -1 -1;1 1 1 -1 -1 -1;1 -1 -1 -1 -1
       -1;1 -1 -1 -1 -1 -1;1 -1 -1 -1 -1 -1];
X12 = [1 1 1 1 1 1 ; -1 -1 -1 -1 -1 -1;1 1 1 1 1 1;1 -1 -1 -1 -1 -1;
      1 -1 -1 -1 -1 -1;1 -1 -1 -1 -1 -1];
X13 = [1 1 1 -1 -1 -1 ;1 -1 -1 -1 -1 -1;1 1 1 1 1 -1;1 -1 -1 -1 -1
       -1;1 -1 -1 -1 -1 -1;1 -1 -1 -1 -1 -1];
X14 = [1 1 -1 1 1 -1 ;1 -1 -1 -1 -1 -1; -1 -1 1 1 1 1;1 -1 -1 -1 -1
       -1;1 -1 -1 -1 -1 -1; -1 -1 -1 -1 -1 -1];
X15 = [ -1 -1 1 1 1 1 ; -1 1 -1 -1 -1 -1; -1 1 1 1 1 -1;1 -1 -1 -1 -1
       -1;1 -1 -1 -1 -1 -1;1 -1 -1 -1 -1 -1];
xr1 = reshape(X1',1,36);
xr2 = reshape(X2',1,36);
xr3 = reshape(X3',1,36);
xr4 = reshape(X4',1,36);
xr5 = reshape(X5',1,36);
xr6 = reshape(X6',1,36);
xr7 = reshape(X7',1,36);
xr8 = reshape(X8',1,36);
xr9 = reshape(X9',1,36);
xr10 = reshape(X10',1,36);
xr11 = reshape(X11',1,36);
xr12 = reshape(X12',1,36);
```

```
    xr13 = reshape(X13',1,36);
    xr14 = reshape(X14',1,36);
    xr15 = reshape(X15',1,36);
    X_test = [xr1' xr2' xr3' xr4' xr5' xr6' xr7' xr8' xr9' xr10' xr11'
xr12' xr13' xr14' xr15'];
```

第 6 章
反向传播

6.1 反向传播学习过程

反向传播（back propagation，BP）算法由 Rumelhart、Hinton 和 Williams 于 1986 年提出，通过设置权值，从而用于多层感知机的训练。这为使用多层人工神经网络（ANNs）开辟了道路，但要注意隐藏层没有期望的（隐藏）输出可访问。Rumelhart 等人的 BP 算法一经发表，就与 Werbos 在 1974 年哈佛大学博士论文中提出的算法以及后来 D. B. Parker 于 1982 年在斯坦福大学的报告中提出的算法非常接近，而这两项研究都没有公开发表，因此其内容无法获得。毋庸置疑，用一种严格的方法来设置中间权值，即训练人工神经网络的隐藏层，其对人工神经网络的进一步发展起到了重大的推动作用，且为克服马文·明斯基（Marvin Lee Minsky）指出的单层缺点开辟了道路，而该缺点几乎对人工神经网络造成了致命的打击。

6.2 BP 算法的推导

BP 算法必然从计算输出层开始。输出层是唯一有期望输出的层，且中间层的输出是不可用的，如图 6.1 所示。

令 ε 表示输出层的误差能量（error - energy），则

$$\varepsilon \triangleq \frac{1}{2}\sum_{k}(d_k - y_k)^2 = \frac{1}{2}\sum_{k} e_k^2 \tag{6.1}$$

其中，$k=1$，…，N；N 为输出层神经元的个数。因此，考虑 ε 的梯度，则有

$$\nabla \varepsilon_k = \frac{\partial \varepsilon}{\partial w_{kj}} \tag{6.2}$$

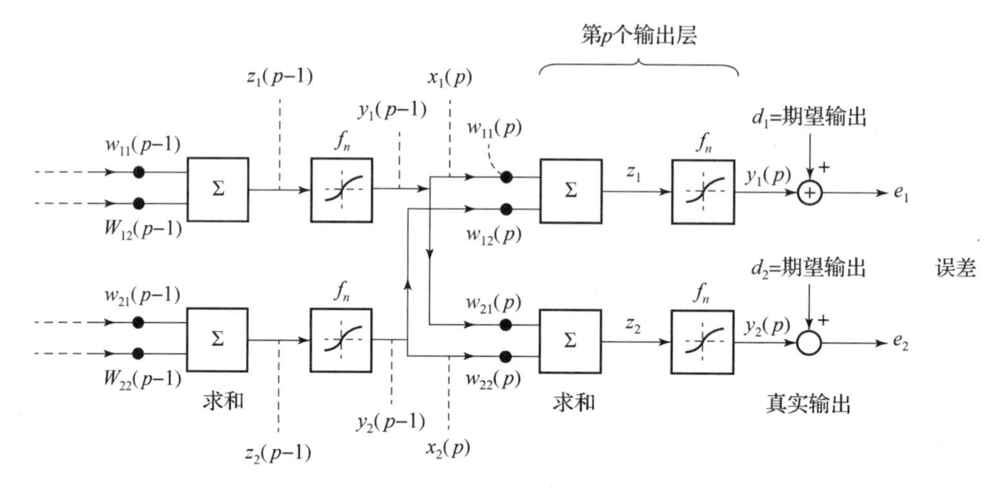

图 6.1　多层感知机

现在，通过最速下降（梯度）过程，如第 3.4.2 小节所述，则有

$$w_{kj}(m+1) = w_{kj}(m) + \Delta w_{kj}(m) \tag{6.3}$$

其中，j 表示输出层第 k 个神经元的第 j 个输入。再次采用最速下降过程，可得

$$\Delta w_{kj} = -\eta \frac{\partial \varepsilon}{\partial w_{kj}} \tag{6.4}$$

式（6.4）中的负号（－）表示下降方向朝向最小值。从感知机的定义可知，感知机 k 的节点输出 z_k 由下式给出：

$$z_k = \sum_{j} w_{kj} x_j \tag{6.5}$$

其中，x_j 是该神经元的第 j 个输入，则感知机的输出 y_k 为

$$y_k = F_N(z_k) \tag{6.6}$$

式（6.6）中的 F 是第 4 章中讨论的非线性函数，且必须是连续的才能允许其微分。现在我们作以下替代：

$$\frac{\partial \varepsilon}{\partial w_{kj}} = \frac{\partial \varepsilon}{\partial z_k} \frac{\partial z_k}{\partial w_{kj}} \tag{6.7}$$

由式（6.5）可得

$$\frac{\partial z_k}{\partial w_{kj}} = x_j(p) = y_j(p-1) \tag{6.8}$$

其中，p 表示输出层，则使式（6.7）变为

$$\frac{\partial \varepsilon}{\partial w_{kj}} = \frac{\partial \varepsilon}{\partial z_k} x_j(p) = \frac{\partial \varepsilon}{\partial z_r} y_j(p-1) \tag{6.9}$$

定义：

$$\boldsymbol{\Phi}_k(p) = -\frac{\partial \varepsilon}{\partial z_k(p)} \tag{6.10}$$

则式（6.9）变为

$$\frac{\partial \varepsilon}{\partial w_{kj}} = -\boldsymbol{\Phi}_k(p) x_j(p) = -\boldsymbol{\Phi}_k y_j(p-1) \tag{6.11}$$

由式（6.4）及式（6.11）可得

$$\Delta w_{kj} = \boldsymbol{\eta} \boldsymbol{\Phi}_k(p) x_j(p) = \boldsymbol{\eta} \boldsymbol{\Phi}_k(p) y_i(p-1) \tag{6.12}$$

其中，j 表示输出层（p）的神经元 k 的第 j 个输入。

进一步由式（6.10）可得

$$\boldsymbol{\Phi}_k = -\frac{\partial \varepsilon}{\partial z_k} = -\frac{\partial \varepsilon}{\partial y_k} \frac{\partial y_k}{\partial z_k} \tag{6.13}$$

但由式（6.1）可得

$$\frac{\partial \varepsilon}{\partial y_k} = -(d_k - y_k) = y_k - d_k \tag{6.14}$$

依据 sigmoid 函数的非线性，则有

$$y_k = F_N(z_k) = \frac{1}{1 + \exp(-z_k)} \tag{6.15}$$

从而可得

$$\frac{\partial y_k}{\partial z_k} = y_k(1 - y_k) \tag{6.16}$$

因此，由式（6.13）、式（6.14）及式（6.16）可得

$$\boldsymbol{\Phi}_k = y_k(1 - y_k)(d_k - y_k) \tag{6.17}$$

这样，在输出层由式（6.4）和式（6.7）可得

$$\Delta w_{kj} = -\eta \frac{\partial \varepsilon}{\partial w_{kj}} = -\eta \frac{\partial \varepsilon}{\partial z_k} \frac{\partial z_k}{\partial w_{kj}} \tag{6.18}$$

其中，由式（6.8）和式（6.13）可得

$$\Delta w_{kj}(p) = \eta \Phi_k(p) y_i(p-1) \tag{6.19}$$

式（6.19）中的 Φ_k 如式（6.17）所示，这样即可完成输出层权值设置的推导。

反向传播到第 r 个隐藏层，对于第 r 个隐藏层的第 j 个神经元的第 i 个分支，则有

$$\Delta w_{ji} = -\eta \frac{\partial \varepsilon}{\partial w_{ji}} \tag{6.20}$$

因此，将式（6.7）代入式（6.20）可得

$$\Delta w_{ji} = -\eta \frac{\partial \varepsilon}{\partial z_j} \frac{\partial z_j}{\partial w_{ji}} \tag{6.21}$$

注意到式（6.8）和式（6.13）中 Φ 的定义，可得

$$\Delta w_{ji} = -\eta \frac{\partial \varepsilon}{\partial z_j} y_i(r-1) = \eta \Phi_j(r) y_i(r-1) \tag{6.22}$$

考虑式（6.13）等号右侧，则上式变为

$$\Delta w_{ji} = -\eta \left[\frac{\partial \varepsilon}{\partial y_j(r)} \frac{\partial y_j}{\partial z_j} \right] y_i(r-1) \tag{6.23}$$

其中，$\partial \varepsilon / \partial y_j$ 是不可访问的，因此上面的 $\Phi_j(r)$ 也是不可访问。

然而，ε 只有在从输出反向传播时才会受到上游神经元的影响，目前还没有其他信息，因此可得

$$\frac{\partial \varepsilon}{\partial y_j(r)} = \sum_k \frac{\partial \varepsilon}{\partial z_k(r+1)} \left[\frac{\partial z_k(r+1)}{\partial y_j(r)} \right] = \sum_k \frac{\partial \varepsilon}{\partial z_k} \left[\frac{\partial}{\partial y_j(r)} \sum_m w_{km}(r+1) y_m(r) \right] \tag{6.24}$$

其中，k 的求和是对连接到 $y_j(r)$ 的下一层［即（$r+1$）层］神经元进行的，而 m 的求和是对（$r+1$）层的第 k 个神经元的所有输入进行的。

由于只有 $w_{kj}(r+1)$ 与 $y_j(r)$ 相连，因此注意 Φ 的定义，由式（6.24）可得

$$\frac{\partial \varepsilon}{\partial y_j(r)} = \sum_k \frac{\partial \varepsilon}{\partial z_k(r+1)} w_{kj} = -\sum_k \Phi_k(r+1) w_{kj}(r+1) \tag{6.25}$$

因为只有 $w_{kj}(r+1)$ 与 $y_j(r)$ 相连。

因此，由式（6.13）、式（6.14）及式（6.25）可得

$$\begin{aligned}\Phi_j(r) &= \frac{\partial y_j}{\partial z_j}\sum_k \Phi_k(r+1)w_{kj}(r+1)\\ &= y_j(r)[1-y_j(r)]\sum_k \Phi_k(r+1)w_{kj}(r+1)\end{aligned} \tag{6.26}$$

由式（6.19）可得

$$\Delta w_{ji}(r) = \eta\Phi_j(r)y_i(r-1) \tag{6.27}$$

至此，得到 $\Delta w_{ji}(r)$ 作为 Φ 和（$r+1$）层权值的函数，式中的 Φ 可参考式（6.26）。

注意，我们不能对所考虑的隐藏层求 ε 的偏导数，因此我们必须对输出方向上游的变量求 ε 的偏导数，这是唯一影响 ε 的变量。这一观察结果是反向传播过程的基础，有助于克服隐藏层中缺乏可访问的误差数据这一问题。

由以上讨论可知，BP 算法一直向后传播到 $r=1$（第一层），以完成其推导。因此，其计算可以总结如下：

应用第一个训练向量。随后，由式（6.17）和式（6.19）为输出层 p 计算 $\Delta w_{kj}(p)$，然后对于 $r=p-1$、$p-2$、…、2、1，从式（6.27）中计算 $\Delta w_{ji}(r)$；基于上游的 $\Phi_j(r+1)$，利用式（6.26）更新 $\Phi_j(r)$ [即从（$r+1$）层反向传播到 r 层] 等等。接下来，对于后一个训练集和第（$m+1$）次迭代，通过式（6.3）从 $w(m)$ 和 $\Delta w(m)$ 中更新 $w(m+1)$。当应用下一个训练向量时，重复整个过程，直到遍历所有 L 个训练向量。然后对（$m+2$）、（$m+3$）、…重复整个过程，直到达到足够的收敛。

学习率 η 应逐步调整，可以参考第 3.4.2 小节末尾的讨论。然而，由于收敛速度比 Adaline 或 Madaline 设计中快得多，因此当误差变得非常小时，建议在继续之前将 η 恢复到初始值。

初始化 $w_{ji}(o)$ 是通过将每个权值设置为从随机数池中选择的低随机值来完成的，如在 $-5\sim5$ 的范围内。

与第 5 章 Madaline 网络的情况相同，隐藏层神经元的数量应该更高，而不是更低。然而，对于简单的问题，一个或两个隐藏层就足够了。

6.3 改进的 BP 算法

6.3.1 在神经网络中引入偏置

对神经网络的神经元施加一些偏置（bias）通常是有利的，如图 6.2 所示。当与可训练权值关联时，偏置可以是可训练的，并且可以像修改任何其他权值一样修改偏置。因此，偏置是根据输入实现的，而该输入具有一些常量（如 +1 或 +B）值，然后给出（第 i 个神经元上）的准确偏置 b_i 为

$$b_i = w_{oi} B \tag{6.28}$$

其中，w_{oi}是神经元 i 输入的偏置项的权值。注意：偏置可以是正的也可以是负的，这取决于它的权值。

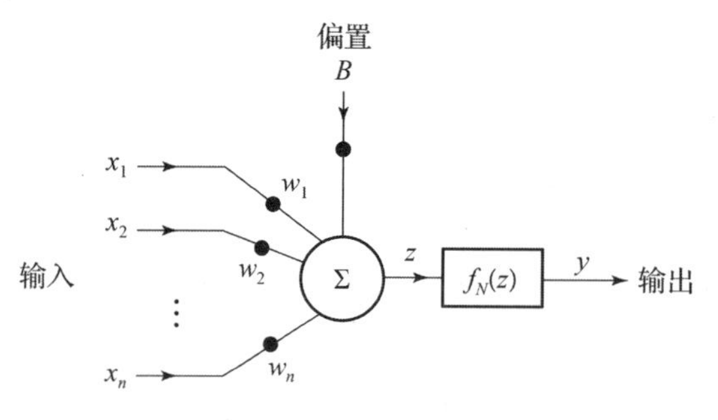

图 6.2 偏置神经元

6.3.2 结合动量或平滑的权值调整

在一定的操作条件下，反向传播（BP）算法计算神经元权值可能会出现不稳定性。为了减少不稳定的倾向，Rumelhart 等人（1986）建议在式（6.12）中加入动量项。因此，对于（m +1）次迭代，式（6.12）被修改为

$$\Delta w_{ij}^{(m)} = \eta \Phi_i(r) y_j(r-1) + \alpha \Delta w_{ij}^{(m-1)} \tag{6.29}$$

$$w_{ij}^{(m+1)} = w_{ij}^{(m)} + \Delta w_{ij}^{(m)} \tag{6.30}$$

其中，$0 < \alpha < 1$，α 是动量系数（通常在 0.9 左右）。α 的使用将倾向于避免快速波动，但它可能并不总是有效，甚至可能损害收敛性。

另一种平滑方法（出于同样的目的，也并不总是可取的）是采用 Sejnowski 和 Rosenberg（1987）提出的平滑项，即

$$\Delta w_{ij}^{(m)} = \alpha \Delta w_{ij}^{(m-1)} + (1-\alpha)\Phi_i(r) y_j(r-1) \tag{6.31}$$

$$w_{ij}^{(m+1)} = w_{ij}^{(m)} + \eta \Delta w_{ij}^{(m)} \tag{6.32}$$

其中，$\eta = 0 \sim 1$，$0 < \alpha < 1$。注意：当 $\alpha = 0$ 时，没有平滑发生，且会导致算法卡住。

6.3.3 关于收敛的其他修改

改进的 BP 算法的收敛性通常可以通过以下方式实现：

（1）将 sigmoid 函数的取值范围从 0 ~ 1 修改为 −0.5 ~ 0.5。

（2）有时可以采用反馈（详见第 13 章）。

（3）修改步长可以避免 BP 算法在局部最小值处卡住（学习瘫痪）或振荡。这常常通过减小步长来实现，至少当算法接近瘫痪或开始振荡时是这样的。

（4）避免收敛到局部最小值的最好办法是用统计方法，因为总有一个有限的概率使网络大大远离明显的或实际的最小值。

（5）使用改进的（弹性的）BP 算法，如 RPROP（Riedmiller and Braun，1993）可以大大加快收敛速度并降低初始化的敏感性。它只考虑偏导数的符号来计算 BP 的权值，而不是它们的实际值。

6.A 反向传播案例研究[①]：字符识别问题

6.A.1 引言

下面我们尝试使用一个感知机网络与反向传播学习过程，解决一个简单的字符识别问题。我们的任务是教会神经网络识别 3 个字符，即将它们映射到各自的组 {0，1}、{1，0} 和 {1，1}。同时，还希望网络产生一个特殊的错误信号 {0，0} 来响应任何其他字符。

① Computed by Maxim Kolesnikov，ECE Dept.，University of Illinois，Chicago，2005.

6. A. 2 网络设计

结构：

这里设计的神经网络由 3 层组成（每层 2 个神经元），即 1 个输出层和 2 个隐藏层。网络有 36 个输入。在这种特殊情况下，选择 sigmoid 函数，即

$$y = \frac{1}{1 + \exp(-z)}$$

作为非线性神经元激活函数。偏置项（等于 1）和可训练的权值也包含在网络结构中。反向传播神经网络原理图设计如图 6. A. 1 所示。

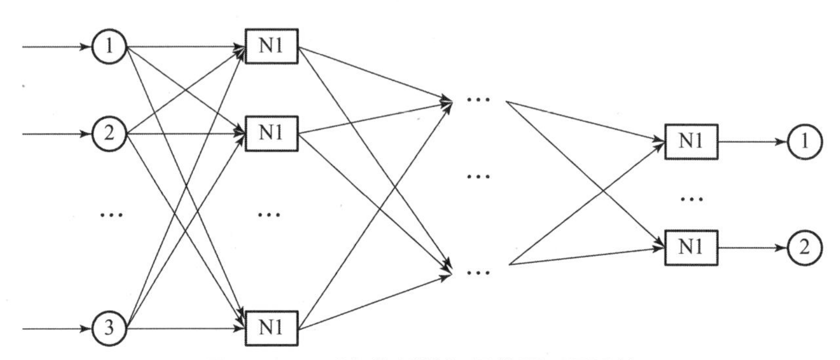

图 6. A. 1　反向传播神经网络原理图设计

数据集设计：

我们训练神经网络识别字符 A、B 和 C。为了训练网络产生错误信号，我们将使用另外 6 个字符 D、E、F、G、H 和 I。为了检查网络是否已经学会识别错误信号，我们将使用字符 X、Y 和 Z。注意，我们感兴趣的是检查网络对训练过程中不涉及的错误字符的响应。

待识别的字符在一个 6×6 的网格上给出。36 个像素中的每一个都被设置为 0 或 1。字符表示形式对应的 6×6 矩阵如下：

A:	B:	C:	G:	H:	I:
001100	111110	011111	011111	100001	001110
010010	100001	100000	100000	100001	000100
100001	111110	100000	100000	111111	000100
111111	100001	100000	101111	100001	000100
100001	100001	100000	100001	100001	000100
100001	111110	011111	011111	100001	001110

```
D: 111110   E: 111111   F: 111111   X: 100001   Y: 010001   Z: 111111
   100001      100000      100000      010010      001010      000010
   100001      111111      111111      001100      000100      000100
   100001      100000      100000      001100      000100      001000
   100001      100000      100000      010010      000100      010000
   111110      111111      100000      100001      000100      111111
```

网络设置：

利用第6.2节的反向传播（BP）学习算法来解决这个问题。该算法的目标是最小化输出层的误差能量，如第6.2节所示，使用其中的式（6.17）、式（6.19）、式（6.26）、式（6.27）。在这种方法中，训练集中的输入向量被逐个地应用于网络的输入，并被前向传播到输出。然后，通过上述BP算法调整权值。随后，我们对所有训练集重复这些步骤。整个过程在接下来的第（$m+2$）次迭代中重复，以此类推。当达到足够收敛时，停止训练。

为了模拟网络的响应并执行学习过程，编写的C++程序代码如第6.A.5小节所示。

6.A.3　结果

网络训练：

为了训练网络识别上述字符，我们以1×36向量的形式将相应的6×6网格应用于网络的输入。如果网络的两个输出与各自的期望值相差不超过0.1，则认为该字符已被识别。初始学习率η被实验性地设为1.5，每100次迭代后降低至1/3。然而，这种方法会导致学习过程陷入各种局部最小值。我们尝试运行学习算法1 000次迭代，很明显误差能量参数已经收敛到一些稳定的值，但所有字符（向量）的识别都失败了。

然而，训练向量在以下点上都没有被识别出来：

```
TRAINING VECTOR 0: [ 0.42169 0.798603 ] — NOT RECOGNIZED —
TRAINING VECTOR 1: [ 0.158372 0.0697667 ] — NOT RECOGNIZED —
TRAINING VECTOR 2: [ 0.441823 0.833824 ] — NOT RECOGNIZED —
TRAINING VECTOR 3: [ 0.161472 0.0741904 ] — NOT RECOGNIZED —
TRAINING VECTOR 4: [ 0.163374 0.0769596 ] — NOT RECOGNIZED —
TRAINING VECTOR 5: [ 0.161593 0.074359 ] — NOT RECOGNIZED —
TRAINING VECTOR 6: [ 0.172719 0.0918946 ] — NOT RECOGNIZED —
```

```
TRAINING VECTOR 7: [ 0.15857 0.0700591 ] — NOT RECOGNIZED —
TRAINING VECTOR 8: [ 0.159657 0.0719576 ] — NOT RECOGNIZED —
```

训练向量 0、1、…、8 在这些日志条目中对应字符 A、B、…、I。

为了阻止这种情况发生，我们又做了一个修改。在每 400 次迭代之后，将学习率重置为初始值。在大约 2 000 次迭代后，能够收敛到 0 误差并正确识别所有字符，如下所示：

```
TRAINING VECTOR 0: [ 0.0551348 0.966846 ] — RECOGNIZED —
TRAINING VECTOR 1: [ 0.929722 0.0401743 ] — RECOGNIZED —
TRAINING VECTOR 2: [ 0.972215 0.994715 ] — RECOGNIZED —
TRAINING VECTOR 3: [ 0.0172118 0.00638034 ] — RECOGNIZED —
TRAINING VECTOR 4: [ 0.0193525 0.00616272 ] — RECOGNIZED —
TRAINING VECTOR 5: [ 0.00878156 0.00799531 ] — RECOGNIZED —
TRAINING VECTOR 6: [ 0.0173236 0.00651032 ] — RECOGNIZED —
TRAINING VECTOR 7: [ 0.00861903 0.00801831 ] — RECOGNIZED —
TRAINING VECTOR 8: [ 0.0132965 0.00701945 ] — RECOGNIZED —
```

识别结果：

为了确定是否正确执行了错误检测，我们将获得的权值保存到数据文件中，修改了程序中的数据集，将字符 G、H 和 I（训练向量 6、7 和 8）替换为字符 X、Y 和 Z。然后运行程序，从数据文件中加载先前保存的权值，并将输入向量应用到网络中。注意，我们没有进行进一步的训练，但得到了以下结果：

```
TRAINING VECTOR 6: [ 0.00790376 0.00843078 ] — RECOGNIZED —
TRAINING VECTOR 7: [ 0.0105325 0.00890258 ] — RECOGNIZED —
TRAINING VECTOR 8: [ 0.0126299 0.00761764 ] — RECOGNIZED —
```

所有 3 个字符都成功地映射到错误信号 {0，0}。

鲁棒性调查：

为了研究神经网络的鲁棒性，我们在输入中添加了一些噪声，得到了以下结果。在 1 位失真（共 36 位）的情况下，识别率如下：

```
TRAINING VECTOR 0: 25/36 recognitions (69.4444% )
TRAINING VECTOR 1: 33/36 recognitions (91.6667% )
TRAINING VECTOR 2: 32/36 recognitions (88.8889% )
TRAINING VECTOR 3: 35/36 recognitions (97.2222% )
TRAINING VECTOR 4: 34/36 recognitions (94.4444% )
TRAINING VECTOR 5: 35/36 recognitions (97.2222% )
TRAINING VECTOR 6: 36/36 recognitions (100% )
TRAINING VECTOR 7: 35/36 recognitions (97.2222% )
TRAINING VECTOR 8: 36/36 recognitions (100% )
```

在2位失真的情况下，达到以下识别率：

```
TRAINING VECTOR 0: 668/1260 recognitions (53.0159%)
TRAINING VECTOR 1: 788/1260 recognitions (62.5397%)
TRAINING VECTOR 2: 906/1260 recognitions (71.9048%)
TRAINING VECTOR 3: 1170/1260 recognitions (92.8571%)
TRAINING VECTOR 4: 1158/1260 recognitions (91.9048%)
TRAINING VECTOR 5: 1220/1260 recognitions (96.8254%)
TRAINING VECTOR 6: 1260/1260 recognitions (100%)
TRAINING VECTOR 7: 1170/1260 recognitions (92.8571%)
TRAINING VECTOR 8: 1204/1260 recognitions (95.5556%)
```

6.A.4　讨论和结论

我们能够训练神经网络，使其成功识别3个给定的字符，同时能够将其他字符分类为错误，然而这种便利是要付出代价的。似乎错误检测率越大，网络的鲁棒性越差。例如，当字符A的2位被扭曲时，网络识别率只有53%。粗略地说，在一半情况下，网络“认为”其输入不是字符A，因此必须归类为错误。总的来说，反向传播网络比Madaline强大得多，它可以更快地实现收敛，也更容易编程。然而在某些情况下，当反向传播学习算法陷入局部最小值时，它们可以通过调整学习率及其变化规则来成功处理。

6.A.5　源码（C++）

```
/* */
#include <math.h>
#include <iostream>
#include <fstream>
using namespace std;
#define N_DATASETS 9
#define N_INPUTS 36
#define N_OUTPUTS 2
#define N_LAYERS 3
//{# inputs, # of neurons in L1, # of neurons in L2, # of neurons in L3}
short conf[4] = {N_INPUTS, 2, 2, N_OUTPUTS};
float **w[3], *z[3], *y[3], *Fi[3], eta; //According to the number
of layers ofstream ErrorFile("error.txt", ios::out);
//3 training sets
bool dataset[N_DATASETS][N_INPUTS] = {
{ 0, 0, 1, 1, 0, 0, //'A'
```

```
 0, 1, 0, 0, 1, 0,
 1, 0, 0, 0, 0, 1,
 1, 1, 1, 1, 1, 1,
 1, 0, 0, 0, 0, 1,
 1, 0, 0, 0, 0, 1},
{1, 1, 1, 1, 1, 0, //'B'
 1, 0, 0, 0, 0, 1,
 1, 1, 1, 1, 1, 0,
 1, 0, 0, 0, 0, 1,
 1, 0, 0, 0, 0, 1,
 1, 1, 1, 1, 1, 0},
{0, 1, 1, 1, 1, 1, //'C'
 1, 0, 0, 0, 0, 0,
 1, 0, 0, 0, 0, 0,
 1, 0, 0, 0, 0, 0,
 1, 0, 0, 0, 0, 0,
 0, 1, 1, 1, 1, 1},
{1, 1, 1, 1, 1, 0, //'D'
 1, 0, 0, 0, 0, 1,
 1, 0, 0, 0, 0, 1,
 1, 0, 0, 0, 0, 1,
 1, 0, 0, 0, 0, 1,
 1, 1, 1, 1, 1, 0},
{1, 1, 1, 1, 1, 1, //'E'
 1, 0, 0, 0, 0, 0,
 1, 1, 1, 1, 1, 1,
 1, 0, 0, 0, 0, 0,
 1, 0, 0, 0, 0, 0,
 1, 1, 1, 1, 1, 1},
{1, 1, 1, 1, 1, 1, //'F'
 1, 0, 0, 0, 0, 0,
 1, 1, 1, 1, 1, 1,
 1, 0, 0, 0, 0, 0,
 1, 0, 0, 0, 0, 0,
 1, 0, 0, 0, 0, 0},
{0, 1, 1, 1, 1, 1, //'G'
 1, 0, 0, 0, 0, 0,
 1, 0, 0, 0, 0, 0,
 1, 0, 1, 1, 1, 1,
 1, 0, 0, 0, 0, 1,
 0, 1, 1, 1, 1, 1},
{1, 0, 0, 0, 0, 1, //'H'
 1, 0, 0, 0, 0, 1,
 1, 1, 1, 1, 1, 1,
 1, 0, 0, 0, 0, 1,
```

```
 1, 0, 0, 0, 0, 1,
 1, 0, 0, 0, 0, 1},
{ 0, 0, 1, 1, 1, 0, //'I'
 0, 0, 0, 1, 0, 0,
 0, 0, 0, 1, 0, 0,
 0, 0, 0, 1, 0, 0,
 0, 0, 0, 1, 0, 0,
 0, 0, 1, 1, 1, 0}

//Below are the datasets for checking "the rest of the world".
//They are not the ones the NN was trained on.
/* { 1, 0, 0, 0, 0, 1, //'X'
   0, 1, 0, 0, 1, 0,
   0, 0, 1, 1, 0, 0,
   0, 0, 1, 1, 0, 0,
   0, 1, 0, 0, 1, 0,
   1, 0, 0, 0, 0, 1},
{ 0, 1, 0, 0, 0, 1, //'Y'
   0, 0, 1, 0, 1, 0,
   0, 0, 0, 1, 0, 0,
   0, 0, 0, 1, 0, 0,
   0, 0, 0, 1, 0, 0,
   0, 0, 0, 1, 0, 0},
{   1, 1, 1, 1, 1, 1, //'Z'
   0, 0, 0, 0, 1, 0,
   0, 0, 0, 1, 0, 0,
   0, 0, 1, 0, 0, 0,
   0, 1, 0, 0, 0, 0,
   1, 1, 1, 1, 1, 1} */
},
datatrue[N_DATASETS][N_OUTPUTS] = {{0,1}, {1,0}, {1,1},
{0,0}, {0,0}, {0,0}, {0,0}, {0,0}, {0,0}};
//Memory allocation and initialization function void MemAllocAndInit
(char S)
{
if(S == 'A')
   for(int i = 0; i < N_LAYERS; i ++)
   {
w[i] = new float *[conf[i + 1]];
z[i] = new float[conf[i + 1]];

y[i] = new float[conf[i + 1]]; Fi[i] = new float[conf[i + 1]];
for(int j = 0; j < conf[i + 1]; j ++)
{
}
```

```
}
w[i][j] = new float[conf[i] + 1];
//Initializing in the range ( -0.5;0.5) (including bias weight)
for(int k = 0; k <= conf[i]; k ++)
  w[i][j][k] = rand()/(float)RAND_MAX - 0.5;
if(S == 'D')
{
for(int i = 0; i < N_LAYERS; i ++)
{
}
for(int j = 0; j < conf[i + 1]; j ++)
   delete[] w[i][j];
delete[] w[i], z[i], y[i], Fi[i];
}
}
ErrorFile.close();
//Activation function float FNL(float z)
{
}
float y;
y = 1. /(1. + exp( -z));
return y;
//Applying input
void ApplyInput(short sn)
{
float input;
for(short i = 0; i < N_LAYERS; i ++) //Counting layers
   for(short j = 0; j < conf[i + 1]; j ++) //Counting neurons in
each layer
   {
z[i][j] = 0.;
//Counting input to each layer ( = # of neurons in the previous layer)
for(short k = 0; k < conf[i]; k ++)
{ }
if(i) //If the layer is not the first one input = y[i - 1][k];
else
   input = dataset[sn][k];
z[i][j] += w[i][j][k] * input;
}
}

z[i][j] += w[i][j][conf[i]]; //Bias term y[i][j] = FNL(z[i][j]);
//Training function, tr - # of runs void Train(int tr)
{
short i, j, k, m, sn;
```

```
float eta, prev_output, multiple3, SqErr, eta0;
eta0 = 1.5; //Starting learning rate eta = eta0;
for(m = 0; m < tr; m ++) //Going through all tr training runs
{
SqErr = 0.;
//Each training run consists of runs through each training set for(sn = 0;
sn < N_DATASETS; sn ++)
{
ApplyInput(sn);
//Counting the layers down
for(i = N_LAYERS - 1; i >= 0; i --)
//Counting neurons in the layer for(j = 0; j < conf[i + 1]; j ++)
{
if(i == 2) //If it is the output layer multiple3 = datatrue[sn][j] - y
[i][j];
else
{ }
multiple3 = 0.;
//Counting neurons in the following layer for(k = 0; k < conf[i + 2]; k ++)
  multiple3 += Fi[i + 1][k] * w[i + 1][k][j];
Fi[i][j] = y[i][j] * (1 - y[i][j]) * multiple3;
//Counting weights in the neuron
//(neurons in the previous layer)
for(k = 0; k < conf[i]; k ++)
{ }
if(i) //If it is not a first layer prev_output = y[i - 1][k];
else
   prev_output = dataset[sn][k];
w[i][j][k] += eta * Fi[i][j] * prev_output;
}
//Bias weight correction w[i][j][conf[i]] += eta * Fi[i][j];
}
SqErr += pow((y[N_LAYERS - 1][0] - datatrue[sn][0]), 2) +
   pow((y[N_LAYERS - 1][1] - datatrue[sn][1]), 2);
} }
ErrorFile << 0.5 * SqErr << endl;
//Decrease learning rate every 100th iteration if(! (m % 100))
  eta /= 2.;
//Go back to original learning rate every 400th iteration if(! (m % 400))
eta = eta0;
//Prints complete information about the network void PrintInfo(void)
{
for(short i = 0; i < N_LAYERS; i ++) //Counting layers
{
cout << "LAYER " << i << endl;
```

```
//Counting neurons in each layer for(short j = 0; j < conf[i + 1]; j ++)
{
}
}
}
cout << "NEURON " << j << endl;
//Counting input to each layer ( = # of neurons in the previous layer)
for(short k = 0; k < conf[i]; k ++)
cout << "w[" << i << "][" << j << "][" << k << "] = " << w[i][j][k]
     << ' ';
cout << "w[" << i << "][" << j << "][BIAS] = " << w[i][j][conf[i]]
     << ' ' << endl;
cout << "z[" << i << "][" << j << "] = " << z[i][j] << endl;
cout << "y[" << i << "][" << j << "] = " << y[i][j] << endl;
//Prints the output of the network void PrintOutput(void)
{
//Counting number of datasets
for(short sn = 0; sn < N_DATASETS; sn ++)
{
}
}
ApplyInput(sn);
cout << "TRAINING SET " << sn << ": [ ";
//Counting neurons in the output layer for(short j = 0; j < conf[3]; j ++)
   cout << y[N_LAYERS - 1][j] << ' ';
cout << "] ";
if(y[N_LAYERS - 1][0] > (datatrue[sn][0] - 0.1)
     && y[N_LAYERS - 1][0] < (datatrue[sn][0] + 0.1)
     && y[N_LAYERS - 1][1] > (datatrue[sn][1] - 0.1)
     && y[N_LAYERS - 1][1] < (datatrue[sn][1] + 0.1))
     cout << " --- RECOGNIZED --- ";
else
     cout << " --- NOT RECOGNIZED --- ";
cout << endl;

//Loads weithts from a file void LoadWeights(void)
{
float in;
ifstream file("weights.txt", ios::in);
//Counting layers
for(short i = 0; i < N_LAYERS; i ++)
       //Counting neurons in each layer
       for(short j = 0; j < conf[i + 1]; j ++)
         //Counting input to each layer ( = # of neurons in the previous layer)
         for(short k = 0; k <= conf[i]; k ++)
```

```
        {
}
file >> in;
w[i][j][k] = in;
}
file.close();
//Saves weithts to a file void SaveWeights(void)
{
}
ofstream file("weights.txt", ios::out);
//Counting layers
for(short i = 0; i < N_LAYERS; i ++)
  //Counting neurons in each layer
for(short j = 0; j < conf[i + 1]; j ++)
     //Counting input to each layer ( = # of neurons in the previous layer)
     for(short k = 0; k <= conf[i]; k ++)
        file << w[i][j][k] << endl;
file.close();
//Gathers recognition statistics for 1 and 2 false bit cases void
GatherStatistics(void)
{
short sn, j, k, TotalCases;
int cou;

cout << "WITH 1 FALSE BIT PER CHARACTER:" << endl; TotalCases = conf[0];
//Looking at each dataset
for(sn = 0; sn < N_DATASETS; sn ++)
{
cou = 0;
//Looking at each bit in a dataset for(j = 0; j < conf[0]; j ++)
{ }
if(dataset[sn][j])
   dataset[sn][j] = 0;
else
   dataset[sn][j] = 1; ApplyInput(sn);
if(y[N_LAYERS - 1][0] > (datatrue[sn][0] - 0.1)
   && y[N_LAYERS - 1][0] < (datatrue[sn][0] + 0.1)
   && y[N_LAYERS - 1][1] > (datatrue[sn][1] - 0.1)
   && y[N_LAYERS - 1][1] < (datatrue[sn][1] + 0.1))
   cou ++;
if(dataset[sn][j]) //Switching back dataset[sn][j] = 0;
else
   dataset[sn][j] = 1;
}
cout << "TRAINING SET " << sn << ": " << cou << '/' << TotalCases
```

```
        << " recognitions (" << (float)cou /TotalCases * 100. << "% )"
        << endl;
    cout << "WITH 2 FALSE BITS PER CHARACTER:" << endl; TotalCases =
    conf[0] * (conf[0] - 1.);
    //Looking at each dataset
    for(sn = 0; sn < N_DATASETS; sn ++)
    {
    cou = 0;
    //Looking at each bit in a dataset for(j = 0; j < conf[0]; j ++)

    for(k = 0; k < conf[0]; k ++)
    { }
    if(j == k)
      continue;
    if(dataset[sn][j])
      dataset[sn][j] = 0;
    else
      dataset[sn][j] = 1;
    if(dataset[sn][k])
      dataset[sn][k] = 0;
    else
      dataset[sn][k] = 1; ApplyInput(sn);
    if(y[N_LAYERS - 1][0] > (datatrue[sn][0] - 0.1)
      && y[N_LAYERS - 1][0] < (datatrue[sn][0] + 0.1)
      && y[N_LAYERS - 1][1] > (datatrue[sn][1] - 0.1)
      && y[N_LAYERS - 1][1] < (datatrue[sn][1] + 0.1))
      cou ++;
    if(dataset[sn][j]) //Switching back dataset[sn][j] = 0;
    else
      dataset[sn][j] = 1;
    if(dataset[sn][k])
      dataset[sn][k] = 0;
    else
      dataset[sn][k] = 1;
    }}
    cout << "TRAINING SET " << sn << ": " << cou << '/' << TotalCases
        << " recognitions (" << (float)cou /TotalCases * 100. << "% )"
        << endl;
    //Entry point: main menu void main(void)
    {
    short ch;
    int x;

    MemAllocAndInit('A');
    do
```

```
{
system("cls");
cout << "MENU" << endl;
cout << "1. Apply input and print parameters" << endl;
cout << "2. Apply input (all training sets) and print output" << endl;
cout << "3. Train network" << endl; cout << "4. Load weights" << endl;
cout << "5. Save weights" << endl;
cout << "6. Gather recognition statistics" << endl;
cout << "0. Exit" << endl; cout << "Your choice: "; cin >> ch;
cout << endl;
switch(ch)
{
case 1: cout << "Enter set number: ";
  cin >> x;
  ApplyInput(x);
  PrintInfo(); break;
case 2: PrintOutput();
  break;
case 3: cout << "How many training runs?: ";
  cin >> x; Train(x); break;
case 4: LoadWeights();
  break;
case 5: SaveWeights();
  break;
case 6: GatherStatistics();
  break;
case 0: MemAllocAndInit('D');
return;
}}
cout << endl;
cin.get();
cout << "Press ENTER to continue..." << endl;
cin.get();
}
while(ch);
```

6.B 反向传播案例研究[①]：异或（XOR）问题（两层 BP）

XOR 两层网络经过 200 次迭代后的最终权值和输出如图 6.B.1 所示。

---

① Computed by Mr. Sang Lee, EECS Dept., University of Illinois, Chicago, 1993.

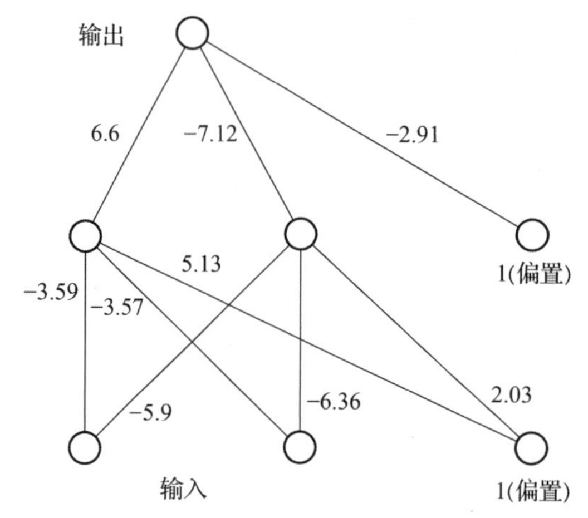

图 6.B.1 最终权值和输出

输入：(0,0)→(0.06)=(输出)

(0,1)→(0.91)

(1,0)→(0.91)

(1,1)→(0.11)

起始学习率：6。

100 次迭代后的学习率：3。

上述异或问题的 C 语言源代码如下：

```
/****************************************************************************
***

    PROGRAM: XOR2.c

    PURPOSE: Approximating Exclusive-Or function using Neural Network with
             2 Hidden Layers.

    FUNCTIONS:

        WinMain() - calls initialization function, processes message loop
        InitApplication() - initializes window data and registers window
        InitInstance() - saves instance handle and creates main window
        MainWndProc() - processes messages
        About() - processes messages for "About" dialog box

****************************************************************************
**/

#include <windows.h>
#include <dde.h>
#include <io.h>
#include <time.h>
#include <string.h>
#include <stdlib.h>
#include <math.h>
```

```
                    XOR2.C
                              InitApplication

:    ──while (GetMessage(&msg. NULL, NULL, NULL)) {
|   |       TranslateMessage(&msg);
:   |       DispatchMessage(&msg);
|   └──}
|
|
|       return (msg.wParam);
└──}


  /**************************************************************************
   ***

      FUNCTION: InitApplication(HANDLE)

      PURPOSE: Initializes window data and registers window class

  **************************************************************************
   **/

  BOOL InitApplication(hInstance)
  HANDLE hInstance;
──{
:       WNDCLASS  wc;

        wc.style = NULL;
:       wc.lpfnWndProc = MainWndProc;
|       wc.cbClsExtra = 0;
|       wc.cbWndExtra = 0;
        wc.hInstance = hInstance;
:       wc.hIcon = LoadIcon(hInstance, "xor");            /* loads icon */
        wc.hCursor = LoadCursor(NULL, IDC_ARROW);
        wc.hbrBackground = GetStockObject(WHITE_BRUSH);
:       wc.lpszMenuName =  "BallMenu";
:       wc.lpszClassName = "XorWClass";
:
        return (RegisterClass(&wc));
──}


  /**************************************************************************
   ***

      FUNCTION:  InitInstance(HANDLE, int)

      PURPOSE:  Saves instance handle and creates main window

  **************************************************************************
   **/

  BOOL InitInstance(hInstance, nCmdShow)
  HANDLE           hInstance;
  int              nCmdShow;
──{
:     HWND             hWnd;
```

XOR2.C
MainWndProc

```
    LONG            result;

    hInst = hInstance;

    hWnd = CreateWindow(
    "XorWClass",
    "XOR with 2 Layers",
    WS_OVERLAPPEDWINDOW,
    0,
    240,
    640,
    240,
    NULL,
    NULL,
    hInstance,
    NULL
    );


    if (!hWnd)
        return (FALSE);

    ShowWindow(hWnd, nCmdShow);
    UpdateWindow(hWnd);
    return (TRUE);

}

/*************************************************************************
 ***

    FUNCTION: MainWndProc(HWND, unsigned, WORD, LONG)

    PURPOSE:  Processes messages

    MESSAGES:

        WM_COMMAND    - application menu (About dialog box)
        WM_DESTROY    - destroy window

**************************************************************************
 **/

long FAR PASCAL MainWndProc(hWnd, message, wParam, lParam)
HWND hWnd;
unsigned message;
WORD wParam;
LONG lParam;
{
    HDC hdc,hdcPrn;
    RECT rect;
    PAINTSTRUCT ps;
    OFSTRUCT OfStruct;
    int fAckReq;
    int hFile;
```

```
                XOR2.C
                          MainWndProc


  static int count;
  int i,j,k,index,indexi,pcount;
  static WEIGHTSTR weight;
  char out[300];
 /* to support clip board message passing */
  HANDLE hText,hMyText;
       /* to store result */
  static float first,second,third,fourth,learnrate;
  float delta[NUNITS];
  float error[NUNITS];
  float net_input[NUNITS];
  float activ[NUNITS];
  float target[NOUTPUTS];
       /* This is the colors for outputs */
  static LOGPEN lpBlack = {PS_SOLID,1,1,RGB(0,0,0)},
  lpBlue = {PS_SOLID,1,1,RGB(0,0,255)},
  lpYellow = {PS_SOLID,1,1,RGB(150,150,0)},
  lpRed = {PS_SOLID,1,1,RGB(255,0,0)},
  lpGreen = {PS_SOLID,1,1,RGB(0,255,0)};
  static HPEN hPenBlack,hPenBlue,hPenYellow,hPenRed,hPenGreen;

┌──switch (message) {
|
|      case WM_CREATE:
|
|
|                      /* initialize  weights */
|         for (k = 0; k< NHUNITS*NOUTPUTS; k++)
|       ┌──{
|       |     weight.weight1[k] = rand()%10;
|       |     if (weight.weight1[k] > 5)
|       |         weight.weight1[k] = -weight.weight1[k];
|       |     weight.weight1[k] = weight.weight1[k]/10;
|       └──}
|         for (k = 0; k< NHUNITS*NINPUTS; k++)
|       ┌──{
|       |     weight.weight0[k] = rand()%10;
|       |     if (weight.weight0[k] > 5)
|       |         weight.weight0[k] = -weight.weight0[k];
|       |     weight.weight0[k] = weight.weight0[k]/10;
|       └──}
|
|                      /* initialize learing rate . this is going to be
|                       smaller as time goes on */
|         learnrate = 5;
|         count = 0;
|                      /* initialize timer */
|         if(!SetTimer(hWnd,ID_TIMER,500,NULL))
|       ┌──{
|       |     MessageBox(hWnd,"Too many clocks or timers !","Ball",
|       |     MB_ICONEXCLAMATION | MB_OK);
|       |     return FALSE;
|       └──}
|
|                      /* initialize color pens */
```

```
          XOR2.C
                    MainWndProc


     hPenBlack = CreatePenIndirect(&lpBlack);
     hPenBlue = CreatePenIndirect(&lpBlue);
     hPenYellow = CreatePenIndirect(&lpYellow);
     hPenRed = CreatePenIndirect(&lpRed);
     hPenGreen = CreatePenIndirect(&lpGreen);
     return 0;

 case WM_TIMER:

          /* decrease learning rate to have fast convergence */
     if ((count%101) == 100)
         learnrate = learnrate/2;

                /*****************************************/
                /* put first input into neural network */
                /*****************************************/
     activ[0] = 0;
     activ[1] = 0;
                /* This is bias */
     activ[NINPUTS-1] = 1;

                /***********************************/
                /* forward activation propagation */
                /***********************************/

                /* calculate activation for hidden nodes */
     for (i = NINPUTS,k=0; i< NINPUTS+NHUNITS;i++)
   ┌─{
   |     net_input[i] = 0;
   |     for(j = 0; j< NINPUTS;j++,k++)
   |   ┌─{
   |   |     net_input[i] += activ[j]*weight.weight0[k];
   |   └─}
   |              /* apply activation function */
   |     activ[i] = 1/(1+(float)exp(-net_input[i])) ;
   └─}
                /* This is bias */
     activ[NINPUTS+NHUNITS-1] = 1;

                /* calculate activation for output nodes */
     for (i = NINPUTS+NHUNITS,k=0; i< NINPUTS+NHUNITS+NOUTPUTS;i++)
   ┌─{
   |     net_input[i] = 0;
   |     for(j = NINPUTS; j< NINPUTS+NHUNITS;j++,k++)
   |   ┌─{
   |   |     net_input[i] += activ[j]*weight.weight1[k];
   |   └─}
   |              /* apply activation function */
   |     activ[i] = 1/(1+(float)exp(-net_input[i])) ;
   └─}

                /* this is final activation of the neural network
                 */
     first = activ[NUNITS-1];
```

```
XOR2.C
                    MainwndProc

|       error[i] = target[k] - activ[i];
└──}

                /*************************************************
                  */
                /* backward error propagation for the third input
                  */
                /*************************************************/

                /* initialize errors before doing something else */
   for (i = 0; i < NUNITS-1; i++)
┌──{
|       error[i] = 0;
└──}

                /* calculate errors between outputs and hidden
                  nodes  */
   for ( i = NUNITS-NOUTPUTS,k=0; i < NUNITS; i++)
┌──{
|       delta[i] = error[i]*activ[i]*(1.0 -activ[i]);
|                                                       /* error
|                                        back propagate before
|                                        bias */
|       for (j = NUNITS-NOUTPUTS-NHUNITS; j < NUNITS-NOUTPUTS-1;
          j++,k++)
|          error[j] += delta[i]*weight.weight1[k];
└──}

                /* calculate errors between hidden nodes  and
                  input nodes*/
   for ( i = NUNITS-NOUTPUTS-NHUNITS,k=0; i < NUNITS-NOUTPUTS-1;
     i++)
┌──{
|       delta[i] = error[i]*activ[i]*(1.0 -activ[i]);
|                    /* we don't need to calculate errors for input
|                      nodes */
└──}

                /* calculate delta weight changes between outputs
                  and hidden nodes  */
   for ( i = NUNITS-NOUTPUTS,k=0; i < NUNITS; i++)
┌──{
|       for (j = NUNITS-NOUTPUTS-NHUNITS; j < NUNITS-NOUTPUTS;
|         j++,k++)
|          weight.weight1[k] += delta[i]*activ[j]*learnrate;
└──}

                /* calculate delta weight changes between hidden
                  nodes and input nodes*/
   for ( i = NUNITS-NOUTPUTS-NHUNITS,k=0; i < NUNITS-NOUTPUTS;
     i++)
┌──{
|       for (j = 0; j < NINPUTS; j++,k++)
|           weight.weight0[k] += delta[i]*activ[j]*learnrate;
└──}
```

```
XOR2.C
                MainWndProc

                /*******************************************/
                /* put fourth input into neural network */
                /**           **************  ************/

    activ[0] = 1;
    activ[1] = 1;
                /* This is bias */
    activ[NINPUTS-1] = 1;

                /***                                   /
                /* for  rd activation propagation */
                /****    ***************************/

                /* calculate activation for hidden nodes */
    for (i = NINPUTS,k=0; i< NINPUTS+NHUNITS;i++)
    {
        net_input[i] = 0;
        for(j = 0; j< NINPUTS;j++,k++)
        {
            net_input[i] += activ[j]    ght.weight0[k];
        }
                /* apply activation function */
        activ[i] = 1/(1+(float)exp(-net_input[i])) ;
    }
                /* This is bias */
    activ[NINPUTS+NHUNITS-1] = 1;

                /* calculate activation for output node  */
    for (i = NINPUTS+NHUNITS,k=0; i< NINPUTS+NHUNITS+NOUTPUTS;i++)
    {
        net_input[i] = 0;
        for(j = NINPUTS; j< NINPUTS+NHUNITS;j++,k++)
        {
            net_input[i] += activ[j]*weight.weight1[k];
        }
                /* apply activation function */
        activ[i] = 1/(1+(float)exp(-net_input[i])) ;
    }
                /* this is final activation of the neural network
                */
    fourth = activ[NUNITS-1];

                /* using target output, calculate weight changes */
                /* If both inputs are one, then output should be
                zero */
    target[0] = 0;

/* calculate errors for outputs */
    for (i = NUNITS-NOUTPUTS,k=0; i < NUNITS; i++,k++)
    {
        error[i] = target[k] - activ[i];
    }

                /*******     ****          *********************
                */
```

```
        XOR2.C
                  MainWndProc

   target[0] = 1;

/* calculate errors for outputs */
   for (i = NUNITS-NOUTPUTS,k=0; i < NUNITS; i++,k++)
   {
       error[i] = target[k] - activ[i];
   }

                  /*                    ******************        *********
                   */
                  /* backward error propagation for the second
                   input */
                  /...............***.......**.....***             **********/

                  /* initialize errors before doing something else */
   for (i = 0; i < NUNITS-1; i++)
   {
       error[i] = 0;
   }

                  /* calculate errors between outputs and hidden
                   nodes  */
   for ( i = NUNITS-NOUTPUTS,k=0; i < NUNITS; i++)
   {
       delta[i] = error[i]*activ[i]*(1.0 -activ[i]);
                                                         /* error
                                              back propagate before
                                              bias */
       for (j = NUNITS-NOUTPUTS-NHUNITS; j < NUNITS-NOUTPUTS-1;
         j++,k++)
           error[j] += delta[i]*weight.weight1[k];
   }

                  /* calculate errors between hidden nodes  and
                   input nodes*/
   for ( i = NUNITS-NOUTPUTS-NHUNITS,k=0; i < NUNITS-NOUTPUTS-1;
     i++)
   {
       delta[i] = error[i]*activ[i]*(1.0 -activ[i]);
                   /*    don't need to calculate errors for input
                    nodes */
   }

                  /* calculate ‹ 1 ı weight changes between outputs
                   and hidden nou.. .  */
   for ( i = NUNITS-NOUTPUTS,k=0; i < NUNITS; i++)
   {
       for (j = NUNITS-NOUTPUTS-NHUNITS; j < NUNITS-NOUTPUTS;
         j++,k++)
           weight.weight1[k] += delta[i]*activ[j]*learnrate;
   }

                  /* calculate delta weight changes between hidden
                   nodes and input nodes*/
   for ( i = NUNITS-NOUTPUTS-NHUNITS,k=0; i < NUNITS-NOUTPUTS;
```

```
         XOR2.C
                     MainWndProc

     i++)
 ┌─{
 │     for (j = 0; j < NINPUTS; j++,k++)
 │         weight.weight0[k] += delta[i]*activ[j]*learnrate;
 └─}
                 /**********************************     */
                 /* put 3rd input into neural network */
                 /*************************************/

   activ[0] = 1;
   activ[1] = 0;
                 /* This is bias */
   activ[NINPUTS-1] = 1;

                 /***********************************/
                 /* forward activation propagation */
                 /***************************    **/

                 /* calculate activation for hidden nodes */
   for (i = NINPUTS,k=0; i< NINPUTS+NHUNITS;i++)
 ┌─{
 │     net_input[i] = 0;
 │     for(j = 0; j< NINPUTS;j++,k++)
 │   ┌─{
 │   │     net_input[i] += activ[j]*weight.weight0[k];
 │   └─}
 │                /* apply activation function */
 │     activ[i] = 1/(1+(float)exp(-net_input[i])) ;
 └─}
                 /* This is bias */
   activ[NINPUTS+NHUNITS-1] = 1;

                 /* calculate activation for output nodes */
   for (i = NINPUTS+NHUNITS,k=0; i< NINPUTS+NHUNITS+NOUTPUTS;i++)
 ┌─{
 │     net_input[i] = 0;
 │     for(j = NINPUTS; j< NINPUTS+NHUNITS;j++,k++)
 │   ┌─{
 │   │     net_input[i] += activ[j]*weight.weight1[k];
 │   └─}
 │                /* apply activation function */
 │     activ[i] = 1/(1+(float)exp(-net_input[i])) ;
 └─}
                 /* this is final activation of the neural network
                  */
   third = activ[NUNITS-1];

                 /* using target output, calculate weight changes */
                 /* If one input is not zero, then output should
                  be one */
   target[0] = 1;

/* calculate errors for outputs */
   for (i = NUNITS-NOUTPUTS,k=0; i < NUNITS; i++,k++)
 ┌─{
```

```
XOR2.C
              MainWndProc

                /* using target output, calculate weight changes */
                /* If both inputs are zero. then output should be
                 zero. */
   target[0] = 0;

/* calculate errors for outputs */
   for (i = NUNITS-NOUTPUTS,k=0; i < NUNITS; i++,k++)
┌──{
│      error[i] = target[k] - activ[i];
└──}

                /***************************************************
                 */
                /* backward error propagation for the first input
                 */
                /***************************************************
                 */

                /* initialize errors before doing something else */
   for (i = 0; i < NUNITS-1; i++)
┌──{
│      error[i] = 0;
└──}

                /* calculate errors between outputs and hidden
                 nodes  */
   for ( i = NUNITS-NOUTPUTS,k=0; i < NUNITS; i++)
┌──{
│      delta[i] = error[i]*activ[i]*(1.0 -activ[i]);
│                                                  /* error
│                                          back propagate before
│                                          bias */
│      for (j = NUNITS-NOUTPUTS-NHUNITS; j < NUNITS-NOUTPUTS-1;
│        j++,k++)
│          error[j] += delta[i]*weight.weight1[k];
└──}

                /* calculate errors between hidden nodes  and
                 input nodes*/
   for ( i = NUNITS-NOUTPUTS-NHUNITS,k=0; i < NUNITS-NOUTPUTS-1;
     i++)
┌──{
│      delta[i] = error[i]*activ[i]*(1.0 -activ[i]);
│                  /* we don't need to calculate errors for input
│                   nodes */
└──}

                /* calculate delta weight changes between outputs
                 and hidden nodes  */
   for ( i = NUNITS-NOUTPUTS,k=0; i < NUNITS; i++)
┌──{
│      for (j = NUNITS-NOUTPUTS-NHUNITS; j < NUNITS-NOUTPUTS;
│        j++,k++)
│          weight.weight1[k] += delta[i]*activ[j]*learnrate;
└──}
```

XOR2.C

MainWndProc

```
                /* calculate delta weight changes between hidden
                 nodes and input nodes*/
   for ( i = NUNITS-NOUTPUTS-NHUNITS,k=0; i < NUNITS-NOUTPUTS:
     i++)
  {
      for (j = 0; j < NINPUTS; j++,k++)
          weight.weight0[k] += delta[i]*activ[j]*learnrate;
  }

                /***************************************/
                /* put second input into neural network  */
                /***************************************/
   activ[0] = 0;
   activ[1] = 1;
                /* This is bias */
   activ[NINPUTS-1] = 1;

                /***********************************/
                /* forward activation propagation */
                /***********************************/

                /* calculate activation for hidden nodes */
   for (i = NINPUTS,k=0; i< NINPUTS+NHUNITS;i++)
  {
      net_input[i] = 0;
      for(j = 0; j< NINPUTS;j++,k++)
     {
          net_input[i] += activ[j]*weight.weight0[k];
     }
                  /* apply activation function */
      activ[i] = 1/(1+(float)exp(-net_input[i])) ;
  }
                /* This is bias */
   activ[NINPUTS+NHUNITS-1] = 1;

                /* calculate activation for output nodes */
   for (i = NINPUTS+NHUNITS,k=0; i< NINPUTS+NHUNITS+NOUTPUTS;i++)
  {
      net_input[i] = 0;
      for(j = NINPUTS; j< NINPUTS+NHUNITS;j++,k++)
     {
          net_input[i] += activ[j]*weight.weight1[k];
     }
                  /* apply activation function */
      activ[i] = 1/(1+(float)exp(-net_input[i])) ;
  }

                /* this is final activation of the neural network
                 */
   second = activ[NUNITS-1];

                /* using target output, calculate weight changes */
                /* If one of the inputs is not zero, then output
                 should be one */
```

```
XOR2.C
              MainWndProc

            /* backward error propagation for the fourth
             input */
            /    ***...                    ****************...   */

            /* initialize errors before doing something else */
   for (i = 0; i < NUNITS-1; i++)
   {
       error[i] = 0;
   }

            /* calculate errors between outputs and hidden
             nodes  */
   for ( i = NUNITS-NOUTPUTS,k=0; i < NUNITS; i++)
   {
       delta[i] = error[i]*activ[i]*(1.0 -activ[i]);
                   /* error back propagate before bias */
       for (j = NUNITS-NOUTPUTS-NHUNITS; j < NUNITS-NOUTPUTS-1;
         j++,k++)
           error[j] += delta[i]*weight.weight1[k];
   }

            /* calculate errors between hidden nodes  and
             input nodes*/
   for ( i = NUNITS-NOUTPUTS-NHUNITS,k=0; i < NUNITS-NOUTPUTS-1;
     i++)
   {
       delta[i] = error[i]*activ[i]*(1.0 -activ[i]);
                 /* we don't need to calculate errors for input
                  nodes */
   }

            /* calculate delta weight changes between outputs
             and hidden nodes  */
   for ( i = NUNITS-NOUTPUTS,k=0; i < NUNITS; i++)
   {
       for (j = NUNITS-NOUTPUTS-NHUNITS; j < NUNITS-NOUTPUTS;
         j++,k++)
           weight.weight1[k] += delta[i]*activ[j]*learnrate;
   }

            /* calculate delta weight changes between hidden
             nodes and input nodes*/
   for ( i = NUNITS-NOUTPUTS-NHUNITS,k=0; i < NUNITS-NOUTPUTS
     i++)
   {
       for (j = 0; j < NINPUTS; j++,k++)
           weight.weight0[k] += delta[i]*activ[j]*learnrate;
   }

            /* Now save the     ult in the file */
   hFile = OpenFile("xor2.fil",&OfStruct,OF_EXIST);
   if (hFile >= 0)
   {
       hFile = OpenFile("xor2.fil",&OfStruct,OF_READWRITE);
       if (hFile < 0)
```

XOR2.C
MainWndProc

```
 |    ┌──{
 |    └──}
 └──} /* end of exist file */
    else
 ┌──{
 |       hFile = OpenFile("xor2.fil",&OfStruct,OF_CREATE);
 |       if (hFile < 0)
 |    ┌──{
 |    └──}
 └──} /* end of created error file */
    i = 0;
    write(hFile,(char*)&count,2);
    while(i < count)
 ┌──{
 |                   /* 16 + WEIGHT STRUCT SIZE = 40 */
 |      read(hFile.out,16+sizeof(WEIGHTSTR));
 |      i++;
 └──}
    write(hFile,(char*)&first,4);
    write(hFile,(char*)&second,4);
    write(hFile,(char*)&third,4);
    write(hFile,(char*)&fourth,4);
                 /* write weights */
    write(hFile,(char*)&weight,sizeof(WEIGHTSTR));
                 /* increase count and iteration # */
    count++;
    close(hFile);
    InvalidateRect(hWnd,NULL,TRUE);
    break;

case WM_PAINT:
    GetClientRect(hWnd,&rect);
    hdc = BeginPaint(hWnd,&ps);
    SelectObject(hdc,hPenBlack);

    wsprintf(out,"Count# %d LearnR %ld.%02ld Blue(0,0:0.%02ld)
     Yellow(0,1:0.%02ld) Red(1,0:0.%02ld) Green(1,1:0.%02ld)",
    count,(long)learnrate,((long)(learnrate*100))%100,
    (((long)(first*100))%100),(((long)(second*100))%100),(((long)(
     third*100))%100),(((long)(fourth*100))%100)
    );
    DrawText(hdc,out,-1,&rect,DT_CENTER);
    Rectangle(hdc,10,10,15,210);

    SelectObject(hdc,hPenBlue);
    Rectangle(hdc,200, 10+(200 - (int)(((long)(first*100))%100)*2)
     ,210,210);

    SelectObject(hdc,hPenYellow);
    Rectangle(hdc,300, 10+(200 - (int)(((long)(second*100))%100)*
     2),310,210);

    SelectObject(hdc,hPenRed);
    Rectangle(hdc,400, 10+(200 - (int)(((long)(third*100))%100)*2)
     ,410,210);
```

```
                    XOR2.C
                                MainWndProc

|     |
|     |             SelectObject(hdc,hPenGreen);
|     |             Rectangle(hdc,500, 10+(200 - (int)(((long)(fourth*100))%100)*
|     |              2),510,210);
|     |
|     |             EndPaint(hWnd,&ps);
|     |             break;
|     |         case WM_DESTROY:
|     |             PostQuitMessage(0);
|     |             break;
|     |
|     |         default:
|     |             return (DefWindowProc(hWnd, message, wParam, lParam));
|     └──}
|        return (NULL);
└──}
```

计算结果如下:①

```
Training Neural Network for XOR function with 2 Layers
 [# 1] (0 0 0.51) (0 1 0.27) (1 0 0.55) (1 1 0.76)
  W Out to H (0.07,-0.67,0.34) H to I 1(-0.07,-1.04,0.24) 2(-0.87,-0.98,0.04)
 [# 2] (0 0 0.50) (0 1 0.29) (1 0 0.54) (1 1 0.75)
  W Out to H (0.05,-0.67,0.30) H to I 1(-0.13,-1.15,0.10) 2(-0.94,-1.14,-0.10)
 [# 3] (0 0 0.50) (0 1 0.31) (1 0 0.54) (1 1 0.75)
  W Out to H (0.03,-0.69,0.27) H to I 1(-0.18,-1.23,-0.02) 2(-1.00,-1.27,-0.22
 [# 4] (0 0 0.49) (0 1 0.32) (1 0 0.54) (1 1 0.74)
  W Out to H (0.01,-0.74,0.26) H to I 1(-0.22,-1.30,-0.12) 2(-1.08,-1.39,-0.31
 [# 5] (0 0 0.48) (0 1 0.32) (1 0 0.54) (1 1 0.74)
  W Out to H (-0.00,-0.79,0.25) H to I 1(-0.26,-1.36,-0.20) 2(-1.15,-1.50,-0.3
 [# 6] (0 0 0.48) (0 1 0.33) (1 0 0.54) (1 1 0.74)
  W Out to H (-0.02,-0.86,0.25) H to I 1(-0.29,-1.41,-0.28) 2(-1.22,-1.60,-0.4
 [# 7] (0 0 0.47) (0 1 0.33) (1 0 0.54) (1 1 0.74)
  W Out to H (-0.04,-0.94,0.25) H to I 1(-0.32,-1.45,-0.35) 2(-1.29,-1.69,-0.4
 [# 8] (0 0 0.46) (0 1 0.34) (1 0 0.55) (1 1 0.74)
  W Out to H (-0.06,-1.02,0.26) H to I 1(-0.36,-1.49,-0.41) 2(-1.37,-1.78,-0.5
 [# 9] (0 0 0.46) (0 1 0.35) (1 0 0.55) (1 1 0.74)
  W Out to H (-0.09,-1.11,0.27) H to I 1(-0.39,-1.53,-0.46) 2(-1.44,-1.87,-0.5
 [# 10] (0 0 0.45) (0 1 0.35) (1 0 0.55) (1 1 0.75)
  W Out to H (-0.11,-1.20,0.28) H to I 1(-0.42,-1.56,-0.51) 2(-1.52,-1.96,-0.5
 [# 11] (0 0 0.44) (0 1 0.36) (1 0 0.56) (1 1 0.75)
  W Out to H (-0.14,-1.30,0.30) H to I 1(-0.45,-1.58,-0.55) 2(-1.60,-2.05,-0.5
 [# 12] (0 0 0.44) (0 1 0.37) (1 0 0.57) (1 1 0.75)
  W Out to H (-0.17,-1.41,0.32) H to I 1(-0.48,-1.61,-0.60) 2(-1.68,-2.14,-0.5
 [# 13] (0 C 0.43) (0 1 0.38) (1 0 0.57) (1 1 0.76)
  W Out to H (-0.20,-1.52,0.35) H to I 1(-0.51,-1.63,-0.63) 2(-1.76,-2.23,-0.5
 [# 14] (0 0 0.42) (0 1 0.38) (1 0 0.58) (1 1 0.76)
  W Out to H (-0.23,-1.63,0.38) H to I 1(-0.53,-1.66,-0.66) 2(-1.85,-2.33,-0.4
 [# 15] (0 0 0.41) (0 1 0.39) (1 0 0.59) (1 1 0.76)
  W Out to H (-0.26,-1.75,0.41) H to I 1(-0.56,-1.68,-0.69) 2(-1.93,-2.43,-0.4
 [# 16] (0 0 0.40) (0 1 0.41) (1 0 0.59) (1 1 0.77)
  W Out to H (-0.29,-1.88,0.44) H to I 1(-0.59,-1.70,-0.72) 2(-2.02,-2.52,-0.3
 [# 17] (0 0 0.39) (0 1 0.42) (1 0 0.60) (1 1 0.77)
  W Out to H (-0.32,-2.00,0.47) H to I 1(-0.62,-1.73,-0.74) 2(-2.11,-2.63,-0.3
 [# 18] (0 0 0.38) (0 1 0.43) (1 0 0.61) (1 1 0.78)
  W Out to H (-0.35,-2.13,0.51) H to I 1(-0.65,-1.75,-0.76) 2(-2.20,-2.73,-0.2
 [# 19] (0 0 0.36) (0 1 0.45) (1 0 0.62) (1 1 0.78)
  W Out to H (-0.37,-2.26,0.55) H to I 1(-0.68,-1.77,-0.78) 2(-2.30,-2.83,-0.
 [# 20] (0 0 0.35) (0 1 0.46) (1 0 0.63) (1 1 0.79)
  W Out to H (-0.40,-2.39,0.58) H to I 1(-0.71,-1.79,-0.80) 2(-2.39,-2.94,-0.
 [# 21] (0 0 0.33) (0 1 0.48) (1 0 0.64) (1 1 0.79)
```

① 分层权值位置的最终输出值见图6.B.1：对于每个可能的输入组合｛0，0｝、｛1，0｝、｛1｝，在每次迭代的最上面一行给出了一组值（输入1、输入2、输出）。

```
 W Out to H (-0.42,-2.52,0.62) H to I 1(-0.73,-1.80,-0.82) 2(-2.48,-3.04,-0.0
[# 22] (0 0 0.32) (0 1 0.50) (1 0 0.65) (1 1 0.80)
 W Out to H (-0.43,-2.65,0.65) H to I 1(-0.76,-1.82,-0.83) 2(-2.57,-3.14,0.01
[# 23] (0 0 0.30) (0 1 0.51) (1 0 0.66) (1 1 0.80)
 W Out to H (-0.45,-2.77,0.68) H to I 1(-0.78,-1.84,-0.84) 2(-2.67,-3.24,0.08
[# 24] (0 0 0.29) (0 1 0.53) (1 0 0.66) (1 1 0.80)
 W Out to H (-0.46,-2.89,0.71) H to I 1(-0.80,-1.85,-0.85) 2(-2.76,-3.33,0.14
[# 25] (0 0 0.27) (0 1 0.54) (1 0 0.67) (1 1 0.81)
 W Out to H (-0.46,-3.00,0.73) H to I 1(-0.82,-1.87,-0.87) 2(-2.84,-3.43,0.19

[# 26] (0 0 0.25) (0 1 0.56) (1 0 0.68) (1 1 0.81)
 W Out to H (-0.47,-3.11,0.75) H to I 1(-0.84,-1.88,-0.88) 2(-2.93,-3.51,0.24
[# 27] (0 0 0.24) (0 1 0.57) (1 0 0.68) (1 1 0.81)
 W Out to H (-0.47,-3.20,0.77) H to I 1(-0.86,-1.89,-0.89) 2(-3.01,-3.60,0.28
[# 28] (0 0 0.23) (0 1 0.58) (1 0 0.69) (1 1 0.81)
 W Out to H (-0.46,-3.29,0.78) H to I 1(-0.88,-1.90,-0.90) 2(-3.09,-3.67,0.31
[# 29] (0 0 0.22) (0 1 0.59) (1 0 0.69) (1 1 0.81)
 W Out to H (-0.46,-3.38,0.78) H to I 1(-0.89,-1.91,-0.91) 2(-3.16,-3.75,0.35
[# 30] (0 0 0.21) (0 1 0.60) (1 0 0.70) (1 1 0.81)
 W Out to H (-0.45,-3.46,0.79) H to I 1(-0.91,-1.92,-0.92) 2(-3.23,-3.82,0.37
[# 31] (0 0 0.20) (0 1 0.60) (1 0 0.70) (1 1 0.81)
 W Out to H (-0.44,-3.53,0.79) H to I 1(-0.92,-1.93,-0.93) 2(-3.30,-3.88,0.39
[# 32] (0 0 0.19) (0 1 0.61) (1 0 0.71) (1 1 0.81)
 W Out to H (-0.42,-3.60,0.79) H to I 1(-0.94,-1.94,-0.95) 2(-3.37,-3.95,0.41
[# 33] (0 0 0.18) (0 1 0.61) (1 0 0.71) (1 1 0.81)
 W Out to H (-0.41,-3.66,0.79) H to I 1(-0.95,-1.94,-0.96) 2(-3.43,-4.01,0.43
[# 34] (0 0 0.17) (0 1 0.62) (1 0 0.71) (1 1 0.81)
 W Out to H (-0.39,-3.72,0.79) H to I 1(-0.96,-1.95,-0.97) 2(-3.49,-4.07,0.44
[# 35] (0 0 0.16) (0 1 0.62) (1 0 0.71) (1 1 0.81)
 W Out to H (-0.38,-3.78,0.78) H to I 1(-0.97,-1.96,-0.98) 2(-3.55,-4.12,0.46
[# 36] (0 0 0.16) (0 1 0.62) (1 0 0.72) (1 1 0.81)
 W Out to H (-0.36,-3.83,0.78) H to I 1(-0.98,-1.96,-0.99) 2(-3.60,-4.17,0.47
[# 37] (0 0 0.15) (0 1 0.62) (1 0 0.72) (1 1 0.81)
 W Out to H (-0.34,-3.88,0.77) H to I 1(-0.99,-1.97,-1.00) 2(-3.66,-4.23,0.47
[# 38] (0 0 0.15) (0 1 0.63) (1 0 0.72) (1 1 0.81)
 W Out to H (-0.32,-3.93,0.77) H to I 1(-1.00,-1.97,-1.01) 2(-3.71,-4.28,0.48
[# 39] (0 0 0.14) (0 1 0.63) (1 0 0.72) (1 1 0.81)
 W Out to H (-0.30,-3.97,0.76) H to I 1(-1.00,-1.98,-1.02) 2(-3.76,-4.32,0.49
[# 40] (0 0 0.14) (0 1 0.63) (1 0 0.72) (1 1 0.81)
 W Out to H (-0.28,-4.01,0.76) H to I 1(-1.01,-1.98,-1.02) 2(-3.81,-4.37,0.49
[# 41] (0 0 0.14) (0 1 0.63) (1 0 0.72) (1 1 0.81)
 W Out to H (-0.26,-4.05,0.75) H to I 1(-1.02,-1.99,-1.03) 2(-3.85,-4.41,0.50
[# 42] (0 0 0.13) (0 1 0.63) (1 0 0.72) (1 1 0.81)
 W Out to H (-0.23,-4.09,0.75) H to I 1(-1.02,-1.99,-1.04) 2(-3.89,-4.46,0.50
[# 43] (0 0 0.13) (0 1 0.63) (1 0 0.72) (1 1 0.81)
 W Out to H (-0.21,-4.13,0.74) H to I 1(-1.03,-1.99,-1.04) 2(-3.94,-4.50,0.51
[# 44] (0 0 0.13) (0 1 0.63) (1 0 0.73) (1 1 0.81)
 W Out to H (-0.19,-4.16,0.73) H to I 1(-1.03,-2.00,-1.05) 2(-3.98,-4.54,0.51
[# 45] (0 0 0.12) (0 1 0.63) (1 0 0.73) (1 1 0.81)
 W Out to H (-0.16,-4.20,0.73) H to I 1(-1.04,-2.00,-1.06) 2(-4.02,-4.58,0.52
[# 46] (0 0 0.12) (0 1 0.63) (1 0 0.73) (1 1 0.81)
 W Out to H (-0.14,-4.23,0.72) H to I 1(-1.04,-2.00,-1.06) 2(-4.06,-4.61,0.52
[# 47] (0 0 0.12) (0 1 0.63) (1 0 0.73) (1 1 0.81)
 W Out to H (-0.11,-4.26,0.72) H to I 1(-1.04,-2.00,-1.07) 2(-4.09,-4.65,0.52
[# 48] (0 0 0.12) (0 1 0.63) (1 0 0.73) (1 1 0.81)
 W Out to H (-0.09,-4.29,0.71) H to I 1(-1.04,-2.01,-1.07) 2(-4.13,-4.69,0.53
[# 49] (0 0 0.11) (0 1 0.63) (1 0 0.73) (1 1 0.81)
 W Out to H (-0.06,-4.32,0.71) H to I 1(-1.05,-2.01,-1.07) 2(-4.17,-4.72,0.53
[# 50] (0 0 0.11) (0 1 0.63) (1 0 0.73) (1 1 0.80)
 W Out to H (-0.04,-4.35,0.70) H to I 1(-1.05,-2.01,-1.07) 2(-4.20,-4.75,0.53
```

```
[# 176] (0 0 0.07) (0 1 0.89) (1 0 0.89) (1 1 0.14)
 W Out to H (6.17,-6.84,-2.66) H to I 1(-3.42,-3.38,4.80) 2(-5.82,-6.31,1.89)
[# 177] (0 0 0.07) (0 1 0.90) (1 0 0.89) (1 1 0.14)
 W Out to H (6.20,-6.85,-2.67) H to I 1(-3.43,-3.39,4.81) 2(-5.82,-6.31,1.90)
[# 178] (0 0 0.07) (0 1 0.90) (1 0 0.89) (1 1 0.13)
 W Out to H (6.22,-6.87,-2.68) H to I 1(-3.44,-3.40,4.83) 2(-5.83,-6.32,1.91)
[# 179] (0 0 0.07) (0 1 0.90) (1 0 0.90) (1 1 0.13)
 W Out to H (6.24,-6.88,-2.69) H to I 1(-3.45,-3.41,4.85) 2(-5.83,-6.32,1.92)
[# 180] (0 0 0.07) (0 1 0.90) (1 0 0.90) (1 1 0.13)
 W Out to H (6.26,-6.89,-2.71) H to I 1(-3.45,-3.42,4.86) 2(-5.84,-6.32,1.92)
[# 181] (0 0 0.07) (0 1 0.90) (1 0 0.90) (1 1 0.13)
 W Out to H (6.28,-6.91,-2.72) H to I 1(-3.46,-3.43,4.88) 2(-5.84,-6.32,1.93)
[# 182] (0 0 0.07) (0 1 0.90) (1 0 0.90) (1 1 0.13)
 W Out to H (6.30,-6.92,-2.73) H to I 1(-3.47,-3.43,4.89) 2(-5.84,-6.32,1.93)
[# 183] (0 0 0.07) (0 1 0.90) (1 0 0.90) (1 1 0.13)
 W Out to H (6.31,-6.93,-2.74) H to I 1(-3.48,-3.44,4.91) 2(-5.85,-6.33,1.94)
[# 184] (0 0 0.07) (0 1 0.90) (1 0 0.90) (1 1 0.13)
 W Out to H (6.33,-6.94,-2.75) H to I 1(-3.49,-3.45,4.92) 2(-5.85,-6.33,1.95)
[# 185] (0 0 0.07) (0 1 0.90) (1 0 0.90) (1 1 0.12)
 W Out to H (6.35,-6.96,-2.76) H to I 1(-3.49,-3.46,4.94) 2(-5.85,-6.33,1.95)
[# 186] (0 0 0.07) (0 1 0.90) (1 0 0.90) (1 1 0.12)
 W Out to H (6.37,-6.97,-2.77) H to I 1(-3.50,-3.47,4.95) 2(-5.86,-6.33,1.96)
[# 187] (0 0 0.07) (0 1 0.90) (1 0 0.90) (1 1 0.12)
 W Out to H (6.39,-6.98,-2.78) H to I 1(-3.51,-3.48,4.96) 2(-5.86,-6.33,1.96)
[# 188] (0 0 0.07) (0 1 0.90) (1 0 0.90) (1 1 0.12)
 W Out to H (6.40,-6.99,-2.79) H to I 1(-3.51,-3.48,4.98) 2(-5.86,-6.34,1.97)
[# 189] (0 0 0.07) (0 1 0.91) (1 0 0.90) (1 1 0.12)
 W Out to H (6.42,-7.00,-2.80) H to I 1(-3.52,-3.49,4.99) 2(-5.87,-6.34,1.98)
[# 190] (0 0 0.07) (0 1 0.91) (1 0 0.90) (1 1 0.12)
 W Out to H (6.44,-7.01,-2.81) H to I 1(-3.53,-3.50,5.00) 2(-5.87,-6.34,1.98)
[# 191] (0 0 0.07) (0 1 0.91) (1 0 0.91) (1 1 0.12)
 W Out to H (6.46,-7.03,-2.82) H to I 1(-3.53,-3.51,5.02) 2(-5.87,-6.34,1.99)
[# 192] (0 0 0.06) (0 1 0.91) (1 0 0.91) (1 1 0.12)
 W Out to H (6.47,-7.04,-2.83) H to I 1(-3.54,-3.52,5.03) 2(-5.87,-6.34,1.99)
[# 193] (0 0 0.06) (0 1 0.91) (1 0 0.91) (1 1 0.11)
 W Out to H (6.49,-7.05,-2.84) H to I 1(-3.55,-3.52,5.04) 2(-5.88,-6.35,2.00)
[# 194] (0 0 0.06) (0 1 0.91) (1 0 0.91) (1 1 0.11)
 W Out to H (6.50,-7.06,-2.85) H to I 1(-3.55,-3.53,5.06) 2(-5.88,-6.35,2.00)
[# 195] (0 0 0.06) (0 1 0.91) (1 0 0.91) (1 1 0.11)
 W Out to H (6.52,-7.07,-2.86) H to I 1(-3.56,-3.54,5.07) 2(-5.88,-6.35,2.01)
[# 196] (0 0 0.06) (0 1 0.91) (1 0 0.91) (1 1 0.11)
 W Out to H (6.54,-7.08,-2.87) H to I 1(-3.57,-3.54,5.08) 2(-5.89,-6.35,2.01)
[# 197] (0 0 0.06) (0 1 0.91) (1 0 0.91) (1 1 0.11)
 W Out to H (6.55,-7.09,-2.88) H to I 1(-3.57,-3.55,5.09) 2(-5.89,-6.35,2.02)
[# 198] (0 0 0.06) (0 1 0.91) (1 0 0.91) (1 1 0.11)
 W Out to H (6.57,-7.10,-2.89) H to I 1(-3.58,-3.56,5.10) 2(-5.89,-6.35,2.02)
[# 199] (0 0 0.06) (0 1 0.91) (1 0 0.91) (1 1 0.11)
 W Out to H (6.58,-7.11,-2.90) H to I 1(-3.58,-3.56,5.11) 2(-5.89,-6.36,2.03)
*[# 200] (0 0 0.06) (0 1 0.91) (1 0 0.91) (1 1 0.11)
 W Out to H (6.60,-7.12,-2.91) H to I 1(-3.59,-3.57,5.13) 2(-5.90,-6.36,2.03)
```

6.C　反向传播案例研究[①]：异或（XOR）问题（三层BP）

经过420次迭代，XOR三层网络的最终权值和输出如图6.C.1所示。

输入			输出
#1：	（0，0）	→0.03	#1
#2：	（0，1）	→0.94	#2
#3：	（1，0）	→0.93	#3
#4：	（1，1）	→0.07	#4

① Computed by Sang Lee，EECS Dept.，University of Illinois，Chicago，1993.

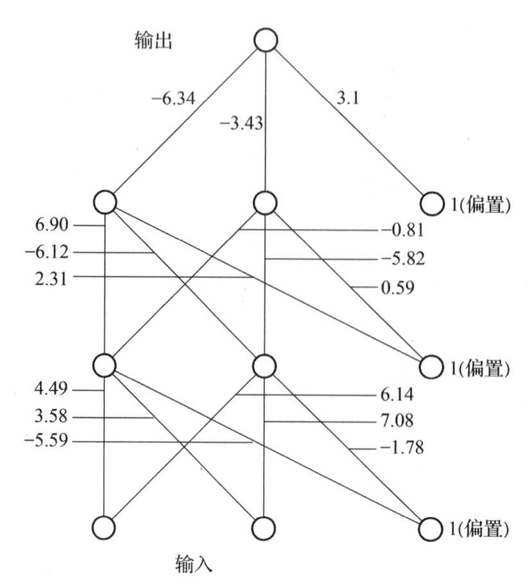

图 6. C. 1　最终权值和输出

学习率：初始 30，最终 5。

每 10 次迭代学习率降低 1，即 30、29、28、…、5。

程序：XOR 3. C（C 语言）。

用途：使用 3 个隐藏层的异或函数。

这里使用第 6. B 节的程序，但是用 XOR 3 代替 XOR 2，其中右边用←表示，然后部分程序如下：

```
switch (message) {

    case WM_CREATE:

                    /* initialize  weights */
        for (k = 0; k< NOUTPUTS*NHUNITS2; k++)
        {
            weight.weight2[k] = rand()%10;
            if (weight.weight2[k] > 5)
                weight.weight2[k] = -weight.weight2[k];
            weight.weight2[k] = weight.weight2[k]/10;
        }
        for (k = 0; k< NHUNITS2*NHUNITS1; k++)
        {
            weight.weight1[k] = rand()%10;
            if (weight.weight1[k] > 5)
                weight.weight1[k] = -weight.weight1[k];
            weight.weight1[k] = weight.weight1[k]/10;
        }
        for (k = 0; k< NHUNITS1*NINPUTS; k++)
        {
            weight.weight0[k] = rand()%10;
            if (weight.weight0[k] > 5)
                weight.weight0[k] = -weight.weight0[k];
            weight.weight0[k] = weight.weight0[k]/10;
        }

                    /* initialize learing rate . this is going to be
                     smaller as time goes on */
        learnrate = 6;
```

```
XOR3.C
                MainWndProc

      count = 0;
                /* initialize timer */
      if(!SetTimer(hWnd,ID_TIMER,500,NULL))
      {
          MessageBox(hWnd,"Too many clocks or timers !","Ball",
          MB_ICONEXCLAMATION | MB_OK);
          return FALSE;
      }

                /* initialize color pens */
      hPenBlack = CreatePenIndirect(&lpBlack);
      hPenBlue = CreatePenIndirect(&lpBlue);
      hPenYellow = CreatePenIndirect(&lpYellow);
      hPenRed = CreatePenIndirect(&lpRed);
      hPenGreen = CreatePenIndirect(&lpGreen);
      return 0;

  case WM_TIMER:

            /* decrease learning rate to have fast convergence */
      if ((count%101) == 100)
          learnrate = learnrate/2;

                /****************************************/
                /* put first input into neural network */
                /****************************************/
      activ[0] = 0;
      activ[1] = 0;
                /* This is bias */
      activ[NINPUTS-1] = 1;

                /************************************/
                /* forward activation propagation */
                /************************************/

                /* calculate activation for hidden nodes 1 */
      for (i = NINPUTS,k=0; i< NINPUTS+NHUNITS1;i++)
      {
          net_input[i] = 0;
          for(j = 0; j< NINPUTS;j++,k++)
          {
              net_input[i] += activ[j]*weight.weight0[k];
          }
                  /* apply activation function */
          activ[i] = 1/(1+(float)exp(-net_input[i])) ;
      }
                /* This is bias */
      activ[NINPUTS+NHUNITS1-1] = 1;

                /* calculate activation for hidden nodes 2 */
      for (i = NINPUTS+NHUNITS1,k=0; i< NINPUTS+NHUNITS1+NHUNITS2;
       i++)
      {
          net_input[i] = 0;
          for(j = NINPUTS; j< NINPUTS+NHUNITS1;j++,k++)
```

```
XOR3.C
                MainWndProc

        {
            net_input[i] += activ[j]*weight.weight1[k];
        }
                /* apply activation function */
        activ[i] = 1/(1+(float)exp(-net_input[i])) ;
    }
                /* This is bias */
    activ[NINPUTS+NHUNITS1+NHUNITS2-1] = 1;

                /* calculate activation for output nodes */
    for (i = NINPUTS+NHUNITS1+NHUNITS2,k=0; i< NINPUTS+NHUNITS1+
     NHUNITS2+NOUTPUTS;i++)
    {
        net_input[i] = 0;
        for(j = NINPUTS+NHUNITS1; j< NINPUTS+NHUNITS1+NHUNITS2;
         j++,k++)
        {
            net_input[i] += activ[j]*weight.weight2[k];
        }
                /* apply activation function */
        activ[i] = 1/(1+(float)exp(-net_input[i])) ;
    }

                /* this is final activation of the neural network
                 */
    first = activ[NUNITS-1];

                /* using target output, calculate weight changes */
                /* If both inputs are zero, then output should be
                 zero. */
    target[0] = 0;

/* calculate errors for outputs */
    for (i = NUNITS-NOUTPUTS,k=0; i < NUNITS; i++,k++)
    {
        error[i] = target[k] - activ[i];
    }

                /**********************************************
                 */
                /* backward error propagation for the first input
                 */
                /**********************************************
                 */

                /* initialize errors before doing something else */
    for (i = 0; i < NUNITS-1; i++)
    {
        error[i] = 0;
    }

                /* calculate errors between outputs and hidden
                 nodes 2 */
    for ( i = NUNITS-NOUTPUTS,k=0; i < NUNITS; i++)
    {
```

```
XOR3.C
          MainWndProc

|   |          |     delta[i] = error[i]*activ[i]*(1.0 -activ[i]);
|   |          |                                              /* error
|   |          |                                  back propagate before
|   |          |                                  bias */
|   |          |     for (j = NUNITS-NOUTPUTS-NHUNITS2; j < NUNITS-NOUTPUTS-1;
|   |          |       j++,k++)
|   |          |         error[j] += delta[i]*weight.weight2[k];
|   |          └──}
|   |
|   |                   /* calculate errors between hidden nodes 2 and
|   |                    hidden nodes 1 */
|   |        for ( i = NUNITS-NOUTPUTS-NHUNITS2,k=0; i < NUNITS-NOUTPUTS-1;
|   |          i++)
|   |          ┌──{
|   |          |     delta[i] = error[i]*activ[i]*(1.0 -activ[i]);
|   |          |                                              /* error
|   |          |                                  back propaget before
|   |          |                                  bias */
|   |          |     for (j = NUNITS-NOUTPUTS-NHUNITS2-NHUNITS1; j < NUNITS-
|   |          |      NOUTPUTS-NHUNITS2-1; j++,k++)
|   |          |         error[j] += delta[i]*weight.weight1[k];
|   |          └──}
|   |
|   |                   /* calculate errors between hidden nodes 1 and
|   |                    input nodes*/
|   |        for ( i = NUNITS-NOUTPUTS-NHUNITS2-NHUNITS1,k=0; i < NUNITS-
|   |         NOUTPUTS-NHUNITS2-1; i++)
|   |          ┌──{
|   |          |     delta[i] = error[i]*activ[i]*(1.0 -activ[i]);
|   |          |               /* we don't need to calculate errors for input
|   |          |                nodes */
|   |          └──}
|   |
|   |                   /* calculate delta weight changes between outputs
|   |                    and hidden nodes 2 */
|   |        for ( i = NUNITS-NOUTPUTS,k=0; i < NUNITS; i++)
|   |          ┌──{
|   |          |     for (j = NUNITS-NOUTPUTS-NHUNITS2; j < NUNITS-NOUTPUTS;
|   |          |       j++,k++)
|   |          |         weight.weight2[k] += delta[i]*activ[j]*learnrate;
|   |          └──}
|   |
|   |                   /* calculate delta weight changes between hidden
|   |                    nodes 2 and hidden nodes 1 */
|   |        for ( i = NUNITS-NOUTPUTS-NHUNITS2,k=0; i < NUNITS-NOUTPUTS;
|   |          i++)
|   |          ┌──{
|   |          |     for (j = NUNITS-NOUTPUTS-NHUNITS2-NHUNITS1; j < NUNITS-
|   |          |      NOUTPUTS-NHUNITS2; j++,k++)
|   |          |         weight.weight1[k] += delta[i]*activ[j]*learnrate;
|   |          └──}
|   |
|   |                   /* calculate delta weight changes between hidden
|   |                    1 nodes and input nodes*/
|   |        for ( i = NUNITS-NOUTPUTS-NHUNITS2-NHUNITS1,k=0; i < NUNITS-
```

```
XOR3.C
                MainWndProc

        NOUTPUTS-NHUNITS2; i++)
    {
        for (j = 0; j < NINPUTS; j++,k++)
            weight.weight0[k] += delta[i]*activ[j]*learnrate;
    }
                /*****************************************/
                /* put second input into neural network  */
                /*****************************************/
    activ[0] = 0;
    activ[1] = 1;
                /* This is bias */
    activ[NINPUTS-1] = 1;

                /**********************************/
                /* forward activation propagation */
                /**********************************/

                /* calculate activation for hidden nodes 1 */
    for (i = NINPUTS,k=0; i< NINPUTS+NHUNITS1;i++)
    {
        net_input[i] = 0;
        for(j = 0; j< NINPUTS;j++,k++)
        {
            net_input[i] += activ[j]*weight.weight0[k];
        }
                /* apply activation function */
        activ[i] = 1/(1+(float)exp(-net_input[i])) ;
    }
                /* This is bias */
    activ[NINPUTS+NHUNITS1-1] = 1;

                /* calculate activation for hidden nodes 2 */
    for (i = NINPUTS+NHUNITS1,k=0; i< NINPUTS+NHUNITS1+NHUNITS2;
     i++)
    {
        net_input[i] = 0;
        for(j = NINPUTS; j< NINPUTS+NHUNITS1;j++,k++)
        {
            net_input[i] += activ[j]*weight.weight1[k];
        }
                /* apply activation function */
        activ[i] = 1/(1+(float)exp(-net_input[i])) ;
    }
                /* This is bias */
    activ[NINPUTS+NHUNITS1+NHUNITS2-1] = 1;

                /* calculate activation for output nodes */
    for (i = NINPUTS+NHUNITS1+NHUNITS2,k=0; i< NINPUTS+NHUNITS1+
     NHUNITS2+NOUTPUTS;i++)
    {
        net_input[i] = 0;
        for(j = NINPUTS+NHUNITS1; j< NINPUTS+NHUNITS1+NHUNITS2;
         j++,k++)
        {
            net_input[i] += activ[j]*weight.weight2[k];
```

```
XOR3.C
            MainWndProc

 |    ——}
 |              /* apply activation function */
 |      activ[i] = 1/(1+(float)exp(-net_input[i])) ;
 └——}
              /* this is final activation of the neural network
               */
   second = activ[NUNITS-1];

              /* using target output, calculate weight changes */
              /* if one of the inputs is not zero, then output
               should be one */
   target[0] = 1;

/* calculate errors for outputs */
   for (i = NUNITS-NOUTPUTS,k=0; i < NUNITS; i++,k++)
 ┌——{
 |      error[i] = target[k] - activ[i]:
 └——}

              /**************************************************
               */
              /* backward error propagation for the second
               input */
              /**************************************************/

              /* initialize errors before doing something else */
   for (i = 0; i < NUNITS-1; i++)
 ——{
        error[i] = 0;
 ——}

              /* calculate errors between outputs and hidden
               nodes 2 */
   for ( i = NUNITS-NOUTPUTS,k=0; i < NUNITS; i++)
 ——{
 |      delta[i] = error[i]*activ[i]*(1.0 -activ[i]);
 |                                                 /* error
 |                                        back propagate before
 |                                        bias */
 |      for (j = NUNITS-NOUTPUTS-NHUNITS2; j < NUNITS-NOUTPUTS-1;
 |        j++,k++)
 |          error[j] += delta[i]*weight.weight2[k];
 └——}

              /* calculate errors between hidden nodes 2 and
               hidden nodes 1 */
   for ( i = NUNITS-NOUTPUTS-NHUNITS2,k=0; i < NUNITS-NOUTPUTS-1;
     i++)
 ┌——{
 |      delta[i] = error[i]*activ[i]*(1.0 -activ[i]);
 |                                                 /* error
 |                                        back propagate before
 |                                        bias */
 |      for (j = NUNITS-NOUTPUTS-NHUNITS2-NHUNITS1; j < NUNITS-
 |        NOUTPUTS-NHUNITS2-1; j++,k++)
```

XOR3.C
MainWndProc

```
                   error[j] += delta[i]*weight.weight1[k];
    }

                /* calculate errors between hidden nodes 1 and
                 input nodes*/
    for ( i = NUNITS-NOUTPUTS-NHUNITS2-NHUNITS1,k=0; i < NUNITS-
     NOUTPUTS-NHUNITS2-1; i++)
    {
        delta[i] = error[i]*activ[i]*(1.0 -activ[i]);
                  /* we don't need to calculate errors for input
                    nodes */
    }

                /* calculate delta weight changes between outputs
                 and hidden nodes 2 */
    for ( i = NUNITS-NOUTPUTS,k=0; i < NUNITS; i++)
    {
        for (j = NUNITS-NOUTPUTS-NHUNITS2; j < NUNITS-NOUTPUTS;
          j++,k++)
            weight.weight2[k] += delta[i]*activ[j]*learnrate;
    }

                /* calculate delta weight changes between hidden
                 nodes 2 and hidden nodes 1 */
    for ( i = NUNITS-NOUTPUTS-NHUNITS2,k=0; i < NUNITS-NOUTPUTS;
      i++)
    {
        for (j = NUNITS-NOUTPUTS-NHUNITS2-NHUNITS1; j < NUNITS-
         NOUTPUTS-NHUNITS2; j++,k++)
            weight.weight1[k] += delta[i]*activ[j]*learnrate;
    }

                /* calculate delta weight changes between hidden
                 1 nodes and input nodes*/
    for ( i = NUNITS-NOUTPUTS-NHUNITS2-NHUNITS1,k=0; i < NUNITS-
     NOUTPUTS-NHUNITS2; i++)
    {
        for (j = 0; j < NINPUTS; j++,k++)
            weight.weight0[k] += delta[i]*activ[j]*learnrate;
    }
                /****************************************/
                /* put 3rd input into neural network */
                /****************************************/

    activ[0] = 1;
    activ[1] = 0;
                /* This is bias */
    activ[NINPUTS-1] = 1;

                /*************************************/
                /* forward activation propagation */
                /*************************************/

                /* calculate activation for hidden nodes 1 */
    for (i = NINPUTS,k=0; i< NINPUTS+NHUNITS1;i++)
```

```
XOR3.C
              MainWndProc

    {
        net_input[i] = 0;
        for(j = 0; j< NINPUTS;j++,k++)
        {
            net_input[i] += activ[j]*weight.weight0[k];
        }
                /* apply activation function */
        activ[i] = 1/(1+(float)exp(-net_input[i])) ;
    }
                /* This is bias */
    activ[NINPUTS+NHUNITS1-1] = 1;

                /* calculate activation for hidden nodes 2 */
    for (i = NINPUTS+NHUNITS1,k=0; i< NINPUTS+NHUNITS1+NHUNITS2;
     i++)
    {
        net_input[i] = 0;
        for(j = NINPUTS; j< NUNITS+NHUNITS1;j++,k++)
        {
            net_input[i] += activ[j]*weight.weight1[k];
        }
                /* apply activation function */
        activ[i] = 1/(1+(float)exp(-net_input[i])) ;
    }
                /* This is bias */
    activ[NINPUTS+NHUNITS1+NHUNITS2-1] = 1;

                /* calculate activation for output nodes */
    for (i = NINPUTS+NHUNITS1+NHUNITS2,k=0; i< NINPUTS+NHUNITS1+
     NHUNITS2+NOUTPUTS;i++)
    {
        net_input[i] = 0;
        for(j = NINPUTS+NHUNITS1; j< NINPUTS+NHUNITS1+NHUNITS2;
         j++,k++)
        {
            net_input[i] += activ[j]*weight.weight2[k];
        }
                /* apply activation function */
        activ[i] = 1/(1+(float)exp(-net_input[i])) ;
    }
                /* this is final activation of the neural network
                 */
    third = activ[NUNITS-1];

                /* using target output, calculate weight changes *
                /* If one input is not zero, then output should
                 be one */
    target[0] = 1;

/* calculate errors for outputs */
    for (i = NUNITS-NOUTPUTS,k=0; i < NUNITS; i++,k++)
    {
        error[i] = target[k] - activ[i];
    }
```

```
XOR3.C
            MainWndProc

                    /*************************************************
                     */
                    /* backward error propagation for the third input
                     */
                    /*************************************************/

                    /* initialize errors before doing something else */
    for (i = 0; i < NUNITS-1; i++)
    {
        error[i] = 0;
    }

                    /* calculate errors between outputs and hidden
                     nodes 2 */
    for ( i = NUNITS-NOUTPUTS,k=0; i < NUNITS; i++)
    {
        delta[i] = error[i]*activ[i]*(1.0 -activ[i]);
                                                     /* error
                                          back propagate before
                                          bias */
        for (j = NUNITS-NOUTPUTS-NHUNITS2; j < NUNITS-NOUTPUTS-1;
          j++,k++)
            error[j] += delta[i]*weight.weight2[k];
    }

                    /* calculate errors between hidden nodes 2 and
                     hidden nodes 1 */
    for ( i = NUNITS-NOUTPUTS-NHUNITS2,k=0; i < NUNITS-NOUTPUTS-1;
      i++)
    {
        delta[i] = error[i]*activ[i]*(1.0 -activ[i]);
                                                     /* error
                                          back propaget before
                                          bias */
        for (j = NUNITS-NOUTPUTS-NHUNITS2-NHUNITS1; j < NUNITS-
         NOUTPUTS-NHUNITS2-1; j++,k++)
            error[j] += delta[i]*weight.weight1[k];
    }

                    /* calculate errors between hidden nodes 1 and
                     input nodes*/
    for ( i = NUNITS-NOUTPUTS-NHUNITS2-NHUNITS1,k=0; i < NUNITS-
     NOUTPUTS-NHUNITS2-1; i++)
    {
        delta[i] = error[i]*activ[i]*(1.0 -activ[i]);
                    /* we don't need to calculate errors for input
                     nodes */
    }

                    /* calculate delta weight changes between outputs
                     and hidden nodes 2 */
    for ( i = NUNITS-NOUTPUTS,k=0; i < NUNITS; i++)
    {
        for (j = NUNITS-NOUTPUTS-NHUNITS2; j < NUNITS-NOUTPUTS;
          j++,k++)
```

```
XOR3.C
        MainWndProc

        /*************************************************
         */
        /* backward error propagation for the third input
         */
        /*************************************************/

        /* initialize errors before doing something else */
for (i = 0; i < NUNITS-1; i++)
{
    error[i] = 0;
}

        /* calculate errors between outputs and hidden
         nodes 2 */
for ( i = NUNITS-NOUTPUTS,k=0; i < NUNITS; i++)
{
    delta[i] = error[i]*activ[i]*(1.0 -activ[i]);
                                            /* error
                                     back propagate before
                                     bias */
    for (j = NUNITS-NOUTPUTS-NHUNITS2; j < NUNITS-NOUTPUTS-1;
      j++,k++)
        error[j] += delta[i]*weight.weight2[k];
}

        /* calculate errors between hidden nodes 2 and
         hidden nodes 1 */
for ( i = NUNITS-NOUTPUTS-NHUNITS2,k=0; i < NUNITS-NOUTPUTS-1;
  i++)
{
    delta[i] = error[i]*activ[i]*(1.0 -activ[i]);
                                            /* error
                                     back propaget before
                                     bias */
    for (j = NUNITS-NOUTPUTS-NHUNITS2-NHUNITS1; j < NUNITS-
     NOUTPUTS-NHUNITS2-1; j++,k++)
        error[j] += delta[i]*weight.weight1[k];
}

        /* calculate errors between hidden nodes 1 and
         input nodes*/
for ( i = NUNITS-NOUTPUTS-NHUNITS2-NHUNITS1,k=0; i < NUNITS-
 NOUTPUTS-NHUNITS2-1; i++)
{
    delta[i] = error[i]*activ[i]*(1.0 -activ[i]);
              /* we don't need to calculate errors for input
               nodes */
}

        /* calculate delta weight changes between outputs
         and hidden nodes 2 */
for ( i = NUNITS-NOUTPUTS,k=0; i < NUNITS; i++)
{
    for (j = NUNITS-NOUTPUTS-NHUNITS2; j < NUNITS-NOUTPUTS;
      j++,k++)
```

XOR3.C
MainWndProc

```
            net_input[i] += activ[j]*weight.weight1[k];
      }
                /* apply activation function */
      activ[i] = 1/(1+(float)exp(-net_input[i])) ;
   }
                /* This is bias */
   activ[NINPUTS + NHUNITS1 + NHUNITS2-1] = 1;

                /* calculate activation for output nodes */
   for (i = NINPUTS+NHUNITS1+NHUNITS2,k=0; i< NINPUTS+NHUNITS1+
    NHUNITS2+NOUTPUTS;i++)
   {
      net_input[i] = 0;
      for(j = NINPUTS+NHUNITS1; j< NINPUTS+NHUNITS1+NHUNITS2:
       j++,k++)
      {
         net_input[i] += activ[j]*weight.weight2[k];
      }
                /* apply activation function */
      activ[i] = 1/(1+(float)exp(-net_input[i])) ;
   }

                /* this is final activation of the neural network
                 */
   fourth = activ[NUNITS-1]:

                /* using target output, calculate weight changes */
                /* If both inputs are one, then output should be
                 zero */
   target[0] = 0;

/* calculate errors for outputs */
   for (i = NUNITS-NOUTPUTS,k=0; i < NUNITS; i++,k++)
   {
      error[i] = target[k] - activ[i]:
   }

                /***********************************************
                 */
                /* backward error propagation for the fourth
                 input */
                /***********************************************/

                /* initialize errors before doing something else */
   for (i = 0; i < NUNITS-1; i++)
   {
      error[i] = 0;
   }

                /* calculate errors between outputs and hidden
                 nodes 2 */
   for ( i = NUNITS-NOUTPUTS,k=0; i < NUNITS; i++)
   {
      delta[i] = error[i]*activ[i]*(1.0 -activ[i]);
                                                      /* error
```

XOR3.C
MainWndProc

```
|   |   |                                    back propagate before
|   |   |                                    bias */
|   |   |    for (j = NUNITS-NOUTPUTS-NHUNITS2; j < NUNITS-NOUTPUTS-1;
|   |   |      j++,k++)
|   |   |        error[j] += delta[i]*weight.weight2[k];
|   |   └──}
|   |
|   |              /* calculate errors between hidden nodes 2 and
|   |               hidden nodes 1 */
|   |   for ( i = NUNITS-NOUTPUTS-NHUNITS2,k=0; i < NUNITS-NOUTPUTS-1
|   |     i++)
|   |   ┌──{
|   |   |    delta[i] = error[i]*activ[i]*(1.0 -activ[i]);
|   |   |                                          /* error
|   |   |                                    back propaget before
|   |   |                                    bias */
|   |   |    for (j = NUNITS-NOUTPUTS-NHUNITS2-NHUNITS1: j < NUNITS-
|   |   |     NOUTPUTS-NHUNITS2-1: j++,k++)
|   |   |        error[j] += delta[i]*weight.weight1[k];
|   |   └──}
|   |
|   |              /* calculate errors between hidden nodes 1 and
|   |               input nodes*/
|   |   for ( i = NUNITS-NOUTPUTS-NHUNITS2-NHUNITS1,K=0; i < NUNITS-
|   |    NOUTPUTS-NHUNITS2-1; i++)
|   |   ┌──{
|   |   |    delta[i] = error[i]*activ[i]*(1.0 -activ[i]);
|   |   |                /* we don't need to calculate errors for input
|   |   |                 nodes */
|   |   └──}
|   |
|   |              /* calculate delta weight changes between outputs
|   |               and hidden nodes 2 */
|   |   for ( i = NUNITS-NOUTPUTS,k=0; i < NUNITS: i++)
|   |   ┌──{
|   |   |    for (j = NUNITS-NOUTPUTS-NHUNITS2; j < NUNITS-NOUTPUTS:
|   |   |      j++,k++)
|   |   |        weight.weight2[k] += delta[i]*activ[j]*learnrate:
|   |   └──}
|   |
|   |              /* calculate delta weight changes between hidden
|   |               nodes 2 and hidden nodes 1 */
|   |   for ( i = NUNITS-NOUTPUTS-NHUNITS2,k=0; i < NUNITS-NOUTPUTS;
|   |     i++)
|   |   ┌──{
|   |   |    for (j = NUNITS-NOUTPUTS-NHUNITS2-NHUNITS1; j < NUNITS-
|   |   |     NOUTPUTS-NHUNITS2; j++,k++)
|   |   |        weight.weight1[k] += delta[i]*activ[j]*learnrate;
|   |   └──}
|   |
|   |              /* calculate delta weight changes between hidden
|   |               1 nodes and input nodes*/
|   |   for ( i = NUNITS-NOUTPUTS-NHUNITS2-NHUNITS1,k=0; i < NUNITS-
|   |    NOUTPUTS-NHUNITS2; i++)
|   |   ┌──{
```

```
        XOR3.C
                    MainWndProc

            for (j = 0; j < NINPUTS; j++,k++)
                weight.weight0[k] += delta[i]*activ[j]*learnrate;
        }

                    /* Now save the result in the file */
        hFile = OpenFile("xor3.fil",&OfStruct,OF_EXIST);
        if (hFile >= 0)
        {
            hFile = OpenFile("xor3.fil",&OfStruct,OF_READWRITE);
            if (hFile < 0)
            {
            }
        } /* end of exist file */
        else
        {
            hFile = OpenFile("xor3.fil",&OfStruct,OF_CREATE);
            if (hFile < 0)
            {
            }
        } /* end of created error file */
        i = 0;
        write(hFile,(char*)&count,2);
        while(i < count)
        {
                            /* 16 + WEIGHT STRUCT SIZE = 40 */
            read(hFile,out,16+sizeof(WEIGHTSTR));
            i++;
        }
        write(hFile,(char*)&first,4);
        write(hFile,(char*)&second,4);
        write(hFile,(char*)&third,4);
        write(hFile,(char*)&fourth,4);
                            /* write weights */
        write(hFile,(char*)&weight,sizeof(WEIGHTSTR));
        count++;
        close(hFile);
        InvalidateRect(hWnd,NULL,TRUE);
        break;

    case WM_PAINT:
        GetClientRect(hWnd,&rect);
        hdc = BeginPaint(hWnd,&ps);
        SelectObject(hdc,hPenBlack);

        wsprintf(out,"Count# %d LearnR %ld.%02ld Blue(0,0:0.%02ld)
         Yellow(0,1:0.%02ld) Red(1,0:0.%02ld) Green(1,1:0.%02ld)",
        count,(long)learnrate,((long)(learnrate*100))%100,
        (((long)(first*100))%100),(((long)(second*100))%100),(((long)(
         third*100))%100),(((long)(fourth*100))%100)
        );
        DrawText(hdc,out,-1,&rect,DT_CENTER);
        Rectangle(hdc,10,10,15,210);

        SelectObject(hdc,hPenBlue);
        Rectangle(hdc,200, 10+(200 - (int)(((long)(first*100))%100)*2)
```

```
XOR3.C
                MainWndProc

                 .210,210);

                SelectObject(hdc,hPenYellow);
                Rectangle(hdc,300, 10+(200 - (int)(((long)(second*100))%100)*
                 2),310,210);

                SelectObject(hdc,hPenRed);
                Rectangle(hdc,400, 10+(200 - (int)(((long)(third*100))%100)*2)
                 ,410,210);

                SelectObject(hdc,hPenGreen);
                Rectangle(hdc,500, 10+(200 - (int)(((long)(fourth*100))%100)*
                 2),510,210);

                EndPaint(hWnd,&ps);
                break;
            case WM_DESTROY:
                PostQuitMessage(0);
                break;

            default:
                return (DefWindowProc(hWnd, message, wParam, lParam));
        }
        return (NULL);
}
```

Samples of Computation Results (3-Layer BP).

iteration #1

Count#	(0,0,0)	(0,1,1)	(1,0,1)	(1,1,1)	Out1	Out2	Out3	H21	H22	H23	H24	H25	H26	H11	H12	H13	H14	H15	H16
1	0.55	0	0	0.01	-1.76	-1.97	-3.48	-0.09	-1.01	0.2	-0.51	0.51	0.74	0.11	0.69	0.02	0.12	0.51	0.13
2	0.01	0.01	0.01	0.01	-1.62	-1.78	-3.12	-0.16	-1.1	0.06	-0.58	-0.61	0.56	0.12	-0.69	0.01	0.15	0.54	0.19
3	0.01	0.01	0.02	0.05	-1.37	-1.41	-2.32	-0.29	-1.27	-0.22	-0.74	0.82	0.23	0.16	0.67	0.07	0.24	0.58	0.31
4	0.04	0.04	0.16	0.88	-0.73	-0.53	-0.06	-0.63	-1.72	-0.91	-1.16	-1.4	-0.64	0.3	-0.62	0.28	0.52	0.68	0.72
5	0.32	0.05	0.2	0.93	-0.59	-0.37	0.64	-0.71	-1.84	-1.05	-1.24	-1.51	-0.78	0.35	-0.59	0.33	0.6	0.72	0.78
6	0.64	0.02	0.04	0.09	-0.78	-0.59	-2.46	-0.66	-1.79	-0.97	-1.21	-1.49	0.73	0.37	-0.58	0.3	0.62	0.74	0.72
7	0.07	0.06	0.27	0.97	-0.5	0.28	2.43	-0.77	-1.95	-1.16	-1.3	-1.62	-0.89	0.41	-0.56	0.37	0.69	0.77	0.82
8	0.92	0.57	0.87	0.87	-0.48	-0.24	2.72	-0.77	-1.97	-1.18	-1.31	-1.65	0.93	0.4	-0.52	0.39	0.68	0.81	0.83
9	0.94	0.73	0.93	0.94	-0.54	-0.3	1.15	-0.76	-1.96	-1.16	-1.3	-1.65	0.92	0.4	-0.51	0.38	0.68	0.82	0.81
10	0.75	0.04	0.13	0.72	-0.7	-0.51	3.38	-0.72	-1.91	-1.1	-1.29	1.63	-0.89	0.39	0.53	0.36	0.7	0.82	0.79
11	0.03	0.03	0.07	0.29	0.65	-0.46	-2.58	-0.75	-1.94	-1.14	-1.3	-1.65	-0.92	0.39	-0.53	0.37	0.71	0.82	0.81
12	0.07	0.06	0.23	0.94	-0.5	-0.28	1.26	-0.81	-2.02	-1.24	-1.35	1.71	-0.99	0.42	0.52	0.41	0.74	0.84	0.86
13	0.77	0.06	0.24	0.95	-0.5	-0.29	1.61	-0.82	-2.05	-1.26	-1.37	-1.74	-1.02	0.44	0.51	0.42	0.77	0.85	0.86
14	0.83	0.14	0.76	0.92	-0.53	-0.32	0.48	-0.81	-2.05	-1.26	-1.37	-1.75	-1.03	0.43	-0.48	0.42	0.78	0.88	0.85
15	0.61	0.02	0.04	0.12	-0.65	-0.45	-2.35	-0.78	-2.02	-1.21	-1.35	-1.73	-1	0.44	-0.48	0.4	0.78	0.89	0.81
16	0.08	0.07	0.31	0.97	-0.49	-0.28	2.72	-0.04	-2.11	-1.31	-1.39	-1.8	-1.08	0.46	-0.46	0.44	0.82	0.9	0.85
17	0.94	0.75	0.92	0.93	-0.54	-0.33	0.98	-0.83	-2.09	-1.29	-1.39	-1.79	-1.06	0.46	-0.46	0.43	0.81	0.91	0.84
18	0.72	0.04	0.09	0.48	-0.68	0.49	-3.52	-0.79	-2.04	-1.22	-1.36	-1.76	-1.02	0.45	-0.47	0.4	0.82	0.91	0.8
19	0.03	0.03	0.06	0.2	-0.63	-0.44	-2.29	-0.81	-2.07	-1.25	-1.37	-1.77	-1.05	0.45	-0.47	0.41	0.83	0.91	0.82
20	0.09	0.07	0.33	0.97	-0.49	-0.28	2.91	-0.86	-2.14	-1.34	-1.42	-1.83	-1.11	0.47	-0.45	0.45	0.86	0.93	0.86
21	0.95	0.82	0.81	0.93	-0.54	-0.35	0.68	-0.85	-2.12	-1.31	-1.4	-1.82	-1.09	0.47	-0.46	0.44	0.85	0.93	0.85
22	0.66	0.03	0.06	0.23	-0.65	-0.46	-2.33	-0.82	-2.09	-1.26	-1.39	-1.8	-1.06	0.47	-0.46	0.42	0.86	0.93	0.81
23	0.09	0.07	0.31	0.97	-0.52	-0.32	2.47	-0.87	-2.16	-1.34	-1.42	-1.85	-1.13	0.49	0.44	0.45	0.89	0.95	0.85
24	0.92	0.63	0.95	0.95	-0.53	0.33	1.82	-0.86	-2.16	-1.34	-1.42	-1.85	-1.13	0.48	-0.43	0.45	0.89	0.96	0.84
25	0.86	0.24	0.94	0.95	-0.54	-0.33	1.52	-0.86	-2.17	-1.35	-1.42	-1.87	-1.14	0.48	-0.4	0.46	0.88	0.99	0.83
26	0.82	0.13	0.68	0.94	-0.56	-0.35	1.19	-0.86	-2.18	-1.35	-1.42	-1.88	-1.15	0.48	-0.38	0.46	0.89	1.01	0.82
27	0.76	0.06	0.23	0.94	-0.58	-0.38	1.12	-0.86	-2.19	-1.35	-1.43	-1.89	-1.15	0.5	-0.38	0.46	0.91	1.02	0.8
28	0.75	0.05	0.18	0.87	-0.64	0.44	-0.78	-0.85	-2.18	-1.33	-1.42	-1.89	-1.14	0.5	-0.38	0.45	0.93	1.02	0.78
29	0.31	0.07	0.27	0.95	-0.59	0.39	1.9	-0.88	2.22	-1.37	-1.44	-1.92	-1.17	0.52	-0.36	0.46	0.96	1.04	0.79
30	0.87	0.28	0.96	0.96	-0.59	-0.38	2.18	-0.88	-2.23	-1.38	-1.45	-1.93	-1.19	0.52	-0.33	0.47	0.96	1.07	0.78
31	0.9	0.45	0.07	0.07	-0.57	-0.36	2.97	-0.88	-2.25	-1.39	-1.45	-1.95	-1.2	0.51	-0.31	0.48	0.96	1.09	0.78
32	0.95	0.84	0.91	0.92	-0.63	-0.41	0.69	-0.86	-2.23	-1.36	-1.44	-1.94	-1.18	0.51	-0.31	0.47	0.95	1.09	0.76
33	0.66	0.03	0.08	0.33	-0.73	0.52	2.06	-0.83	-2.19	-1.31	-1.42	-1.91	-1.14	0.51	0.31	0.44	0.96	1.09	0.72
34	0.06	0.06	0.2	0.88	-0.66	0.45	-0.41	-0.86	-2.23	-1.36	-1.44	-1.94	-1.18	0.51	-0.31	0.46	0.98	1.1	0.75
35	0.39	0.05	0.15	0.77	0.71	-0.51	2.5	-0.84	-2.22	-1.33	-1.43	-1.93	-1.16	0.51	-0.32	0.45	0.99	1.1	0.73
36	0.07	0.07	0.25	0.94	-0.62	0.42	1.17	-0.88	-2.27	-1.39	-1.46	-1.97	-1.21	0.53	-0.31	0.47	1.01	1.11	0.76

o/p.1　o/p.2　o/p.3　o/p.h　←———— weights ————→

iteration #1	o/p.1	o/p.2	o/p.3	o/p.1	weights layer 3			weights layer 2						weights layer 1					
407	0.04	0.93	0.92	0.08	-6.04	-3.4	2.91	6.78	-6.1	2.27	-0.81	-5.82	0.54	4.54	3.49	-5.92	6.12	7.08	-1.7
408	0.04	0.93	0.92	0.08	-6.07	-3.41	2.93	6.79	-6.1	2.28	-0.81	-5.82	0.54	4.53	3.5	-5.93	6.12	7.08	-1.71
409	0.04	0.94	0.92	0.08	-6.09	-3.41	2.95	6.81	-6.1	2.28	-0.81	-5.82	0.55	4.53	3.51	-5.94	6.13	7.08	-1.72
410	0.03	0.94	0.92	0.08	-6.12	-3.41	2.96	6.82	-6.11	2.28	-0.81	-5.82	0.55	4.52	3.51	-5.94	6.13	7.08	-1.72
411	0.03	0.94	0.92	0.08	-6.14	-3.41	2.98	6.83	-6.11	2.29	-0.81	-5.82	0.56	4.52	3.52	-5.95	6.13	7.08	-1.73
412	0.03	0.94	0.92	0.07	-6.17	-3.41	2.99	6.84	-6.11	2.29	-0.81	-5.82	0.56	4.52	3.53	-5.96	6.13	7.08	-1.74
413	0.03	0.94	0.92	0.07	-6.19	-3.42	3.01	6.84	-6.11	2.29	-0.81	-5.82	0.56	4.51	3.54	-5.96	6.13	7.08	-1.74
414	0.03	0.94	0.92	0.07	-6.21	-3.42	3.02	6.85	-6.11	2.29	-0.81	-5.82	0.57	4.51	3.54	-5.97	6.13	7.08	-1.75
415	0.03	0.94	0.93	0.07	-6.24	-3.42	3.03	6.86	-6.11	2.3	-0.81	-5.82	0.57	4.51	3.55	-5.97	6.13	7.08	-1.75
416	0.03	0.94	0.93	0.07	-6.26	-3.42	3.05	6.87	-6.12	2.3	-0.81	-5.82	0.57	4.5	3.56	-5.98	6.13	7.08	-1.76
417	0.03	0.94	0.93	0.07	-6.28	-3.42	3.06	6.88	-6.12	2.3	-0.81	-5.82	0.58	4.5	3.56	-5.98	6.13	7.08	-1.76
418	0.03	0.94	0.93	0.07	-6.3	-3.43	3.07	6.89	-6.12	2.3	-0.81	-5.82	0.58	4.5	3.57	-5.99	6.13	7.08	-1.77
419	0.03	0.94	0.93	0.07	-6.32	-3.43	3.08	6.9	-6.12	2.3	-0.81	-5.82	0.58	4.49	3.58	-5.99	6.13	7.08	-1.77
420	0.03	0.94	0.93	0.07	-6.34	-3.43	3.1	6.9	-6.12	2.31	-0.81	-5.82	0.59	4.49	3.58	-5.99	6.14	7.08	-1.78

按层输出的权值位置如图 6. B. 1 所示。其中，1 表示输入集｛0，0｝的输出；2 表示输入集｛0，1｝的输出，等等。

结论：

（1）偏置有助于加速收敛。

（2）三层（网络）比二层（网络）慢。

（3）收敛是突然的，而不是渐进的。同样，在这个例子中，速率和收敛速度之间没有关系。

6. D 使用反向传播神经网络预报月平均高低温[①]

6. D. 1 引言

预测未来的温度，无论是第二天、下一周、下一月甚至下一年，不仅对气象学家或科学家很重要，而且对日常生活也很重要。大多数人使用即将到来的温度预测来了解如何穿衣以及外出或判断待在室内是否健康。科学家和气象学家利用这些预测来确定厄尔尼诺和拉尼娜等天气系统的影响，证明或反驳全球变暖的影响。科学家们还使用这些预测来预测温度对农作物、植物以及动物的影响。这些预测也可以用来确定特定地区在特定年份是否会发生干旱。该项目侧重于对月平均气温的预测，这对于确定是否可能发生干旱非常重要，特别是在得克萨斯州圣

① Eric North, ECE Dept., University of Illinois, Chicago, 2012.

安东尼奥等地区，这是项目重点关注的城市，也是项目中使用数据的来源。温度预测通常是通过测量和使用下述天气参数来实现：蒸发速率、相对湿度、风速和风向、降水模式以及降水类型。

在过去几十年，科学家们一直在使用人工神经网络（ANNs）来预测天气和温度。在这个项目中，我们使用多层反向传播神经网络来预测 2011 年美国得克萨斯州圣安东尼奥市的每月平均高温和低温。使用反向传播神经网络预报温度的研究介绍如下。

6. D. 2　设计

将月平均高低温的预测模型设为多层神经网络，并采用反向传播神经网络算法求解。反向传播神经网络由输入层、隐藏层和输出层组成。根据系统的复杂程度或者期望的输出是否必须以更快的速度收敛，系统可以有多个隐藏层。神经元位于每个隐藏层和输出层中，由输入和相关权值乘积的总和组成，然后放入非线性函数中以导出指定层的输出。多层神经网络如图 6. D. 1 所示。

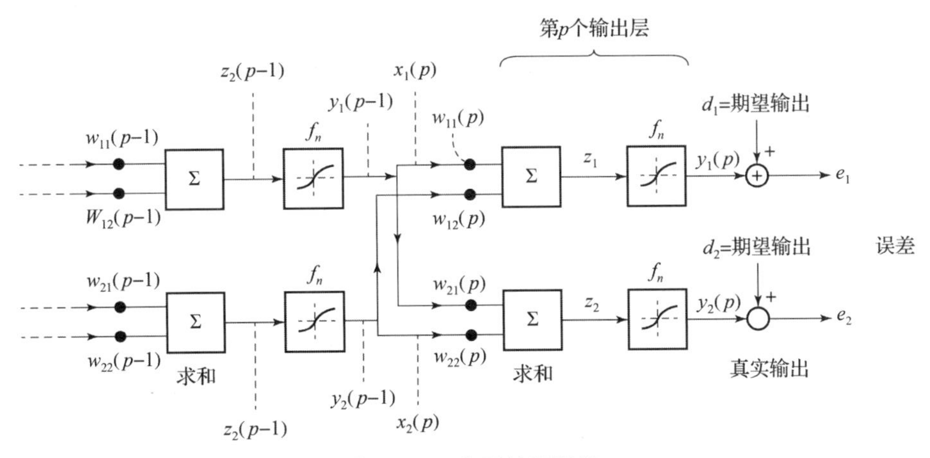

图 6. D. 1　多层神经网络

反向传播算法基于最小均方（LMS）算法，其中系统的性能由均方误差计算（详见本章后面的内容）。系统性能由下式求得：

$$f(x)=E[e^2]=E[(t-a)^2]$$

式中，$f(x)$是性能；e 是目标（期望）输出 t 与系统当前状态下的实际输出 a 之间的误差。

反向传播算法主要依赖于每层的初始权矩阵以及每层中不断更新的权矩阵。根据系统的要求，将初始权矩阵初始化为［a，b］范围内的小随机值。在初始权矩阵定义后，使用下述公式更新权值矩阵：

$$W(k+1)=W(k)+\Delta W(k)$$

式中，$\Delta W(k)$为指定迭代时误差与输入的乘积。

反向传播算法用于神经网络的隐藏层，可以计算每个隐藏层的灵敏度和更新的权值矩阵。($m+1$) 层的灵敏度计算公式为

$$S(m+1) = -2*F'(n)*e$$

式中，e是误差；$F'(n)$表示沿对角线的导数。

m层的灵敏度计算公式为

$$Sm=Fm(nm)*W(m+1)'*S(m+1)$$

其中，$Fm(nm)$是m层沿对角线的导数。每个隐藏层中的权值矩阵将使用下一层的灵敏度进行更新，即

$$Wm(k+1)=Wm(k)-\alpha*Sm*(am-1)'$$

其中，α表示系统的学习率。然后数据流向输出层，即依据要解决问题的类型，数据将经过 log sigmoid 函数或纯线性函数（的变换）以产生输出。

如上所述，该项目的目标是预测 2011 年美国得克萨斯州圣安东尼奥市的月平均最高和最低温度。与之前使用 BP 网络进行天气预报的工作不同，我们决定只使用 1990—2010 年记录的每月平均最高和最低温度来预测最高和最低温度，而不是使用湿度、降雨量和其他参数。这样做是因为每天记录的温度已经包含了这些参数，因此每月平均温度也包含了这些参数。所记录的月平均最高和最低温度源自 Weather Warehouse 网站（http://weather - warehouse. com）。Weather Warehouse 提供超过 10 000 个官方的美国国家气象局（NWS/NOAA）政府气象站的完整天气历史。

在这个项目中，我们决定 Back Propagation Network 包含 252 个输入，1 个输入层包含 200 个神经元，3 个隐藏层分别包含 150、100 和 50 个神经元，以及一个包含 12 个神经元的输出层来产生 12 个目标输出。这个网络的结构是在测试了 1 个神经元较少的 1 层和 2 层隐藏层网络后确定的，这些（较少层）网络的结果并没有达到这类问题所需的精度。

这些数据在进入神经网络之前需要经过预处理。这些数据首先被归类为月平均最高温度或月平均最低温度。然后，进一步按年分类，以便当集合通过训练时，网络可以按年输出2011年的数据（即1月、2月、…）。数据经过预处理后，发送到网络。有两个反向传播网络，一个用于高温，另一个用于低温。数据经过输入层和3个隐藏层，它们都具有log sigmoid激活函数。最后数据流经具有纯线性函数的输出层。我们选择了纯线性函数而不是log sigmoid函数，这是因为只有字符/模式识别问题在输出层使用log sigmoid函数。

6. D. 3 结果

由于有3个隐藏层，且每层都有大量的神经元，因此网络不需要多次迭代，这是因为网络有能够充分学习训练的模式。该网络只迭代了12次，就达到了足够的准确率。下面可以看到网络对月平均高温和低温的预测结果，以及两组数据训练的成功率。表6. D. 1为预测的2011年月平均高温与记录的月平均高温的比较；表6. D. 2为预测的2011年月平均低温与记录的月平均低温的比较；表6. D. 3为BP网络预测2011年月平均高温和低温的成功率。

表6. D. 1 预测的2011年月平均高温与记录的月平均高温的比较

月份	记录的月平均高温/℉	预测的月平均高温/℉
1月	61.4	61.146 3
2月	68.3	68.000 9
3月	78.5	78.228 9
4月	87.9	87.441 7
5月	89.7	89.441 7
6月	97.6	97.334 7
7月	98.7	98.447 5
8月	101.5	101.232 4
9月	96.2	95.889 3
10月	83.0	82.720 7

续表

月份	记录的月平均高温/℉	预测的月平均高温/℉
11 月	74.8	74.523 1
12 月	63.1	62.884 7

表 6.D.2　预测的 2011 年月平均低温与记录的月平均低温的比较

月份	记录的月平均低温/℉	预测的月平均低温/℉
1 月	39.6	39.853 7
2 月	42.6	42.899 1
3 月	55.2	55.471 1
4 月	63.4	63.685 1
5 月	67.5	67.758 3
6 月	74.8	75.065 3
7 月	77.0	77.252 5
8 月	78.5	78.767 6
9 月	69.5	69.810 7
10 月	59.0	59.279 3
11 月	51.0	51.276 9
12 月	44.6	44.815 3

表 6.D.3　BP 网络预测 2011 年月平均高温和低温的成功率

月份	预测 2011 年月平均高温的成功率/%	预测 2011 年月平均低温的成功率/%
1 月	99.586 8	99.359 4
2 月	99.562 1	99.298 0
3 月	99.674 6	99.508 8
4 月	99.675 7	99.550 3
5 月	99.712 0	99.617 3

续表

月份	预测 2011 年月平均高温的成功率/%	预测 2011 年月平均低温的成功率/%
6 月	99.728 2	99.645 3
7 月	99.744 2	99.672 1
8 月	99.736 3	99.659 1
9 月	99.677 0	99.553 0
10 月	99.663 5	99.526 6
11 月	99.629 7	99.457 0
12 月	99.658 8	99.517 3

6.D.4　结论

本项目采用 1 个输入层、3 个隐藏层、1 个输出层的反向传播算法预测 2011 年美国得克萨斯州圣安东尼奥市的月平均高低温。用来训练网络的数据是圣安东尼奥市 1990—2010 年的月平均最高和最低温度。从上面的预测结果和成功率可以看出，多层反向传播算法在预测圣安东尼奥市 2011 年的月平均高低温方面具有很高的精度。这种方法可以用来预测任何城市、国家甚至全球的月平均温度。这可以用于预测全球变暖，以及帮助提出保护作物和植物免受极端温度影响的解决方案。

6.D.5　源码（MATLAB）

```
%% Average monthly high temps
setjanhigh =[60.0 68.5 63.2 57.2 72.9 65.0 63.7 60.4 65.8 59.1 66.7 68.0 67.1
             59.4 65.8 65.6 63.7 61.2 59.2 58.6 67.5];
setfebhigh=[59.3 76.1 76.3 66.6 69.6 63.8 63.3 62.5 64.7 67.3 73.9 74.2 67.3
            62.4 70.7 69.8 68.2 66.1 70.1 67.3 71.0];
setmarhigh=[71.6 77.5 77.4 74.5 79.2 73.5 75.4 71.6 72.3 66.5 77.6 73.5 70.5
            73.2 70.9 72.0 75.6 72.9 74.1 76.9 70.7];
setaprhigh=[78.2 82.1 83.0 74.9 88.8 80.3 76.7 82.4 82.3 79.2 81.7 81.4 79.5
            74.3 84.3 82.8 81.2 79.3 79.1 82.3 78.8];
setmayhigh=[86.9 90.5 91.6 83.9 91.6 85.2 84.9 90.4 86.7 86.0 88.0 85.8 91.4
            83.4 92.6 88.9 85.5 85.3 82.8 87.2 89.0];
```

```
setjunhigh =[91.9 98.1 98.0 88.8 95.4 92.4 89.6 92.2 94.0 93.2 89.4 90.4 97.7
            88.4 95.3 89.5 95.0 89.9 92.6 93.4 98.5];
setjulhigh =[91.8 100.6 94.3 87.4 96.5 95.7 92.2 90.0 90.1 96.1 97.5 92.5 99.7
            94.8 98.8 94.9 99.3 95.6 94.1 94.5 92.8];
setaughigh =[97.6 100.3 93.9 91.9 99.8 96.5 93.3 93.6 95.1 96.3 98.1 97.7 92.8
            97.0 94.8 96.7 97.1 98.2 93.0 96.9 95.3];
setsephigh =[89.0 87.6 90.9 89.1 90.6 95.4 90.5 85.7 88.2 86.7 94.5 92.2 88.5
            93.5 88.4 91.1 90.8 94.0 92.5 88.0 90.4];
setocthigh =[83.1 79.5 84.6 85.0 83.3 82.9 86.1 81.5 78.5 79.3 78.6 82.9 80.0
            80.5 82.0 82.4 83.5 83.0 86.5 85.6 82.6];
setnovhigh =[74.4 72.2 76.5 72.7 75.8 77.7 71.1 73.1 69.4 72.8 65.9 76.7 70.5
            67.6 72.4 71.2 74.7 68.5 69.0 68.9 74.6];
setdechigh =[66.3 57.4 67.8 69.5 64.7 66.1 65.3 67.1 64.7 64.4 55.8 67.8 62.8
            63.1 66.3 65.5 67.7 66.1 66.1 63.5 64.4];
sethighmtrx =[60.0 59.3 71.6 78.2 86.9 91.9 91.8 97.6 89.0 83.1 74.4 66.3;
             68.5 76.1 77.5 82.1 90.5 98.1 100.6 100.3 87.6 79.5 72.2 57.4;
             63.2 76.3 77.4 83.0 91.6 98.0 94.3 93.9 90.9 84.6 76.5 67.8;
             57.2 66.6 74.5 74.9 83.9 88.8 87.4 91.9 89.1 85.0 72.7 69.5;
             72.9 69.6 79.2 88.8 91.6 95.4 96.5 99.8 90.6 83.3 75.8 64.7;
             65.0 63.8 73.5 80.3 85.2 92.4 95.7 96.5 95.4 82.9 77.7 66.1;
             63.7 63.3 75.4 76.7 84.9 89.6 92.2 93.3 90.5 86.1 71.1 65.3;
             60.4 62.5 71.6 82.4 90.4 92.2 90.0 93.6 85.7 81.5 73.1 67.1;
             65.8 64.7 72.3 82.3 86.7 94.0 90.1 95.1 88.2 78.5 69.4 64.7;
             59.1 67.3 66.5 79.2 86.0 93.2 96.1 96.3 86.7 79.3 72.8 64.4;
             66.7 73.9 77.6 81.7 88.0 89.4 97.5 98.1 94.5 78.6 65.9 55.8;
             68.0 74.2 73.5 81.4 85.8 90.4 92.5 97.7 92.2 82.9 76.7 67.8;
             67.1 67.3 70.5 79.5 91.4 97.7 99.7 92.8 88.5 80.0 70.5 62.8;
             59.4 62.4 73.2 74.3 83.4 88.4 94.8 97.0 93.5 80.5 67.6 63.1;
             65.8 70.7 70.9 84.3 92.6 95.3 98.8 94.8 88.4 82.0 72.4 66.3;
             65.6 69.8 72.0 82.8 88.9 89.5 94.9 96.7 91.1 82.4 71.2 65.5;
             63.7 68.2 75.6 81.2 85.5 95.0 99.3 97.1 90.8 83.5 74.7 67.7;
             61.2 66.1 72.9 79.3 85.3 89.9 95.6 98.2 94.0 83.0 68.5 66.1;
             59.2 70.1 74.1 79.1 82.8 92.6 94.1 93.0 92.5 86.5 69.0 66.1;
             58.6 67.3 76.9 82.3 87.2 93.4 94.5 96.9 88.0 85.6 68.9 63.5;
             67.5 71.0 70.7 78.8 89.0 98.5 92.8 95.3 90.4 82.6 74.6 64.4];
%% Average monthly low temps
setjanlow =[39.4 40.5 40.5 39.4 43.5 46.8 45.3 39.7 42.2 39.2 43.7 41.2 45.7
           38.9 36.3 41.3 40.9 41.1 42.3 39.2 45.3]';
setfeblow =[39.5 49.7 47.0 43.1 42.3 48.8 42.0 43.6 36.9 47.7 51.2 49.4 43.3
           43.8 45.1 44.9 44.1 44.9 48.0 45.9 46.7]';
setmarlow =[47.0 52.8 51.5 55.5 55.9 49.2 56.5 49.5 48.3 46.6 56.4 51.8 49.0
           53.3 44.3 51.7 52.1 50.0 52.5 51.0 52.3]';
setaprlow =[58.9 57.5 58.3 55.4 64.6 56.4 57.7 60.7 64.1 62.3 59.7 61.0 53.9
           53.5 54.6 56.7 58.4 55.2 58.8 62.4 60.5]';
setmaylow =[68.0 68.4 68.6 67.0 65.9 64.8 67.4 70.3 66.8 66.5 69.2 66.5 68.2
```

```
             64.5 71.1 68.3 66.5 62.4 64.5 68.1 69.6]';
setjunlow=[75.2 74.5 75.6 72.6 71.8 72.7 72.1 71.2 72.8 72.0 72.6 73.3 74.9
             71.1 72.9 69.0 74.0 73.2 72.4 72.1 76.4]';
setjullow=[76.3 76.9 73.8 73.4 74.9 74.8 73.6 73.9 74.9 74.6 74.2 73.2 76.4
             75.3 75.8 73.6 76.4 76.5 75.2 74.5 73.9]';
setauglow=[77.4 76.4 74.8 75.5 76.8 74.9 73.4 73.7 75.5 74.8 74.5 74.5 74.3
             75.2 74.0 74.3 75.0 76.3 71.3 74.7 75.2]';
setseplow=[71.2 69.3 68.0 71.4 68.8 73.1 70.5 67.7 69.1 67.0 67.4 68.3 72.4
             70.8 68.4 69.1 66.0 69.0 70.9 67.6 69.6]';
setoctlow=[57.4 60.3 58.3 61.2 61.5 58.9 67.7 59.7 62.9 56.5 63.6 56.3 62.8
             59.8 60.1 57.2 61.8 58.3 60.3 60.9 56.0]';
setnovlow=[49.7 49.1 50.8 52.7 51.8 52.1 51.1 53.0 46.2 53.0 47.9 49.4 54.2
             47.1 50.2 47.7 54.8 44.0 45.5 45.9 51.4]';
setdeclow=[41.4 39.2 42.2 42.7 44.0 39.9 41.0 40.6 42.9 43.1 36.9 40.1 42.6
             37.3 42.7 45.7 46.2 44.0 46.4 47.5 39.4]';
setlowmtrx=[39.4 39.5 47.0 58.9 68.0 75.2 76.3 77.4 71.2 57.4 49.7 41.4;
             40.5 49.7 52.8 57.5 68.4 74.5 76.9 76.4 69.3 60.3 49.1 39.2;
             40.5 47.0 51.5 58.3 68.6 75.6 73.8 74.8 68.0 58.3 50.8 42.2;
             39.4 43.1 55.5 55.4 67.0 72.6 73.4 75.5 71.4 61.2 52.7 42.7;
             43.5 42.3 55.9 64.6 65.9 71.8 74.9 76.8 68.8 61.5 51.8 44.0;
             46.8 48.8 49.2 56.4 64.8 72.7 74.8 74.9 73.1 58.9 52.1 39.9;
             45.3 42.0 56.5 57.7 67.4 72.1 73.6 73.4 70.5 67.7 51.1 41.0;
             39.7 43.6 49.5 60.7 70.3 71.2 73.9 73.7 67.7 59.7 53.0 40.6;
             42.2 36.9 48.3 64.1 66.8 72.8 74.9 75.5 69.1 62.9 46.2 42.9;
             39.2 47.7 46.6 62.3 66.5 72.0 74.6 74.8 67.0 56.5 53.0 43.1;
             43.7 51.2 56.4 59.7 69.2 72.6 74.2 74.5 67.4 63.6 47.9 36.9;
             41.2 49.4 51.8 61.0 66.5 73.3 73.2 74.5 68.3 56.3 49.4 40.1;
             45.7 43.3 49.0 53.9 68.2 74.9 76.4 74.3 72.4 62.8 54.2 42.6;
             38.9 43.8 53.3 53.5 64.5 71.1 75.3 75.2 70.8 59.8 47.1 37.3;
             36.3 45.1 44.3 54.6 71.1 72.9 75.8 74.0 68.4 60.1 50.2 42.7;
             41.3 44.9 51.7 56.7 68.3 69.0 73.6 74.3 69.1 57.2 47.7 45.7;
             40.9 44.1 52.1 58.4 66.5 74.0 76.4 75.0 66.0 61.8 54.8 46.2;
             41.1 44.9 50.0 55.2 62.4 73.2 76.5 76.3 69.0 58.3 44.0 44.0;
             42.3 48.0 52.5 58.8 64.5 72.4 75.2 71.3 70.9 60.3 45.5 46.4;
             39.2 45.9 51.0 62.4 68.1 72.1 74.5 74.7 67.6 60.9 45.9 47.5;
             45.3 46.7 52.3 60.5 69.6 76.4 73.9 75.2 69.6 56.0 51.4 39.4];
% Back propagation Training for the average monthly high and low temperatures
% The system consists of an input layer, 3 hidden layers and an output
% layer.
% The number of inputs for the avg monthly high temps are 252
% the number of inputs for the avg monthly low temps are 252
clear all;
close all;
clc;
sethigh;
```

```
setlow;
%% Weights
wlayer1 = -0.5 +(0.5 -( -0.5)) * rand(200,252);
wlayer2 = -0.5 +(0.5 -( -0.5)) * rand(100,200);
wlayer3 = -0.5 +(0.5 -( -0.5)) * rand(50,100);
wlayer4 = -0.5 +(0.5 -( -0.5)) * rand(25,50);
wlayer5 = -0.5 +(0.5 -( -0.5)) * rand(12,25);
%% Target temps: Actual motnhly avg high and low temps for 2011
thigh =[61.4 68.3 78.5 87.9 89.7 97.6 98.7 101.5 96.2 83.0 74.8 63.1]';
tlow =[39.6 42.6 55.2 63.4 67.5 74.8 77.0 78.5 69.5 59.0 51.0 44.6]';
%% Nx1 vectors of the high and low temps matrices
sethightrans =[sethighmtrx(1,:) sethighmtrx(2,:) sethighmtrx(3,:)
              sethighmtrx(4,:) sethighmtrx(5,:) sethighmtrx(6,:)...
              sethighmtrx(7,:) sethighmtrx(8,:) sethighmtrx(9,:)
              sethighmtrx(10,:) sethighmtrx(11,:) sethighmtrx(12,:)...
              sethighmtrx(13,:) sethighmtrx(14,:) sethighmtrx(15,:)
              sethighmtrx(16,:)sethighmtrx(17,:)...
              sethighmtrx(18,:) sethighmtrx(19,:)
              sethighmtrx(20,:) sethighmtrx(21,:)]';
setlowtrans =[setlowmtrx(1,:) setlowmtrx(2,:) setlowmtrx(3,:)
              setlowmtrx(4,:) setlowmtrx(5,:) setlowmtrx(6,:)...
              setlowmtrx(7,:) setlowmtrx(8,:) setlowmtrx(9,:)
              setlowmtrx(10,:) setlowmtrx(11,:) setlowmtrx(12,:)...
              setlowmtrx(13,:) setlowmtrx(14,:) setlowmtrx(15,:)
              setlowmtrx(16,:) setlowmtrx(17,:) setlowmtrx(18,:)...
              setlowmtrx(19,:) setlowmtrx(20,:) setlowmtrx(21,:)]';
errorhigh =[];
errorlow =[];
%% Training of the sets
for i =1:1:12
    % Training for avg monthly high temps
    for j =1:1:21
        % Output of each layer
        outhigh1 =logsig(wlayer1 * sethightrans);
        outhigh2 =logsig(wlayer2 * outhigh1);
        outhigh3 =logsig(wlayer3 * outhigh2);
        outhigh4 =logsig(wlayer4 * outhigh3);
        outhigh5 =purelin(wlayer5 * outhigh4);
        errhigh =thigh - outhigh5;
        % Sensitivities of each layer
        sens5 = -2 * 1 * errhigh;
        f4 =zeros(25,25);
        [row4,col4] =size(f4);
        if row4 ==col4
            for k =1:1:row4
```

```
        f4(k,k) =(1 -outhigh4(k)) * outhigh4(k);
    end
else
    return;
end
sens4 = f4 * wlayer5' * sens5;
f3 = zeros(50,50);
[row3,col3] = size(f3);
if row3 == col3
    for k =1:1:row3
        f3(k,k) =(1 -outhigh3(k)) * outhigh3(k);
    end
else
    return;
end
sens3 = f3 * wlayer4' * sens4;
f2 = zeros(100,100);
[row2,col2] = size(f2);
if row2 == col2
    for k =1:1:row2
        f2(k,k) =(1 -outhigh2(k)) * outhigh2(k);
    end
else
    return;
end
sens2 = f2 * wlayer3' * sens3;
f1 = zeros(200,200);
[row1,col1] = size(f1);
if row1 == col1
    for k =1:1:row1
        f1(k,k) =(1 -outhigh1(k)) * outhigh1(k);
    end
else
    return;
end
sens1 = f1 * wlayer2' * sens2;
% Update of weights
wlayer1 =wlayer1 -0.1 * sens1 * sethightrans';
wlayer2 =wlayer2 -0.1 * sens2 * outhigh1';
wlayer3 =wlayer3 -0.1 * sens3 * outhigh2';
wlayer4 =wlayer4 -0.1 * sens4 * outhigh3';
wlayer5 =wlayer5 -0.1 * sens5 * outhigh4';
errorhigh =[errorhigh (errhigh(1) +errhigh(2) +errhigh(3) +
errhigh(4) +errhigh(5) +errhigh(6) +errhigh(7)...
+errhigh(8) + errhigh(9) + errhigh(10) + errhigh(11) +
```

```
errhigh(12))];
        end
        error1 = 100 - (abs(outhigh5 - thigh)./thigh) * 100
        % Training for avg monthly low temps
        for j = 1:1:21
            % Output of each layer
            outlow1 = logsig(wlayer1 * setlowtrans);
            outlow2 = logsig(wlayer2 * outlow1);
            outlow3 = logsig(wlayer3 * outlow2);
            outlow4 = logsig(wlayer4 * outlow3);
            outlow5 = purelin(wlayer5 * outlow4);
            errlow = tlow - outlow5;
            % Sensitivities of each layer
            sens5 = -2 * 1 * errlow;
            f4 = zeros(25,25);
            [row4,col4] = size(f4);
            if row4 == col4
                for k = 1:1:row4
                    f4(k,k) = (1 - outlow4(k)) * outlow4(k);
                end
            else
                return;
            end
            sens4 = f4 * wlayer5' * sens5;
            f3 = zeros(50,50);
            [row3,col3] = size(f3);
            if row3 == col3
                for k = 1:1:row3
                    f3(k,k) = (1 - outlow3(k)) * outlow3(k);
                end
            else
                return;
            end
            sens3 = f3 * wlayer4' * sens4
            f2 = zeros(100,100);
            [row2,col2] = size(f2);
            if row2 == col2
                for k = 1:1:row2
                    f2(k,k) = (1 - outlow2(k)) * outlow2(k);
                end
            else
                return;
            end
            sens2 = f2 * wlayer3' * sens3;
            f1 = zeros(200,200);
```

```
        [row1,col1] = size(f1);
        if row1 == col1
            for k = 1:1:row1
                f1(k,k) = (1 - outlow1(k)) * outlow1(k);
            end
        else
            return;
        end
        sens1 = f1 * wlayer2' * sens2;
        % Update of weights
        wlayer1 = wlayer1 - 0.1 * sens1 * setlowtrans';
        wlayer2 = wlayer2 - 0.1 * sens2 * outlow1';
        wlayer3 = wlayer3 - 0.1 * sens3 * outlow2';
        wlayer4 = wlayer4 - 0.1 * sens4 * outlow3';
        wlayer5 = wlayer5 - 0.1 * sens5 * outlow4';
        errorlow = [errorlow (errlow(1) + errlow(2) + errlow(3) +
                    errlow(4) + errlow(5)  + errlow(6) + errlow(7) +
                    errlow(8) + errlow(9) + errlow(10) + errlow(11) +
                    errlow(12))];
    end
    error2 = 100 - (abs(outlow5 - tlow)./tlow) * 100
end
%% Error
error = abs([errorhigh(length(errorhigh)) errorlow(length(errorlow))]');
avgerror = sum(error)/2;
```

第 7 章

Hopfield 网络

7.1 引言

到目前为止考虑的所有网络都只假设从输入到输出的正向流，即非循环互连，这保证了网络的稳定性。由于生物神经网络包含反馈（即它们是循环的），因此某些人工网络也将包含该特征。Hopfield 神经网络（Hopfield，1982）确实同时采用前馈和反馈。一旦采用反馈，那么在一般情况下就不能保证其稳定性。因此，Hopfield 网络的设计必须考虑其设置的稳定性。虽然 Hopfield 网络基本上是一个单层网络，但它的反馈结构使其有效地表现为多层网络。

Hopfield 网络是历史上第一个被认为允许求解非凸决策的网络，因此可以弥补单层神经网络的缺点，如感知机（当将其视为单层神经网络时），详见第 4.2 节。我们注意到，在 Hopfield 网络（1982）发表时，没有公认的方法来严格计算任何隐藏层的权值，就像多层网络中出现的那样。的确，Werbos（1974）和 Parker（1982）的工作在此之前，两者都和反向传播有关并在 1982 年完成，但他们在科学界几乎不为人知。鲁梅尔哈特关于反向传播的开创性出版物在 1986 年才出版（详见第 6 章）。我们在反向传播章节之后介绍 Hopfield 神经网络，是因为它的架构与早期的基本神经元模型直接相关（Adaline、Perceptron、Madaline），并注意到它与 Werbos（1974）和 Parker（1982）工作的关系。尽管如此，当 Hopfield 网络首次出现时，它就被视为是人工神经网络作为一门有效而严谨学科的复兴。

7.2　二元 Hopfield 网络

图 7.1 展示了一个循环的单层 Hopfield 网络结构。虽然它基本上是一个单层网络，但它的反馈结构使它有效地表现为一个多层网络。反馈的延迟在其稳定性中发挥主要作用。这种延迟对生物神经网络来说是很自然的，注意到突触间隙的延迟和神经元放电的有限速率。鉴于 Hopfield 网络可以是连续输出的，也可以是二元输出的，那么我们首先考虑一个二元 Hopfield 网络，以引入 Hopfield 网络的概念。

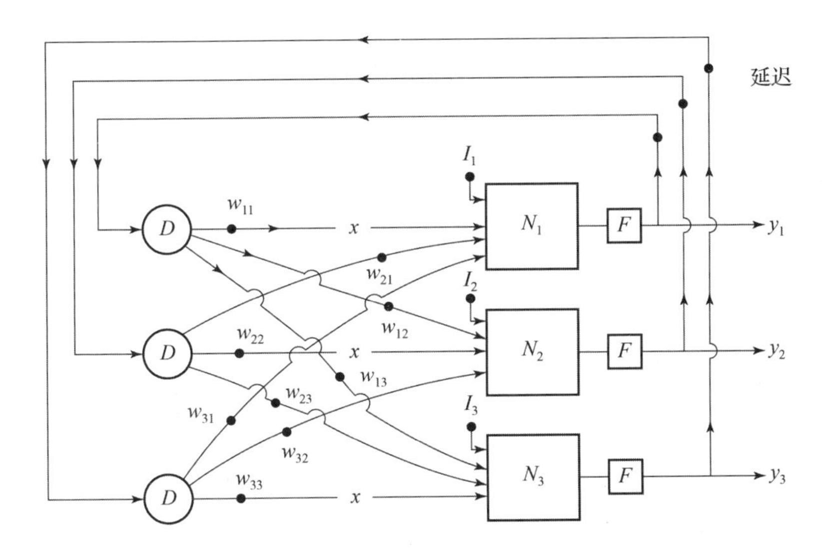

N_i—第 i 个神经元；D—分布节点（外部输入 $x_1 \cdots x_3$ 也进入 D 中：未显示）；

F—激活函数；I_i—偏置输入；w_{ij}—权值。

图 7.1　循环的单层 Hopfield 网络结构

图 7.1 的网络满足下式：

$$z_j = \sum_{i \neq j} w_{ij} y_i(n) + I_j; \quad n = 0, 1, 2, \cdots \tag{7.1}$$

$$y_j(n+1) = \begin{cases} 1, & \forall z_j \geq Th_j \\ 0, & \forall z_j < Th_j \end{cases} \quad 或 \quad \begin{cases} 1, & \forall z_j(n) > Th_j \\ y_j(n), & \forall z_j = Th_j \\ 0, & \forall z_j < Th_j \end{cases} \tag{7.2}$$

式（7.1）中的权值为零，表示没有自反馈。在双极情况下，y 的状态 0 变为 -1。

在式（7.1）和式（7.2）中，Hopfield 网络采用了与 Perceptron 或 Adaline 相同的单个神经元的基本结构。然而，在图 7.1 中，它的反馈结构与之前的设计有所不同。

注意：一个两神经元的二元 Hopfield 网络可以看作是一个 2^n 状态系统，输出属于四状态集 {00，01，10，11}。当输入一个输入向量时，网络将稳定在上述状态之一，这是由其权值配置决定的。部分不正确的输入向量可能将网络引导到离期望的（相关的）正确输入向量最近的状态。

7.3 Hopfield 网络中权值的设置——双向联想记忆原理

Hopfield 网络采用联想记忆（associative memory，AM）和双向联想记忆（bidirectional associative memory，BAM）原理。这意味着网络的权值被设置为满足双向联想记忆原理。这一原理首先由 Longuett Higgins（1968）提出，Cooper（1973）和 Kohonen（1977）也提出了其他结构，具体介绍如下。

令

$$\boldsymbol{x}_i \in \mathbf{R}^m;\ \boldsymbol{y}_i \in \mathbf{R}^n;\ i=1,2,\cdots,L \tag{7.3}$$

并且令

$$\boldsymbol{W} = \sum_i \boldsymbol{y}_i \boldsymbol{x}_i^{\mathrm{T}} \tag{7.4}$$

其中，$\boldsymbol{W}$ 是 $\boldsymbol{x}$ 和 $\boldsymbol{y}$ 向量元素之间连接的权矩阵。这种互连被称为联想网络（associative network）。特别是，当 $\boldsymbol{y}_i=\boldsymbol{x}_i$ 时，该连接称为自关联连接（autoassociative），即对 L 个向量，有

$$\boldsymbol{W} = \sum_{i=1}^{L} \boldsymbol{x}_i \boldsymbol{x}_i^{\mathrm{T}} \tag{7.5}$$

如果使得输入是正交的，也就是

$$\boldsymbol{x}_i^{\mathrm{T}} \boldsymbol{x}_j = \delta_{ij} \tag{7.6}$$

则有

$$\boldsymbol{W}\boldsymbol{x}_i = \boldsymbol{x}_i \tag{7.7}$$

可求得 $\boldsymbol{x}_i$。此设置称为 BAM，因为与权值 $\boldsymbol{W}$ 相关的所有 $\boldsymbol{x}_i$ 都被求得，而其他 $\boldsymbol{x}_i$ 则没有（输出为零）。与基于 Hebbian 规则（第3章）的方法相比，这是一种不同的权值设置。请注意，以上所示意味着 $\boldsymbol{W}$ 作为一种存储器，允许网络记住包含在 $\boldsymbol{W}$ 中的类似输入向量。后一种结构可用于重建信息，特别是重建不完整或部分错误的信息。

具体来说，如果考虑单层网络，则

$$\boldsymbol{W} = \sum_{i=1}^{L} \boldsymbol{x}_i \boldsymbol{x}_i^{\mathrm{T}} \tag{7.8}$$

其中，由式（7.5）可知

$$w_{ij} = w_{ji}, \quad \forall i, j \tag{7.9}$$

但是，为了满足第7.5节讨论的稳定性要求，还需设置：

$$w_{ii} = 0, \quad \forall i \tag{7.10}$$

则可得到图7.1的结构。

为了将二进制输入 $\boldsymbol{x}(0,1)$ 转换为双极（±1）形式，则必须设置：

$$\boldsymbol{W} = \sum_{i} (2\boldsymbol{x}_i - \bar{\boldsymbol{I}})(2\boldsymbol{x}_i - \bar{\boldsymbol{I}})^{\mathrm{T}} \tag{7.11}$$

其中，$\bar{\boldsymbol{I}}$ 是一个单位向量，即

$$\bar{\boldsymbol{I}} \triangleq [1, 1, \cdots, 1]^{\mathrm{T}} \tag{7.12}$$

如果某些（或所有）输入不接近正交，可以首先通过第7.4节中的沃尔什变换对它们进行变换，以产生正交集供进一步使用。

Hopfield 神经网络的 BAM 特性允许它在不正确的或部分缺失的数据集上运行。

例 7.1：

令

$$\boldsymbol{W} = \sum_{i=1}^{L} \boldsymbol{x}_i \boldsymbol{x}_i^{\mathrm{T}} = \boldsymbol{x}_1 \boldsymbol{x}_1^{\mathrm{T}} + \boldsymbol{x}_2 \boldsymbol{x}_2^{\mathrm{T}} + \cdots + \boldsymbol{x}_L \boldsymbol{x}_L^{\mathrm{T}}$$

其中，

$$\boldsymbol{x}_i^{\mathrm{T}} \boldsymbol{x}_j = \delta_{ij}, \quad \boldsymbol{x}_i = [x_{i1}, \cdots, x_{in}]^{\mathrm{T}}$$

对于 $n=2$，则有

$$
\boldsymbol{W}\boldsymbol{x}_j = \begin{bmatrix} w_{11} & w_{12} \\ w_{21} & w_{22} \end{bmatrix}\begin{bmatrix} x_{j1} \\ x_{j2} \end{bmatrix}
$$

因此，只要输入是标准正交的，就能使得

$$
\begin{aligned}
\boldsymbol{W}\boldsymbol{x}_j &= (\boldsymbol{x}_1\boldsymbol{x}_1^{\mathrm{T}} + \boldsymbol{x}_2\boldsymbol{x}_2^{\mathrm{T}} + \cdots + \boldsymbol{x}_j\boldsymbol{x}_j^{\mathrm{T}} + \cdots + \boldsymbol{x}_L\boldsymbol{x}_L^{\mathrm{T}})\boldsymbol{x}_j \\
&= \boldsymbol{x}_1(\boldsymbol{x}_1^{\mathrm{T}}\boldsymbol{x}_j) + \boldsymbol{x}_2(\boldsymbol{x}_2^{\mathrm{T}}\boldsymbol{x}_j) + \cdots + \boldsymbol{x}_j(\boldsymbol{x}_j^{\mathrm{T}}\boldsymbol{x}_j) + \cdots + \boldsymbol{x}_L(\boldsymbol{x}_L^{\mathrm{T}}\boldsymbol{x}_j) = \boldsymbol{x}_j(\boldsymbol{x}_j^{\mathrm{T}}\boldsymbol{x}_j) = \boldsymbol{x}_j
\end{aligned}
$$

模式（输入向量）与记忆的接近程度通过 Hamming 距离来评估（Hamming, 1950；Carlson, 1986）。网络中存在错误的项数（无论错误的大小）被定义为该网络的汉明距离，以提供所考虑的输入和记忆之间距离的度量。

例 7.2：

设 $\boldsymbol{x}_i$ 以 10 维向量 $\boldsymbol{x}_1$ 和 $\boldsymbol{x}_2$ 的形式给出，使得

$$
\boldsymbol{x}_1^{\mathrm{T}}\boldsymbol{x}_2 = [1 \quad -1 \quad -1 \quad 1 \quad -1 \quad 1 \quad 1 \quad -1 \quad -1 \quad 1]\begin{bmatrix} 1 \\ 1 \\ 1 \\ -1 \\ -1 \\ -1 \\ 1 \\ 1 \\ -1 \\ -1 \end{bmatrix} = -2
$$

在这种情况下，汉明距离 d 为

$$
d(x_1, x_2) = 6
$$

然而

$$
\boldsymbol{x}_i^{\mathrm{T}}\boldsymbol{x}_i = \dim\ (\boldsymbol{x}_i)\ = 10, \quad i = 1,\ 2
$$

使得

$$
d = \frac{1}{2}[\dim(\boldsymbol{x}) - \boldsymbol{x}_1^{\mathrm{T}}\boldsymbol{x}_2]
$$

因此，网络将强调一个属于（或近似属于）给定训练集的输入，而不强调那些（几乎）不属于给定训练集的输入（是有关联的 - 因此使用术语“BAM”）。

7.4　沃尔什函数

沃尔什（Walsh）函数由 J. L. Walsh 于 1923 年提出（Beauchamp, 1984）。它们形成了一个定义在有限时间间隔 t 上的有序矩形（阶梯）值（即 +1 和 −1）的集合。因此，Walsh 函数 $Wal(n, t)$ 由编号 n 和时间段 t 定义，使得

$$x(t) = \sum_{i=0}^{N-1} X_i Wal(i,t) \tag{7.13}$$

Walsh 函数是正交的，使得

$$\sum_{t=0}^{N-1} Wal(m,t) Wal(n,t) = \begin{cases} N, & \forall n = m \\ 0, & \forall n \neq m \end{cases} \tag{7.14}$$

考虑一个有 N 个样本的时间序列 $\{x_i\}$：$\{x_i\}$ 的 Walsh 变换（Walsh transform，WT）由 X_n 给出，其中

$$X_n = \frac{1}{N} \sum_{i=0}^{N-1} x_i Wal(n,i) \tag{7.15}$$

逆沃尔什变换（inverse Walsh transform，IWT）为

$$x_i = \sum_{i=0}^{N-1} X_n Wal(n,i) \tag{7.16}$$

其中，

$$i, n = 0, 1, \cdots, N-1 \tag{7.17}$$

因此，X_n 是离散 Walsh 变换，x_i 是它的逆。这与 x_i 的离散傅里叶变换（由下式给出）类似，即

$$X_k = \sum_{n=0}^{N-1} x_n F_N^{nk} \tag{7.18}$$

也与逆傅里叶变换（inverse Fourier transform，IFT）类似，即

$$x_n = \frac{1}{N} \sum_{k=0}^{N-1} X_k F_n^{-nk} \tag{7.19}$$

其中，

$$F_N = \exp(-j2\pi/N) \tag{7.20}$$

因此，要将 BAM 应用于非正交的存储器（向量），我们可以首先对它们进

行变换以获得它们的正交 Walsh 变换，然后对这些变换应用 BAM。

例 7.3：

表 7.1 沃尔什函数 *Wal*（*i*，*t*）示例

i，*t*	*Wal*(*i*,*t*)							
0，8	1	1	.	.	.	.	.	1
1，8	1	1	1	1	-1	-1	-1	-1
2，8	1	1	-1	-1	-1	-1	1	1
3，8	1	1	-1	-1	1	1	-1	-1
4，8	1	-1	-1	1	1	-1	-1	1
5，8	1	-1	-1	1	-1	1	1	-1
6，8	1	-1	1	-1	-1	1	-1	1
7，8	1	-1	1	-1	1	-1	1	-1

资料来源：K. Beauchamp，Sequence and Series，Encyclopedia of Science and Technology，Vol. 12，pp. 534 - 544，1987. Courtesy of Academic Press，Orlando，FL.

7.5 网络稳定性

反馈网络中的权值调整必须保证网络的稳定性。Cohen 和 Grossberg（1983）已证明，如果权值矩阵 **W** 是对称的，且其对角线（元素）为零，那么循环网络是稳定的，也就是

$$w_{ij} = w_{ji}, \quad \forall i,j \tag{7.21}$$

其中，

$$w_{ii} = 0, \quad \forall i \tag{7.22}$$

上述要求来自 Lyapunov 稳定性定理。该定理证明，如果一个系统（网络）的能量函数（它的 Lyapunov 函数）可以被定义，并且保证随着时间的推移总是减少的，那么系统（网络）是稳定的（Lyapunov，1907；Sage and White，1977）。

网络（或系统）的稳定性可以通过 Lyapunov 稳定性定理来满足。如果网络（系统）状态 y 的函数 E 可以定义，那么它满足以下条件：

条件（A）：网络（系统）状态 y 的任何有限变化都会导致 E 的有限减小；

条件（B）：E 是有下界的。

因此，我们定义能量函数 E（也表示为 Lyapunov 函数）为

$$E = \sum_j Th_j y_j - \sum_j I_j y_j - \frac{1}{2}\sum_i \sum_{j\neq i} w_{ij} y_j y_i \tag{7.23}$$

式中，i 表示第 i 个神经元；j 表示第 j 个神经元；I_j 是神经元 j 的外部输入；Th_j 是神经元 j 的阈值；w_{ij} 是权值矩阵 $\boldsymbol{W}$ 的一个元素，表示从神经元 i 的输出到神经元 j 的输入的权值。

下面我们用 Lyapunov 定理证明网络的稳定性。

首先我们设 $\boldsymbol{W}$ 是对称的，所有对角元素为零，即

$$\boldsymbol{W} = \boldsymbol{W}^{\mathrm{T}} \tag{7.24a}$$

$$w_{ii} = 0,\quad \forall i \tag{7.24b}$$

其中，$|w_{ij}\ldots|$ 对所有 i、j 都有界。

我们通过考虑输出层的一个分量 $y_k(n+1)$ 的变化，证明 E 满足 Lyapunov 稳定性定理的条件（A）：记 $E(n)$ 为第 n 次迭代时的 E，$y_k(n)$ 为同一次迭代时的 y_k，从而有

$$\begin{aligned}\Delta E_n &= E(n+1) - E(n)\\ &= [y_k(n) - y_k(n+1)]\cdot \left[\sum_{i\neq k} w_{ik} y_i(n) + I_k - Th_k\right]\end{aligned} \tag{7.25}$$

通过式（7.2）我们观察到，二元 Hopfield 神经网络必须满足以下条件：

$$y_k(n+1) = \begin{cases} 1, & \forall z_k(n) > Th_k \\ y_k(n), & \forall z_k(n) = Th_k \\ 0, & \forall z_k(n) < Th_k \end{cases} \tag{7.26}$$

其中，

$$z_k = \sum_i w_{ik} y_i + I_k \tag{7.27}$$

由于 Th_k 表示给定（第 k 个）神经元的阈值，因此 y_k 只能进行以下两种值的变化：

（1）

$$\text{若 } y_k(n) = 1,\ \text{则}\quad y_k(n+1) = 0 \tag{7.28a}$$

(2)

$$若\ y_k(n)=0,\ 则\quad y_k(n+1)=1 \tag{7.28b}$$

现在，在情形（1）下有

$$[y_k(n)-y_k(n+1)]>0 \tag{7.29}$$

然而，由于式（7.26）只有在以下情况这才会发生：

$$\sum_{i\neq k} w_{ik}y_i + I_k - Th_k = z_k(n) - Th_k < 0 \tag{7.30}$$

因此，对于式（7.25）中 $\Delta E<0$ 的情况，可依据 Lyapunov 稳定性定理的条件（A）让能量 E 减小即可。

在情形（2）下有

$$[y_k(n)-y_k(n+1)]<0 \tag{7.31}$$

但是，式（7.26）只有在以下情况这才会发生：

$$\sum_{i\neq k} w_{ik}y_i + I_k - Th_k = z_k(n) - Th_k > 0 \tag{7.32}$$

因此，同样有 $\Delta E<0$，使得 E 再次根据需要减小。

最后，Lyapunov 稳定性定理的条件（B）被简单地满足了，因为在最坏情况下（最负能量的情况下）所有 $y_i=y_j=1$，使得

$$E=-\sum_i\sum_j |w_{ij}| - \sum_i |I_i| + \sum_i Th_i \tag{7.33}$$

E 是有下界的，注意上式中 w_{ij}必须都是有限且有界的。

这个证明也适用于几个 y_j 项变化的情况。同时，注意在 Hopfield 网络的反馈互连中有

$$z_i=\sum_{i\neq k} w_{ik}y_j \tag{7.34}$$

然而，如果 $w_{ii}\neq 0$，则式（7.25）中的 ΔE 对所有 k 将包含以下形式的附加项：

$$-w_{kk}y_k^2(n) \tag{7.35}$$

上式的值等于 $-w_{kk}$，故只要 w_{kk}是负的，上式的值就是正的。因为如果 y_k 是 -1 或 $+1$，则 y_k^2 就是 1。如果 $-w_{ii}$大于 ΔE 中的其他项，那么就违反了上面的收敛性证明。

W 矩阵缺乏对称性将使目前证明中使用的表达式无效。

7.6　实现 Hopfield 网络的程序摘要

设 Hopfield 网络的权值矩阵满足下式：

$$\boldsymbol{W} = \sum_{i=1}^{L} (2\boldsymbol{x}_i - \bar{\boldsymbol{I}})(2\boldsymbol{x}_i - \bar{\boldsymbol{I}})^{\mathrm{T}} \tag{7.36}$$

式中，L 为训练集（样本）个数。

对于式（7.36）所示的具有 BAM 记忆的 Hopfield 网络的计算，将按照以下步骤进行：

（1）根据式（7.36）为矩阵 $\boldsymbol{W}$ 的权值 w_{ij} 赋值，其中 $\forall i$，$w_{ii}=0$；$\boldsymbol{x}_i$ 是网络的训练向量。

（2）输入未知输入模式 $\boldsymbol{x}$，设置

$$y_i(0) = x_i \tag{7.37}$$

其中，x_i 是向量 $\boldsymbol{x}$ 的第 i 个元素。

（3）随后，迭代

$$y_i(n+1) = f_N[z_i(n)] \tag{7.38}$$

式中，f_N 为激活函数，

$$f_N(z) = \begin{cases} 1, & \forall z > Th \\ \text{unchanged}, & \forall z = Th \\ -1, & \forall z < Th \end{cases} \tag{7.39}$$

其中，

$$z_i(n) = \sum_i w_{ij} y_i(n) \tag{7.40}$$

且 n 均为整数，表示迭代次数（$n=0, 1, 2, \cdots$）。

继续迭代直到收敛，即 $y_i(n+1)$ 与 $y_i(n)$ 相比的变化小于某个低阈值。

（4）对于上述未知向量的所有元素，通过返回步骤（2）来重复该过程，同时选择下一个元素，直到向量的所有元素都被这样处理。

（5）对于给定的问题，只要存在新的（未知的）输入向量，那就转到下一个输入向量 $\boldsymbol{x}$，并返回到上面的步骤（2）。

对每个未知输入向量 $\boldsymbol{x}$，节点输出为 $y(n)$ 的收敛值，这表示最能代表（即最匹配）未知输入的范例（训练）向量。

Hopfield 网络的每一个输入元素都有一个输出，因此对于 5×5 网格中的字符识别问题，有 25 个输入和 25 个输出。

7.7 连续 Hopfield 模型

Hopfield 等人将离散 Hopfield 网络推广为连续形式，令 z_i 为网络的求和输出，则网络输出 y_i 满足（图 7.2）下式：

$$y_i = f_i(\lambda z_i) = \frac{1}{2}[1 + \tanh(\lambda z_i)] \tag{7.41}$$

注意：λ 决定了 f 在 $y = \frac{1}{2}$ 处的斜率，即 y 的上升速率。

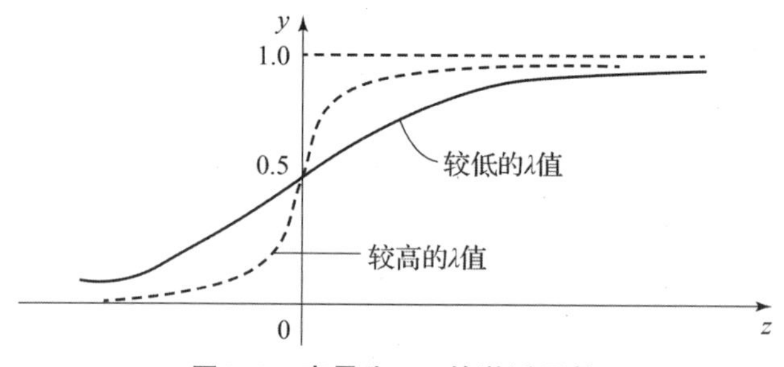

图 7.2 变量为 $-\lambda$ 的激活函数

另外，一个微分方程可以代替输入与网络求和输出之间的时滞关系，因此连续的 Hopfield 网络（图 7.3）中电路的稳态模型为

$$\sum_{j \neq i} T_{ij} y_j - \frac{z_i}{R_i} + I_i = 0 \tag{7.42}$$

且其满足瞬态方程

$$C \frac{\mathrm{d}z_i}{\mathrm{d}t} = \sum_{j \neq i} T_{ij} y_j - \frac{z_i}{R_i} + I_i \tag{7.43a}$$

其中，

$$y_i = f_N(z_i) \tag{7.43b}$$

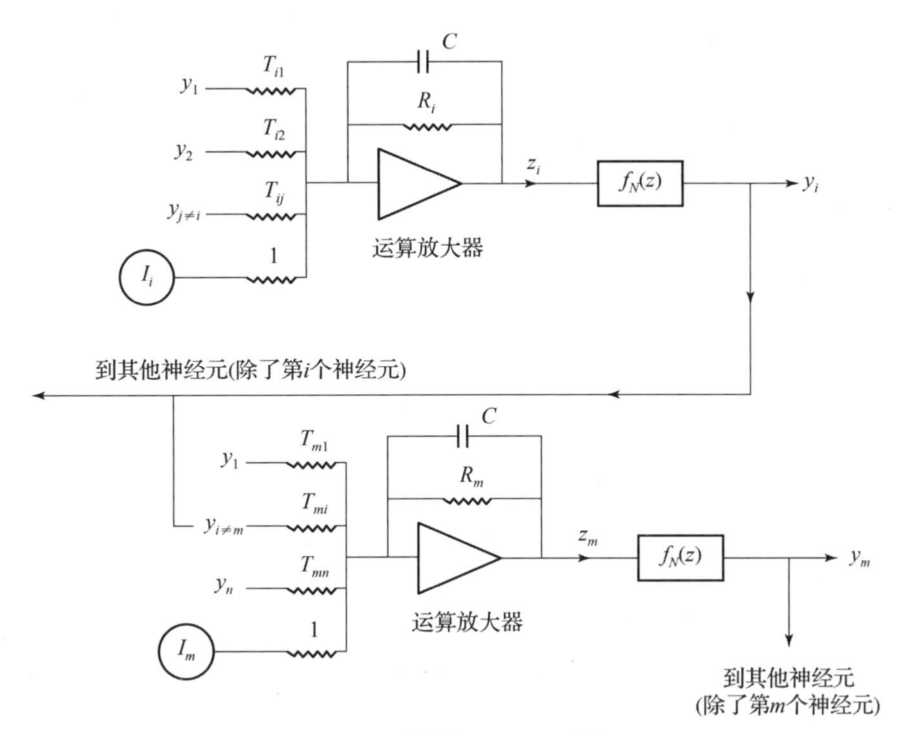

图 7.3　连续的 Hopfield 网络

7.8　连续能量（Lyapunov）函数

考虑连续能量函数 E，且

$$E = -\frac{1}{2}\sum_i\sum_{j\neq i}T_{ij}y_iy_j + \frac{1}{\lambda}\int_0^{y_i}f^{-1}(y)\,\mathrm{d}y - \sum_i I_iy_i \tag{7.44}$$

根据式（7.42）可以得出

$$\frac{\mathrm{d}E}{\mathrm{d}t} = -\sum_i\frac{\mathrm{d}y_i}{\mathrm{d}t}\sum_{j\neq i}T_{ij}y_j - \frac{z_i}{R_i} + I_i\square = -\sum_i C\frac{\mathrm{d}y_i}{\mathrm{d}t}\frac{\mathrm{d}z_i}{\mathrm{d}t} \tag{7.45}$$

上式最后一个等式由式（7.43）得出。

由于 $z_i = f^{-1}(y_i)$，因此有

$$\frac{\mathrm{d}z_i}{\mathrm{d}t} = \frac{\mathrm{d}f^{-1}(y_i)}{\mathrm{d}y_i}\frac{\mathrm{d}y_i}{\mathrm{d}t} \tag{7.46}$$

由式（7.45）得

$$\frac{\mathrm{d}E}{\mathrm{d}t}=-C\frac{\mathrm{d}f^{-1}(y_i)}{\mathrm{d}y_i}\left[\frac{\mathrm{d}y_i}{\mathrm{d}t}\right]^2 \tag{7.47}$$

由于$f^{-1}(y)$随y单调增加（图7.4），所以$\frac{\mathrm{d}E}{\mathrm{d}t}$总是减小以满足前述的Lyapunov稳定性判据。注意：E的最小值存是由于E与双极情况的能量函数相似，并注意到$f(y)$的极限效应，如图7.2所示。

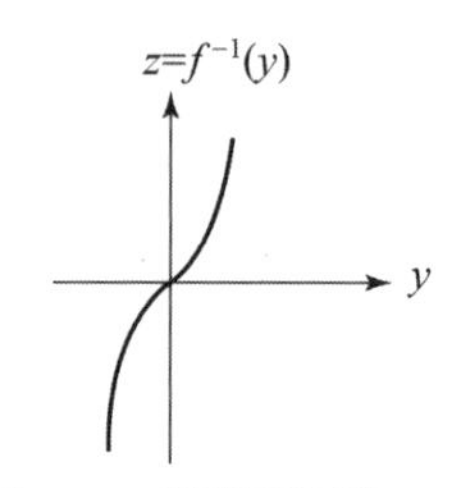

图7.4 逆激活函数：f^{-1}

一个值得一提的连续Hopfield网络的重要应用，是旅行商问题（traveling - salesman problem，TSP）及相关的NP完全问题（J. J. Hopfield and D. W. Tank，1985）。在这些问题中，Hopfield网络产生极快的解决方案，即使不是最优的（如对于TSP问题中的大量城市），但是在少量迭代之后，也会在最优值的合理百分比误差范围内。这些应该与N个城市真正最优解问题理论所需的$(N-1)!$次的计算相比。这说明了一般神经网络的一个非常重要的特性。它们在合理的时间内（迭代次数）为许多非常复杂的问题提供了良好可行的解决方案，且这些问题往往无法得到任何精确的解决方案。即使Hopfield网络可能不是这些问题的最佳神经网络，特别是那些无法进行任何分析性描述的问题（在这种情况下，如反向传播网络（第6章）或LAMSTAR网络（第9章）可能是可行的，这两个网络也可以应用于TSP问题），但对于NP完全问题，Hopfield网络是可行的。在这些情况下，在精确解通常可用的情况下，也可以计算网络相对于精确解的误差。一个问题无法进行任何分析是不可能的。下文第7.B节给出了一个将Hopfield神经网络应用于TSP问题的案例（计算结果最多可达25个城市）。

7.A Hopfield 网络案例研究[1]：字符识别问题

7.A.1 引言

本案例研究的目标是识别 0、1、2 和 4 这 4 个数字。为此，建立单层 Hopfield 网络，使用标准数据集（8×8）对其进行训练；使算法收敛，并用一组误差分别为 1、3、5、10、20、30 位的测试数据在网络上进行测试。

7.A.2 网络设计

通用 Hopfield 网络结构示意图如图 7.A.1 所示。

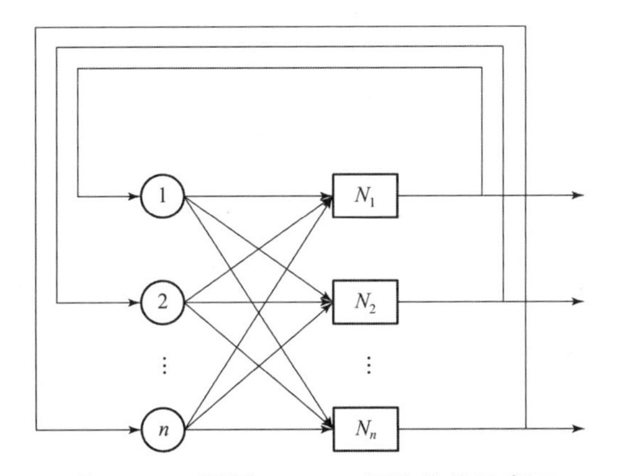

图 7.A.1 通用 Hopfield 网络结构示意图

下面设计 Hopfield 网络并将其应用于本案例研究中（使用 MATLAB），创建一个默认网络如下。

例 1：创建具有 64 个神经元和初始随机权值的 Hopfield 网络。

```
%% neuronNumber = 64
%% weitghtCat = 'rand'
%% defaultWeight = [ -5 5]
%% use:
%% hopfield = createDefaultHopfield(neuronNumber,'rand',[ -5 5])
```

---

① Computed by Sang K. Lee, EECS Dept., University of Illinois, Chicago, 1993.

例 2：创建具有 36 个神经元、初始权值为 0.5 的 Hopfield 网络。

```
%% neuronNumber = 36
%% weitghtCat = 'const'
%% defaultWeight = '0.5'
%% use:
%% hopfield = createDefaultHopfield(neuronNumber, 'const', 0.5)
```

7.A.3 权值设置

训练数据集：

应用于 Hopfield 网络的训练数据集如下所示。

```
%%%%%%%%%%%%%%%%%%%%%%%%%%%%
%% 2
%%%%%%%%%%%%%%%%%%%%%%%%%%%%
trainingData(1).input = [...
                          -1 -1 -1 -1 -1 -1 -1 -1;...
                          -1 -1 -1 -1 -1 -1 -1 -1;...
                           1  1  1  1  1 -1 -1  1;...
                           1  1  1  1 -1 -1  1  1;...
                           1  1  1 -1 -1  1  1  1;...
                           1  1 -1 -1  1  1  1  1;...
                           1 -1 -1 -1 -1 -1 -1 -1;...
                           1 -1 -1 -1 -1 -1 -1 -1 ...
                      ];
trainingData(1).name = '2';
%%%%%%%%%%%%%%%%%%%%%%%%%%%%
%% 1
%%%%%%%%%%%%%%%%%%%%%%%%%%%%
trainingData(2).input = [...
                          1 1 1 -1 -1 1 1 1;...
                          1 1 1 -1 -1 1 1 1;...
                          1 1 1 -1 -1 1 1 1;...
                          1 1 1 -1 -1 1 1 1;...
                          1 1 1 -1 -1 1 1 1;...
                          1 1 1 -1 -1 1 1 1;...
                          1 1 1 -1 -1 1 1 1;...
                          1 1 1 -1 -1 1 1 1 ...
                      ];
trainingData(2).name = '1';
%%%%%%%%%%%%%%%%%%%%%%%%%%%%
%% 4
%%%%%%%%%%%%%%%%%%%%%%%%%%%%
```

```
trainingData(3).input = [...
                          -1 -1  1  1  1  1  1  1;...
                          -1 -1  1  1  1  1  1  1;...
                          -1 -1  1  1 -1 -1  1  1;...
                          -1 -1  1  1 -1 -1  1  1;...
                          -1 -1 -1 -1 -1 -1 -1 -1;...
                          -1 -1 -1 -1 -1 -1 -1 -1;...
                           1  1  1  1 -1 -1  1  1;...
                           1  1  1  1 -1 -1  1  1 ...
                      ];
trainingData(3).name = '4';
%%%%%%%%%%%%%%%%%%%%%%%%%%%
%% 0
%%%%%%%%%%%%%%%%%%%%%%%%%%%
trainingData(4).input = [...
                          1 -1 -1 -1 -1 -1 -1  1;...
                          1 -1 -1 -1 -1 -1 -1  1;...
                          1 -1 -1  1  1 -1 -1  1;...
                          1 -1 -1  1  1 -1 -1  1;...
                          1 -1 -1  1  1 -1 -1 -1;...
                          1 -1 -1  1  1 -1 -1 -1;...
                          1 -1 -1 -1 -1 -1 -1  1;...
                          1 -1 -1 -1 -1 -1 -1  1 ...
                      ];
trainingData(4).name = '0';
```

初始化权值：

（1）获取所有的训练数据向量 $\boldsymbol{X}_i$，$i=1，2，\cdots，L$。

（2）在 L 个向量上计算权值矩阵 $\boldsymbol{W}=\sum\boldsymbol{X}_i\boldsymbol{X}_i^{\mathrm{T}}$。

（3）对于所有 i，设置 $w_{ii}=0$，其中 w_{ii}是权值矩阵的第 i 个对角元素。

（4）将权值矩阵的第 j 行向量分配给第 j 个神经元作为其初始权值。

7.A.4　测试

测试数据集由一个程序生成，该程序向原始训练数据集添加指定数量的错误位。在这个案例研究中，使用一个随机过程来实现这个函数。

示例：

```
testingData = getHopfieldTestingData(trainingData, numberOfBitError,
numberPerTrainingSet)
```

其中，参数“numberOfBitError”用于指定预期的错误比特数；“number-

PerTrainingSet”用于指定测试数据集的预期大小。预期的测试数据集通过输出参数“testingData”获得。

7.A.5 结果与结论

成功率与错误比特数：

本实验采用64个神经元的1层Hopfield网络。成功率列表如表7.A.1所示。

表7.A.1 成功率列表

成功率		测试数据集样本数		
		12	100	1 000
错误比特数	1	100%	100%	100%
	3	100%	100%	100%
	5	100%	100%	100%
	10	100%	100%	100%
	15	100%	100%	100%
	20	100%	100%	100%
	25	100%	98%	97.3%
	30	83.333 3%	94%	94.2%
	35	91.666 7%	93%	88.8%
	40	83.333 3%	82%	83.6%

结论：

（1）Hopfield网络鲁棒性好，收敛速度快。

（2）Hopfield网络即使在较大的错误比特数情况下也具有较高的成功率。

7.A.6 MATLAB源码

```
-----------------------------------------------------------------
File #1
-----------------------------------------------------------------
function hopfield = nnHopfield

\% \% Create a default Hopfield network
```

```
hopfield = createDefaultHopfield(64, 'const', 0);

\% \% Training the Hopfield network
trainingData = getHopfieldTrainingData;
[hopfield] = trainingHopfield(hopfield, trainingData);

\% \% test the original training data set;
str = [];
tdSize = size(trainingData);
for n = 1: tdSize(2);
    [hopfield, output] = propagatingHopfield(hopfield, trainingData
(n).input, 0, 20);

    [outputName, outputVector, outputError] =
    hopfieldClassifier(hopfield, trainingData);

    if strcmp(outputName, trainingData(n).name)
        astr = [num2str(n), ' ==> Succeed!! The Error Is:',
        num2str(outputError)];
    else
        astr = [num2str(n), ' ==> Failed!!'];
    end

    str = strvcat(str, astr);
end
output = str;
display(output);

\%\% test on the testing data set with bit errors
testingData = getHopfieldTestingData(trainingData, 4, 33);
trdSize = size(trainingData);
tedSize = size(testingData);
str = [];
successNum = 0;
for n = 1:
    tedSize(2) [hopfield, output, nInterationNum] =
    propagatingHopfield(hopfield, testingData(n).input, 0, 20);

    [outputName, outputVector, outputError] =
    hopfieldClassifier(hopfield, trainingData);

    strFormat = ' ';
    vStr = strvcat(strFormat,num2str(n),num2str(nInterationNum));
    if strcmp(outputName, testingData(n).name)
        successNum = successNum + 1;
```

```
            astr = [vStr(2,:), ' == > Succeed!! Iternation # Is:,', vStr
(3,:),'The Error Is:', num2str(outputError)];
        else
            astr = [vStr(2,:), ' ==> Failed!! Iternation # Is:,', vStr(3,:),];
        end

        str = strvcat(str, astr);
    end

    astr = ['The success rate is: ', num2str(successNum * 100/tedSize(2)),'% '];
    str = strvcat(str, astr);
    testResults = str;
    display(testResults);

    ------------------------------------------------------------
    File #2
    ------------------------------------------------------------
    function [hopfield, output, nInterationNum] = propagatingHopfield(hopfield,
    inputData, errorThreshold, interationNumber)

    output = [];
    if nargin < 2
        display('propagatingHopfield.m needs at least two parameter');
        return;
    end

    if nargin == 2
        errorThreshold = 1e-7;
        interationNumber = [];
    end

    if nargin == 3
        interationNumber = [];
    end

    % get inputs
    nnInputs = inputData(:)';
    nInterationNum = 0;
    dError = 2 * errorThreshold + 1;
    while dError > errorThreshold
        nInterationNum = nInterationNum + 1;
        if ~isempty(interationNumber)
            if nInterationNum > interationNumber
                break;
            end
```

```
    end

%% interation here
dError = 0;
output = [];
analogOutput = [];
for ele = 1:hopfield.number
    % retrieve one neuron
    aNeuron = hopfield.neurons(ele);

    % get analog outputs
    z = aNeuron.weights * nnInputs';
    aNeuron.z = z;

    analogOutput = [analogOutput, z];

    % get output
    Th = 0;
    if z > Th
        y = 1;
    elseif z < Th
        y = -1;
    else
        y = z;
    end

    aNeuron.y = y;

    output = [output, aNeuron.y];
    % update the structure
    hopfield.neurons(ele) = aNeuron;

    % get the error
    newError = (y - nnInputs(ele)) * (y - nnInputs(ele));
    dError = dError + newError;
end

hopfield.output = output;
hopfield.analogOutput = analogOutput;
hopfield.error = dError;

%% feedback
    nnInputs = output;
    %% for tracing only
    % nInterationNum, dError
```

```
end

return;


--------------------------------------------------------------------------------
File #3
--------------------------------------------------------------------------------
function hopfield = trainingHopfield(hopfield, trainingData )

if nargin < 2
    display('trainingHopfield.m needs at least two parameter');
    return;
end

datasetSize = size(trainingData);
weights = [];
for datasetIndex = 1: datasetSize(2)
    mIn = trainingData(datasetIndex).input(:);

    if isempty(weights)
        weights = mIn * mIn';
    else
        weights = weights + mIn * mIn';
    end
end

wSize = size(weights);
for wInd = 1: wSize(1)
    weights(wInd, wInd) = 0;
    hopfield.neurons(wInd).weights = weights(wInd,:);
end

hopfield.weights = weights;


--------------------------------------------------------------------------------
File #4
--------------------------------------------------------------------------------
function [outputName, outputVector, outputError] = hopfieldClassifier
(hopfield,
trainingData)

outputName = [];
outputVector = [];
```

```
if nargin < 2
     display('hopfieldClassifier.m needs at least two parameter');
     return;
end

dError = [];
dataSize = size(trainingData);
output = hopfield.output';
for dataInd = 1 : dataSize(2)
     aSet = trainingData(dataInd).input(:);

     vDiff = abs(aSet - output);
     vDiff = vDiff.^2;

     newError = sum(vDiff);

     dError = [dError, newError];
end

if ~isempty(dError)
     [eMin, eInd] = min(dError);
     outputName = trainingData(eInd).name;
     outputVector = trainingData(eInd).input;
     outputError = eMin;
end
```

File #5

```
%%%%%%%%%%%%%%%%%%%%%%%%%%%%%%%%%%%%%%
%% A function to create a default one layer Hopfield model
%%
%% input parameters:
%% neuronNumber, to specify all neuron number
%%
%% defaultWeight, to set the default weights
%%
%% Example #1:
%% neuronNumber = 64
%% weitghtCat = 'rand'
%% defaultWeight = [-5 5]
%% use:
%% hopfield = createDefaultHopfield(neuronNumber, 'rand', [-5 5])
```

```
%%
%% Example #2:
%% neuronNumber = 36
%% weitghtCat = 'const'
%% defaultWeight = '0.5'
%% use:
%% hopfield = createDefaultHopfield(neuronNumber, 'const', 0.5)
%%
%% Author: Yunde Zhong
%%%%%%%%%%%%%%%%%%%%%%%%%%%%%%%%%%%%%%%%%%
function hopfield = createDefaultHopfield(neuronNumber, weightCat,
defaultWeight)

hopfield = [];

if nargin < 3
    display('createDefaultHopfield.m needs at least two parameter');
    return;
end

aLayer.number = neuronNumber;
aLayer.error = [];
aLayer.output = [];
aLayer.neurons = [];
aLayer.analogOutput = [];
aLayer.weights = [];

%% create a default layer
for ind = 1: aLayer.number
    %% create a default neuron
    inputsNumber = neuronNumber;
    if strcmp(weightCat, 'rand')
        offset = (defaultWeight(1) + defaultWeight(2))/2.0;
        range = abs(defaultWeight(2) - defaultWeight(1));
        weights = (rand(1,inputsNumber) -0.5 ) * range + offset;
    elseif strcmp(weightCat, 'const')
        weights = ones(1,inputsNumber) * defaultWeight;
    else
        error('error paramters when calling createDefaultHopfield.m');
        return;
    end

    aNeuron.weights = weights;
    aNeuron.z = 0;
    aNeuron.y = 0;
```

```
        aLayer.neurons = [aLayer.neurons, aNeuron];
        aLayer.weights = [aLayer.weights; weights];
    end

    hopfield = aLayer;
```

```
    ----------------------------------------------------------------------
    File #6
    ----------------------------------------------------------------------
    function   testingData   =   getHopfieldTestingData  ( trainingData,
numberOfBitError, numberPerTrainingSet)

    testingData = [];

    tdSize = size(trainingData);
    tdSize = tdSize(2);

    ind = 1;
    for tdIndex = 1: tdSize
        input = trainingData(tdIndex).input;
        name = trainingData(tdIndex).name;
        inputSize = size(input);
        for ii = 1: numberPerTrainingSet
            rowInd = [];
            colInd = [];

            flag = ones(size(input));
            bitErrorNum = 0;
            while bitErrorNum < numberOfBitError
                x = ceil(rand(1) * inputSize(1));
                y = ceil(rand(1) * inputSize(2));
                if x <= 0
                    x = 1;
                end
                if y <= 0
                    y = 1;
                end

                if flag(x, y) ~ = -1
                    bitErrorNum = bitErrorNum + 1;
                    flag(x, y) == -1;
                    rowInd = [rowInd, x];
                    colInd = [colInd, y];
```

```
                end
            end

            newInput = input;

            for en = 1:numberOfBitError
                newInput(rowInd(en),colInd(en)) = newInput(rowInd(en),
                colInd(en)) * ( -1);
            end
            testingData(ind).input = newInput;
            testingData(ind).name = name;
            ind = ind + 1;
        end
end


--------------------------------------------------------------------------
File #7
--------------------------------------------------------------------------
function trainingData = getHopfieldTrainingData

trainingData = [];

%%%%%%%%%%%%%%%%%%%%%%%%%%%%
%% 2
%%%%%%%%%%%%%%%%%%%%%%%%%%%%
trainingData(1).input = [...
        -1 -1 -1 -1 -1 -1 -1 -1;...
        -1 -1 -1 -1 -1 -1 -1 -1;...
         1  1  1  1  1 -1 -1  1;...
         1  1  1  1 -1 -1  1  1;...
         1  1  1 -1 -1  1  1  1;...
         1  1 -1 -1  1  1  1  1;...
         1 -1 -1 -1 -1 -1 -1 -1;...
         1 -1 -1 -1 -1 -1 -1 -1 ...
     ];
trainingData(1).name = '2';
%%%%%%%%%%%%%%%%%%%%%%%%%%%%
%% 1
%%%%%%%%%%%%%%%%%%%%%%%%%%%%
trainingData(2).input = [...
        1 1 1 -1 -1 1 1 1;...
        1 1 1 -1 -1 1 1 1;...
        1 1 1 -1 -1 1 1 1;...
        1 1 1 -1 -1 1 1 1;...
```

```
        1 1 1 -1 -1 1 1 1; . . .
        1 1 1 -1 -1 1 1 1; . . .
        1 1 1 -1 -1 1 1 1; . . .
        1 1 1 -1 -1 1 1 1  . . .
    ];
trainingData(2).name = '1';
%%%%%%%%%%%%%%%%%%%%%%%%%%%%
%% 4
%%%%%%%%%%%%%%%%%%%%%%%%%%%%
trainingData(3).input = [. . .
       -1 -1  1  1  1  1  1  1; . . .
       -1 -1  1  1  1  1  1  1; . . .
       -1 -1  1  1 -1 -1  1  1; . . .
       -1 -1  1  1 -1 -1  1  1; . . .
       -1 -1 -1 -1 -1 -1 -1  1; . . .
       -1 -1 -1 -1 -1 -1 -1  1; . . .
        1  1  1  1 -1 -1  1  1; . . .
        1  1  1  1 -1 -1  1  1  . . .
    ];
trainingData(3).name = '4';
%%%%%%%%%%%%%%%%%%%%%%%%%%%%
%% 0
%%%%%%%%%%%%%%%%%%%%%%%%%%%%
trainingData(4).input = [. . .
        1 -1 -1 -1 -1 -1 -1  1; . . .
        1 -1 -1 -1 -1 -1 -1  1; . . .
        1 -1 -1  1  1 -1 -1  1; . . .
        1 -1 -1  1  1 -1 -1  1; . . .
        1 -1 -1  1  1 -1 -1 -1; . . .
        1 -1 -1  1  1 -1 -1 -1; . . .
        1 -1 -1 -1 -1 -1 -1  1; . . .
        1 -1 -1 -1 -1 -1 -1  1  . . .
    ];
trainingData(4).name = '0';
```

7. B　Hopfield 网络案例研究[①]：旅行商问题

7. B. 1　引言

旅行商问题（TSP）是一个经典的优化问题。它是一个 NP 完全（非确定性

① Case study by Padmagandha Sahoo, ECE Dept., University of Illinois, Chicago, 2003.

多项式）问题，且这个问题没有算法能给出一个完美的解决方案。因此，针对该问题的任何算法对于某些例子来说都是不切实际的。

各种各样的神经网络算法可以用来尝试解决这样的约束满足问题。大多数解决方案都使用以下方法之一：

（1）Hopfield 网络。

（2）Kohonen 自组织映射。

（3）遗传算法。

（4）模拟退火。

Hopfield 在 1986 年探索了一种创新的方法来解决这个组合优化问题。Hopfield – Tank 算法（Hopfield and Tank，1985）利用能量函数来高效地实现 TSP。随后出现了许多其他的神经网络算法（用于解决 TSP 问题）。

TSP 问题：一名商品推销员需要访问一组给定的城市（每个城市仅访问一次），并在任务结束时返回起始城市。商品推销员所走的路线被称为行程。该问题需要求最小距离的行程。

假设有 n 个城市，在任意两个城市 i 和 j 之间有一个非负整数距离 D_{ij}。要求找到这些城市的最短行程。我们可以通过列举所有可能的解决方案来解决这个问题，计算每个方案的代价并找到最佳方案。测试 n 个城市旅行的所有可能性需要 $n!$ 次［实际上有$(n-1)!/2$ 次］数学加法运算。30 个城市的行程需要 2.65×10^{32} 次加法运算。随着城市数量的增加，计算量将急剧增加。

与其他可用的算法相比，神经网络算法倾向于用更少的计算时间给出解决方案。

对于要访问的 n 个城市，设 X_{ij} 为变量，如果销售人员从城市 i 到城市 j，则 X_{ij} 值为 1，否则为 0。设 D_{ij} 为城市 i 到城市 j 的距离。TSP 也可以表示为最小化线性目标函数，即

$$\sum_{i=j}^{n}\sum_{j=1}^{n}X_{ij}D_{ij}$$

解决这个问题的一个简单策略是计算所有可能的行程，计算每个行程的总距离，并选择总距离最小的行程。然而，如果行程中有 n 个城市，所有可能的行程数将是 $(n-1)!$。因此，如果城市数量很大，这个简单策略就变得不切实际了。

例如，有 11 个城市要访问，将有 10！ =3 628 800 个可能的行程（包括相同路线但不同方向的行程）。行程仅涉及 13 个城市的情况下，这个数字也将增长到超过 62 亿。因此，需要使用 Hopfield – Tank 算法以最小的计算量近似求解该问题。TSP 的一些应用包括确定邮政投递网络、寻找校车路线的最优路径等。

7. B. 2　Hopfield 神经网络设计

Hopfield 网络是一个动态网络，从任意输入状态开始迭代收敛。Hopfield 网络用于最小化能量函数，它是一个完全连接的加权网络，其中网络的输出是反馈的，并且每个链路都有权值。n 个城市 TSP 的 Hopfield 网络结构如图 7. B. 1 所示。这里我们在网络中使用 n^2 个神经元，其中 n 是要访问的城市总数。这里的神经元有阈值和阶跃函数。输入被送到加权的输入节点。主要任务是找到适当的连接权值，以防止无效的行程，并优先选择有效的行程。

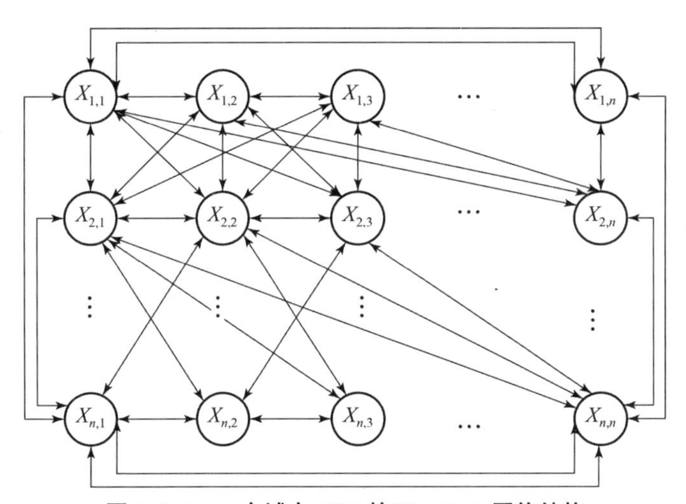

图 7. B. 1　*n* 个城市 TSP 的 Hopfield 网络结构

TSP 的输出结果可以用行程矩阵（tour matrix）的形式表示，如图 7. B. 2 所示。该示例显示了 4 个城市。上面例子的最优访问路线如下：

城市 2→城市 1→城市 4→城市 3→城市 2

因此，总行程距离为

$$D = D_{21} + D_{14} + D_{43} + D_{32}$$

	#1	#2	#3	#4
城市1	0	1	0	0
城市2	0	0	0	0
城市3	0	0	0	1
城市4	0	0	1	0

图 7. B. 2　网络输出的行程矩阵

7. B. 2. 1　能量函数

Hopfield 网络对于神经网络的应用可以通过能量函数来更好地理解。本项目采用 Hopfield 和 Tank（Hopfield and Tank，1985）定义的能量函数。能量函数有不同的洼地（凹陷处）表示存储在网络中的模式。未知输入模式表示能量格局中的一个特定点，该模式迭代到解决方案，该点通过格局向其中一个洼地移动。迭代进行一些固定的次数，或者直到两次连续迭代之间的能量差低于非常小的阈值（约 0. 000 001）时达到稳定状态。

所使用的能量函数应满足以下条件：

（1）能量函数应该能够形成一个稳定的组合矩阵。

（2）能量函数应该指向最短的旅行路径。

Hopfield 神经网络使用的能量函数为

$$E = A\sum_i\sum_k\sum_{j\neq k}X_{ik}X_{ij} + B\sum_i\sum_k\sum_{j\neq k}X_{ki}X_{ji} + C[(\sum_i\sum_k X_{ik}) - n]^2 + D\sum_k\sum_{j\neq k}\sum_i d_{kj}X_{ki}(X_{j,i+1} + X_{j,i-1}) \tag{7. B. 1}$$

这里的 A、B、C、D 是正整数。这些常数的设置对 Hopfield 网络的性能至关重要。X_{ij}是变量，表示城市 i 是行程中访问的第 j 个城市，因此 X_{ij}是对应第 i 个城市的神经元数组中的第 j 个神经元的输出。我们有 n^2 个这样的变量，它们的值最终会是 0 或 1 或者非常接近 0 或 1。

Hopfield 和 Tank（Hopfield and Tank，1985）的研究表明，如果组合优化问题可以用方程（7. B. 1）中一般形式的能量函数表示，则 Hopfield 网络可以找到能量函数的局部最优解，从而转化为优化问题的局部最小解。通常，将网络能量函数等效为要最小化的目标函数，而优化问题的每个约束都作为惩罚项包含在能量函数中。有时能量函数的最小值不一定对应于目标函数的约束最小值，因为能量函数中可能有几个项，这有助于产生许多局部最小值。因此，在哪些项将完全最小化之间存在权衡，并且除非仔细选择惩罚参数，否则网络的可行性不太可能。此外，即使网络确实设法收敛到一个可行的解决方案，它的质量也可能比其他技术差，因为 Hopfield 网络是一种下降技术，收敛到它遇到的第一个局部最小值。

对能量函数可以作如下分析：

（1）行约束，即 $A\sum_i\sum_k\sum_{j\neq k}X_{ik}X_{ij}$。在能量函数中，当且仅当每一顺序列中只有一个“1”时，第一个三重求和为零。这是为了确保没有两个或多个城市处于相同的行程顺序，即没有两个城市同时被访问。

（2）列约束，即 $B\sum_i\sum_k\sum_{j\neq k}X_{ki}X_{ji}$。在能量函数中，当且仅当每个顺序列中只出现一个城市时，第一个三重求和为零。因此，每个城市只能访问一次。

（3）“1”的总数约束，$C[(\sum_i\sum_k X_{ik})-n]^2$。当且仅当在整个 $n\times n$ 矩阵中只有 n 个 1 出现时，第三个三重求和为零。因此，这需要注意所有城市都被访问。

（4）设置前 3 个求和以满足条件 1，这是产生合法行程路径所必需的。

（5）最短距离约束，$D\sum_k\sum_{j\neq k}\sum_i d_{kj}X_{ki}(X_{j,i+1}+X_{j,i-1})$。第四个三重求和提供了最短路径的约束。$D_{ij}$是城市 i 和城市 j 之间的距离。当总距离最短时，这一项的值最小。

（6）D 的值对决定收敛所需的时间和解决方案的最优性很重要。如果 D 值较低，那么神经网络收敛时间较长，但它给出的解更接近最优解；如果 D 值较高，那么网络收敛速度快，但解可能不是最优解。

7. B. 2. 2　权值矩阵设置

这里的网络是带有反馈的全连接网络，并且有 n^2 个神经元，因此权值矩阵将是 $n^2\times n^2$ 个元素的方阵。根据能量函数，权值矩阵可以设置为（Hopfield and Tank，1985）

$$\boldsymbol{W}_{ik,lj}=-A\delta_{il}(1-\delta_{kj})-B\delta_{kj}(1-\delta_{jl})-C-Dd_{jl}(\delta_{j,k+1}+\delta_{j,k-1})\qquad(7.\mathrm{B}.2)$$

这里常数 A、B、C、D 的值和能量函数中的值是一样的。权值也会根据各种约束进行更新，以便提供最小代价的有效行程。在这种情况下，Kronecker delta 函数（δ）被用来简化符号。

对权值函数可以作如下分析：

（1）权值被更新的神经元用两个下标进行引用：一个下标表示它所引用的城市；另一个下标表示该城市在行程中的顺序。

（2）两个神经元之间连接的权值矩阵的一个元素需要有 4 个下标，其中 2 个下标后面有一个逗号。

（3）负号表明通过一行或一列的横向连接的抑制。

（4）Kronecker delta 函数有 2 个参数（符号 δ 的 2 个下标）。根据定义，如果 $i=k$，则 δ_{ik} 的值为 1；如果 $i\neq k$，则 δ_{ik} 的值为 0。

（5）第一项给出行约束，因此注意没有 2 个城市同时更新。

（6）第二项给出列约束，因此注意没有城市被访问超过一次。

（7）第三项是全局抑制。

（8）第四项是最小覆盖距离。

7. B. 2. 3　激活函数

激活函数也遵循各种约束以获得有效路径，定义如下（Hopfield and Tank，1985）：

$$
\begin{aligned}
a_{ij} &= \Delta t(T_1 + T_2 + T_3 + T_4 + T_5) \\
T_1 &= -a_{ij}/\tau \\
T_2 &= -A\sum_i X_{ik} \\
T_3 &= -B\sum_i X_{ik} \\
T_4 &= -C(\sum_i\sum_k\sum_{ik} - m) \\
T_5 &= -D[\sum_k d_{ik}(X_{k,j+1} + X_{k,j-1})]
\end{aligned}
\qquad (7.\mathrm{B}.3)
$$

（1）用 a_{ij} 表示第 i 行和第 j 列神经元的激活，输出用 X_{ij} 表示。

（2）使用时间常数 τ，τ 的取值为 1。

（3）常数 m 是另一个参数，m 的值为 15。

（4）激活函数的第一项在每次迭代中都是递减的。

（5）第二、第三、第四和第五项给出了有效行程的约束。

激活更新为

$$a_{ij}(\text{新}) = a_{ij}(\text{旧}) + \Delta a_{ij} \tag{7.B.4}$$

7.B.2.4 输出函数[①]

这是一个具有如下输出函数的连续 Hopfield 网络，即

$$X_{ij} = [1 + \tanh(\lambda a_{ij})]/2 \tag{7.B.5}$$

（1）X_{ij}是神经元的输出。

（2）双曲正切函数给出一个输出。

（3）λ 的值决定了函数的斜率。这里 λ 的值是 3。

（4）理想情况下，我们希望输出 1 或 0，但双曲正切函数给出了一个实数，将其定在一个非常接近期望结果的值上，如 0.956 代替 1 或者 0.007 8 代替 0。

7.B.3 输入选择

由于网络的输入是任意选择的，因此网络的初始状态不是固定的，也不偏向于任何特定的路线。如果作为输入选择的结果，激活的输出结果加起来等于城市的数量，以及问题的初始解决方案，那么就会产生一次合法的行程，也可能会出现网络被困在一个局部最小值的问题。为了避免这种情况，可以生成随机噪声并将其添加到初始输入中。

还有一些输入是从用户那里获取的，即用户被要求输入他想要旅行的城市数量以及这些城市之间的距离（用于生成距离矩阵）。

距离矩阵是一个主对角线为零的 n^2 方阵。图 7.B.3 显示了 4 个城市的典型距离矩阵（基于距离信息输入）。

城市	C1	C2	C3	C4
C1	0	10	18	15
C2	10	0	13	26
C3	18	13	0	23
C4	15	26	23	0

图 7.B.3 4 个城市的典型距离矩阵（基于距离信息输入）

① 原书为激活函数，译者更正为输出函数。——译者

因此，城市 C1 和 C3 之间的距离为 18，城市到本身的距离为 0。

7.B.4 实现细节

本节用于旅行商问题的 Hopfield 网络操作算法是在 C++ 中实现的。这个代码最多可以处理 25 个城市，且它可以很容易地扩展到更多的城市。实现该网络的步骤如下：

（1）给定 n 个城市的数量及其坐标，计算距离矩阵 $\boldsymbol{D}$。

（2）初始化网络，设置权值矩阵，如式（7.B.2）所示。

（3）随机分配网络的初始输入状态，计算网络的激活和输出，然后无须对网络进行额外处理，它继续在一系列状态中循环，直至收敛到稳定解。

（4）利用式（7.B.1）计算每次迭代的能量。能量应该随着迭代而降低。

（5）迭代对激活和输出更新，直到网络收敛到一个稳定的解决方案。当两个连续迭代之间的能量变化低于一个小的阈值（约 0.000 001），或者当能量开始增加而不是减少时，就会发生这种情况。

下面是 C++ 程序的特征以及使用的定义和函数。城市的数量和城市之间的距离是用户请求的。

（1）距离取整数值。

（2）一个神经元对应于一个城市的每个组合及其在行程中的顺序。访问顺序为 j 的第 i 个城市，是神经元数组中与 $j+i*n$ 元素对应的神经元。这里 n 是城市的数量。i 和 j 在 0 到（$n-1$）之间变化。有 n^2 个神经元。

（3）在 main() 函数中生成一个随机输入向量，后面称之为网络的输入激活。

（4）getnwk()：根据式（7.B.2）生成权值矩阵，是一个 n^2 阶的方阵。

（5）initdist()：它以距离矩阵的形式从用户处获取相应城市之间的距离。

（6）asgninpt()：它将随机生成的初始输入分配给网络。

（7）iterate()：该函数查找最优或接近最优的最终路径。它迭代并以满足网络所有约束的方式设置网络的最终状态。

（8）Getacts()：计算 Iterate() 程序中要使用的激活函数的输出。

（9）findtour()：它生成一个行程矩阵和确切的旅行路线。

（10）calcdist()：根据 findtour() 函数生成的行程计算行程的总距离。

参数设置：

Hopfield 网络中的参数设置对网络的性能至关重要。所使用的输入参数的初始值如下：

A：0.5

B：0.5

C：0.2

D：0.5

λ：3.0

τ：1.0

m：15

7. B. 5 输出结果

所附的结果显示了使用 5、10、15、20、25 个城市的模拟结果。生成的旅行路径以矩阵的形式显示，存储在“output. txt”文件中。

Hopfield 神经网络效率高，可以在有限次迭代中收敛到稳定状态。可以观察到，对于 20 个城市以内的问题，网络在大多数情况下收敛到稳定状态，并具有全局最小解。但是，随着城市数量的进一步增加，网络收敛到稳定状态的频率会降低。图形输出由第 7. B. 7 小节的程序给出（tour. m）。

首先，output. txt 文件（由第 7. B. 7 小节的代码产生）给出了从用户获取的输入，即以距离矩阵的形式显示城市的数量及其距离。然后，对于这些城市，生成的输出以行程矩阵、旅行路线和总旅行距离的形式打印。该解决方案是最优的或接近最优的。

随代码附上的结果分别是 5、10、15、20、25 个城市的情况。每种情况下网络收敛的迭代次数与时间的关系如表 7. B. 1 所示。

表 7. B. 1 每种情况下网络收敛的迭代次数与时间的关系

城市数量/个	迭代次数/次	时间/s	结果
5	152	0.465 2	令人满意

续表

城市数量/个	迭代次数/次	时间/s	结果
10	581	1.807 5	令人满意
15	1 021	3.287 3	令人满意
20	2 433	7.645 8	令人满意
25	5 292	16.226 4	令人满意

图 7. B. 4 是 5、10、15、20、25 个城市的路线表示图形化输出。图 7. B. 5 给出了 5、10、15、20 个城市问题的能量收敛情况。图 7. B. 6 表示收敛所需的迭代次数和时间与城市数量的关系。

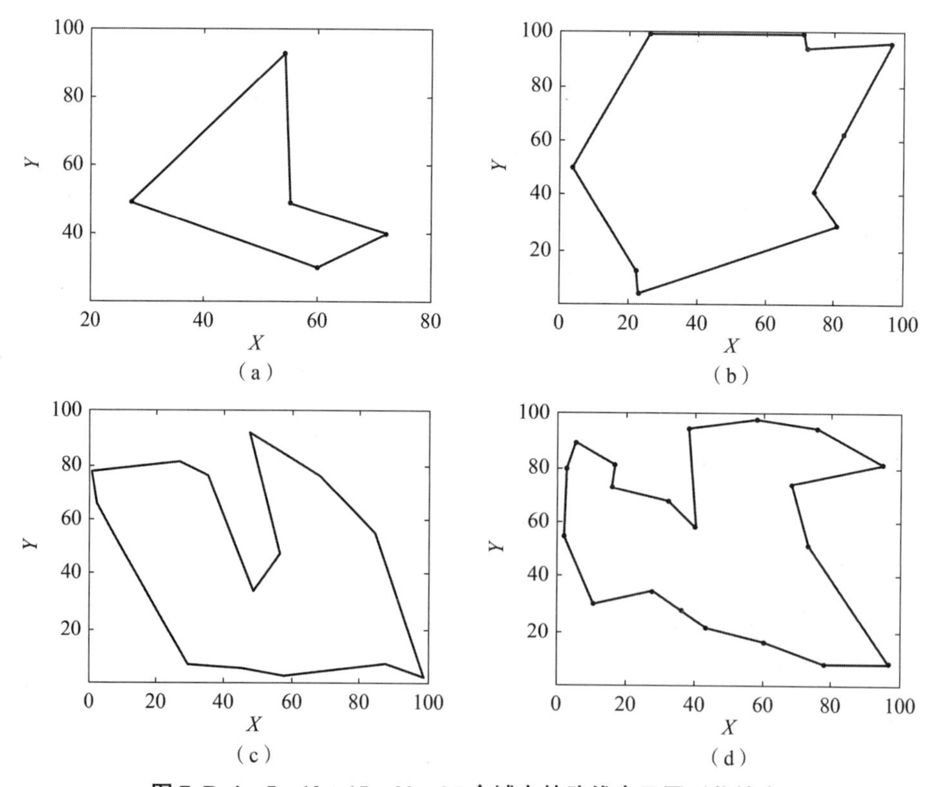

图 7. B. 4　5、10、15、20、25 个城市的路线表示图形化输出

(a) 5 个城市的最优行程；(b) 10 个城市的最优行程；

(c) 15 个城市的最优行程；(d) 20 个城市的最优行程

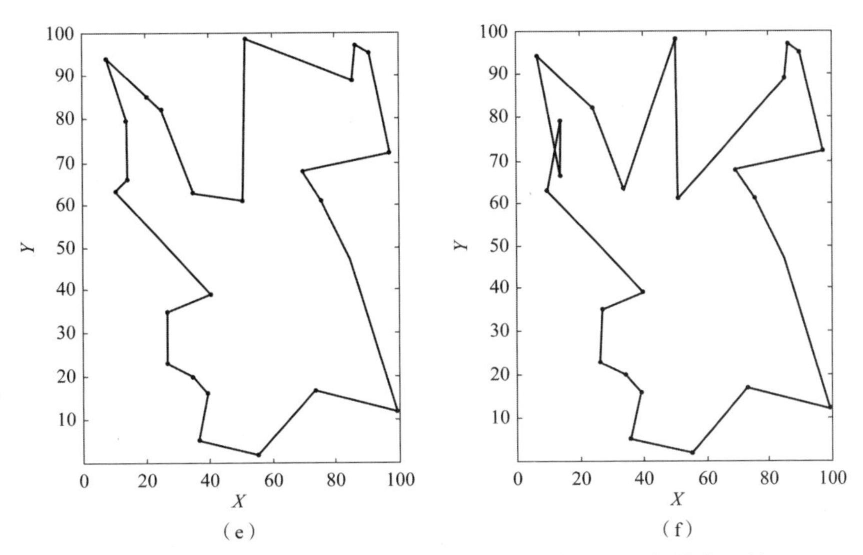

图 7. B. 4　5、10、15、20、25 个城市的路线表示图形化输出（续）

(e) 25 个城市的最优行程；(f) 25 个城市的非最优行程

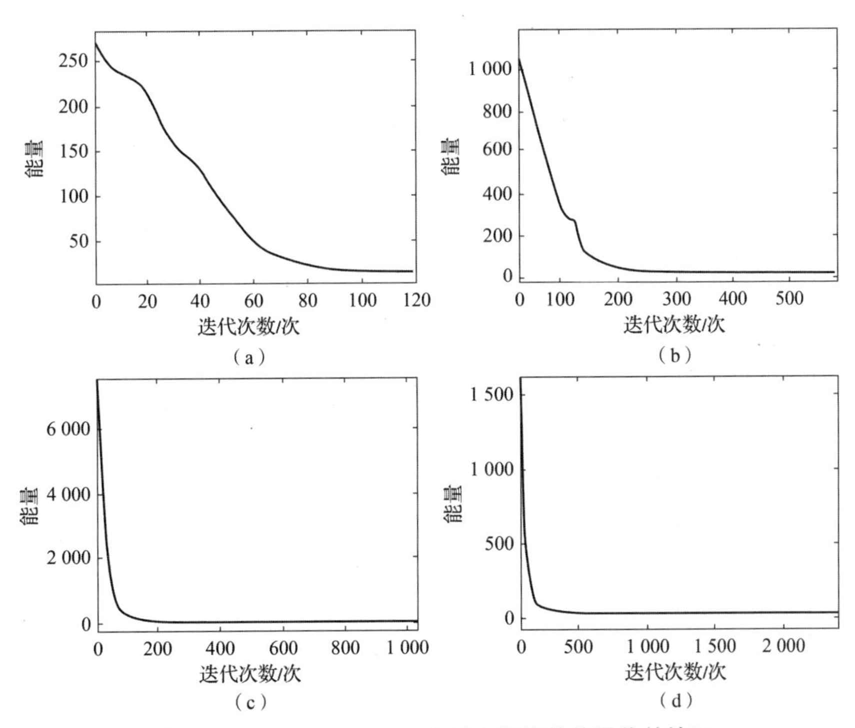

图 7. B. 5　5、10、15、20 个城市问题的能量收敛情况

(a) 5 个城市的能量收敛；(b) 10 个城市的能量收敛；

(c) 15 个城市的能量收敛；(d) 20 个城市的能量收敛

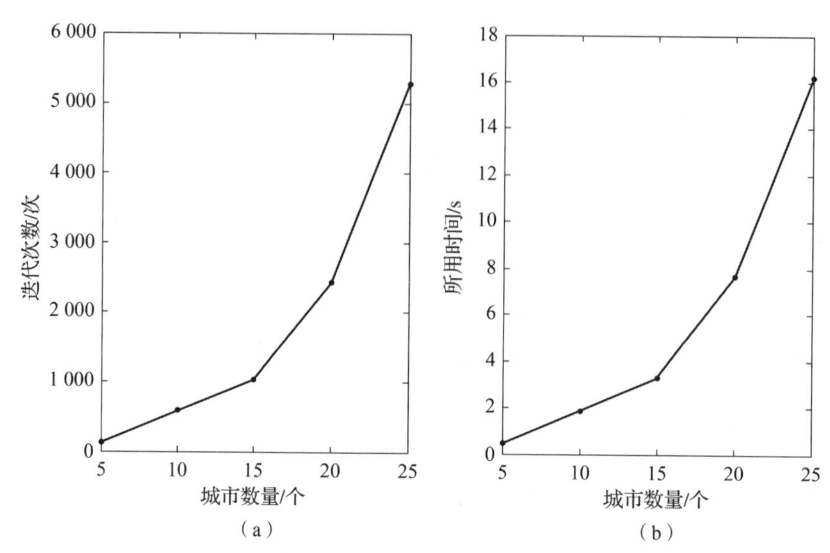

图 7. B. 6　收敛所需的迭代次数和时间与城市数量的关系

(a) 达到收敛的迭代次数；(b) 达到收敛的所用时间

结果评析：

(1) 随着城市数量的增加，所需的迭代次数急剧增长。这种增长不是线性增长。

(2) 收敛所需的迭代次数对任何特定城市都不相同。例如，对于 5 个城市，网络通常在 120 ~ 170 次迭代收敛，但在一些情况下，它需要大约 80 次迭代，而在少数情况下，它根本不收敛，或者需要超过 250 次迭代。这是因为初始网络状态是随机生成的，有时可能导致不收敛。

(3) 很多时候，结果收敛到局部最小值，而不是全局最小值。为了避免这种情况发生，在初始输入中加入随机偏置。

(4) 由于开发的算法是非确定性的，因此它不能保证每次都有最优解。虽然它在大多数情况下确实给出了近似最优解，但它可能无法收敛并给出正确的解。

(5) 很多时候，当计算系统的能量时，发现它是增加而不是减少。

(6) 算法在少数情况下失败，这也是网络随机初始状态的结果。

(7) 在 93% 的测试用例中，算法收敛，而在 7% 的测试用例中，算法不收敛。有时系统的能量不减反增，而网络迭代趋于收敛。使用 Hopfield 网络有很多优点，尽管我们也见过很多其他的方法，如 Kohonen 网络与遗传算法方法。

（8）Hopfield 神经网络是求解 TSP 的最优解。它可以很容易地用于 TSP 等的优化问题。

（9）由于 Hopfield 和 Tank 定义了非常强大和完整的能量方程，该网络给出了非常准确的结果。

（10）该方法比 Kohonen 方法快得多，因为获得解决方案所需的迭代次数更少。与遗传算法相比，得到的结果更接近最优，因为遗传算法更像试错，得到最优解的机会相对较少。

（11）与用于 TSP 解决方案的标准编程技术相比，这种神经网络方法非常快。通过很少的修改，该算法就可以得到许多其他 NP 完全问题的近似解。

7. B. 6　总结讨论

（1）设置各种参数值，如 A、B、C、D、λ、τ、m 等是一个主要挑战。通过反复试验确定最佳值。这些参数值仍有改进的可能性。

（2）算法多次收敛到局部最小值而不是全局最小值。这个问题主要通过在系统的初始输入中添加随机噪声来解决。

（3）随着城市数量的增加，算法的测试变得越来越困难。虽然有少量可用于测试的软件和程序，但它们都不能保证每次都有最佳解决方案。因此，在算法的测试过程中进行了近似。

（4）像下面开发的网络，并不总是给出最优解，尽管在大多数情况下它是接近最优的。但是可以对能量函数以及权值更新函数、激活函数等其他函数进行一些修改或改进，以得到更好的答案。

（5）不同的常数值（即 A、B、C、D）可以在多种组合中进行尝试，以获得本算法的最优或接近最优的结果。

（6）通过适当形式的能量函数和修改 Hopfield 网络的内部动力学，可以从根本上消除不可行性和解决方案质量差的问题。通过将问题的所有约束表示为一项，可以减少能量函数中总的项数和参数数量。

（7）即使其中一个城市间的距离是错误的，网络也必须从第一阶段开始。因为这个错误可以在将来以某种方式处理。

（8）如果我们想要添加或删除一个城市，那么就必须从初始状态重新启动网络并进行必要的更改。可以建立一些方程来包含这些变化。

（9）该算法可被修改用于解决其他 NP 完全问题。

7.B.7 源码（C++）

```
//TSP.CPP
#include "tsp.h"
#include <stdlib.h>
#include <time.h>

int randomnum(int maxval) //Create random numbers between 1 to 100
{
        return rand()% maxval;
}

/*  ========= Compute the Kronecker delta function ========  */
int krondelt(int i,int j)
{
        int k;
        k=((i==j)? (1):(0));
        return k;
};

/*  ======== Compute the distance between two co-ordinates ======  */
int distance(int x1,int x2,int y1,int y2)
{
        int x,y,d;

        x=x1-x2;
        x=x*x;
        y=y1-y2;
        y=y*y;
        d=(int)sqrt(x+y);

        return d;
}

void neuron::getnrn(int i,int j)
{
        cit=i;
        ord=j;
        output=0.0;
```

```
        activation =0.0;
}

/* ======== Randomly generate the co-ordinates of the cities ====== */
void HP_network::initdist(int cityno) //initiate the distances between 
the k cities
{
        int i,j;
        int rows =cityno, cols =2;
        int **ordinate;
        int **row;

        ordinate = (int **)malloc((rows +1) * sizeof(int *));/* one 
extra for sentinel */

/* now allocate the actual rows */
for(i = 0; i < rows; i ++)
        {
  ordinate[i] = (int *)malloc(cols * sizeof(int));
}

/* initialize the sentinel value */
ordinate[rows] = 0;
srand(cityno);

       for(i =0; i <rows; i ++)
       {
       ordinate[i][0] = rand() % 100;
       ordinate[i][1] = rand() % 100;
   }

   outFile << " \nThe Co-ordinates of " <<cityno << " cities: \n";

   for (i =0;i <cityno; ++i)
   {
           outFile << "X " <<i << ": " <<ordinate[i][0] << " ";
        outFile << "Y " <<i << ": " <<ordinate[i][1] << " \n";
   }

for (i =0;i <cityno; ++i)
      {
              dist[i][i] =0;
              for (j =i +1;j <cityno; ++j)
              {
               dist[i][j] =distance(ordinate[i][0],ordinate[j][0],
```

```
                ordinate[i][1],ordinate[j][1])/1;
               }
        }

        for (i =0;i <cityno; ++i)
        {
                for (j =0;j <i; ++j)
                {
                        dist[i][j] =dist[j][i];
                }
        }

        print_dist();     //print the distance matrix
        cout << " \n";

        for(row = ordinate; *row ! = 0; row ++)
        {
    free( *row);
}

       free(ordinate);
}

/*  ============== Print Distance Matrix ====================  */
void HP_network::print_dist()
{
        int i,j;
        outFile << " \n Distance Matrix \n";

        for (i =0;i <cityno; ++i)
        {
                for (j =0;j <cityno; ++j)
                {
                        outFile <<dist[i][j] << " ";
                }
                        outFile << " \n";
                }
}

/*  ============ Compute the weight matrix ===================  */
void HP_network::getnwk(int citynum,float x,float y,float z,float w)
{
        int i,j,k,l,t1,t2,t3,t4,t5,t6;
        int p,q;
        cityno =citynum;
```

```
        a = x;
        b = y;
        c = z;
        d = w;
        initdist(cityno);

        for (i = 0;i < cityno; ++i)
        {
                for (j = 0;j < cityno; ++j)
                {
                        tnrn[i][j].getnrn(i,j);
                }
        }

        for (i = 0;i < cityno; ++i)
        {
                for (j = 0;j < cityno; ++j)
                {
                        p = ((j == cityno - 1)? (0):(j + 1));
                        q = ((j == 0)? (cityno - 1):(j - 1));
                        t1 = j + i * cityno;
                        for (k = 0;k < cityno; ++k)
                        {
                            for (l = 0;l < cityno; ++l)
                            {
                                    t2 = l + k * cityno;
                                    t3 = krondelt(i,k);
                                    t4 = krondelt(j,l);
                                    t5 = krondelt(l,p);
                                    t6 = krondelt(l,q);
                                    weight[t1][t2] = - a * t3 * (1 -
t4) - b * t4 * (1 - t3) - c - d * dist[i][k] * (t5 + t6) /100;
                            }
                        }
                }
        }

//      print_weight(cityno);
}

void HP_network::print_weight(int k)
{
          int i,j,nbrsq;
          nbrsq = k * k;
          cout << " \nWeight Matrix \n";
```

```
        outFile << " \nWeight Matrix \n";
        for (i = 0;i < nbrsq; ++i)
        {
                for (j = 0;j < nbrsq; ++j)
                {
                        outFile << weight[i][j] << " ";
                }
                outFile << " \n";
        }
}


/*  =========== Assign initial inputs to the network =============  */
void HP_network::asgninpt(float *ip)
{
        int i,j,k,l,t1,t2;

        for (i = 0;i < cityno; ++i)
        {
                for (j = 0;j < cityno; ++j)
                {
                        acts[i][j] = 0.0;
                }
        }

        //find initial activations
        for (i = 0;i < cityno; ++i)
        {
                for (j = 0;j < cityno; ++j)
                {
                        t1 = j + i * cityno;
                        for (k = 0;k < cityno; ++k)
                        {
                                for (l = 0;l < cityno; ++l)
                                {
                                        t2 = l + k * cityno;
                                        acts[i][j] += weight[t1]
[t2] * ip[t1];
                                }
                        }
                }
        }

        //print activations
//      outFile << " \n initial activations \n";
```

```
//        print_acts();
}


/*  ======== Compute the activation function outputs ======  */
void HP_network::getacts(int nprm,float dlt,float tau)
{
        int i,j,k,p,q;
        float r1,r2,r3,r4,r5;
        r3 = totout - nprm;

        for (i = 0;i < cityno; ++i)
        {
                r4 = 0.0;
                p = ((i == cityno - 1)? (0):(i + 1));
                q = ((i == 0)? (cityno - 1):(i - 1));
                for (j = 0;j < cityno; ++j)
                {
                    r1 = citouts[i] - outs[i][j];
                    r2 = ordouts[j] - outs[i][j];
                    for (k = 0;k < cityno; ++k)
                    {
                        r4 +=dist[i][k] * (outs[k][p] + outs[k][q])/100;
                    }
                    r5 = dlt * ( - acts[i][j]/tau - a * r1 - b * r2 - c * r3
 - d * r4);
                    acts[i][j] += r5;
                }
        }
}


/*  ============== Get Neural Network Output ==========  */
void HP_network::getouts(float la)
{
        double b1,b2,b3,b4;
        int i, j;
        totout = 0.0;

        for (i = 0;i < cityno; ++i)
        {
                citouts[i] = 0.0;
                for (j = 0;j < cityno; ++j)
                {
                        b1 = la * acts[i][j];
```

```
                    b4 = b1;
                    b2 = exp(b4);
                    b3 = exp( - b4);
                    outs[i][j] = (float)(1.0 + (b2 - b3)/(b2 + b3))/2.0;
                    citouts[i] += outs[i][j];
                }
                totout += citouts[i];
        }

        for (j = 0;j < cityno; ++ j)
        {
                ordouts[j] = 0.0;
                for (i = 0;i < cityno; ++ i)
                {
                    ordouts[j] += outs[i][j];
                }
        }
    }


/*  ============ Compute the Energy function ====================== */
    float HP_network::getenergy()
    {
        int i,j,k,p,q;
        float t1,t2,t3,t4,e;
        t1 = 0.0;
        t2 = 0.0;
        t3 = 0.0;
        t4 = 0.0;
        for (i = 0;i < cityno; ++ i)
        {
            p = ((i == cityno - 1)? (0):(i + 1));
            q = ((i == 0)? (cityno - 1):(i - 1));
            for (j = 0;j < cityno; ++ j)
            {
                t3 += outs[i][j];
                for (k = 0;k < cityno; ++ k)
                {
                    if (k! = j)
                    {
                        t1 += outs[i][j] * outs[i][k];
                        t2 += outs[j][i] * outs[k][i];
                        t4 += dist[k][j] * outs[k][i]
                         * (outs[j][p] + outs[j][q])/10;
                    }
```

```
                        }
                }
        }
        t3 = t3 - cityno;
        t3 = t3 * t3;
        e = 0.5 * (a * t1 + b * t2 + c * t3 + d * t4);
        return e;
}


/*  ========  find a valid tour  =======  * /
void HP_network::findtour()
{
        int i,j,k,tag[Maxsize][Maxsize];
        float tmp;
        for (i = 0;i < cityno; ++i)
        {
                for (j = 0;j < cityno; ++j)
                {
                        tag[i][j] = 0;
                }
    }

    for (i = 0;i < cityno; ++i)
    {
            tmp = -10.0;
            for (j = 0;j < cityno; ++j)
            {
                    for (k = 0;k < cityno; ++k)
                    {
                            if ((outs[i][k] >= tmp)&&(tag[i][k] == 0))
                                    tmp = outs[i][k];
                    }

                    if ((outs[i][j] == tmp)&&(tag[i][j] == 0))
                    {
                            tourcity[i] = j;
                            tourorder[j] = i;
    cout << "tour order" << j << " \n";
                            for (k = 0;k < cityno; ++k)
                            {
                                    tag[i][k] = 1;
                                    tag[k][j] = 1;
                            }
                    }
```

```
            }
    }
}

//print outputs
void HP_network::print_outs()
{
        int i,j;
        outFile << " \n the outputs \n";
        for (i =0;i <cityno; ++i)
        {
                for (j =0;j <cityno; ++j)
                {
                        outFile <<outs[i][j] <<" ";
                }
                outFile << " \n";
        }
}

/*  ======= Calculate total distance for tour ==============  * /
void HP_network::calcdist()
{
        int i,k,l;
        distnce =0.0;

        for (i =0;i <cityno; ++i)
        {
                k =tourorder[i];
                l =((i ==cityno -1)? (tourorder[0]):(tourorder[i +1]));
                distnce +=dist[k][l];
        }
        outFile << " \nTotal distance of tour is : " <<distnce << " \n";
}


/*  ======= Print Tour Matrix ==============================  * /
void HP_network::print_tour()
{
        int i;
        outFile << " \nThe tour order: \n";
        for (i =0;i <cityno; ++i)
        {
                outFile <<tourorder[i] <<" ";
                outFile << " \n";
        }
```

```
}


/* ======= Print network activations =========== */
void HP_network::print_acts()
{
        int i,j;
        outFile << "\n the activations: \n";
        for (i =0;i <cityno; ++i)
        {
                for (j =0;j <cityno; ++j)
                {
                        outFile <<acts[i][j] << " ";
                }
                outFile << "\n";
        }
}


/* ======= Iterate the network specified number of times ======= */
void HP_network::iterate(int nit,int nprm,float dlt,float tau,float la)
{
        int k,b;
 double oldenergy,newenergy, energy_diff;
        b =1;
        oldenergy =getenergy();
        outFile1 << "" <<oldenergy << "\n";
        k =0;
        do
        {
                getacts(nprm,dlt,tau);
                getouts(la);
                newenergy =getenergy();
                outFile1 << "" <<newenergy << "\n";

                //energy_diff = oldenergy - newenergy;
                //if (energy_diff < 0)
                //        energy_diff = energy_diff*( -1);

                if (oldenergy - newenergy < 0.0000001)
                {
                        //printf( "\nbefore break: % lf \n", oldenergy -
newenergy);
                        break;
                }
```

```
                oldenergy = newenergy;
                k++;
        }
        while (k<nit);

        outFile<<"\n"<<k<<" iterations taken for convergence\n";
        //print_acts();
        //outFile<<"\n";
        //print_outs();
        //outFile<<"\n";
}


void main()
{
/* ====== Constants used in Energy, Weight and Activation Matrix ==== */
        int nprm=15;
 float a=0.5;
        float b=0.5;
        float c=0.2;
        float d=0.5;
        double dt=0.01;
        float tau=1;
        float lambda=3.0;
        int i,n2;
        int numit=4000;
        int cityno=15;
//      cin>>cityno;  //No. of cities
        float input_vector[Maxsize*Maxsize];
 time_t start,end;
        double dif;

        start = time(NULL);
        srand((unsigned)time(NULL));
    //time (&start);

 n2=cityno*cityno;
        outFile<<"Input vector:\n";
        for (i=0;i<n2;++i)
        {
                if (i% cityno==0)
                {
                    outFile<<"\n";
                }
```

```
                input_vector[i] =(float)(randomnum(100)/100.0) -1;
                outFile << input_vector[i] << " ";
        }

        outFile << "\n";

//creat HP_network and operate
        HP_network *TSP_NW = new HP_network;
        if (TSP_NW == 0)
        {
                cout << "not enough memory\n";
                exit(1);
        }
        TSP_NW->getnwk(cityno,a,b,c,d);
        TSP_NW->asgninpt(input_vector);
        TSP_NW->getouts(lambda);
        //TSP_NW->print_outs();
    TSP_NW->iterate(numit,nprm,dt,tau,lambda);
        TSP_NW->findtour();
        TSP_NW->print_tour();
        TSP_NW->calcdist();
        //time (&end);
        end = time(NULL);
dif = end - start;
        printf("Time taken to run this simulation: %lf\n",dif);
}


/*******************************************************
        Network: Solving TSP using Hopfield Network
                        ECE 559 (Neural Networks)
        Author: PADMAGANDHA SAHOO
        Date: 11th Dec '03
*******************************************************/
//TSP.H

#include <iostream.h>
#include <stdlib.h>
#include <math.h>
#include <stdio.h>
#include <time.h>
#include <fstream.h>

#define Maxsize 30
ofstream outFile("Output.txt",ios::out);
```

```
ofstream outFile1("Output1.txt",ios::out);

class neuron
{
protected:
        int cit,ord;
        float output;
        float activation;
        friend class HP_network;
public:
        neuron(){};
        void getnrn(int,int);
};

class HP_network
{
public:
        int cityno;        //Number of City
        float a,b,c,d,totout,distnce;

        neuron (tnrn)[Maxsize][Maxsize];
        int dist[Maxsize][Maxsize];
        int tourcity[Maxsize];
        int tourorder[Maxsize];
        float outs[Maxsize][Maxsize];
        float acts[Maxsize][Maxsize];
        float weight[Maxsize * Maxsize][Maxsize * Maxsize];
        float citouts[Maxsize];
        float ordouts[Maxsize];
        float energy;

        HP_network() { };
        void getnwk(int,float,float,float,float);
        void initdist(int);
        void findtour();
        void asgninpt(float *);
        void calcdist();
        void iterate(int,int,float,float,float);
        void getacts(int,float,float);
        void getouts(float);
        float getenergy();

        void print_dist(); //print the distance matrix among n cities
        void print_weight(int); //print the weight matrix of the network
        void print_tour(); //print the tour order of n cities
```

```
        void print_acts(); //print the activations of the neurons in the network

        void print_outs(); //print the outputs of the neurons in the network
};

%%%%%%%%%%%%%%%%%%%%%%%%%%%%%%%%%%%%%%%%%%%%%%%%%%%
% MATLAB Routine: tour.m
% Description: This routine contains the code to plot all graphical outputs for the TSP
%       problem. It plots the optimum tour for all cities, energy convergence
%       graph, iterations and time taken for each simulation etc.
%%%%%%%%%%%%%%%%%%%%%%%%%%%%%%%%%%%%%%%%%%%%%%%%%%%
clear all; close all;

x = [54 55 72 60 27 54];
y = [93 49 40 30 49 93];
subplot(2,2,1);plot(x,y,'.-');
title('Optimum Tour for 5 Cities');
xlabel('X-axis →');ylabel('Y-axis →');

x = [4 22 23 81 74 83 97 72 71 26 4];
y = [50 12 4 29 41 62 96 94 99 99 50];
subplot(2,2,2);plot(x,y,'.-');
title('Optimum Tour for 10 Cities');
xlabel('X-axis →');ylabel('Y-axis →');

x = [2 1 26 35 40 48 56 47 68 84 98 87 57 45 29 2];
y = [53 62 65 61 48 27 38 74 61 44 2 5 2 4 5 53];
subplot(2,2,3);plot(x,y,'.-');
title('Optimum Tour for 15 Cities');
xlabel('X-axis →');ylabel('Y-axis →');

x = [10 2 3 5 17 16 32 40 38 58 76 95 68 73 97 78 60 43 36 28 10];
y = [30 55 79 90 81 73 68 58 95 98 95 81 74 51 8 8 16 21 27 35 30];
subplot(2,2,4);plot(x,y,'.-');
title('Optimum Tour for 20 Cities');
xlabel('X-axis →');ylabel('Y-axis →');

x = [10 14 14 7 20 24 34 50 51 85 86 90 97 69 75 84 99 73 55 36 39 34 26 27 40 10];
y = [63 66 79 94 85 82 63 61 98 89 97 95 72 68 61 48 12 17 2 5 16 20 23 35 39 63];
figure;subplot(1,2,1);plot(x,y,'.-');
title('Optimum Tour for 25 Cities');
xlabel('X-axis →');ylabel('Y-axis →');

x = [10 14 14 7 20 24 34 50 51 85 86 90 97 69 75 84 99 73 55 36 39 34 26 27 40 10];
y = [63 79 66 94 85 82 63 98 61 89 97 95 72 68 61 48 12 17 2 5 16 20 23 35 39 63];
```

```
subplot(1,2,2);plot(x,y,'. - ');
title('Non - optimal Tour for 25 Cities');
xlabel('X - axis →');ylabel('Y - axis →');

% Plot the graphs to show iterations and time taken for each simulation
iteration = [152 581 1021 2433 5292];
city = [5 10 15 20 25];
time = [0.4652 1.8075 3.2873 7.6458 16.2264];
figure;subplot(1,2,1);plot(city,iteration,'. - ');

title('Iterations taken for convergence');
ylabel('Iterations →');xlabel('No. of Cities →');
subplot(1,2,2);plot(city,time,'. - ');
title('Time taken for convergence');
ylabel('Time taken (in sec) →');xlabel('No. of Cities →');

% Plot the Energy convergence plots
n5 = textread('energy5.txt');
n10 = textread('energy10.txt');
n15 = textread('energy15.txt');
n20 = textread('energy20.txt');
n25 = textread('energy25.txt');
figure;subplot(2,2,1);plot(n5);
title('Energy Convergence for 5 Cities');
ylabel('Energy →');xlabel('Iterations →');
subplot(2,2,2);plot(n10);
title('Energy Convergence for 10 Cities');
ylabel('Energy →');xlabel('Iterations →');
subplot(2,2,3);plot(n15);
title('Energy Convergence for 15 Cities');
ylabel('Energy →');xlabel('Iterations →');
subplot(2,2,4);plot(n20);
title('Energy Convergence for 20 Cities');
ylabel('Energy →');xlabel('Iterations →');
```

7.C 基于神经网络的细胞形状检测①

7.C.1 引言

细胞内显微注射是细胞培养中最典型的操作之一。单细胞微操作技术也将在

① Executed by Silvio Rizzi, Computer Science Dept., University of Illinois, Chicago, 2006.

体外毒理学、癌症和艾滋病毒研究等应用中发挥重要作用。

接触式显微操作中的一种常见设置是由微操作器在三维空间中移动末端执行器（Kallio and Kuncove，2013）。伊利诺伊大学芝加哥分校工业虚拟现实研究所正在开发一种改进的系统，目前正在进行的研究是将 ImmersiveTouch™虚拟现实和触觉技术应用于细胞仿真，用于研究、培训和自动化目的（Luciano et al.，2006）。

为了模拟一个细胞，要解决的最重要问题之一是获得其形状的准确表示。这项工作提出了一种新颖的方法来解决这个问题，即使用 Hopfield 神经网络。

7.C.2 神经网络设计

7.C.2.1 活动轮廓和蛇形算法

轮廓提取在图像处理中得到了广泛的研究，并提出了许多方法。最常用的边缘查找技术是基于梯度的 Prewitt、Sobel 和 Laplace 检测器。此外，已经报道了其他轮廓查找方法，如二阶导数过零点检测器或基于 Canny 标准的计算方法。然而，由于常见的图像特征，如纹理、噪声、图像模糊或其他异常（如不均匀的场景照明），因此使得边缘查找技术经常无法产生可靠的结果。源图像中的连续图像边界可以用破碎的边缘段表示，也可能根本检测不到。在某些情况下，进一步利用边缘信息可能会受阻于边缘仅有几个像素的事实。最后，所有这些技术通常都需要后处理步骤来获得连接和闭合的轮廓。活动轮廓技术（即蛇形算法），首先由 Kass 等人提出（Kass et al.，1988）。该技术被用于许多场景，包括边缘检测、形状建模、分割、模式识别和目标跟踪。这些技术总是产生闭合轮廓，并且很好地适用于分割生物图像。

蛇形算法可以看作是任意形状的弹性带，且对强度梯度非常敏感。它最初位于感兴趣的图像轮廓附近，并被依赖于强度梯度的力吸引至目标轮廓。

该算法用于最小化以下形式的能量函数：

$$E_{\text{snake}} = \int_{\Omega} [\alpha E_{\text{cont}}(v) + \beta E_{\text{curv}}(v) + \gamma E_{\text{image}}] \mathrm{d}s$$

沿轮廓线进行积分。参数 α、β 和 γ 控制相应能量项的相对影响。E_{cont} 表示一个连续项，防止蛇形点簇的形成。E_{curv} 是平滑项，其目的是避免可变形轮廓的振荡。E_{image}对应于外力相关的能量（该外力将蛇形吸引到所需的图像轮廓）。它与强度图像的空间梯度成正比。在离散形式下，能量函数由下式给出：

$$E_{\text{snake}} = \sum_{i=1}^{N} \{\alpha[(x_i - x_{i-1})^2 + (y_i - y_{i-1})^2] + \beta[(x_{i-1} - 2x_i + x_{i+1})^2 + (y_{i-1} - 2y_i + y_{i+1})^2] - \gamma g_i\}$$

式中，N 为蛇形的节点数；g_i 为图像在（x_i，y_i）点的梯度值。

一种常见方法是使用贪心算法来最小化能量函数，以评估每个蛇形节点附近的能量。

7.C.2.2 蛇形算法与 Hopfield 神经网络

众所周知，Hopfield 网络（第 7 章）最小化公式（7.23）中的能量项最小化。这表明有可能将 snake 参数映射到 Hopfield 网络的互连权值，因此使用这个神经网络来实现蛇形算法。采用以下结构的二维二值 Hopfield 网络，神经元更新如下：

$$u_{ik} = \sum_{i=1}^{N}\sum_{j=1}^{N} T_{ikjl}v_{jl} + I_{ik}, \quad v_i = g(u_{ik})$$

$$g(u_{tk}) = \begin{cases} 1, & u_{tk} = \max(u_{th};\ h = 1, 2, \cdots, M) \\ 0, & \text{其他} \end{cases}$$

其中，N 是蛇形节点的个数，而 M 是每个节点要评估的相邻点的个数。注意，每一行代表一个蛇形节点，因此每行只能有一个神经元是活动的，代表节点的当前位置。

上式的 $g(u_{ik})$是最大演化函数［相当于式（7.26）］，它强制限制每行必须只有一个神经元是活动的。

这个网络最小化的能量如下：

$$E = -\frac{1}{2}\sum_{i=1}^{N}\sum_{k=1}^{M}\sum_{j=1}^{N}\sum_{l=1}^{M} T_{ikjl}v_{ik}v_{jl} - \sum_{i=1}^{N}\sum_{k=1}^{M} I_{ik}v_{ik}$$

如果我们采用下面的映射：

$$T_{ikjl} = -[(4\alpha + 12\beta)\delta_{ij} - (2\alpha + 8\beta)\delta_{i+1j} - (2\alpha + 8\beta)\delta_{i-1j} + 2\beta\delta_{i+2j} + 2\beta\delta_{i-2j}] \cdot (x_{ik}x_{jl} + y_{ik}y_{jl})$$

$$I_{ik} = \gamma g_{ik}$$

那么二维 Hopfield 网络最小化的能量与蛇形算法最小化的能量是完全一样的。

由于网络是全连接的，且包括自反馈连接，因此它可能变得不稳定。为了避免这种情况，只接受使网络总能量最小化的神经元输出的改变。那些使网络总能量增大的神经元输出被忽略了。

7. C. 3 数据设置

实验中使用的数据来自细胞质内精子注射视频（圣路易斯不孕症中心，圣卢克医院，圣路易斯，密苏里州，http://www.infertile.com/media pages/technical/icsi.htm）。视频由 271 帧组成，总长度为 18 min。每一帧是 180×240 像素的图像。

每一帧必须进行预处理，以获得蛇形算法所需的图像梯度。预处理首先从图像中去除持卵针和注射针，然后对图像进行阈值处理以分离细胞外膜，最后应用 Sobel 梯度算子。

使用的实验神经网络由 16 个节点（$N=16$）组成，这些节点可以沿着 50 个点的径向线（$M=50$）移动。神经元总数为 800（$N\times M$）。

7. C. 4 结果

4 种不同情况下的检测结果（单元格内虚线）如图 7. C. 1 所示，即从没有变形的细胞到注入细胞并表现出最大的变形。蛇形节点初始化为一个圆，且间隔均匀。所有情况下使用的参数为 $\alpha=1$，$\beta=1$，$\gamma=10^5$。图 7. C. 1 中显示了该网络 8 次完整迭代的结果。

从以上结果可以得出以下结论：

（1）神经网络能够正确模拟蛇形算法。

（2）对于前 3 种情况，收敛速度较快。如果我们只执行一次迭代，结果是可以接受的。

（3）对于第四种情况，收敛速度较慢，其原因是搜索是在径向线上进行的，因此沿主要变形的节点密度不够。

（4）在所有情况下，验证了每次迭代后能量减小，即一旦网络被梯度吸引，曲率和平滑能量项开始占优势。

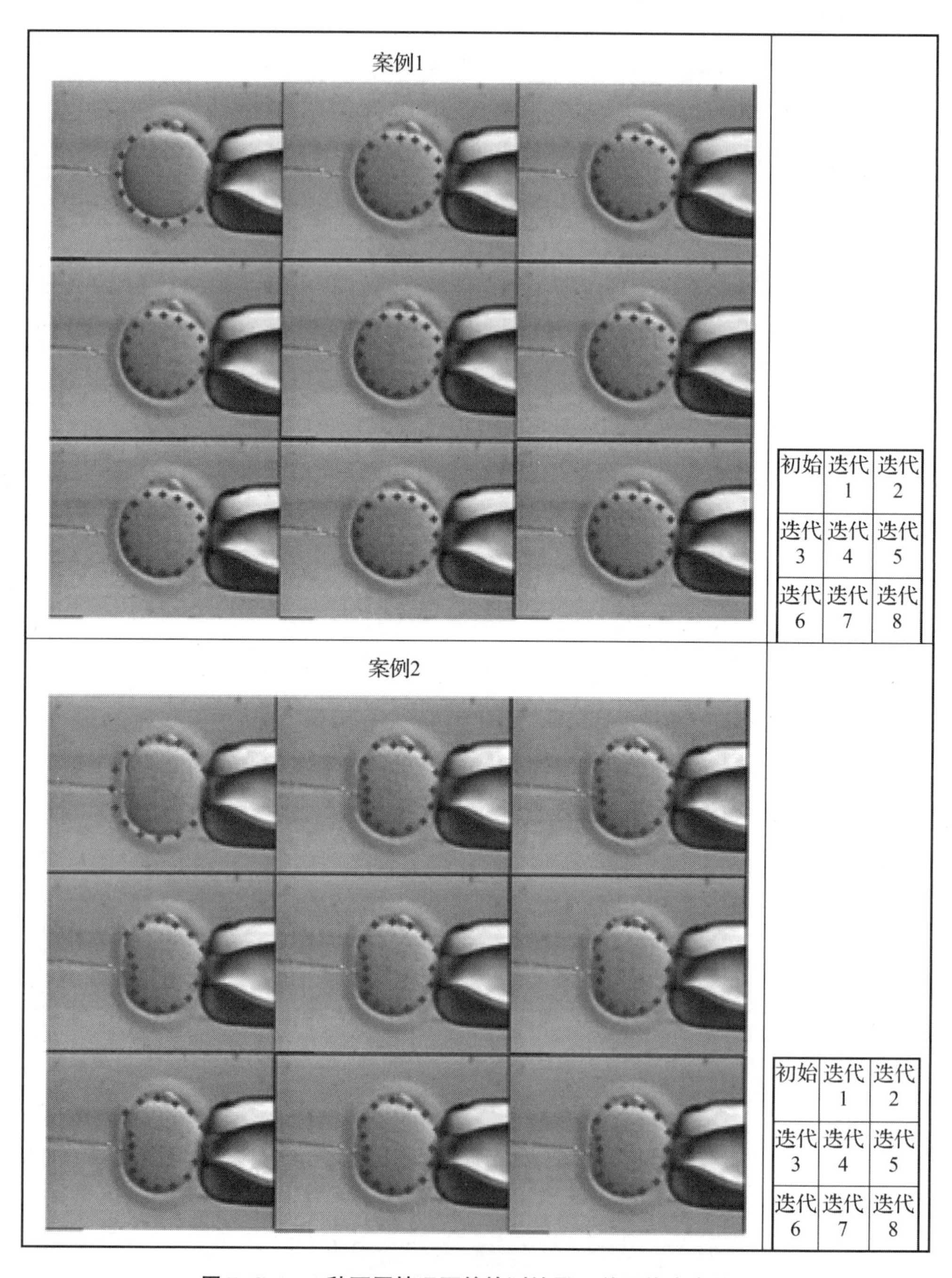

图 7. C. 1　4 种不同情况下的检测结果（单元格内虚线）

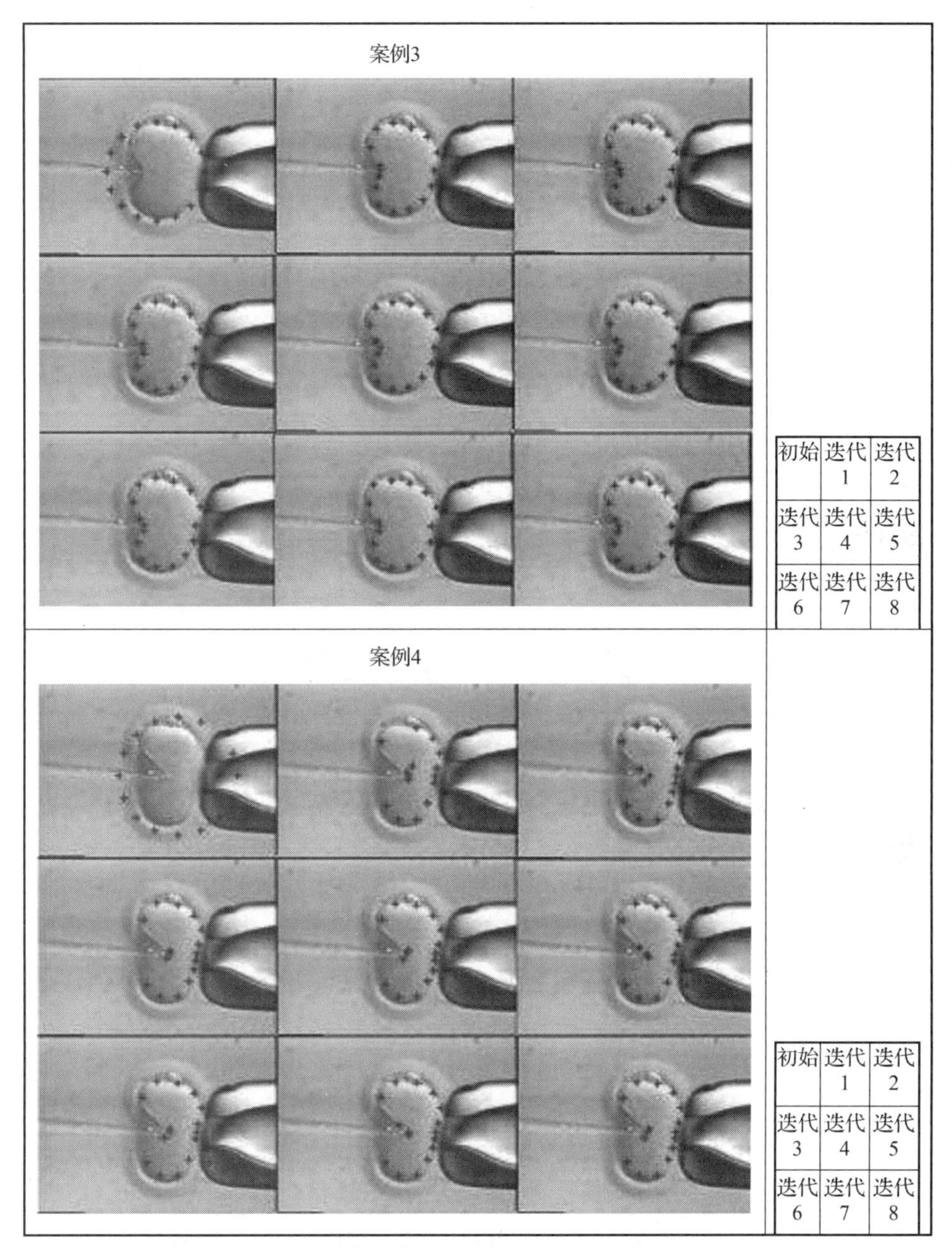

图 7.C.1 4 种不同情况下的检测结果（单元格内虚线）（续）

（5）结果对初始条件非常敏感；在预处理阶段获得良好的结果是极其重要的；正确初始化节点以确保快速收敛也很重要。

7. C. 4. 1 基于反向传播的预处理器及其效果

如上所述，预处理对于使用蛇形算法获得良好结果至关重要。为了在预处理阶段提供帮助，我们研究了一种基于神经网络的解决方案，参见 Chiou 和 Hwang 于 1995 年发表的文献（Chiou and Hwang，1995）。它由一个反向传播预处理网络（图 7. C. 2）组成，且该网络经过训练，可以识别属于目标轮廓的点。该网络的输出是一个似然轮廓，该似然轮廓表示图像中可能形成轮廓的候选点。

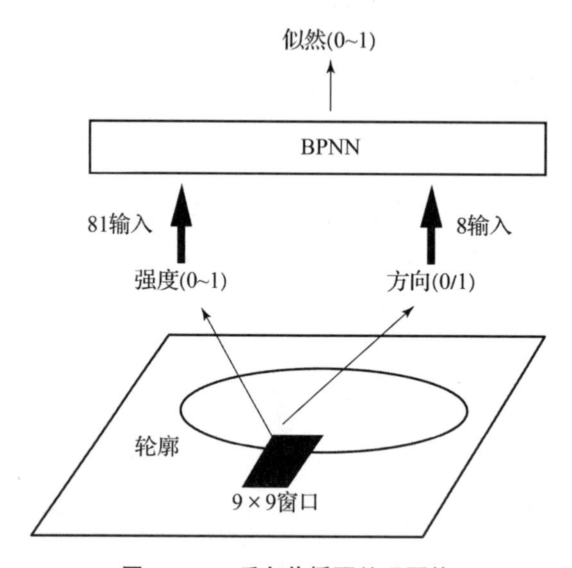

图 7. C. 2 反向传播预处理网络

这个 BP 预处理网络由 3 层组成（详见第 6 章）。输入层从图像中提取的 9×9 窗口接收 81 个比特位（信息）。每个像素的灰度级必须归一化为 0～1 的值。还有 8 个额外的输入比特位，表示在窗口中心评估的强度梯度的二进制编码。

隐藏层有 44 个神经元，输出层只有一个神经元。输出值范围为 0～1，值越大表示像素块的中心越有可能在目标轮廓上，反之亦然。

该网络使用 60 个向量进行训练。其中，30 个向量从属于细胞膜的点中手动选择，其余 30 个向量从图像的背景点中选择。进行 200 次迭代，学习率从 0. 5 开始，逐渐减小到 0. 1。

使用获取训练集的图像运行网络，得到如图 7. C. 3 所示结果。

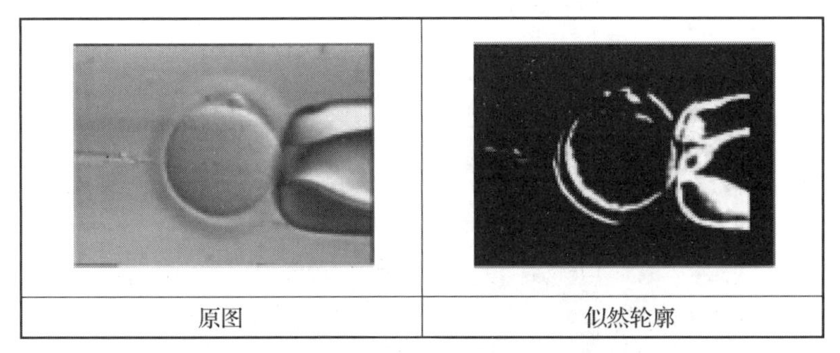

图 7. C. 3　原始图像和网络输出（训练图像）

这个结果比使用 Canny 边缘检测器的输出结果要好得多，如图 7. C. 4 所示。

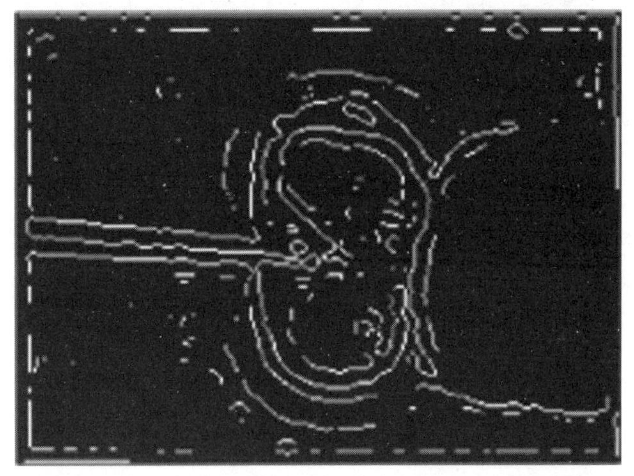

图 7. C. 4　Canny 边缘检测器的输出结果（训练图像）

对未经训练的图像使用该网络的结果如图 7. C. 5 所示。

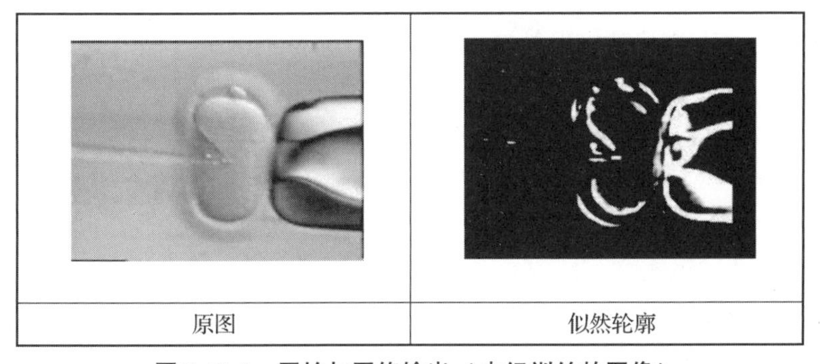

图 7. C. 5　原始与网络输出（未经训练的图像）

同一张图像 Canny 边缘检测器的输出结果如图 7. C. 6 所示。

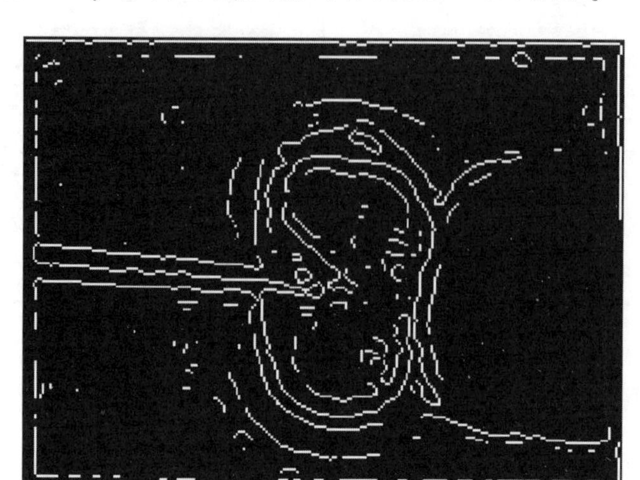

图 7. C. 6 Canny 边缘检测器的输出结果（相同的未经训练的图像）

由以上图像可以看到，当正确训练时，该网络具有高度改进预处理阶段的潜力。由于神经网络包含了感兴趣区域的知识，因此获得的似然分布比 Canny 边缘检测器的噪声要小得多。

值得一提的是，持卵针和注射针的轮廓都可轻易地从上面的结果图像中删除。

7. C. 5 结论

当采用 Hopfield 神经网络解决轮廓检测问题时，通过模拟蛇形算法证明了其解决问题的能力。同时，测试了一个额外的反向传播神经网络，并证明其对改进预处理阶段是有用的。

目前为止，已有几种蛇形算法的实现。尝试神经网络方法的最初动机是它有可能以并行方式实现。

7. C. 6 源码（MATLAB）

```
Hopfield network
file snakes.m
% Implementation of snakes algorithm using a 2 - D binary Hopfield network
clear all; clc;
IM = imread('snap4_contour_edited.bmp','bmp');
```

```
IM1 = imread('snap4.bmp','bmp');
% number of iterations
ITER = 8;
% vector for storing energy values at the end of each iteration
E = zeros(ITER,1);
% Parameters of the snake
alpha = 1;
beta = 1;
gamma = 100000;
% Number of nodes of the snake
N = 16
% Number of points in the searching grid for each snake node
M = 50;

% Matrix containing the outputs of each neuron
u = zeros(N,M);
% Matrix containing the maximum evolution function
v = zeros(N,M);
% 4D arrangement containing interconnection weights T(i,k,j,l)
T = zeros(N,M,N,M);
% Matrix containing bias term I(i,k)
I = zeros(N,M);
% X-coordinates of point represented by each network
% x(i,k) or x(j,l)
x = zeros(N,M);
% Y-coordinates of point represented by each network
% y(i,k) or y(j,l)
y = zeros(N,M);
% Normalized values of the gradient of the image

% at each point of interest
% g(i,k)
g = zeros(N,M);
% Compute x and y positions represented by each neuron
% compute g from edge image
% 96 119
% SNAP1
% xo = 98;
% yo = 140;
% radius =60;
xo = 96;
yo = 119;

radius =50;
step = radius/M;
```

```
x = zeros(N,M);
y = zeros(N,M);
% imshow(IM);hold on;
for i =1:N
     for j =1:M
          x(i,j) = round(xo + j * step * cos((i -1) * 22.5 * pi/180));
          y(i,j) = round(yo + j * step * sin((i -1) * 22.5 * pi/180));
          % plot(y(i,j),x(i,j),' * ');hold on;
          g(i,j) = (IM(x(i,j),y(i,j)) == 1);
     end
end

%%%%%%%%%%%%%%%%%%%%%%%%%%%%%%%%%%%%%%%
% % Compute interconnection weights
T = interc_weights( alpha,beta,x,y,N,M );

% % Compute bias term
I = gamma * g;
% load TI;
%%%%%%%%%%%%%%%%%%%%%%%%%%%%%%%%%%%%%%%%
% Initialization of snake
% initial position of snake in outer points
v(:,M) = ones(N,1);
k_ = M * ones(N,1);
imshow(IM1);hold on;
% Plot snake points
for i =1:N
     plot(y(i,:) * v(i,:)',x(i,:) * v(i,:)',' * r');hold on;
end

% initialization of corresponding elements of u
k =M;
for i =1:N
     u(i,k) = prop( T,I,N,M,i,k,v );
end

%%%%%%%%%%%%%%%%%%%%%%%%%%%%%%%%%%%%%%%%
% Iterate the network
% stats = zeros(N,M);
% v
% E = energy( v,T,I,N,M )

for iter =1:ITER
     iter
for k =1:M
```

```
    for i =1:N
        % iter = iter +1
        % E
        % for iter =1:ITER
        % iter
        % i = 1 + round(rand(1) * (N - 1));
        % k = 1 + round(rand(1) * (M - 1));
        % stats(i,k) = stats(i,k) +1;
        % obtain u(i,k') of current point
        u_ = u(i,:) * v(i,:)';
        % compute output of neuron i,k
        u(i,k) = prop( T,I,N,M,i,k,v );
        % compute variation of energy
        dE = ( u_ - u(i,k) ) - 1/2* ( T(i,k,i,k) + T(i,k_(i),i,k_(i)) ) + T(i,k,i,k_(i));
        % maximum evolution function
        if ( u(i,k) > u_ && dE < 0 )
            v(i,k) = 1;
            v(i,k_(i)) = 0;
            k_(i) = k;
            fprintf('change in % f % f \n',i,k);
        end
    end
end

figure
imshow(IM1);hold on;
% Plot snake points
for i =1:N
    plot(y(i,:) * v(i,:)',x(i,:) * v(i,:)',' * r');hold on;
end

% E(iter,1) = energy( v,T,I,N,M );
end
```

file prop.m

```
function [ u ] = prop( T,I,N,M,i,k,v )
% propagate forward
% u scalar
% v vector
u = 0;
for j =1:N
    for l =1:M
        u = u + T(i,k,j,l) * v(j,l);
    end
end
```

```
u = u + I(i,k);
```

file interc_weights.m

```
function [ T ] = interc_weights( alpha,beta,x,y,N,M )
% Compute interconnection weights
T = zeros(N,M,N,M);
% case i = 1
% circular indexing property
% i-1 ---> N
% i-2 ---> N-1
i=1;
for k=1:M
    for j=1:N
        for l=1:M
            T(i,k,j,l) = -((4*alpha+12*beta)*(i==j)-(2*alpha+
8*beta)*((i+1)==j) - ...
            (2*alpha+8*beta)*(N==j)+2*beta*((i+2)==j)+2*
beta*((N-1)==j)) * ...
            (x(i,k)*x(j,l)+y(i,k)*y(j,l));
        end
    end
end

% case i = 2
% circular indexing property
% i-1 --- > 1
% i-2 --- > N
i=2;

for k=1:M
    for j=1:N
        for l=1:M
            T(i,k,j,l) = -((4*alpha+12*beta)*(i==j)-(2*alpha+
8*beta)*(i+1==j) - ...
            (2*alpha+8*beta)*(1==j)+2*beta*(i+2==j)+2*
beta*(N==j)) * ...
            (x(i,k)*x(j,l)+y(i,k)*y(j,l));
        end
    end
end

% case i=2:N-2
for i=3:N-2
    for k=1:M
        for j=1:N
```

```
                for l =1:M
                    T(i,k,j,l) = -((4 * alpha +12 * beta) * (i ==j) -(2 *
alpha +8 * beta) * (i +1 ==j)...
                    (2 * alpha +8 * beta) * (i -1 ==j) +2 * beta * (i +2 ==
j) +2 * beta * (i -2 ==j)) * ...
                    (x(i,k) * x(j,l) +y(i,k) * y(j,l));
                end
            end
        end
end

% case i = N -1
% circular indexing property
% i +1 ---> N
% i +2 ---> 1
i =N -1;
for k =1:M
    for j =1:N
        for l =1:M
            T(i,k,j,l) = -((4 * alpha +12 * beta) * (i ==j) -(2 * alpha +
8 * beta) * (N ==j) - ...
            (2 * alpha +8 * beta) * (i -1 ==j) +2 * beta * (1 ==j) +2 *
beta * (i -2 ==j)) * ...
            (x(i,k) * x(j,l) +y(i,k) * y(j,l));
        end
    end
end

% case i = N
% circular indexing property
% i +1 ---> 1
% i +2 ---> 2
i =N;
for k =1:M
    for j =1:N
        for l =1:M
            T(i,k,j,l) = -((4 * alpha +12 * beta) * (i ==j) -(2 * alpha +
8 * beta) * (1 ==j) - ...
            (2 * alpha +8 * beta) * (i -1 ==j) +2 * beta * (2 ==j) +2 *
beta * (i -2 ==j)) * ...
            (x(i,k) * x(j,l) +y(i,k) * y(j,l));
        end
    end
end
```

```
% % zero elements to avoid self - feedback
% for i =1:N
% for k =1:M
% T(i,k,i,k) = 0;
% end
% end
```

file energy.m

```
function [ E ] = energy( v,T,I,N,M )
% Compute Energy function of the 2 - D Hopfield network
E = 0;
for i =1:N
    for k =1:M
        for j =1:N
            for l =1:M
                E = E - 1/2 * T(i,k,j,l) * v(i,k) * v(j,l);
            end
        end
    end
end

for i =1:N
    for k =1:M
        E = E - I(i,k) * v(i,k);
    end
end
```

Backpropagation Network

file bp1.m

```
% ECE 559
% Backpropagation simulator

% Training with valid and non - recognized vectors

% applied in sequential order
clear all
% step size for steepest descent
uo = 0.5;
% number of iterations to be performed
ITER = 400;
% Input Vectors
% i_vec = [ [ 0 0 0 0 0 0 ... % char "2"
```

```
% Desired Outputs
% o_vec = [ [ 0 0 ]' ... % char "2"
load trainingset.mat
% Network Architecture
% Number of elements in input layer
I = 81;
% Number of elements in hidden layer
H = 40;
% Number of elements in output layer
O = 1;
% Weight vectors/matrices (positive and negative values)
W1 = rand(size(i_vec,1),I) * 2 - 1;
W2 = rand(I,H) * 2 - 1;
W3 = rand(H,O) * 2 - 1;
% load weights

% Backpropagation Training
result = zeros(ITER,size(i_vec,2) + 1); % 1st column = iter number
% 2nd to nth column = error for 1st to nth training set
e = zeros(1,size(i_vec,2));

for j = 1:ITER
      j
      if (j < 100)
            m = 1;
      else
            if (j >= 100 && j < 200)
                  m = 2;
            else
               if (j >= 200)
                     m = 3;
               end
            end
      end

      u = uo/m;
      for i = 1:size(i_vec,2)
            [y1,y2,y3] = propagate(W1,W2,W3,i_vec(:,i));
            e(1,i) = 1/2 * sum((o_vec(:,i) - y3).^2);

            % output layer
            phi_o = y3.*(1 - y3).*(o_vec(:,i) - y3);
            W3 = W3 + u * y2 * phi_o';
            % hidden layer
            phi_h = y2.*(1 - y2).*(W3 * phi_o);
```

```
            W2 = W2 + u * y1 * phi_h' ;
            % input layer
            phi_i = y1.*(1 -y1).*(W2 *phi_h);
            W1 = W1 + u * i_vec(:,i) * phi_i' ;
      end
      result(j,:) = [ j e ];
end
```

```
file propagate.m
function [ y1,y2,y3 ] = propagate(W1,W2,W3,i_vec)
z1 = W1'*i_vec;
y1 = activation(z1);
z2 = W2'*y1;
y2 = activation(z2);
z3 = W3'*y2;
y3 = activation(z3);
```

```
file activation.m
function [ y ] = activation( z )
% sigmoid activation function
y = 1./(1+exp( -z));
```

第 8 章 对偶传播

8.1 引言

由 Hecht – Nielsen（1987）提出的对偶传播（counter propagation，CP）神经网络比反向传播快大约 100 倍，但应用范围更受限制。它结合了 Kohonen 的自组织（Instar）网络（1984）和 Grossberg 的 Oustar 网络（1969，1974，1982），各组成一层。它具有良好的泛化特性（在某种程度上，对所有神经网络都至关重要），使其能够很好地处理部分不完整或部分不正确的输入向量。对偶传播网络是一个非常快速的聚类网络。

对偶传播网络如图 8.1 所示，其中（隐藏）K 层后面是输出 G 层。

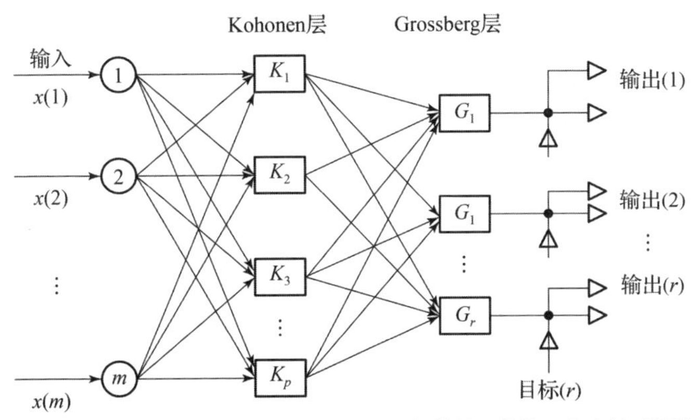

m—输入数，其等于输入向量的维度；p—Kohonen 层的数量，其等于考虑的不同模式的数量；r—Grossberg 层的数量，其等于 p 的二进制表示的维度；○—左侧的圆圈为输入结点。

图 8.1　对偶传播网络

8.2 Kohonen 自组织映射层

Kohonen 层（Kohonen，1984，1988）是一个“赢者通吃”（winner - tukes - all，WTA）层。因此，对于给定的输入向量，只有一个 Kohonen 层输出为 1，而其他所有 Kohonen 层都为 0。由于达到这种性能不需要训练向量，所以其名称为自组织映射层（self - organizing map layer，SOM 层）。

设 Kohonen 层神经元的网络输出记为 k_j，则

$$k_j = \sum_{i=1}^{m} w_{ij}x_i = \boldsymbol{w}_i^{\mathrm{T}}\boldsymbol{x};\ \boldsymbol{w}_j \triangleq [w_{1j},\cdots,w_{mj}]^{\mathrm{T}};\ \boldsymbol{x} \triangleq [x_1,\cdots,x_m]^{\mathrm{T}} \tag{8.1}$$

式中，$j=1$，2，…，p，p 是考虑的不同模式（类）的数量；m 是输入向量的维度。

随后，对于第 $h(j=h)$ 个神经元，有

$$k_h > k_{j \neq h} \tag{8.2}$$

然后将 w_j 设置为

$$k_h = \sum_{i=1}^{m} w_{ih}x_i = 1 = \boldsymbol{w}_h^{\mathrm{T}}\boldsymbol{x} \tag{8.3a}$$

并且考虑第 9.2.2 节所述的侧向抑制，有

$$k_{j \neq h} = 0 \tag{8.3b}$$

8.3 Grossberg 层

Grossberg 层的输入①是 Kohonen 层的加权输出，如图 8.1 所示。Grossberg 层中的神经元数量（r）必须至少等于 CP 网络要分类的类别数量（p）的二进值表示的维数。

Grossberg 层的网络输出（Grossberg，1974）g_q 为

① 原书为输出，译者更正为输入。——译者注

$$g_q = \sum_i k_i v_{iq} = \boldsymbol{k}^{\mathrm{T}} \boldsymbol{v}_q ; \ \boldsymbol{k} \triangleq [k_1, \cdots, k_p]^{\mathrm{T}}$$
$$\boldsymbol{v}_q \triangleq [v_{1q}, \cdots, v_{pq}]^{\mathrm{T}} \tag{8.4}$$

其中，$q=1$，2，…，r，而 r 等于 p 的二进制表示的维数；使得 $p=7$（二进制：111）产生 $r=3$，等等。

此外，由于 Kohonen 层的“赢者通吃”性质，若

$$\begin{cases} k_h = 1 \\ k_{i \neq h} = 0 \end{cases} \tag{8.5}$$

则

$$g_q = \sum_{i=1}^{p} k_{ij} v_{jq} = k_h v_{hq} = v_{hq} \tag{8.6}$$

右边的等式是由于 $k_h = 1$。

8.4 Kohonen 层的训练

Kohonen 层作为分类器，其中所有相似的输入向量，即属于同一类的输入向量在同一个 Kohonen 神经元中产生统一的输出。随后，Grossberg 层为上述 Kohonen 层分类的那些类别产生所需的输出。这样，泛化就完成了。

8.4.1 Kohonen 层输入的预处理

通常需要对 Kohonen 层的输入进行归一化，则

$$x'_i = \frac{x_i}{\sqrt{\sum_j x_j^2}} \tag{8.7}$$

产生一个归一化的输入向量 $\boldsymbol{x}'$，其中

$$(\boldsymbol{x}')^{\mathrm{T}} \boldsymbol{x}' = 1 = \| \boldsymbol{x}' \| \tag{8.8}$$

Kohonen 层的训练如下：

（1）将输入向量 $\boldsymbol{x}$ 归一化得到 $\boldsymbol{x}'$。

（2）下式值最高的 Kohonen 层神经元

$$(\boldsymbol{x}')^{\mathrm{T}} \boldsymbol{w}_h = k'_h \tag{8.9}$$

被宣布为获胜者，其权值被调整以产生统一输出 $k'_h=1$。

注意，

$$k'_h = \sum_i x'_i w_{ih} = x'_1 w_{h1} + x'_2 w_{h2} + \cdots + x'_m w_{hm} = (\boldsymbol{x}')^{\mathrm{T}} \boldsymbol{w}_h \tag{8.10}$$

但是因为

$$(\boldsymbol{x}')^{\mathrm{T}} \boldsymbol{x}' = 1$$

且通过比较式（8.9）和式（8.10），可得

$$\boldsymbol{w} = \boldsymbol{x}' \tag{8.11}$$

也就是说，获胜的 Kohonen 层神经元（Kohonen 层中的第 h 个神经元）的权值向量等于（即最接近）输入向量。注意，这里没有“老师”指导，而是通过迭代方式逐步逼近（输入向量）。我们从最接近 $\boldsymbol{x}$ 的获胜权值开始，然后我们让这些权值更接近 $\boldsymbol{x}$，通过下式实现：

$$\boldsymbol{w}(n+1) = \boldsymbol{w}(n) + \alpha[\boldsymbol{x} - \boldsymbol{w}(n)] \tag{8.12}$$

其中，α 是训练速率系数（通常约为 0.7），它可以逐渐减小以允许较大的初始步长和较小值（为了最终收敛到 $\boldsymbol{x}$）。

在单一输入训练向量的情况下，可以简单地将权值设置为单个步骤中的输入。

如果使用同一类的多个训练输入向量，且假设所有输入向量都激活同一个 Kohonen 神经元，则权值应为给定类 h 的输入向量 $\boldsymbol{x}_i$ 的平均值。Kohonen 层的训练如图 8.2 所示。

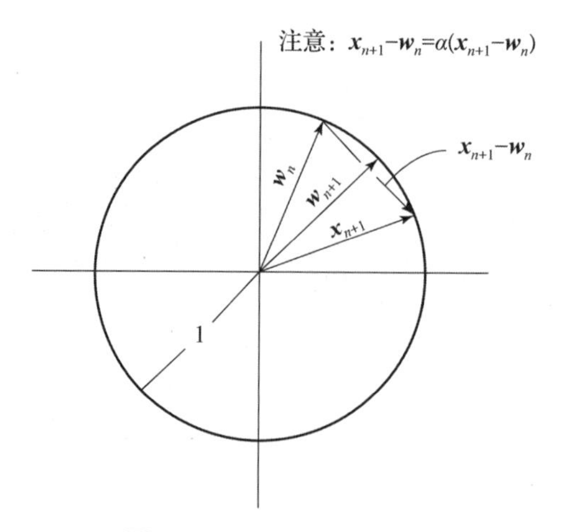

图 8.2 Kohonen 层的训练

由于上面的 $\| \boldsymbol{w}_{n+1} \|$ 不一定是 1，因此一旦如上推导出其值，就必须归一化为 1。

8.4.2　初始化 Kohonen 层的权值

然而，在几乎所有神经网络中，初始权值被选择为伪随机低值。在 Kohonen 网络中，只要对 $\boldsymbol{x}'$ 的近似有意义，任何伪随机权值都必须归一化。但是，即使是标准化的随机权值也可能离 $\boldsymbol{x}'$ 太远，以至于无法以合理的速度收敛。此外，如果有几个相对接近的类要通过 Kohonen 网络分类分离，则可能永远无法到达那里。然而，如果一个给定类有广泛的值分布，那么几个 Kohonen 神经元可能会被同一个类激活。尽管如此，后一种情况可以由随后的 Grossberg 层纠正，然后将某些不同的 Kohonen 层输出引导到相同的总体输出。

上述考虑形成了一个解决方案，该方案以类似于给定类的输入向量分布的方式分配初始权值的随机性。

为了完成后一种初始化策略，可采用如下的凸组合初始化方法：

将所有初始权值设置为相同的 $\frac{1}{\sqrt{N}}$，其中 N 为输入个数（$\boldsymbol{x}'$ 的维数）。因此，所有输入向量将是单位长度（根据需要），因为

$$N\left(\frac{1}{\sqrt{N}}\right)^2 = 1 \tag{8.13}$$

并在这些权值中加入一个小的噪声波纹分量。随后，设置所有 x_i 以满足

$$x_i^* = \gamma x_i + (1-\gamma)\frac{1}{\sqrt{N}} \tag{8.14}$$

且初始 $\gamma \ll 1$。

随着网络的训练，γ 逐渐向 1 增大。注意，对于 $\gamma = 1$，$x_i^* = x_i$。

另一种方法是在输入向量中加入噪声，但这比上一方法要慢。

第三种可选方法是从随机归一化权值开始，但是在最初的几个训练集中，所有权值都会被调整，而不是仅调整“获胜神经元”的权值。因此，“获胜者”的宣告将被延迟几次迭代。

然而，最好的方法通常是选择一组具有代表性的输入向量 $\boldsymbol{x}$，并使用它们作

为初始权值，这样每个神经元将由该集合中的一个向量初始化。

8.4.3 插值模式层

Kohonen 层只保留给定类的“获胜神经元”，而插值模式层保留每个给定类的一组 Kohonen 神经元。保留的神经元是那些具有最高输入的神经元。给定类的保留神经元数量必须预先确定。然后，将该组的输出归一化为单位长度。所有其他输出将变为零。

8.5 Grossberg 层的训练

Grossberg 层的主要优点是易于训练。首先，Grossberg 层输出的计算与其他网络一样，即

$$g_i = \sum_j v_{ij} k_j = v_{ih} k_h = v_{ih} \tag{8.15}$$

式中，k_j 为 Kohonen 层输出；v_{ij}为 Grossberg 层权值。

显然，只有来自非零 Kohonen 神经元（非零 Grossberg 层输入）的权值被调整。

权值调整遵循之前常用的关系，即

$$v_{ij}(n+1) = v_{ij}(n) + \beta[T_i - v_{ij}(n) k_j] \tag{8.16}$$

其中，T_i 是期望的输出（目标）。对于（$n+1$）迭代，β 最初设置为 1 左右，并逐渐减小。随机设置 v_{ij}为每个神经元产生一个范数为 1 的向量。

因此，权值将收敛到期望输出的平均值，这能够最佳匹配输入 - 输出对（$x - T$）。

8.6 组合的对偶传播网络

我们观察到，Grossberg 层被训练收敛到期望的输出 T，而 Kohonen 层被训练收敛到平均输入。因此，Kohonen 层本质上是一个预分类器，用于解释不完美输入，且 Kohonen 层是无监督的，而 Grossberg 层是有监督的。

给定最接近的 $\boldsymbol{x}$ 输入（当时用于 Kohonen 层输入），如果 m 个目标向量 $\boldsymbol{T}_j$（维数为 p）同时应用于 Grossberg 层输出端的 $m\times p$ 个输出以映射 Grossberg 神经元，则每一组 p 个 Grossberg 神经元将收敛到适当的目标输入。

对偶传播（counter－propagation，CP）是由于该应用的输入和目标分别在网络两端。CP 网络的一个缺点是它要求所有输入模式必须具有相同的维度。这不是辨别型问题本身的缺点，但应避免将其应用于更一般的决策问题。

8. A 对偶传播网络案例研究[①]：字符识别问题

8. A. 1 引言

本案例研究通过使用对偶传播（CP）神经网络来识别 0、1、2 和 4 这几个数字。它包括设计 CP 网络，用标准数据集（8×8）对其进行训练；使用具有 1、5、10、20、30、40 位错误的测试数据测试网络，并评估识别性能。

8. A. 2 网络结构

通用的 CP 结构如图 8.1 所示。

建立基于 MATLAB 的设计来创建默认网络如下。

示例：用于创建 64 个输入神经元、4 个 Kohonen 神经元和 3 个 Grossberg 神经元的 CP 网络：

```
%% Example:
% neuronNumberVector = [64 4 3]
%% use:
%% cp = createDefaultCP(neuronNumberVector);
```

8. A. 3 网络训练

训练数据集：

应用于 CP 网络的训练数据集如下。

---

① Computed by Yunde Zhong, ECE Dept., University of Illinois, Chicago, 2005.

```
%%%%%%%%%%%%%%%%%%%%%%%%%%%%%%
%% 2
%%%%%%%%%%%%%%%%%%%%%%%%%%%%%%
classID = 0;
classID = classID + 1;
trainingData(1).input = [...
     -1 -1 -1 -1 -1 -1 -1 -1;...
     -1 -1 -1 -1 -1 -1 -1 -1;...
      1  1  1  1  1 -1 -1  1;...
      1  1  1  1 -1 -1  1  1;...
      1  1  1 -1 -1  1  1  1;...
      1  1 -1 -1  1  1  1  1;...
      1 -1 -1 -1 -1 -1 -1 -1;...
      1 -1 -1 -1 -1 -1 -1 -1 ...
   ];
trainingData(1).classID = classID;
trainingData(1).output = [0&1 0];
trainingData(1).name = '2';

%%%%%%%%%%%%%%%%%%%%%%%%%%%%%%
%% 1
%%%%%%%%%%%%%%%%%%%%%%%%%%%%%%
classID = classID + 1;
trainingData(2).input = [...
      1 1 1 -1 -1 1 1 1;...
      1 1 1 -1 -1 1 1 1;...
      1 1 1 -1 -1 1 1 1;...
      1 1 1 -1 -1 1 1 1;...
      1 1 1 -1 -1 1 1 1;...
      1 1 1 -1 -1 1 1 1;...
      1 1 1 -1 -1 1 1 1;...
      1 1 1 -1 -1 1 1 1 ...
   ];
trainingData(2).classID = classID;
trainingData(2).output = [0 0 1];
trainingData(2).name = '1';

%%%%%%%%%%%%%%%%%%%%%%%%%%%%%%
%% 4
%%%%%%%%%%%%%%%%%%%%%%%%%%%%%%
classID = classID + 1;
trainingData(3).input = [...
     -1 -1  1  1  1  1  1  1;...
     -1 -1  1  1  1  1  1  1;...
```

```
    -1 -1  1  1 -1 -1  1  1;...
    -1 -1  1  1 -1 -1  1  1;...
    -1 -1 -1 -1 -1 -1 -1 -1;...
    -1 -1 -1 -1 -1 -1 -1 -1;...
     1  1  1  1 -1 -1  1  1;...
     1  1  1  1 -1 -1  1  1 ...
  ];
trainingData(3).classID = classID;
trainingData(3).output = [1 0 0];
trainingData(3).name = '4';

%%%%%%%%%%%%%%%%%%%%%%%%%%%
%% 0
%%%%%%%%%%%%%%%%%%%%%%%%%%%
classID = classID + 1;
trainingData(4).input = [...
      1 -1 -1 -1 -1 -1 -1  1;...
      1 -1 -1 -1 -1 -1 -1  1;...
      1 -1 -1  1  1 -1 -1  1;...
      1 -1 -1  1  1 -1 -1  1;...
      1 -1 -1  1  1 -1 -1 -1;...
      1 -1 -1  1  1 -1 -1 -1;...
      1 -1 -1 -1 -1 -1 -1  1;...
      1 -1 -1 -1 -1 -1 -1  1 ...
  ];
trainingData(4).classID = classID;
trainingData(4).output = [0 0 0];
trainingData(4).name = '0';
```

权值设置：

（1）得到所有训练数据向量 $\boldsymbol{x}_i$，$i=1$，2，…，L。

（2）对于属于同一类的每组数据向量 $\boldsymbol{x}_i$，$i=1$，2，…，N。

①将每个 $\boldsymbol{x}_i$ 归一化，$i=1$，2，…，N，$\boldsymbol{x}_i' = \boldsymbol{x}_i/\mathrm{sqrt}(\sum \boldsymbol{x}_j^2)$。

②计算平均向量 $\boldsymbol{x} = (\sum X_j')/N$。

③归一化平均向量 $\boldsymbol{x}$，$\boldsymbol{x}' = \boldsymbol{x}/\mathrm{sqrt}(\boldsymbol{x}^2)$。

④设置相应的 Kohonen 神经元的权值 $\boldsymbol{w}_k = \boldsymbol{x}$。

⑤设置 Grossberg 权值 $[W_{1k}W_{1k}\cdots W_{1k}]$ 为输出向量 $\boldsymbol{y}$。

（3）重复步骤（2），直到每一类训练数据都传播到网络中。

8. A. 4 测试模式

测试数据集由程序生成，该程序向原始训练数据集添加指定数量的错误位。在这个案例研究中，使用一个随机过程来实现这个函数。

例如：

testingData = getCPTestingData（trainingData, numberOfBitError, numberPerTrainingSet）

其中，参数“numberOfBitError”用于指定位错误的预期数值；“numberPerTrainingSet”用于指定测试数据集的预期大小。预期的测试数据集由输出参数“testingData”获得。

8. A. 5 结果与结论

成功率与错误比特数：

本实验中使用的网络具有64个输入、4个kohonen神经元和3个grossberg神经元。成功率列表如表8. A. 1所示。

表8. A. 1 成功率列表

成功率		测试数据集的样本数		
		12	100	1 000
错误比特数	1	100%	100%	100%
	5	100%	100%	100%
	10	100%	100%	100%
	20	100%	100%	100%
	30	100%	97%	98. 2%
	40	91. 666 7%	88%	90. 3%
	50	83. 333 3%	78%	74. 9%

结论：

（1）CP网络具有鲁棒性和快速性。

（2）CP网络即使在较大的误码情况下也具有较高的成功率。

8.A.6 源码（MATLAB）

File #1

```
function cp = nnCP

%% Get the training data
[trainingData, classNumber] = getCPTrainingData;

%% Create a default CP network
outputLen = length(trainingData(1).output);
cp = createDefaultCP([64, classNumber, outputLen]);

%% Training the CP network
[cp] = trainingCP(cp, trainingData);

%% test the original training data set;
str = [];
tdSize = size(trainingData);
for n = 1: tdSize(2);
    [cp, output] = propagatingCP(cp, trainingData(n).input(:));

    outputName, outputVector, outputError, outputClassID] = cpClassifier(cp,
trainingData);

    if strcmp(outputName, trainingData(n).name)
        astr = [num2str(n), ' ==> Succeed!! The Error Is:', num2str(outputError)];
    else
        astr = [num2str(n), ' == > Failed!!'];
    end

    str = strvcat(str, astr);
end
output = str;
display(output);

%% test on the testing data set with bit errors
testingData = getCPTestingData(trainingData, 40, 250);
trdSize = size(trainingData);
tedSize = size(testingData);
str = [];
successNum = 0;
```

```
    for n = 1: tedSize(2)
    [cp, output] = propagatingCP(cp, testingData(n).input(:));
    [outputName, outputVector, outputError, outputClassID] = cpClassifier
(cp,trainingData);

    strFormat = ' ';
    vStr = strvcat(strFormat,num2str(n));
    if strcmp(outputName, testingData(n).name)
         successNum = successNum + 1;
         astr = [vStr(2,:), ' ==> Succeed!! The Error Is:', num2str(outputError)];
    else
         astr = [vStr(2,:), ' == > Failed!!'];
    end

    str = strvcat(str, astr);
end

astr = ['The success rate is:', num2str(successNum *100/tedSize(2)),'% '];
str = strvcat(str, astr);
testResults = str;
display(testResults);
```

File #2

```
%%%%%%%%%%%%%%%%%%%%%%%%%%%%%%%%%%%%%%%
%% A function to create a default Counter Propagation model
%%
%% input parameters:
%% neuronNumberVector to specify neuron number in each layer
%%
%% Example #1:
%% neuronNumberVector = [64 3 3]
%% use:
%% cp = createDefaultCP(neuronNumberVector);
%%
%% Author: Yunde Zhong
%%%%%%%%%%%%%%%%%%%%%%%%%%%%%%%%%%%%%%%

function cp = createDefaultCP(neuronNumberVector)
cp = [];

if nargin < 1
     display('createDefaultCP.m needs one parameter');
```

```
    return;
end

nSize = length(neuronNumberVector);
if nSize ~ = 3
    display('error parameter when calling createDefaultCP.m');
    return;
end

%% nn network paramters
cp.layerMatrix = neuronNumberVector;

%% Kohonen layer
aLayer.number = neuronNumberVector(2);
aLayer.error = [];
aLayer.output = [];
aLayer.neurons = [];
aLayer.analogOutput = [];
aLayer.weights = [];

for ind = 1: aLayer.number
    %% create a default neuron

    inputsNumber = neuronNumberVector(1);
    weights = ones(1,inputsNumber) /sqrt(aLayer.number);

    aNeuron.weights = weights;
    aNeuron.weightsUpdateNumber = 0;
    aNeuron.z = 0;
    aNeuron.y = 0;

    aLayer.neurons = [aLayer.neurons, aNeuron];
    aLayer.weights = [aLayer.weights; weights];
end

cp.kohonen = aLayer;

%% Grossberg Layer
aLayer.number = neuronNumberVector(3);
aLayer.error = [];
aLayer.output = [];
aLayer.neurons = [];
aLayer.analogOutput = [];
aLayer.weights = [];
```

```
%% create a default layer
for ind = 1: aLayer.number
    %% create a default neuron
    inputsNumber = neuronNumberVector(2);

    weights = zeros(1,inputsNumber);
    aNeuron.weights = weights;
    aNeuron.weightsUpdateNumber = 0;
    aNeuron.z = 0;
    aNeuron.y = 0;

    aLayer.neurons = [aLayer.neurons, aNeuron];
    aLayer.weights = [aLayer.weights; weights];
end

cp.grossberg = aLayer;
```

File #3

```
function [trainingData, classNumber] = getCPTrainingData
trainingData = [];
classNumber =[];
classID = 0;

%%%%%%%%%%%%%%%%%%%%%%%%%%%%%%
%% 2
%%%%%%%%%%%%%%%%%%%%%%%%%%%%%%
classID = classID + 1;
trainingData(1).input = [. . .
       -1 -1 -1 -1 -1 -1 -1 -1; . . .
       -1 -1 -1 -1 -1 -1 -1 -1; . . .
        1  1  1  1  1 -1 -1  1; . . .
        1  1  1  1 -1 -1  1  1; . . .
        1  1  1 -1 -1  1  1  1; . . .
        1  1 -1 -1  1  1  1  1; . . .
        1 -1 -1 -1 -1 -1 -1 -1; . . .
        1 -1 -1 -1 -1 -1 -1 -1  . . .
    ];
trainingData(1).classID = classID;
trainingData(1).output = [0&1 0];
trainingData(1).name = '2';
```

```
%%%%%%%%%%%%%%%%%%%%%%%%%%%
%% 1
%%%%%%%%%%%%%%%%%%%%%%%%%%%
classID = classID + 1;
trainingData(2).input = [...
        1 1 1 -1 -1 1 1 1 1;...
        1 1 1 -1 -1 1 1 1 1;...
        1 1 1 -1 -1 1 1 1 1;...
        1 1 1 -1 -1 1 1 1 1;...
        1 1 1 -1 -1 1 1 1 1;...
        1 1 1 -1 -1 1 1 1 1;...
        1 1 1 -1 -1 1 1 1 1;...
        1 1 1 -1 -1 1 1 1 1 ...
    ];
trainingData(2).classID = classID;
trainingData(2).output = [0 0 1];
trainingData(2).name = '1';

%%%%%%%%%%%%%%%%%%%%%%%%%%%
%% 4
%%%%%%%%%%%%%%%%%%%%%%%%%%%
classID = classID + 1;
trainingData(3).input = [...
     -1 -1  1  1  1  1  1  1;...
     -1 -1  1  1  1  1  1  1;...
     -1 -1  1  1 -1 -1  1  1;...
     -1 -1  1  1 -1 -1  1  1;...
     -1 -1 -1 -1 -1 -1 -1 -1;...
     -1 -1 -1 -1 -1 -1 -1 -1;...
      1  1  1  1 -1 -1  1  1;...
      1  1  1  1 -1 -1  1  1 ...
    ];
trainingData(3).classID = classID;
trainingData(3).output = [1 0 0];
trainingData(3).name = '4';

%%%%%%%%%%%%%%%%%%%%%%%%%%%
%% 0
%%%%%%%%%%%%%%%%%%%%%%%%%%%
classID = classID + 1;
trainingData(4).input = [...
     1 -1 -1 -1 -1 -1 -1  1;...
     1 -1 -1 -1 -1 -1 -1  1;...
     1 -1 -1  1  1 -1 -1  1;...
```

```
        1 -1 -1  1  1 -1 -1  1;...
        1 -1 -1  1  1 -1 -1 -1;...
        1 -1 -1  1  1 -1 -1 -1;...
        1 -1 -1 -1 -1 -1 -1  1;...
        1 -1 -1 -1 -1 -1 -1  1 ...
    ];
trainingData(4).classID = classID;
trainingData(4).output = [0 0 0];
trainingData(4).name = '0';

%% Other parameters
classNumber = classID;
```

File #4

```
function cp = trainingCP(cp, trainingData )

if nargin < 2
    display('trainingCP.m needs at least two parameter');
    return;
end

datbasetSize = size(trainingData);
kWeights = [];
gWeights = zeros(cp.grossberg.number,cp.kohonen.number);
for datbasetIndex = 1: datbasetSize(2)
    mIn = trainingData(datbasetIndex).input(:);
    mOut = trainingData(datbasetIndex).output(:);
    mClassID = trainingData(datbasetIndex).classID;
    mIn = mIn /sqrt(sum(mIn. * mIn));

    %% training the Kohonen Layer
    oldweights = cp.kohonen.neurons(mClassID).weights;
    weightUpdateNumber = cp.kohonen.neurons(mClassID).weightsUpdateNumber + 1;

    if weightUpdateNumber >&1
        mIn = (oldweights * weightUpdateNumber + mIn) /weightUpdateNumber;
        mIn = mIn /sqrt(sum(mIn . * mIn));
    end

    cp.kohonen.neurons(mClassID).weights = mIn';
    cp.kohonen.neurons(mClassID).weightsUpdateNumber = weightUpdateNumber;
```

```
    kWeights = [kWeights; mIn'];

    %% training the Grossberg Layer
    if weightUpdateNumber >&1
        mOut = (mOut * weightUpdateNumber + mOut) /weightUpdateNumber;
    end

    gWeights(:,mClassID) = mOut;
end

for gInd = 1: cp.grossberg.number
    cp.grossberg.neurons(gInd).weights = gWeights(gInd,:);
end

cp.kohonen.weights = kWeights;
cp.grossberg.weights = gWeights;
```

File #5

```
function [cp, output] = propagatingCP(cp, inputData)

output = [];
if nargin < 2
    display('propagatingCP.m needs two parameters');
    return;
end

% propagation of Kohonen Layer
zOut = cp.kohonen.weights * inputData;
[zMax, zMaxInd] = max(zOut);
yOut = zeros(size(zOut));
yOut(zMaxInd) = 1;

cp.kohonen.analogOutput = zOut;
cp.kohonen.output = yOut;

for kInd =&1 : cp.kohonen.number
    cp.kohonen.neurons(kInd).z = zOut(kInd);
    cp.kohonen.neurons(kInd).y = yOut(kInd);
end
% propagation of Grossberg Layer
zOut = cp.grossberg.weights * yOut;
```

```
yOut = zOut;
cp.grossberg.analogOutput = zOut;
cp.grossberg.output = yOut;

for gInd =&1 : cp.grossberg.number
   cp.grossberg.neurons(gInd).z = zOut(gInd);
   cp.grossberg.neurons(gInd).y = yOut(gInd);
end
```

File #6

```
function [outputName, outputVector, outputError, outputClassID] = cpClassifier(cp,
trainingData)

outputName = [];
outputVector = [];

if nargin < 2
   display('cpClassifier.m needs at least two parameter');
   return;
end

dError = [];
dataSize = size(trainingData);
output = cp.grossberg.output;
for dataInd =1 : dataSize(2)
   aSet = trainingData(dataInd).output(:);
   vDiff = abs(aSet - output);
   vDiff = vDiff. * vDiff;
   newError = sum(vDiff);
   dError = [dError, newError];
end

if ~isempty(dError)
   [eMin, eInd] = min(dError);
   outputName = trainingData(eInd).name;
   outputVector = trainingData(eInd).output;
   outputError = eMin;
   outputClassID = trainingData(eInd).classID;
end
```

File #7

```
function testingData = getCPTestingData(trainingData, numberOfBitError,
numberPerTrainingSet)

testingData = [];
tdSize = size(trainingData);
tdSize = tdSize(2);

ind = 1;
for tdIndex = 1: tdSize
   input = trainingData(tdIndex).input;
   name = trainingData(tdIndex).name;
   output = trainingData(tdIndex).output;
   classID = trainingData(tdIndex).classID;
   inputSize = size(input);

   for ii = 1: numberPerTrainingSet
        rowInd = [];
        colInd = [];

        flag = ones(size(input));
        bitErrorNum = 0;
        while bitErrorNum < numberOfBitError
             x = ceil(rand(1) * inputSize(1));
             y = ceil(rand(1) * inputSize(2));
             if x <= 0
                x = 1;
             end
             if y <= 0
                y = 1;
             end
             if flag(x, y) ~ = & -1
                bitErrorNum = bitErrorNum + 1;
                flag(x, y) == -1;
                rowInd = [rowInd, x];
                colInd = [colInd, y];
             end
      end
      newInput = input;

      for en = 1:numberOfBitError
           newInput(rowInd(en), colInd(en)) = newInput(rowInd(en), colInd(en))
 * ( -1);
      end
```

```
        testingData(ind).input = newInput;
        testingData(ind).name = name;
        testingData(ind).output = output;
        testingData(ind).classID = classID;

        ind = ind + 1;
    end
end
```

第9章 自适应共振理论

9.1 引言

自适应共振理论（adaptive resonance theory，ART）是由 Carpenter 和 Grossberg（1987a）提出的，目的是开发一种人工神经网络，使其性能方式比之前讨论的网络更接近生物神经网络，特别是（但不仅是）在模式识别或分类任务中。他们的主要目标之一是提出能够保持生物网络在学习或识别新模式方面的可塑性的人工神经网络，即在学习中不必擦除（忘记）或基本上擦除早期学习的模式。

ART 神经网络的目的是近似生物神经网络，且 ART 神经网络不需要“老师”，而是作为一个无监督的自组织网络。它的 ART－I 版本处理二值输入。ART－I 的扩展称为 ART－II（Carpenter and Grossberg，1987b）处理模拟模式和由不同灰度级别表示的模式。

9.2 ART 网络的结构

ART 网络由两层组成，即比较层（comparison layer，CL）和识别层（recognition layer，RL），且它们是相互关联的。此外，该网络还包含两个增益单元，第一个增益单元（G_1）将其输出 g_1 馈送到比较层，第二个增益单元（G_2）将其输出 g_2 馈送到识别层。此外，网络还有个重置单元，用于评估比较层中执行的比较和预设的容忍度值（“警戒”值），如图 9.1 所示。

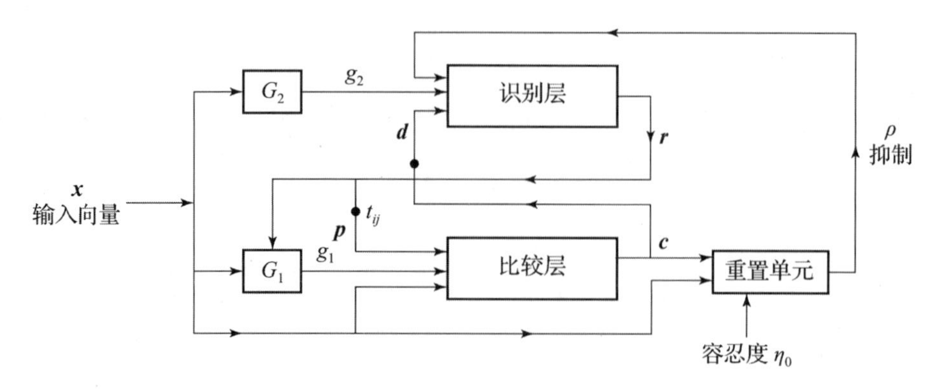

图 9.1　ART－I 网络示意图

9.2.1　比较层（CL）

将 m 维输入向量 $\boldsymbol{x}$ 的二值元素 x_j 输入到 CL 的第 j 个 $[j=1,\cdots,m;\ m=\dim(\boldsymbol{x})]$ 神经元。第 j 个神经元也通过 RL 的识别输出向量 $\boldsymbol{r}$ 的加权和输入（p_j），其中

$$p_j = \sum_{i=1}^{m} t_{ij} r_i \tag{9.1}$$

式中，r_i 为 RL 的 m 维识别输出向量 $\boldsymbol{r}$ 的第 i 个分量；m 为待识别的类别数。

此外，所有 CL 神经元接收相同部件 G_1 的相同标量输出 g_1。CL 的 m 维［$m=\dim(\boldsymbol{x})$］二值比较层输出向量 $\boldsymbol{c}$ 初始值等于输入向量，即在初始迭代时有

$$c_j(0) = x_j(0) \tag{9.2}$$

另外，最初时

$$g_1(0) = 1 \tag{9.3}$$

CL 的输出向量 $\boldsymbol{c}$ 满足"赢者通吃"（WTA）三分之二多数规则要求，使得仅当这个（CL）神经元的 3 个输入中至少有 2 个为 1 时，其输出为

$$c_j = 1$$

因此，式（9.2）和式（9.3）意味着，根据三分之二多数规则，最初时

$$\boldsymbol{c}(0) = \boldsymbol{x}(0) \tag{9.4}$$

由于最初没有来自 RL 的反馈，则 $g_1(0)=1$。

9.2.2 识别层（RL）

RL 作为识别层。它接收一个含有元素 d_j 的 n 维加权向量 $\boldsymbol{d}$ 作为其输入，这是 CL 的输出向量 $\boldsymbol{c}$ 的加权形式，从而使得

$$d_j = \sum_{i=1}^{m} b_{ji} c_i = \boldsymbol{b}_j^{\mathrm{T}} \boldsymbol{c};\ \boldsymbol{b}_j \triangleq \begin{bmatrix} b_{j1} \\ \vdots \\ b_{jm} \end{bmatrix};\quad \begin{array}{l} i = 1,2,\cdots,m; \\ j = 1,2,\cdots,n; \\ m = \dim(\boldsymbol{x}) \\ n = \text{类别数} \end{array} \tag{9.5}$$

其中，b_{ji}是实数。

只要 $g_2 = 1$，那么具有最大（获胜）d_j 的 RL 神经元就将输出“1”，其他的都输出 0。因此，RL 用于对其输入向量进行分类。触发的第 j 个（获胜的）RL 神经元（具有最大输出 d_j）的权值 b_{ij} 构成了向量 $\boldsymbol{c}$ 模式的一个范例，与前面（第 7.3 节）讨论的 BAM 记忆的性质相似，注意到输出 d_j 在最大值处（就像在 Kohonen 层一样）满足下式：

$$d_j = \boldsymbol{c}^{\mathrm{T}} \boldsymbol{c} \tag{9.6}$$

d_j 为式（9.5）的最大可能结果，这是因为 $\boldsymbol{b}_j = \boldsymbol{c}$，$d_{i \neq j} = 0$。

我们通过输出“赢者通吃”（如第 8.2 节所述）来实现将一个神经元（获胜神经元）锁定到最大输出，即

$$r_j = 1 \tag{9.7}$$

而其他的神经元在 $\rho = 0$（无抑制）情况下产生

$$r_{i \neq j} = 0 \tag{9.8}$$

为此目的，在 RL 中采用了一种基于侧向抑制（lateral inhibition）的互连方案。ART－I 网络 RL 的侧向抑制互连作用如图 9.2 所示，其中每个神经元（i）的输出 r_i 通过抑制（负）权矩阵 $\boldsymbol{L} = \{l_{ij}\}$，$i \neq j$，且对任何其他神经元（$j$）有$l_{ij} < 0$。因此，具有大输出的神经元抑制所有其他神经元。此外，如果神经元要触发（输出“1”），则采用正反馈 $l_{jj} > 0$（第 i 个神经元内部），使得每个神经元的输出 r_j 以正权值反馈到其自己的输入，以加强其输出。这种正强化被称为自适应共振，以激发 ART 中的共振项。

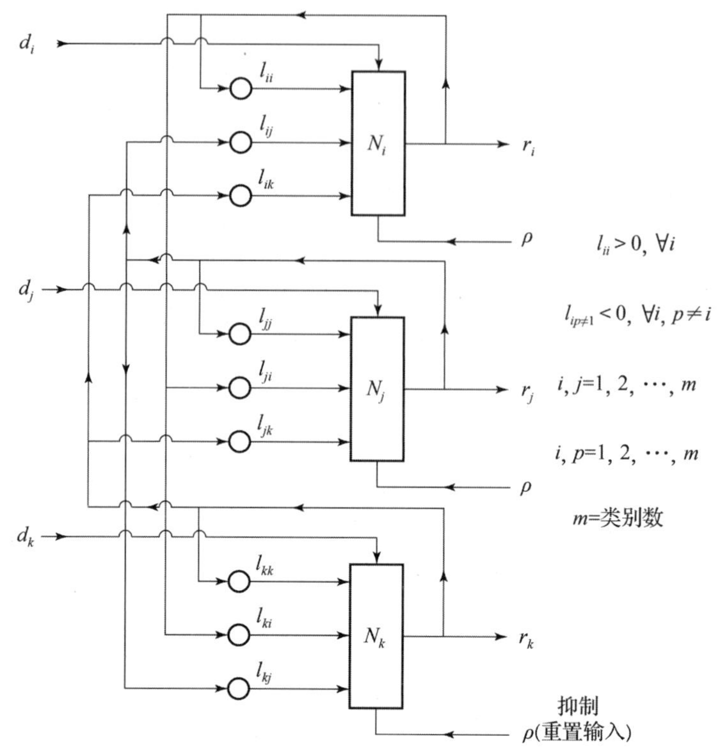

图 9.2　ART-I 网络 RL 的侧向抑制互连作用

输出单词（r_j），即网络运行过程中产生的识别输出。它们可以在训练运行时使用特定的训练输入来设置，这些输入涵盖了网络要考虑的 n 个规定的“设置”词的整个集合。然而，实际上不需要这样的先验设置。此外，以前未考虑（或期望被考虑）的单词也可以随着时间的推移而添加。因此，n 可以是不确定的先验，且可以随着我们的进度而增大或减小。

9.2.3　增益和重置单元

增益单元向所有相关神经元提供相同的标量输出，如图 9.1 所示，g_1 被输入 CL 神经元，g_2 被输入 RL 神经元，且

$$g_2=\mathrm{OR}(\boldsymbol{x})=\mathrm{OR}(x_1\cdots x_n)$$

$$g_1=\overline{\mathrm{OR}(\boldsymbol{r})}\cap \mathrm{OR}(\boldsymbol{x})$$

$$=\overline{\mathrm{OR}(r_1\cdots r_N)}\cap \mathrm{OR}(x_1\cdots x_n)=g_2\cap\overline{\mathrm{OR}(\boldsymbol{r})} \tag{9.9}$$

因此，如果 $\boldsymbol{x}$ 中至少有一个元素为 1，则 $g_2=1$。同样，如果 g_2 的任何元素都为 1，但 $\boldsymbol{r}$ 中没有元素为 1，则 $g_1=1$，否则 $g_1=0$（表 9.1）。注意，上方的杠表示否定，而∩表示逻辑“且”（交集）。此外，如果 $\mathrm{OR}(\boldsymbol{x})$ 为零，则通过上文对 $\boldsymbol{r}$ 的推导，$\mathrm{OR}(\boldsymbol{r})$ 也始终为零。

表 9.1　增益单元示例

$\mathrm{OR}(\boldsymbol{x})$	$\mathrm{OR}(\boldsymbol{r})$	$\overline{\mathrm{OR}(\boldsymbol{r})}$	g_1
0	0	1	0
1	0	1	1
1	1	0	0
0	1	0	0

最后，重置（reset）单元用比值 η 来评估输入向量 $\boldsymbol{x}$ 与 CL 输出向量 $\boldsymbol{c}$ 之间的相似程度，即

$$\eta=\frac{\text{输出向量 }\boldsymbol{c}\text{ 中 1 的个数}}{\text{输入向量 }\boldsymbol{x}\text{ 中 1 的个数}} \tag{9.10}$$

随后，如果

$$\eta<\eta_0 \tag{9.11}$$

η_0 是一个预先设定的初始容忍度（警戒），然后输出一个重置信号（ρ）来抑制在给定迭代中已被激发的 RL 神经元，如图 9.2 所示。另外，还可以考虑基于向量 $\boldsymbol{c}$ 和 $\boldsymbol{x}$ 之间汉明距离的重置因子。

9.3　ART 网络的建立

9.3.1　权值初始化

CL 权值矩阵 $\boldsymbol{B}$ 被初始化（Carpenter and Grossberg，1987a）为

$$b_{ij}<\frac{E}{E+m-1},\quad \forall i,j \tag{9.12}$$

其中，

$$m=\dim\ (\boldsymbol{x}),\quad E>1\ (\text{典型的}\ E=2)。$$

RL 权值矩阵 $\boldsymbol{T}$ 初始化（Carpenter and Grossberg, 1987a）为

$$t_{ij}=1,\quad \forall i,j \tag{9.13}$$

容忍度 η_0（警戒值）取为

$$0<\eta_0<1 \tag{9.14}$$

高 η_0 产生良好的区分，而低 η_0 允许更多不同模式的分组。因此，可以从较低的 η_0 开始，逐渐提高其值。

9.3.2 训练

训练涉及 ART 网络的权值矩阵 $\boldsymbol{B}$（RL 的）和 $\boldsymbol{T}$（CL 的）的设置。

具体来说，网络可能首先在短时间内暴露于连续的输入向量，没有时间收敛到任何输入向量，而只是接近对应某个平均 $\boldsymbol{x}$ 的设置。

矩阵 $\boldsymbol{B}$ 中向量 $\boldsymbol{b}_j$ 的参数 b_{ij}设为

$$b_{ij}=\frac{Ec_i}{E+1+\sum_k c_k} \tag{9.15}$$

其中，$E>1$（通常，$E=2$）；c_i 为向量 $\boldsymbol{c}$ 的第 i 个分量；j 对应于获胜神经元 (r_j)。

进一步，设置矩阵 $\boldsymbol{T}$ 的参数 t_{ij}，使得

$$t_{ij}=c_i\quad \forall i=1,\cdots,m;\ m=\dim(\boldsymbol{x}),\ j=1,\cdots,n \tag{9.16}$$

其中，j 表示获胜的 RL 神经元。

9.4 网络操作

（1）最初在第 0 次迭代时，$\boldsymbol{x}=\boldsymbol{0}$。因此，通过式（9.9）可得

$$g_2(0)=0$$

和

$$g_1(0)=0$$

因此，通过式（9.4）可得，$\boldsymbol{c}(0)=\boldsymbol{0}$。

此外，由于 $g_2(0)=0$，根据管理两层的三分之二多数规则，CL 的输出向量 $\boldsymbol{r}$ 为 $\boldsymbol{r}(0)=\boldsymbol{0}$。

（2）当应用向量 $\boldsymbol{x}\neq\boldsymbol{0}$ 时，没有神经元比其他神经元更有优势。既然 $\boldsymbol{x}\neq\boldsymbol{0}$，那么 $g_2=1$，因此 $g_1=1$ [由于 $\boldsymbol{r}(0)=\boldsymbol{0}$]。

因此

$$\boldsymbol{c}=\boldsymbol{x} \tag{9.17}$$

根据前面描述的多数原则，并注意式（9.6）可得 $d_j=1$。

（3）由式（9.5）、式（9.6）和 RL 的属性可知，与向量 $\boldsymbol{c}$ 最匹配的第 j 个 RL 神经元将是唯一激活的 RL 神经元（输出 1）。因此 $r_j=1$ 和 $r_{l\neq j}=0$ 可确定 RL 的输出向量 $\boldsymbol{r}$。注意，如果几个神经元具有相同的 d，那么将选择第一个（最低 j）。

现在，如上所述，$\boldsymbol{r}$ 被反馈到 CL，这样它就通过权值 t_{ij} 输入到 CL 神经元。因此，对于获胜神经元，CL 输入位置的 m 维权向量 $\boldsymbol{p}$ 满足

$$\boldsymbol{p}_j=\boldsymbol{t}_j;\ \boldsymbol{t}_j \text{ 表示 } \boldsymbol{T} \text{ 的一个向量} \tag{9.18}$$

否则，

$$\boldsymbol{p}_j=\boldsymbol{0} \tag{9.19}$$

注意，$r_j=1$ 和 t_{ij} 是二值的（binary values）。CL 矩阵 $\boldsymbol{T}$ 的 t_{ij} 值由训练算法设置，以对应 RL 的实际权值矩阵 $\boldsymbol{B}$（元素为 b_{ij}）。

因为现在 $\boldsymbol{r}\neq\boldsymbol{0}$，那么根据式（9.9）有 g_1 变成 0，并且根据多数原则，接收到 $\boldsymbol{x}$ 和 $\boldsymbol{p}$ 的非零分量的 CL 神经元将被激发（在 CL 的输出向量 $\boldsymbol{c}$ 中输出一个“1”）。因此，RL 的输出迫使 $\boldsymbol{c}$ 的这些分量（其中 $\boldsymbol{x}$ 和 $\boldsymbol{p}$ 没有匹配的“1”）为零。

（4）如果重置单元认为分类是适当的，则停止分类，否则转到步骤（6）：向量 $\boldsymbol{p}$ 和 $\boldsymbol{x}$ 之间相当大的不匹配将导致向量 $\boldsymbol{x}$ 和 $\boldsymbol{c}$ 之间相当大的不匹配（用“1”表示）。这将导致低 η 值，如式（9.10）所示，由网络的重置单元计算，使得 $\eta<\eta_0$。反过来，这将抑制 RL 的激活神经元。既然 $\eta<\eta_0$，那么所有 $\boldsymbol{r}=\boldsymbol{0}$ 的元素也都是如此。因此，根据多数原则，$g_1=1$，$\boldsymbol{x}=\boldsymbol{c}$。因此，只要被加权的神经元仍然存在，那么 RL 中的另一个神经元就会获胜（之前的赢家现在被抑制），转向步骤（3）。（如果在这个迭代中，重置单元仍然认为匹配是不充分的，则

重复这个循环。现在最终会找到一个匹配：在这种情况下，网络将进入一个训练周期，其中与激活 RL 神经元相关的权值向量 $\boldsymbol{t}_j$ 和 $\boldsymbol{b}_j$ 被修改以匹配所考虑的输入 $\boldsymbol{x}$。）或者，如果在容忍度范围内没有神经元与输入匹配，则转到步骤(5)。

（5）现在，一个先前未分配的神经元被分配权值向量 $\boldsymbol{t}_j$ 和 $\boldsymbol{b}_j$ 来匹配输入向量 $\boldsymbol{x}$。通过这种方式，网络不会丢失（忘记）以前学习的模式，但也能够学习新的模式，就像生物网络一样。

（6）应用新的输入向量。

图 9.3 总结了上述过程，而图 9.4 给出了简化的 ART－I 流程图。因此，经过训练可以识别的类别（类、模式）用权值矩阵 $\boldsymbol{T}$ 的列向量 $\boldsymbol{t}_j$ 来表示；j 表示所考虑的特定类别（$j=1, 2, \cdots, n$），其中 n 是所考虑的类别总数。

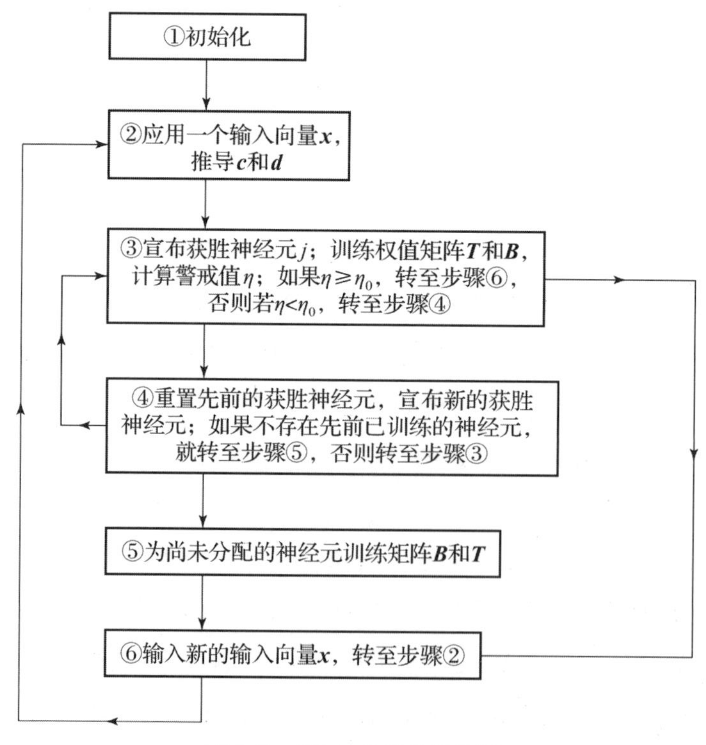

图 9.3　ART－I 操作流程图

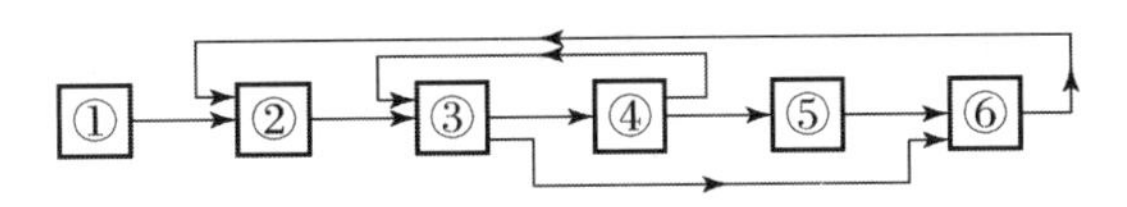

图9.4　简化的ART－I流程图（圈号：如图9.3所示）

9.5　ART网络的性质

可以证实（Carpenter and Grossberg，1987a），ART网络具有以下几个特征：

（1）一旦网络稳定（权值达到稳定状态），在训练中使用的输入向量 $\boldsymbol{x}$ 的应用将激活正确的RL神经元，而无须任何搜索（迭代）。这种直接访问的性质类似于生物网络中先前学习模式的快速检索。

（2）搜索过程在获胜神经元处稳定下来。

（3）训练是稳定的，一旦确定了获胜的神经元，就不会切换。

（4）训练在有限次数的迭代中稳定下来。

为了从二值模式（0/1）发展到具有不同灰色深浅的模式，上述ART－I网络的作者开发了ART－II网络（Carpenter and Grossberg，1987b），这里不作讨论，但它遵循上述ART－I网络的基本原理，同时将其扩展到连续输入。

以上说明ART网络具有生物网络的许多理想特征，如无监督、可塑、稳定和有限次迭代，以及能够立即回忆起以前学过的模式。ART－I网络有两个主要缺点：一是它使用了增益单元（G_1 和 G_2）和重置单元，这些单元在生物神经系统中没有等效的单元；二是缺失的神经元破坏了整个学习过程（因为 $\boldsymbol{x}$ 和 $\boldsymbol{c}$ 必须具有相同的维度）。这与生物神经网络形成了对比。尽管上述ART网络的许多特征在之前的网络中是不存在的，但在前面的几个章节中也发现了后一个缺点。它还引导我们考虑下一章的神经网络设计，特别是认知机/神经认知机神经网络设计和LAMSTAR网络设计，它们（除了其他方面）避免了上述缺点。

9.6 ART－I 和 ART－II 网络的讨论和总体评述

我们观察到，ART－I 网络结合了先前讨论过的神经网络的许多最佳特征。它采用多层结构。它像 Hopfield 网络一样利用反馈，尽管形式不同。它采用了 Hopfield 网络（第 7.3 节）的 BAM 学习，或对偶传播设计（第 8 章）中讨论的 Kohonen 层。它还像 Kohonen（SOM）层那样，采用了“赢者通吃”规则。此外，与生物网络相似，它采用抑制并通过重置功能具有了可塑性特征。当一个或多个神经元缺失或故障时，ART 网络无法执行的缺点可以通过修改设计来克服。例如，Graupe 和 Kordylewski（1995）提出的设计，其中还展示了如何通过执行简单的输入编码来修改 ART－I 以使用非二值输入。然而，除了 LAMSTAR 网络外，它仍然是不透明的，并且不采用 LAMSTAR 的连接权值结构。一般来说，ART－II 网络是专门为连续（模拟）输入而衍生的，因此它们的结构被修改以允许它们使用这样的输入，而下面案例研究的网络仍然采用 ART－I 架构及其相对于标准 ART－I（如果有这样的标准）的主要修改，这是特定应用所必需的。实际上，为了获得最佳效果，许多应用确实需要对标准网络进行修改。

原则上，ART 神经网络不需要预先设置。此外，可以在网络运行时添加待分类模式。也就是说，输出单词（r）是在网络运行期间创建的，或者在训练运行时通过特别选择的输入，预先设置待分类单词（模式）。在这种情况下，必须选择维数足够大的矩阵 $\boldsymbol{B}$ 和 $\boldsymbol{T}$，以便进一步扩展。

9.A ART－I 网络案例研究[①]：字符识别问题

9.A.1 概述

本案例研究旨在使用 ART－I 网络实现简单的字符识别问题。

ART 网络由两层组成：比较层和识别层。

---

① Computed by Michele Panzeri，ECE Dept.，University of Illinois，Chicago，2005.

ART－I 网络的总体结构原理图如图 9. A. 1 所示。

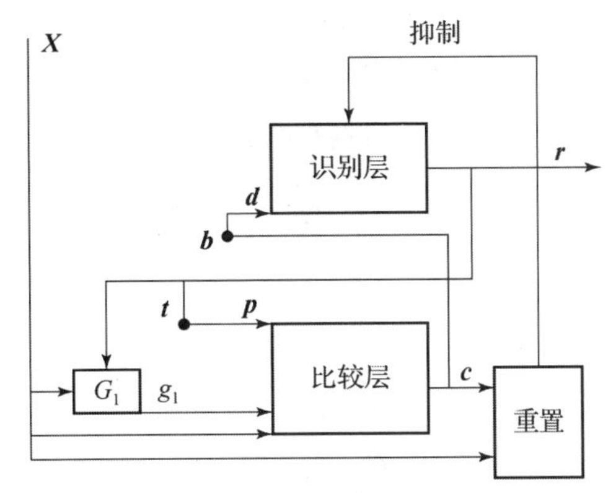

图 9. A. 1　ART－I 网络总体结构原理图

该网络的设计参见第 9. 2 节。

9. A. 2　数据集

人工神经网络必须在 6×6 的网格中识别一些字符。该神经网络在以下 3 个字符上进行了测试：

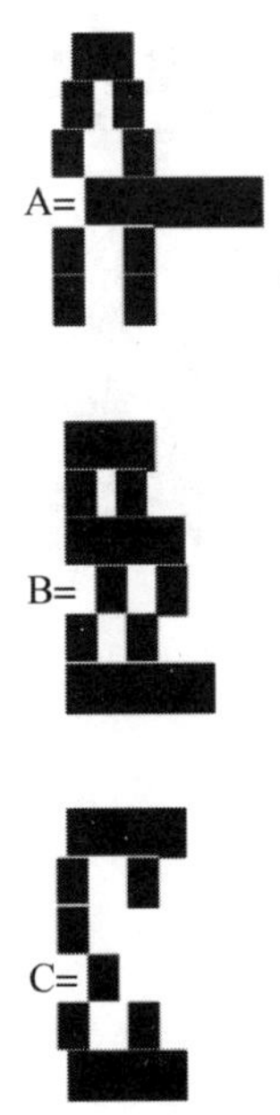

神经网络也在一些带有噪声（1～14 位错误）的字符上进行了测试，如下面的例子所示：

此外，网络必须能够理解一个字符是否不属于预定义集合。例如，以下字符不在预定义的（训练）集合中：

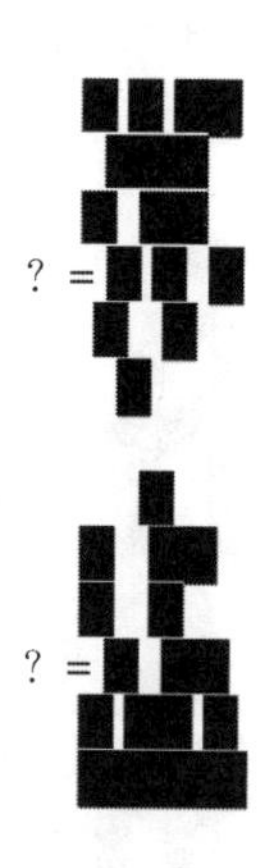

我们可以考虑大量没有预定义的字符，因此这些字符只是简单随机创建的。

9. A. 3 网络设计

网络结构：

为了解决这个问题，采用了如图 9. A. 2 所示的网络结构，其中 x_0，…，x_{35} 是实现我们网络输入的 6 × 6 网格的阵列。

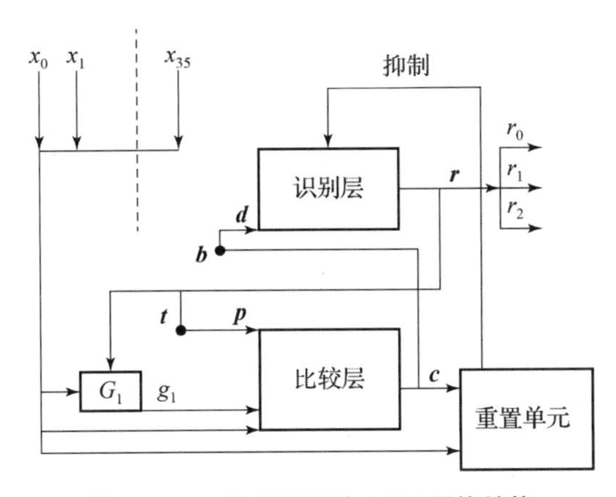

图 9. A. 2　目前研究的 ART 网络结构

权值设置：

权值最初设置为

$$b_{ij} = \frac{E}{E + m - 1}$$

和

$$t_{ij} = 1$$

在训练阶段，我们根据以下方式更新权值：

$$b_{ij} = \frac{E * c_i}{E + 1 + \sum_k c_k}$$

和

$$t_{ij} = c_i$$

其中，j 是获胜的神经元。

算法基础：

ART 网络的计算过程如下：

（1）按照之前所述分配权值。

（2）用前面所述的公式和一些字符训练网络。

现在可以用一个带噪声的模式测试该网络，然后用一个不属于原始集合的模式测试它。

为了区分已知模式和未知模式，网络计算如下：

$$\eta = \frac{\text{向量}\,\boldsymbol{c}\,\text{中 1 的数量}}{\text{向量}\,\boldsymbol{x}\,\text{中 1 的数量}}$$

当 $\eta < \eta_0$ 时，识别层被抑制，其所有神经元输出“0”。

我们认为，虽然上述设置在我们的应用中非常简单好用，但通常建议使用汉明距离进行设置（参见第 7.3 节）。

网络训练：

该网络的训练方法如下（Java 代码）。

```
for(int i =0;i <m;i ++){
     for(int j =0;j£<£nx;j ++){
          b[j][i] =E/(E +m -1);
          t[i][j] =1;
     }
}

a();

r[0] =1;
r[1] =0;
r[2] =0;
compute();

sumck =0;
for(int k =0;k <m;k ++){
     sumck +=x[k];
}

for(int i =0;i <m;i ++){
     b[0][i] =E * x[i] /(E +1 + sumck);
     t[i][0] =x[i];
}

[...] //The same for b and c

for(int i =0;i <m;i ++){
     c[i] =0;
}

for(int j =0;j <nx;j ++){
     r[j] =0;
}
```

下面是用于评估网络的代码。

```
int sumc = 0;
int sumx = 0;
for(int i = 0;i < m;i ++){
    p[i] = 0;
    for(int j = 0;j < nx;j ++){
        p[i] += t[i][j] * r[j];
    }

    if(p[i] > 0.5){
        p[i] = 1;
    }else{
        p[i] = 0;
    }
    if(g1){
        c[i] = x[i];
    }else{
        if((p[i] + x[i]) >= 2.0){
            c[i] = 1;
        }else{
            c[i] = 0;
        }
    }
    if(c[i] == 1){
        sumc ++;
    }

    if(x[i] == 1){
        sumx ++;
    }
}

if((((double)sumc)/((double)sumx)) < pho0){
    for(int j = 0;j < nx;j ++){
        r[j] = 0;
    }
}else{
    double max = Double.MIN_VALUE;
int rmax = -1;

    for(int i = 0;i < nx;i ++){
        d[i] = 0;
        for(int j = 0;j < m;j ++){
            d[i] += b[i][j] * c[j];
        }
```

```
    }

    for(int i =0;i <nx;i ++){
        if(d[i] >0.5 &&d[i] >max){
            max =d[i];
            rmax =i;
        }
    }

    for(int i =0;i <nx;i ++){
        if(i ==rmax){
            r[i] =1;
        }else{
            r[i] =0;
        }
    }
}
```

实现的源代码将在第 9. A. 5 小节给出。

9. A. 4 性能结果和结论

对该网络进行模拟以研究其鲁棒性。

出于这个原因，我们模拟了这个网络，添加了 1 到 18 位的噪声，模拟结果如表 9. A. 1 所示。

表 9. A. 1 模拟结果

噪声位数	误差百分比/%
0	0
1	0
2	0
3	0
4	0
5	0
6	0
7	0
8	0

续表

噪声位数	误差百分比/%
9	5.8
10	7.5
11	18.4
12	21.9
13	34.1
14	35.1
15	46.2
16	49.4
17	56
18	63.4

表 9.A.1 第一列为输入处添加的噪声位数，第二列为误差百分比。

图 9.A.3 为误差百分比与噪声位数的关系。

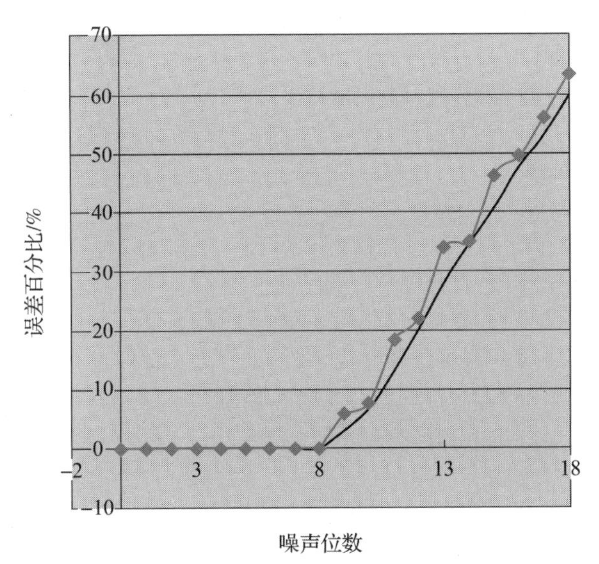

图 9.A.3　误差百分比与噪声位数的关系

从表 9.A.1 和图 9.A.3 中可以看出，网络在噪声方面具有令人难以置信的鲁棒性。在噪声为 8 位数或更少的情况下，网络总能识别正确的模式。在噪声为

10 位数（总共 36 位数）时，在 90% 情况下网络能够正确识别。

我们还研究了当使用未知（未经训练的）字符时网络的行为。针对这种情况，我们做了另一个模拟，来测试网络能否在提供一个未经训练的字符时激活名为“No pattern”的输出。

在这种情况下，网络仍然表现良好（它知道这不是通常模式），成功率为 95. 30%（即在 4. 70% 的情况下会失败），如图 9. A. 4 所示。

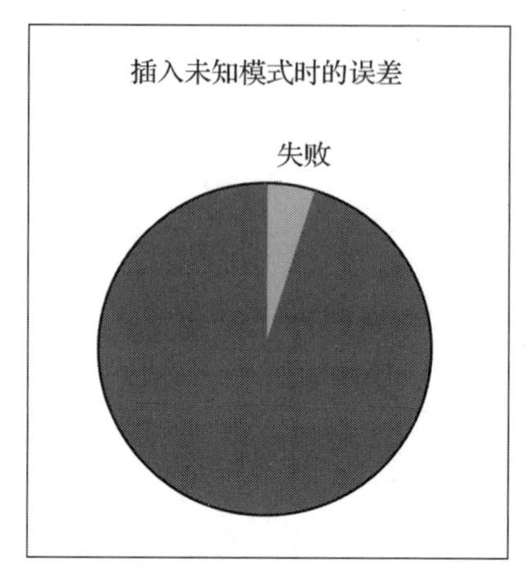

图 9. A. 4　当数据集包含一个未经训练字符时的误识别情况

9. A. 5　ART 神经网络源代码（Java）

```
public class Network {
      //Number of inputs 6x6
      final int m =36;
      //Number of char/Neuron for each layer
      final int nx =3;

      final double pho0 =0.65;
      final int E =2;

      //State of the net
      public int winner;

      public boolean g1;

      public double [ ] x =new double[m];
      public double [ ] p =new double[m];
```

```
    public double [][] t = new double[m][nx];
    public double [] c = new double[m];
    public double [][] b = new double[nx][m];
    public double [] d = new double[nx];
    public int [] r = new int[nx];
    public int [] exp = new int[nx];
    public double rho;

    //public double g1;

    public Network(){
      //Training
      training();

      //test
      test();

      //test not predefined pattern
      testNoPattern();
    }

    private void testNoPattern() {
        int errorOnNoise = 0;
        for(int trial = 0;trial < 1000;trial ++){
              for(int addNoise = 0;addNoise < 1000;addNoise ++){
                    addNoise();
              }
              r[0] = 0;
              r[1] = 0;
              r[2] = 0;
              g1 = true;
              compute();
              g1 = false;
              for(int y = 0;y < 10;y ++)
                    compute();
              if(r[0] == 1 || r[1] == 1 || r[2] == 1){
                          errorOnNoise ++;
              }
        }
        System.out.println("No pattern" + (double)errorOnNoise/10.0);
}

public void training(){
        g1 = true;
```

```
float sumck;

for(int i=0;i<m;i++){
      for(int j=0;j<nx;j++){
            b[j][i]=E/(E+m-1);
            t[i][j]=1;
      }
}

a();

r[0]=1;
r[1]=0;
r[2]=0;
compute();

sumck=0;
for(int k=0;k<m;k++){
     sumck+=x[k];
}

for(int i=0;i<m;i++){
     b[0][i]=E*x[i]/(E+1+sumck);
     t[i][0]=x[i];
}

b();

r[0]=0;
r[1]=1;
r[2]=0;
compute();

sumck=0;
for(int k=0;k<m;k++){
     sumck+=x[k];
}

for(int i=0;i<m;i++){
     b[1][i]=E*x[i]/(E+1+sumck);
     t[i][1]=x[i];
}

c();
```

```
        r[0] =0;
        r[1] =0;
        r[2] =1;
        compute();

        sumck =0;
        for(int k =0;k <m;k ++){
            sumck +=x[k];
        }

        for(int i =0;i <m;i ++){
            b[2][i] =E * x[i]/(E +1 +sumck);
            t[i][2] =x[i];
        }
        for(int i =0;i <m;i ++){
            c[i] =0;
        }
        for(int j =0;j <nx;j ++){
            r[j] =0;
    }
}

//Evaluation of the net
    private void compute() {
        int sumc =0;
        int sumx =0;
        for(int i =0;i <m;i ++){
            p[i] =0;
            for(int j =0;j <nx;j ++){
                p[i] +=t[i][j] * r[j];
            }

            if(p[i] >0.5){
                p[i] =1;
            }else{
                p[i] =0;
            }

            if(g1){
                c[i] =x[i];
            }else{
                if((p[i] +x[i]) >=2.0){
                    c[i] =1;
```

```
                }else{
                    c[i] =0;
                }
            }

            if(c[i] ==1){
                sumc ++;
            }

            if(x[i] ==1){
                sumx ++;
            }
        }

        if((((double)sumc)/((double)sumx)) <pho0){
            for(int j =0;j <nx;j ++){
                r[j] =0;
            }
        }else{
            double max = Double.MIN_VALUE;
            int rmax = -1;

            for(int i =0;i <nx;i ++){
                d[i] =0;
                for(int j =0;j <m;j ++){
                    d[i] +=b[i][j] * c[j];
                }
            }

            for(int i =0;i <nx;i ++){
                if(d[i] >0.5 &&d[i] >max){
                    max =d[i];
                    rmax =i;
                }
            }

            for(int i =0;i <nx;i ++){
                if(i ==rmax){
                    r[i] =1;
                }else{
                    r[i] =0;
                }
            }
        }
    }
}
```

```
//Select a char
private void selectAchar() {
    if(Math.random() <0.33)
        a();
    else
        if(Math.random() <0.5)
            b();
        else
            c();
}

//add a bit of noise
private void addNoise() {
    int change = (int)(Math.random() * 35.99);
    x[change] =1 - x[change];
}

//Test 100 input with increasing noise
public void test(){
    for(int noise =0;noise <50;noise ++){
        int errorOnNoise =0;
        for(int trial =0;trial <1000;trial ++){
            selectAchar();
            //Add noise
            for(int addNoise =0;addNoise <noise;addNoise ++){
                addNoise();
            }

            r[0] =0;
            r[1] =0;
            r[2] =0;
            g1 =true;
            compute();
            g1 =false;
            for(int y =0;y <10;y ++)
                compute();

            for(int e =0;e <nx;e ++){
                if(exp[e]! =r[e]){
                    errorOnNoise ++;
                    break;
                }
            }
        }
```

```
            System.out.println(noise + "," + (double)errorOnNoise/10.0);
        }
    }


    public void a(){
        // **
        // *  *
        // *  *
        // ******
        //*   *
        //*   *
        x[0] = 0;x[1] = 0;x[2] = 1;x[3] = 1;x[4] = 0;x[5] = 0;
        x[6] = 0;x[7] = 1;x[8] = 0;x[9] = 0;x[10] = 1;x[11] = 0;
        x[12] = 1;x[13] = 0;x[14] = 0;x[15] = 0;x[16] = 0;x[17] = 1;
        x[18] = 1;x[19] = 1;x[20] = 1;x[21] = 1;x[22] = 1;x[23] = 1;
        x[24] = 1;x[25] = 0;x[26] = 0;x[27] = 0;x[28] = 0;x[29] = 1;
        x[30] = 1;x[31] = 0;x[32] = 0;x[33] = 0;x[34] = 0;x[35] = 1;
        exp[0] = 1;
        exp[1] = 0;
        exp[2] = 0;
    }

    public void b(){
        // ***
        // *  *
        // *****
        // *  *
        // *  *
        // *****
        x[0] = 0;x[1] = 1;x[2] = 1;x[3] = 1;x[4] = 0;x[5] = 0;
        x[6] = 0;x[7] = 1;x[8] = 0;x[9] = 0;x[10] = 1;x[11] = 0;
        x[12] = 0;x[13] = 1;x[14] = 1;x[15] = 1;x[16] = 1;x[17] = 0;
        x[18] = 0;x[19] = 1;x[20] = 0;x[21] = 0;x[22] = 0;x[23] = 1;
        x[24] = 0;x[25] = 1;x[26] = 0;x[27] = 0;x[28] = 0;x[29] = 1;
        x[30] = 0;x[31] = 1;x[32] = 1;x[33] = 1;x[34] = 1;x[35] = 1;
        exp[0] = 0;
        exp[1] = 1;
        exp[2] = 0;
    }

    public void c(){
        // ****
        //*   *
        //*
```

```
        //*
        //*  *
        // ****
        x[0]=0;x[1]=1;x[2]=1;x[3]=1;x[4]=1;x[5]=0;
        x[6]=1;x[7]=0;x[8]=0;x[9]=0;x[10]=0;x[11]=1;
        x[12]=1;x[13]=0;x[14]=0;x[15]=0;x[16]=0;x[17]=0;
        x[18]=1;x[19]=0;x[20]=0;x[21]=0;x[22]=0;x[23]=0;
        x[24]=1;x[25]=0;x[26]=0;x[27]=0;x[28]=0;x[29]=1;
        x[30]=0;x[31]=1;x[32]=1;x[33]=1;x[34]=1;x[35]=0;
        exp[0]=0;
        exp[1]=0;
        exp[2]=1;
    }
}
```

9. B ART-I 网络案例研究[①]：语音识别问题

9. B. 1 口语单词的输入矩阵设置

这里研究的语音识别问题是区分3个口语单词，即5、6和7。在本设计中，上述单词一旦说出来，就会通过5个带通滤波器阵列，并且这些滤波器的输出能量以20 ms的间隔在5个这样的段中平均，总计100 ms。将功率（能量）与每个频带的加权阈值进行比较，以产生一个5×5的矩阵（由1和0组成），对应于所研究一组单词的每个发音，输入矩阵示例可参考第9. B. 4小节。参考输入矩阵是通过将3个单词中的每个单词重复20次，并在20 ms的时间内对每个频带的功率进行平均来获得的。

9. B. 2 模拟程序设置

可执行程序 a： art100. exe

```
Text of the program written in C a:art100.cpp
To use this program:
Display
"5", "6" or "7" (zero - random noise) - choose input pattern (patterns
```

① Computed by Hubert Kordylewski, EECS Dept., University of Illinois, Chicago, 1993.

```
are in three groups:
    5 patterns which represents word "5" when uttered in different
intonations:
    "6" - similar to "5"
    "7" - similar to "6"
    Pattern # (0 - random) - there are 10 different input patterns
representing words from the set of words "5", "6" or "7", so choose one
    Create new pattern for: - specify to which number the new pattern
should be assigned
```

程序终止性:

当程序不要求输入时，按除空格键以外的任何键，程序将终止。

当按空格键而不要求输入时，程序将继续。

程序中使用的变量如下:

PATT——存储模式;

PPATT——与存储在比较层中的模式相关联的先前输入（在更新旧模式时使用）;

T——与比较层神经元相关联的权值;

TO——与识别层中获胜神经元相关联的比较层中神经元的权值;

TS——识别层神经元状态（抑制放电—1，无抑制—0）;

BO——识别层神经元的输入（识别层输入与权值的点积）;

C——识别层的输出;

INP——输入向量;

NR——在识别层和比较层的权值中存储的模式数量;

GAIN——1—当输入与存储模式匹配时; 2—当输入与任何存储模式不匹配时;

SINP——输入向量中“1”的个数;

SC——比较层输出中“1”的个数;

STO——所选模式形式中“1”的个数（模式存储在比较层的权值中）;

MAXB——指向与输入向量最匹配的模式的指针。

程序流程图如图 9. B. 1 所示。

在下面的 ART 程序中，ART - I 的相似性度量（表示为 D）从其常规 ART - I 形式修改为

$$D（修正）=\min（D，D1）$$

其中，D 为常规 ART－I 的相似性度量，$D1=c/p$；$p=$所选模式中 1 的数。

例如：

```
Input vector 1111000000; x = 4
Chosen pattern 1111001111; p = 8
Comparison layer 1111000000; c = 4
```

可计算出：

$$D=c/x=4/4=1.0(常规\ ART-I)$$

$$D1=c/p=4/8=0.5$$

$$D(修正)=\min(D,D1)=0.5$$

这种修正避免了在当前应用中识别的某些困难。

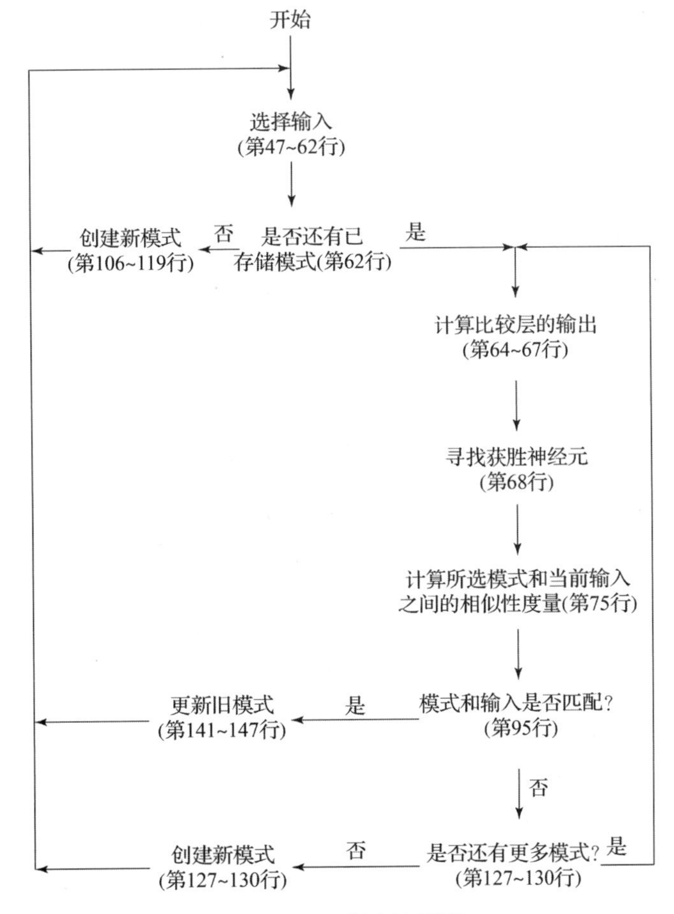

图 9. B. 1　程序流程图

9. B. 3 源代码 – 模拟 ART 程序 (C 语言)

```
#include <stdio.h>
#include <stdlib.h>
#include <math.h>
#include <conio.h>
main()
{
char ch;
int l,k,j,np=0,i,t[8][5][5],to[5][5],ts[8],c[5][5],tm[5][5],inp[5][5];
int gain2=2,sinp=0,sc=0,maxb=0;
int maxi=0,sto,ss,x,y,kk=0,fp,ks[10];
int patt7[10][5][5]={0,0,0,1,0,1,0,0,0,1,0,1,0,0,0,0,0,0,1,1,1,0,0,0,0,
                     0,0,0,1,0,1,0,0,0,1,0,0,0,0,0,0,0,0,1,1,1,0,0,0,0,

        0,0,0,1,0,1,0,0,0,1,0,0,0,0,0,0,0,0,1,1,1,0,0,0,0,

        0,0,0,1,1,0,0,0,0,1,0,0,0,0,0,0,0,0,1,0,0,0,0,0,0,

        0,0,0,1,0,1,0,0,0,1,0,1,0,0,0,0,0,0,1,1,0,0,0,0,0,

        0,0,0,1,0,1,0,0,0,1,0,1,0,0,0,0,0,0,1,1,0,0,0,0,0,

        0,0,0,1,0,1,0,0,0,1,0,1,0,0,0,0,0,1,0,1,0,0,0,0,0,

        0,0,0,1,0,1,0,0,0,1,0,0,0,0,0,0,0,0,1,1,1,0,0,0,0,

        0,0,0,1,0,1,0,0,0,1,0,0,0,0,0,0,0,0,1,1,1,0,0,0,0,

        0,0,0,1,0,1,0,0,0,1,0,1,0,0,0,0,0,1,1,1,0,0,0,0,0};
int patt6[10][5][5]={0,0,0,1,0,0,0,1,0,0,0,1,1,0,0,0,1,0,0,0,0,0,0,0,0,

        0,0,0,1,0,0,0,1,0,0,0,1,1,0,0,0,1,0,0,0,1,0,0,0,0,

        0,0,0,1,0,0,0,1,0,0,0,1,1,0,0,0,1,0,1,1,1,0,0,0,0,

        0,0,0,1,0,0,0,1,0,0,0,1,1,0,0,0,1,0,0,0,0,0,0,0,0,

        0,0,0,1,0,0,0,1,0,0,0,1,1,0,0,0,1,0,0,0,1,0,0,0,1,

        0,0,0,1,0,0,0,1,0,0,0,1,1,0,0,0,1,0,1,0,1,0,0,0,1,

        0,0,0,1,0,0,0,1,0,0,0,1,1,0,0,0,0,0,0,1,1,0,0,0,0,

        0,0,0,1,0,0,0,1,0,0,0,1,1,0,0,0,1,0,0,0,1,0,0,0,0,

        0,0,0,1,0,0,0,1,0,0,0,1,1,0,0,0,1,0,1,1,1,0,0,0,1,

        0,0,0,1,0,0,0,1,0,0,0,1,1,0,0,0,1,0,0,1,1,0,0,0,1};
int patt5[10][5][5]={0,1,0,0,0,1,0,0,0,1,1,0,0,1,0,0,0,1,0,0,1,0,0,0,0,

        0,1,0,0,0,1,0,0,0,1,1,0,0,0,0,0,0,1,1,0,0,0,0,0,0,

        0,0,1,0,0,1,0,0,0,1,1,0,0,0,0,0,0,1,0,0,0,0,0,0,0,

        0,0,1,0,0,1,0,0,0,1,1,0,0,0,0,0,0,1,0,0,0,0,0,0,0,

        0,1,0,0,0,1,0,0,0,1,0,0,0,1,0,0,1,1,0,0,0,1,0,0,0,

        0,0,1,0,0,1,0,0,0,1,1,0,0,0,0,0,0,0,0,0,0,0,0,0,0,

        0,1,0,0,0,1,0,0,0,1,1,0,0,1,0,0,0,1,0,0,0,0,0,0,0,

        0,1,0,0,0,1,0,0,0,1,1,0,0,0,0,0,0,1,0,0,0,0,0,0,0,

        0,1,0,0,0,1,0,0,0,1,1,0,0,0,0,0,0,1,0,0,0,0,0,0,0,

        0,1,0,0,0,1,0,0,0,1,1,0,0,1,0,0,0,1,0,0,0,0,0,0,0};
float b[8][5][5],bo[8],bt,ro,rol,rp;
int nr,patt[10][5][5],ppatt[10][5][5];
clrscr();
for(i=0;i<8;i++){for(j=0;j<5;j++){for(k=0;k<5;k++){
```

```
t[i][j][k]=1;b[i][j][k]=0.077;ppatt[i][j][k]=1;}}}
do{clrscr();maxb=0;
        for (i=0;i<8;i++){ts[i]=0;bo[i]=0;}
        for (i=0;i<5;i++){for (j=0;j<5;j++){to[i][j]=0;c[i][j]=0;}}
        for(i=0;i<5;i++){for(j=0;j<5;j++){inp[i][j]=0;}}
        printf("5 or 6 or 7 (0-random #):");scanf("%d", &nr);
        if(nr==0){nr=rand()%3+5;printf("nr=%d\n", nr);}
        printf("Pattern #(0-random #):");scanf("%d", &kk);
        if(kk==0) {kk=rand()%10+1;printf("kk=%d\n", kk);ch=getche();}
        if(nr<6){for(i=0;i<5;i++){for(j=0;j<5;j++)
                                                                    patt[kk-
1][i][j]=patt5[kk-1][i][j];}}
        if(nr>6){for(i=0;i<5;i++){for(j=0;j<5;j++)
                                                                    patt[kk-
1][i][j]=patt7[kk-1][i][j];}}
        if(nr==6){for(i=0;i<5;i++){for(j=0;j<5;j++)
                                                                    patt[kk-
1][i][j]=patt6[kk-1][i][j];}}
        if(kk<11){fp=patt[kk-1][0][0];
        for(i=0;i<5;i++){for(j=0;j<5;j++){if((patt[kk-1][i][j]+fp)>0)

                inp[i][j]=1;

                fp=patt[kk-1][i][j]; }}
                                    }
              else   do{
        printf("x:");scanf("%d", &x);printf("y:");scanf("%d", &y);
        inp[x][y]=1;printf("next press A\n");printf("\n");
        ch=getche();
        }while(ch=='A');
        do{clrscr();if (np>0)
                          {
                          gain2=2;
                          for (i=0;i<5;i++) ts[i]=0;
                          for (i=0;i<np;i++){
                          for (j=0;j<5;j++){for(k=0;k<5;k++){
c[j][k]=inp[j][k];to[j][k]=0;}}
                          for (j=0;j<5;j++) bo[j]=0;
                          for (j=0;j<np;j++) {  for (k=0;k<5;k++){
                          for(x=0;x<5;x++){bo[j]=bo[j]+c[k][x]*b[j][k][x];}}}
                    for (j=0;j<np;j++) {if(ts[j]<1) {maxb=j;j=5;}}
                    for (j=0;j<np;j++) {if(ts[j]<1){if (bo[maxb]<bo[j])
                                             maxb=j;}}
          for (j=0;j<5;j++) {printf("bo:%f    ts:%d\n", bo[j], ts[j]);}
          for (j=0;j<5;j++){for(k=0;k<5;k++)to[j][k]=t[maxb][j][k];}
                                      printf("\n");
          for (j=0;j<5;j++){for(k=0;k<5;k++)
                   {if(inp[j][k]+to[j][k]>1)c[j][k]=1; else c[j][k]=0;}}
          sc=0;sinp=0;sto=0;
          for (j=0;j<5;j++){for(k=0;k<5;k++)
                   {sto=sto+to[j][k];sc=sc+c[j][k]; sinp=sinp+inp[j][k];}}
          printf("Stored patterns \n");
          for(j=0;j<5;j++){for(k=0;k<np;k++){
printf("%d%d%d%d%d     ",t[k][j][0],t[k][j][1],t[k][j][2],t[k][j][3],t[k][j][4]);}
                                      printf("\n");}
          printf("Max bo has pattern nr:%d\n\n", maxb+1);
          printf("Pattern        Input          C\n");printf(" ");
          for(j=0;j<5;j++){
printf("%d%d%d%d%d          ",to[j][0],to[j][1],to[j][2],to[j][3],to[j][4]);
printf("%d%d%d%d%d          ",inp[j][0],inp[j][1],inp[j][2],inp[j][3],inp[j][4]);
printf("%d%d%d%d%d         \n ",c[j][0],c[j][1],c[j][2],c[j][3],c[j][4]);}
        /*  if((abs(sc-sinp)>1)||(abs(sto-sinp)>1)||(abs(sto-sc)>1))*/
                          ro1=sinp;
                          ro=sc/ro1;
                          ro1=sto;rp=sc/ro1;
printf("# of '1' C:%d  Pattern (T):%d Input (I):%d C/I:%f C/P:%f\n", sc, sto,
sinp, ro, rp);
if(rp<ro)ro=rp;
                          if(ro<0.62)
                          {gain2=2;ss=0; ts[maxb]=1;printf(" \n");
```

```
                              printf("INPUT  DOES NOT MATCH WITH PATTERN #%d\n",
maxb+1);
                               for(j=0;j<5;j++)ss=ss+ts[j];if(ss==np)i=np;
                               ch=getche();clrscr();}
                              else{ gain2=1;printf(" \n");i=np;
                              printf("INPUT MATCHES WITH PATTERN #%d\n", maxb+1);
                              ch=getche();clrscr();}
                                                                           }
                       }       ;clrscr();
        }while (ch=='A');
        if (np==0){printf("\n");printf("Create new pattern for #:");
                               scanf("%d", &ks[np]);
                               sc=0;for(j=0;j<5;j++){for(k=0;k<5;k++)
                               {c[j][k]=inp[j][k];sc=sc+c[j][k];}}np=np+1;
                       printf("\n");
                                          printf("Create new pattern :\n");
         for (i=0;i<5;i++){
printf("%d%d%d%d%d\n",inp[i][0],inp[i][1],inp[i][2],inp[i][3],inp[i][4]);
                       for(j=0;j<5;j++){
                      t[0][i][j]=inp[i][j];ppatt[0][i][j]=inp[i][j];
                       bt=(1+sc);b[0][i][j]=2*c[i][j]/bt;}}
                       gain2=2;  } else{if(gain2==2) {
                       printf("Create new pattern for #:");scanf("%d", &ks[np]);

                                                     for(i=0;i<5;i++){
printf("%d%d%d%d%d\n",inp[i][0], inp[i][1], inp[i][2],inp[i][3],inp[i][4]);
                                                     for(j=0;j<5;j++){
                                   t[np][i][j]=inp[i][j];
                                   ppatt[np][i][j]=inp[i][j];
                             bt=(1+sinp);b[np][i][j]=2*inp[i][j]/bt;}}
                                         np=np+1;}
                                              printf("\n");
                            if(gain2==1) {printf("Previous pattern:        Last
inp:\n");
                       sto=0;   for (i=0;i<5;i++){
printf("%d%d%d%d%d
",to[i][0],to[i][1],to[i][2],to[i][3],to[i][4]);
printf("    %d%d%d%d%d\n",ppatt[maxb][i][0],ppatt[maxb][i][1],ppatt[maxb][i][2],
ppatt[maxb][i][3],ppatt[maxb][i][4]);
                             for (j=0;j<5;j++){
                             if(t[maxb][i][j]+inp[i][j]>0)tm[i][j]=1;
                             else tm[i][j]=0;
                             if(ppatt[maxb][i][j]+tm[i][j]>1)
                             {t[maxb][i][j]=1;sto=sto+1;}
                             else t[maxb][i][j]=0;

                             /*
                         if(ppatt[maxb][i][j]==0)  {t[maxb][i][j]=c[i][j];
                       bt=(1+sc);b[maxb][i][j]=2*c[i][j]/bt;}
                      if(ppatt[maxb][i][j]==1) { t[maxb][i][j]=inp[i][j];
                          bt=(1+sinp);b[maxb][i][j]=2*inp[i][j]/bt;}*/
                         ppatt[maxb][i][j]=inp[i][j];c[i][j]=t[maxb][i][j];}
                                         }
                            printf("\n");
                      printf("Updated  pattern:        Input:        \n");
                      for(j=0;j<5;j++)                  {
printf("%d%d%d%d%d                   ",c[j][0],c[j][1],c[j][2],c[j][3],c[j][4]);
printf("%d%d%d%d%d    \n",inp[j][0],inp[j][1],inp[j][2],inp[j][3],inp[j][4]);
                      }printf("\n");
      printf("INPUT:%d(%d)                  FOUND:%d\n", nr, kk, ks[maxb]);
                       } }
                       for(i=0;i<5;i++){for(j=0;j<5;j++){bt=(1+sto);
                       b[maxb][i][j]=2*t[maxb][i][j]/bt;}
                       }
       ch=getche();
}while (ch==' ');
}
```

9. B. 4 仿真结果

```
(1)   Input:    01100
                11001  - ASSUMED INPUTS
                10011
                01110
                01100

      bo:1.571429   ts:0
      bo:0.600000   ts:0
      bo:0.923077   ts:0
      bo:1.400000   ts:0
      bo:0.000000   ts:0

      Stored patterns
      01100    00011    00011    00110
      11001    00110    11001    11001
      11011    01110    11100    11000
      00110    01100    00011    00110    namely: ('five', 'six', 'seven',
      11000    00000    11000    00000    'none of the above')
      Max bo has pattern nr:1

      Pattern            Input          C = Pattern Input
       01100             01100          01100
       11001             11001          11001
       11011             10011          10011
       00110             01110          00110
       11000             01100          01000
       # of '1' C:11 Pattern (T):13 Input (I):13 C/I:0.8461 C/P:0.846154

      INPUT MATCHES WITH PATTERN #1

      Previous pattern:        Last inp:
      01100                    01100
      11001                    11001
      11011                    11011
      00110                    00110
      11000                    11000

      Updated pattern:         Input:
      01100                    01100
      11001                    11001
      1(1)011                  1(0)011          encircled points: where
      0(0)110                  0(0)110          updated pattern
      (1)1000                  (0)1(1)00        differs from input

      INPUT:5(5)               FOUND:5
```

```
(2)    Input:    01100
                 11001
                 10011
                 01110
                 01100

       bo:1.571429    ts:0
       bo:0.600000    ts:0
       bo:0.923077    ts:0
       bo:1.400000    ts:0
       bo:0.000000    ts:0

       Stored patterns
       01100     00011     00011     00110
       11001     00110     11001     11001
       11011     01110     11100     11000
       00110     01100     00011     00110
       11000     00000     11000     00000
       Max bo has pattern nr:1

       Pattern             Input          C
        01100              01100        01100
        11001              11001        11001
        11011              10011        10011
        00110              01110        00110
        11000              01100        01000
        # of '1' C:11 Pattern (T):13 Input (I):13 C/I:0.846 C/P:0.846154

       INPUT MATCHES WITH PATTERN #1

       Previous pattern:          Last inp:
       01100                      01100
       11001                      11001
       11011                      10011
       00110                      01110
       11000                      01100

       Updated pattern:           Input:
       01100                      01100
       11001                      11001
       10011                      10011
       01110                      01110
       01100                      01100

       INPUT:5(5)                 FOUND:5
```

因为输入是相同的，所以上述（1）、（2）的处理结果是相同的。

当满足以下条件时：LAST INP = 1 且[(INPUT)或(PATTERN)] = 1，上述“Updated pattern”矩阵中元素为1。

第 10 章
认知机和神经认知机

10.1 引言

顾名思义，认知机（cognitron）是一个主要为模式识别而设计的网络。为了做到这一点，认知机网络在其各个层中使用了抑制性和兴奋性神经元。它最初是由 Kunihiko Fukushima（Fukushima，1975）设计的无监督网络，模仿生物视网膜来完成图像识别的深度学习。

神经认知机（neocognitron）也由 Kunihiko Fukushima 开发（Fukushima，1980，1983），以修改和扩展认知机的能力。这是后来卷积深度学习神经网络（LeCun et al.，1989）发展的灵感来源，且卷积神经网络已成为领先的深度学习神经网络，详见第 14 章。

10.2 认知机的基本原理

认知机主要由抑制性和兴奋性神经元层组成。给定层中神经元的互连仅与该神经元附近的前一层神经元相连。这个区域被称为给定神经元的连接竞争区域（connection competition region）。为了提高训练效率，并不是所有的神经元都被训练。因此，训练仅限于最相关神经元中的精英组（elite group），即先前已经为相关任务训练过的神经元。

然而，连接区域会导致神经元的重叠，其中一个给定的神经元可能属于多个上游神经元的连接区域，因此引入竞争（为了“精英”选拔）来克服重叠的影响。竞争会断开那些反应较弱的神经元。上述特性为网络提供了相当大的冗余，使其能够在面对“丢失”神经元时运行良好。

认知机的结构基于多层结构，竞争区域的数量逐渐减少。也可以将 L－I 和 L－II 两层组成一组，重复 n 次，共得到 $2n$ 层（$L-I_1$，$L-II_1$，$L-I_2$，$L-II_2$ 等）。

10.3 网络操作

（1）兴奋神经元。

兴奋神经元的输出计算如下：

设 y_k 为前一层兴奋神经元的输出，v_k 为前一层抑制神经元的输出。将第 i 个兴奋神经元的输出分量定义为

$$x_i = \sum_k a_{ik} y_k \quad （由于兴奋性输入） \tag{10.1}$$

$$z_i = \sum_k b_{ik} v_k \quad （由于抑制性输入） \tag{10.2}$$

其中，a_{ik}和 b_{ik}是相关的权值，且当相关神经元比相邻神经元更活跃时调整权值，如第 10.4 节所述。上述神经元的总输出为

$$y_i = f(N_i) \tag{10.3}$$

其中，

$$N_i = \frac{1 + x_i}{1 + z_i} - 1 = \frac{x_i - z_i}{1 + z_i} \tag{10.4}$$

$$f(N_i) = \begin{cases} N_i, & N_i \geqslant 0 \\ 0, & N_i < 0 \end{cases} \tag{10.5}$$

因此，对于小的 z_i，有

$$N_i \cong x_i - z_i \tag{10.6}$$

但是，对于非常大的 x_i、z_i，有

$$N_i = \frac{x_i}{z_i} - 1 \tag{10.7}$$

进一步，如果 x 和 z 都随某个 γ 线性增加，即

$$x = p\gamma \tag{10.8}$$

$$z = q\gamma \tag{10.9}$$

且 p 和 q 是常数，则

$$y = \frac{p-q}{2q}\left[1 + \tanh\left(\log\frac{pq}{2}\right)\right] \tag{10.10}$$

它是韦伯 – 费希纳定律（Weber – Fechner law）（Guyton，1971）的形式，近似于生物感觉神经元的反应。

（2）抑制神经元。

抑制神经元的输出为

$$v = \sum_i c_i y_i \tag{10.11}$$

其中，

$$\sum_i c_i = 1 \tag{10.12}$$

y_i 是兴奋（神经元）细胞的输出。权值 c_i 是预先选择的，不会在网络训练过程中进行修改。

10.4　认知机的网络训练

一个两层认知机结构中兴奋神经元的权值 a_{ji} 被 δa 以式（10.13）的方式迭代，但只有当那个神经元是某个区域的获胜神经元时才发生迭代。其中，a_{ji} 如式（10.1）所示（即 a_{ji} 是兴奋性输入 y_j 到给定兴奋神经元的权值），c_j 是这一层抑制神经元的输入权值，而 q 是预先调整的学习（训练）速率系数（图 10.1）。

$$\partial a_{ji} = q c_j^* y_j^* \quad \text{（星号表示先前的层）} \tag{10.13}$$

注意：在 L1 层的每个竞争区都有几个兴奋神经元，而只有一个抑制层。

对兴奋神经元的抑制权值 b_j 按以下公式迭代：

$$\partial b_i = \frac{q\sum_j a_{ji} y_j^z}{2v^*};\ \partial b_i = \text{权值 } b_i \text{ 的变化} \tag{10.14}$$

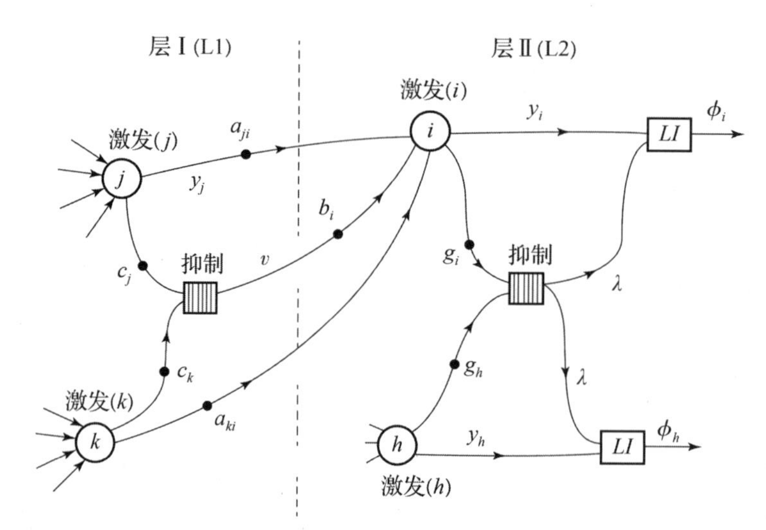

图 10.1 认知机网络的示意图（一个竞争区域，每层有两个兴奋神经元）

式中，b_i 为 L1 层抑制神经元与 L2 层第 i 个兴奋神经元连接的权值；$\sum_j$ 为 L1 层所有兴奋神经元到 L2 层第 i 个神经元的权值之和；v 为式（10.11）中抑制输出的值；q 为速率系数。

如果在给定的竞争区域中没有激活的神经元，则式（10.13）、式（10.14）分别被式（10.15）、式（10.16）代替，即

$$\partial a_{ji} = q' c_j y_j \tag{10.15}$$

$$\partial b_i = q' v_i \tag{10.16}$$

其中，

$$q' < q \tag{10.17}$$

因此，抑制输出越高，其权值就越高，这与式（10.13）的情况形成了鲜明的对比。

（1）初始化。

注意，最初所有的权值都是 0，没有激活神经元（提供输出）。现在有了第一个输出，因为在第一层兴奋神经元中，网络的输入向量作为 L1 层输入的 y 向量，通过式（10.15）启动流程。

（2）侧向抑制。

如图 10.1 的 L2 层所示，抑制神经元也位于每个竞争区域，以提供横向抑制，其目的（不是执行）与第 9 章的 ART 网络相同。抑制神经元通过权值 g_i 接收来自该层兴奋神经元的输入。它的输出 λ 为

$$\lambda = \sum_i g_i y_i \tag{10.18}$$

其中，y_i 是前一层（即 L1 层）的兴奋神经元的输出，且

$$\sum_i g_i = 1 \tag{10.19}$$

随后，上述 L2 层抑制神经元的输出 λ 将第 i 个 L2 层兴奋神经元的实际输出从 y_i 修改为 ϕ_i，且

$$\phi_i = f\left(\frac{1+y_i}{1+\lambda} - 1\right) \tag{10.20}$$

其中，y_i 与式（10.3）中一样，$f(\cdots)$ 与式（10.5）一样，产生前馈形式的侧向抑制，并适用于所有层。

10.5　神经认知机

Fukushima 等人（1983）还开发了一种更先进的认知机版本，即神经认知机。它本质上是分层的，旨在模拟人类的视觉。神经认知机的具体算法很少，非常复杂，因此不在本文中进行讨论。

与认知机的情况一样，识别被安排在一个由两层组成的分层结构中。这两层是简单细胞层（S 层）和浓缩层（C 层），且从 S 层开始，表示为 S1，以 C 层结束（即 C4）。S 层的每个神经元对其输入层（包括整个网络的输入）的给定特征作出响应。C 层的每个数组通常处理一个来自 S 层数组的深度输入。

神经元和数组的数量通常是逐层递减的。这种结构使神经认知机能够克服原始认知机失败的识别问题，如位置或角度扭曲下的图像（手写识别问题中的一些旋转字符或数字）。

图 10.2 为神经认知机的示意图。

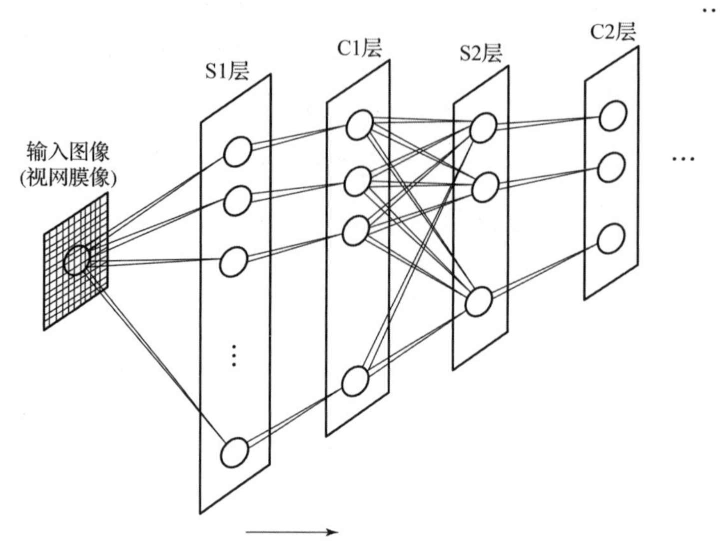

图 10.2 神经认知机的示意图

第 11 章 统计训练

11.1 基本原理

神经网络统计（随机）训练背后的基本思想：随机少量地改变权值，并保持那些能提高性能的权值改变。

这种方法的缺点是非常慢。此外，如果随机变化很小，它可能会使网络卡在局部最小值上，因为变化可能不会有足够的力量越过峰（图 11.1），从而到达另一个谷。

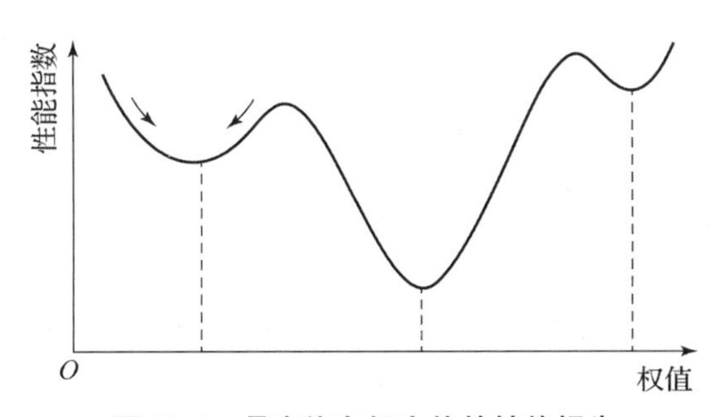

图 11.1　具有许多极小值的性能损失

为了避免陷入局部最小值，可以使用较大的权值变化。然而，网络可能会变得振荡，并在任何最小值上都无法稳定。为了避免这种可能的不稳定性，权值变化可以逐渐减小。这种策略类似于冶金中的退火过程。它基本上适用于前面所述的所有网络，但特别适用于反向传播及其改进网络。

11.2 模拟退火方法

在冶金学中，退火用于获得所需的分子混合，以形成金属合金。因此，金属最初被提高到高于熔点的温度。在这种液体状态下，分子会剧烈地晃动，从而产生长距离的运动。温度逐渐降低，因此运动幅度逐渐减小，直到金属稳定在最低能级。分子的运动受玻尔兹曼概率分布支配，即

$$p(e)=\exp(-e/KT) \tag{11.1}$$

其中，$p(e)$为系统处于能级 e 的概率；K 为玻尔兹曼常数；T 表示以开尔文为单位的绝对温度（始终为正值）。在这种情况下，当 T 很高时，$\exp(-e/KT)$ 趋于零，因此几乎任何 e 的值都是可能的，即对于任何相对较高的能级 e，其概率 $p(e)$都很高。然而，当 T 减小时，e 为高值的概率减小，因为 e/KT 增加使得 $\exp(-e/KT)$ 减小。

11.3 基于玻尔兹曼训练权值的模拟退火

用 ΔE 代替式（11.1）中的 e，而 ΔE 表示能量函数 e 的变化，即

$$p(\Delta E)=\exp(-\Delta E/KT) \tag{11.2}$$

其中，T 表示某个温度当量。因此，神经网络权值训练过程将变成以下步骤：

（1）将温度当量 T 设为较高的初值。

（2）将一组训练输入数据应用到网络中，计算网络的输出，并计算能量函数。

（3）应用随机权值变化 Δw，重新计算相应的输出和能量函数［假设平方误差函数 $E=\sum_i$（误差）^{2}］。

（4）如果网络能量降低（表示性能提高），则保留 Δw，否则通过式（11.2）计算接受 Δw 的概率 $p(\Delta E)$，从［0，1］区间内的均匀分布中选择一个伪随机数 r。如果 $p(\Delta E)>r$（注：在 E 增加的情况下，$\Delta E>0$），则仍然接受上述变化，

否则返回到之前的 w 值。

（5）转到步骤（3），对网络的所有权值重复，在每一组完整的权值（重新）调整完成后逐渐减小 T。

在上面的过程中，E 实际上是一个误差函数，允许系统偶尔接受错误方向的权值变化（会使性能恶化），避免它陷入局部最小值。

温度当量 T 的逐渐降低可能是确定的（按照预先确定的速率作为迭代次数的函数）。Δw 的随机调整详见第 11.4 节。

11.4　权重变化幅度的随机确定

权值变化 Δw ［第 11.3 节步骤（3）］的随机调整也遵循热力学等效。其中，Δw 可以被认为服从高斯分布，如式（11.3）所示：

$$p(\Delta w) = \exp\left[-\frac{(\Delta w)^2}{T^2}\right] \tag{11.3}$$

其中，$p(\Delta w)$表示权值变化 Δw 的概率。作为选择，$p(\Delta w)$可能服从类似于 ΔE 的玻尔兹曼分布。在这种情况下，修改步骤（3）以选择阶跃变化 Δw 如下（Metropolis et al.，1953）：

（1）通过数值积分预先计算累积分布 $P(w)$，即

$$P(w) = \int_0^w p(\Delta w)\mathrm{d}\Delta w \tag{11.4}$$

并存储 $P(w)$和 w。

（2）从［0，1］区间内的均匀分布中选择一个随机数 μ，使 $P(w)$对某些 w 满足：

$$\mu = P(w) \tag{11.5}$$

并根据式（11.6）查找 $P(w)$对应的 w。将结果 w 表示为给定神经分支的当前 w_k，从而使得

$$\Delta w_k = w_k - w_{k-1} \tag{11.6}$$

其中，w_{k-1}为网络中所考虑分支的前一个权值。

11.5 等效温度设置

前文已经提过，逐渐的温度降低是模拟退火过程的基础。研究人员已经证明（Geman and Geman，1984）要收敛到全局最小值，等效温度减小速率必须满足下式：

$$T(k)=\frac{T_0}{\log(1+k)};\ k=0,1,2,\cdots \tag{11.7}$$

其中，k 表示迭代步长。

11.6 神经网络的柯西训练

由于第 11.2 ~ 11.4 节中神经网络的玻尔兹曼训练非常慢，所以 Szu（1986）提出了一种更快的基于柯西（Cauchy）概率分布的随机方法。能量变化的柯西分布为

$$p(\Delta E)=\frac{aT}{T^2+(\Delta E)^2};\ a=\text{常数} \tag{11.8}$$

从而得到一个尾部较长（后退较慢）的分布函数，而不是玻尔兹曼分布或高斯分布。观察柯西分布有

$$\mathrm{var}(\Delta E)=\infty!!$$

当 Δw 采用柯西分布时，所得的 Δw 将满足下式：

$$\Delta w=\rho T\cdot\tan[p(\Delta w)] \tag{11.9}$$

其中，ρ 是学习率系数。因此，第 11.3 节框架程序的步骤（3）和步骤（4）将变为以下步骤：

（1）从［0，1］区间内的均匀分布中选择一个随机数 n，令

$$p(\Delta w)=n \tag{11.10}$$

其中，$p(\Delta w)$的形式为式（11.8）。

（2）随后，通过式（11.9）确定 Δw，满足下式：

$$\Delta w=\rho T\cdot\tan(n) \tag{11.11}$$

其中，T 更新为 $T=\frac{T_0}{1+k}$（$k=1, 2, 3, \cdots$），与第 11.5 节的逆对数速率形成对比。

注意：T 的新算法让人想起随机逼近中收敛性的 Dvoretzky 条件（Graupe，1989）。

（3）在第 11.4 节的式（11.4）中采用柯西或玻尔兹曼分布。

上述训练方法比玻尔兹曼训练更快，但是它仍然很慢。此外，它可能导致在错误方向上的步骤并造成不稳定。由于柯西分布可能产生非常大的 Δw，所以网络可能会被卡住。为了避免这种情况发生，可能会设置硬性限制。作为选择，可以使用与激活函数类似的算法修正 Δw，即

$$\Delta w(\text{修正}) = -M + \frac{2M}{1+\exp(-\Delta w/M)} \tag{11.12}$$

其中，M 为 Δw(修正)振幅的硬性限制。

11. A　统计训练案例研究：字符识别的随机 Hopfield 网络[①]

11. A. 1　概述

第 11. A 节案例研究关注的是没有遇到局部最小值的情况，因此随机网络似乎没有优点。现在提出了一个问题，即在某些情况下，随机网络可以改进确定性网络，因为局部最小值确实存在。尽管如此，即使在目前的案例研究中，随机算法也并不总是优于确定性算法，如下面的结果所示。

11. A. 2　问题陈述

本案例研究的问题是噪声字符的识别问题。具体来说，我们试图识别字符 H、5、1，且它们都在一个 8×8 的矩阵中表示。本研究采用的 Hopfield 网络原理图如图 11. A. 1 所示。该研究比较了确定性 Hopfield 网络和等效的随机 Hopfield

---

① Computed by Sanjeev Shah，EECS Dept.，University of Illinois，Chicago，1993.

网络的识别性能。前者大致类似于第 7. A 节的案例研究，后者通过柯西方法和前面讨论的玻尔兹曼方法（如第 11. B 节的案例研究）模拟退火。

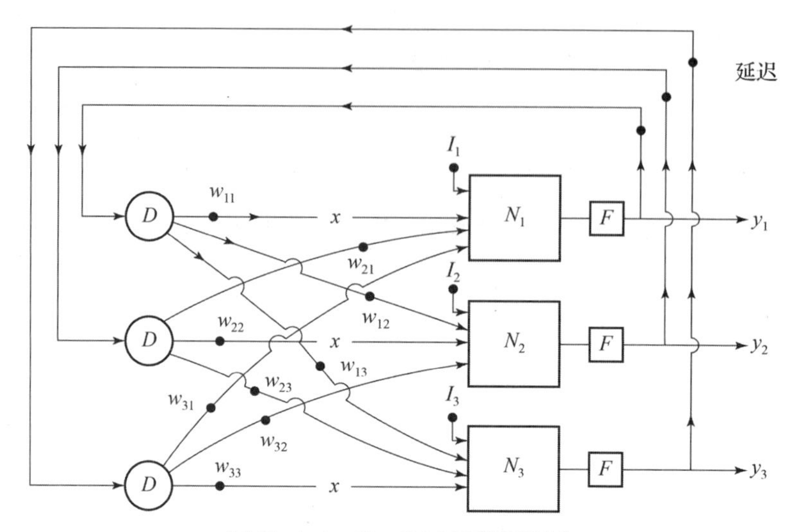

图 11. A. 1 Hopfield 网络原理图

11. A. 3 算法设置

我们考虑元素 x_i 的 8 ×8 矩阵输入及其网络值（通过 x_i 的 sigmoid 函数计算，表示为 net_i），然后采用参考文献（Freeman and Skapura，1991）中的过程如下：

（1）将不完整或修改的向量 $\bar{\boldsymbol{x}}'$应用于 Hopfield 网络的输入。

（2）随机选择一个输入并计算其相应的网络值 net_k。

（3）以 $p_k = \dfrac{1}{1 + \mathrm{e}^{-\text{net}_k/T}}$的概率赋值 $x_k = 1$。将 p_k 与从［0，1］区间均匀分布中得到的数字 z 进行比较。若 $z \leqslant p_k$，则保持 x_k。

（4）重复（2）和（3），直到所有单元都被选择更新。

（5）重复（4），直到在给定温度 T 下达到热平衡。在热平衡时，单元的输出保持不变或在任何两个处理周期之间非常小的允许偏差范围内。

（6）降低 T，重复步骤（2）~（6）。

根据玻尔兹曼和柯西时间表，温度会降低。通过在模式召回期间执行退火，试图避免浅层的局部最小值。

11. A. 4　计算结果

上面讨论的网络考虑了 8 ×8 矩阵格式的输入。Hopfield 网络输入的样例模式和相应的作为网络输出的洁净样本如图 11. A. 2 所示。识别结果如表 11. A. 1 所示。

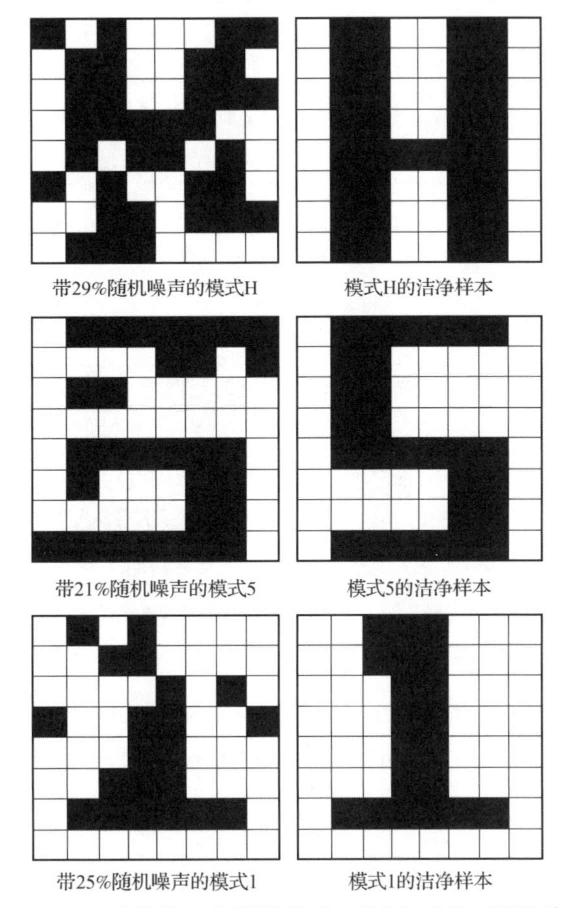

图 11. A. 2　Hopfield 网络输入的样例模式和相应的作为网络输出的洁净样本

表 11. A. 1　识别结果

确定性 Hopfield 网络（无模拟退火）				
样本数/m	无噪声输入	随机噪声(1%~10%)	随机噪声(11%~20%)	随机噪声(21%~30%)
3	100	67	78	67
4	75	66	76	54
5	87	80	45	47
以百分数表示，当一个应用图像模式的记忆与它的范例相对应时的案例数				

续表

Hopfield 网络——模拟退火（玻尔兹曼方法启动温度 6，迭代 150）				
样本数/m	无噪声输入	随机噪声（1%～10%）	随机噪声（11%～20%）	随机噪声（21%～30%）
3	44	26	34	17
4	75	100	63	95
5	43	35	36	28
以百分数表示，当一个应用图像模式的记忆与它的范例相对应时的案例数				
Hopfield 网络——模拟退火（柯西方法）				
样本数/m	无噪声输入	随机噪声（1%～10%）	随机噪声（11%～20%）	随机噪声（21%～30%）
3	33	5	14	1
4	38	49	7	25
5	37	35	36	29
以百分数表示，当一个应用图像模式的记忆与它的范例相对应时的案例数				

表 11. A. 1 的结果表明，玻尔兹曼退火优于柯西退火（$m=5$ 情况除外）。正如理论所表明的那样（见第 11 章），似乎随着 m 的增大，柯西退火可能会得到改善。此外，在大多数情况下，确定性网络优于随机（玻尔兹曼）网络。然而，在 4 个噪声样本的情况下（$m=4$），随机网络通常要好得多。这表明确定性网络可能陷入了随机网络避免的局部最小值。

Hopfield 网络的样本数量受到存储模式样本能力的限制。在使用的 64 个节点网络中，我们不能存储超过 5 个样本，这低于记忆错误很低时的经验低点，即

$$m < 0.15N \tag{11. A. 1}$$

根据式（11. A. 1），可以得到 $m=9$。

11. B 统计训练案例研究：使用随机感知机模型识别 AR 信号参数[①]

11. B. 1 问题设置

本案例研究与第 4. A 节的案例研究相似，该案例研究基于感知机的递归模

① Computed by Alvin Ng, EECS Dept., University of Illinois, Chicago, 1994.

型，用于识别信号自回归（AR）参数。在第 4. A 节中，一个确定性感知机被用于识别，本案例研究采用随机感知机模型用于相同目的。

考虑信号 $x(n)$ 满足一个纯 AR 时间序列模型，由 AR 方程给出：

$$x(n) = \sum_{i=1}^{m} a_i x(n-i) + w(n) \tag{11.B.1}$$

式中，m 为模型阶数；a_i 为 AR 参数向量（alpha）的第 i 个元素。

用于生成 $x(n)$ 的真实 AR 参数（神经网络未知）为

$$a_1 = 1.15$$

$$a_2 = 0.17$$

$$a_3 = -0.34$$

$$a_4 = -0.01$$

$$a_5 = 0.01$$

如第 4. A 节所述，寻求 a_i 的估计值 $\hat{a}_i$，以最小化给出的 MSE（均方误差）项

$$\mathrm{MSE} = \hat{E}[e^2(n)] = \frac{1}{N}\sum_{i=1}^{N} e^2(i) \tag{11.B.2}$$

它是误差 $e(n)$ 在 N 个采样点上的抽样方差，$e(n)$ 定义为

$$e(n) = x(n) - \hat{x}(n) \tag{11.B.3}$$

其中，

$$\hat{x}(n) = \sum_{i=1}^{m} \hat{a}_i x(n-i) \tag{11.B.4}$$

$\hat{a}_i$ 是估计的（识别的）AR 参数，正如神经网络所寻求的那样，完全（到目前为止）与第 4. A 节的确定性案例相同。我们注意到，式（11. B. 4）也可以写成矢量形式，即

$$\begin{cases} \hat{x}(n) = \hat{\boldsymbol{a}}^{\mathrm{T}}\boldsymbol{x}_n; \quad \hat{\boldsymbol{a}} = [\hat{a}_1, \cdots, \hat{a}_m]^{\mathrm{T}} \\ \boldsymbol{x}_n = [x(n-1), \cdots, x(n-m)]^{\mathrm{T}} \end{cases} \tag{11.B.5}$$

其中，T 表示转置。

随机训练的过程描述如下。

定义

$$E(n)=\gamma e^2(n) \tag{11.B.6}$$

其中，$\gamma=0.5$，$e(n)$为误差能量。随后，通过 $\Delta\hat{a}$ 更新式（11.B.5）的权值向量（参数向量估计）$\hat{a}(n)$，即

$$\Delta\hat{a}(n)=\rho T\cdot\tanh(r) \tag{11.B.7}$$

式中，r 为均匀分布的随机数；T 为温度；ρ 为学习率系数，$\rho=0.001$。

为此，我们使用柯西过程进行模拟退火。由于柯西过程可能产生非常大的 $\Delta\hat{a}$，这可能导致网络卡住，因此将 $\Delta\hat{a}$ 的计算修改为下式

$$\Delta\hat{a}_{修改}=-M+\frac{2m}{1+\exp\left(-\frac{\Delta\hat{a}}{M}\right)} \tag{11.B.8}$$

其中，M 为硬性限制值，且 $-M\leqslant\Delta\hat{a}_{修改}\leqslant M$。现在，使用式（11.B.3）~（11.B.6）和新的权值（参数估计）向量重新计算 e、$E(n)$。如果误差减小，则参数估计得到改进并接受新的权值。如果不是，则从柯西分布中找出接受这个新权值的概率 $P(\Delta e)$，并从均匀分布中选择一个随机数 r，将其与 $P(\Delta e)$进行比较。$P(\Delta e)$定义为

$$P(\Delta e)=\frac{T}{T^2+(\Delta e)^2} \tag{11.B.9}$$

其中，T 是等效（假设的）温度值。如果 $P(\Delta e)$小于 r，则网络仍然接受这种恶化的性能；否则，恢复旧的权值（参数估计）。对每个权值元素执行此过程。根据降温算法，逐渐降低温度 T 以保证收敛，即

$$T=\frac{T_0}{\log(1+k)} \tag{11.B.10}$$

其中，$T_0=200$ K。

此权值更新将持续进行，直到均方误差（MSE）足够小。如果 MSE <0.1，则网络应该停止。

随机训练流程图如图 11.B.1 所示。

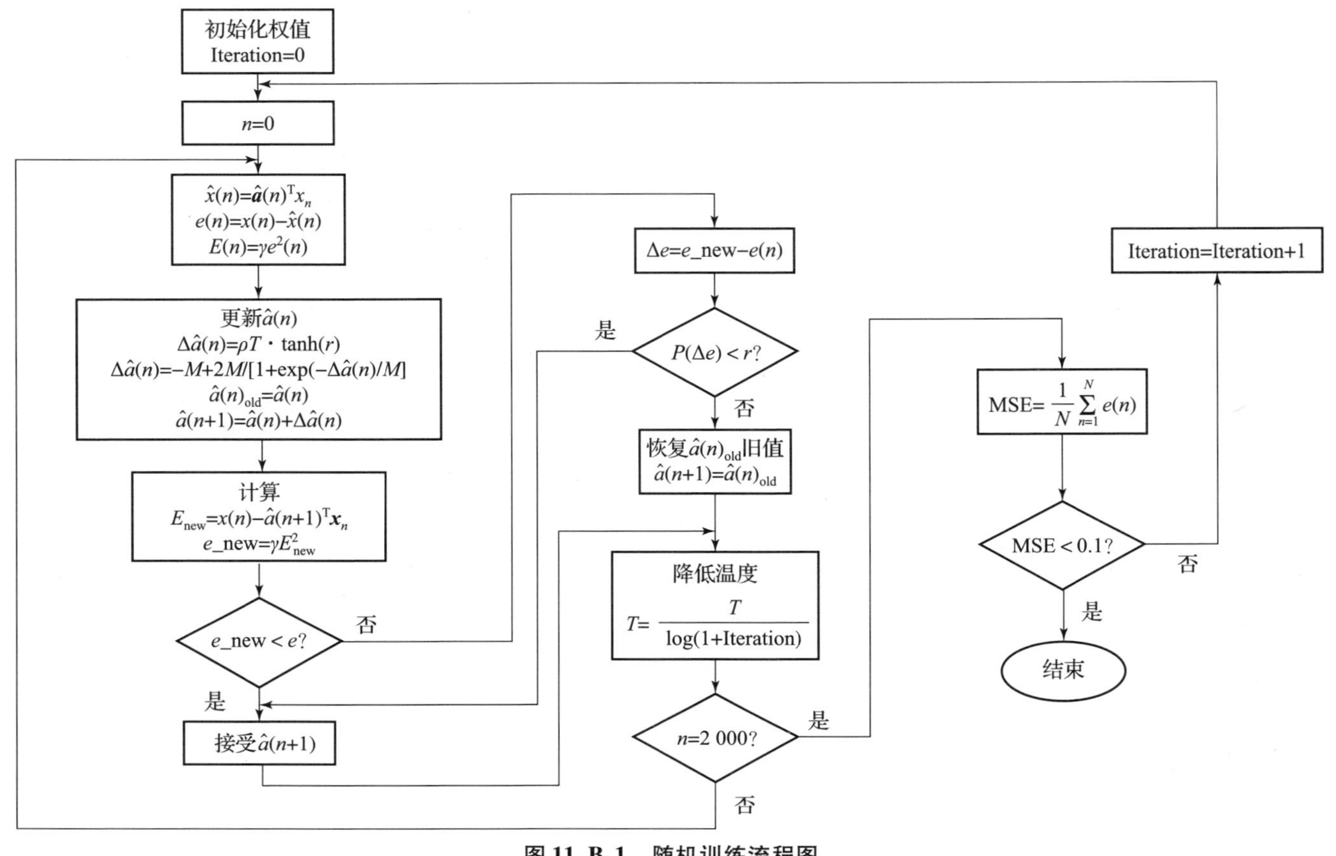

图 11. B. 1　随机训练流程图

11. B. 2 源码（MATLAB® 语言编写，也可参考第 4. A 节）

```
MATLAB FILE


APPROACH:    STOCHASTIC TRAINING.


w1 = rand(5,1)/5;
delw = 0;
f1 = fopen('BP2.error','w');
fprintf(f1,'This is the training parameter of each iteration using Stochastic Trainingа\n
fprintf(f1,'-----------------------------------------------------------------------\n

gamma = 0.5;
rho = 0.001;
BOLTZ_CONST = 8.617/100;
TEMP = 300;      % INITIAL TEMPERATURE
M = 0.0006;       % HARD LIMIT ON THE AMPLITUDE OF delw

n = 5; ITERATION=2000;
Xpad = zeros(ITERATION+n,1);
Xpad(n+1:n+ITERATION) = X;
Xest = zeros(ITERATION+n,1);
error = zeros(size(X));
MSE = zeros(2000,1);
count = 1;
T = TEMP;
        for loop=1:40000
            for i=n+1:n+ITERATION
                xt = Xpad(i-n:i-1) ;
                dt = Xpad(i);
                E = dt - w1''*xt;
             error(i-n) = E;
                e = gamma*(E^2);
                    w1old = w1;
                % CAUCHY DISTRIBUTION OF WEIGHT CHANGE
                    delw = rho*T*tan(rand(5,1)*180/pi);
                % MODIFIED ON DELTA OMAGE delw
                    delw = -M + 2*M./(1+exp(-delw/M));
                    w1 = w1 + delw;
                    Enew = dt - w1''*xt;
                    enew = gamma*(Enew^2);
                    if enew < e
                        % DO NOTHING, KEEP delta_w
                    else
                       delE = enew - e;
                    %  if boltzmann(delE,BOLTZ_CONST,T) > rand(1)
                       if cauchy(delE,T) > rand(1)
                          % DO NOTHING, ACCEPT THIS WORSENING OF PERFORMANCE
                       else
                          % RESTORE OLD WEIGHT
                          w1 = w1old;
                       end
                    end
                % TEMPERATURE REDUCTION
                T = TEMP/log10(1+loop);
 if round(i/100)*100 == i
 %  disp([e  fliplr(w1')]);
 end
            end
 if  round(loop/10)*10 == loop
      MSE(loop) = (error'*error)/ITERATION;
     fprintf(f1,'\n%4d\t%7.4f\t%7.4f\t%7.4f\t%7.4f\t%7.4f',[loop  fliplr(w1')]);
     fprintf(f1,'\n  \t       MEANSQUARE ERROR = %6.4f\n\n',MSE(loop));
 end
       end

fclose(f1);
```

11. B. 3　每次迭代的估计参数集（使用随机训练）

```
---------------------------------------------------------------------------

 10      0.7769  0.2582  0.0991 -0.1246 -0.0452
                MEANSQUARE ERROR = 1.2805

 20      0.9435  0.1915  0.0005 -0.1217 -0.0303
                MEANSQUARE ERROR = 1.0878

 30      1.0092  0.1842 -0.0735 -0.1435  0.0141
                MEANSQUARE ERROR = 1.0704

 40 -    1.0778  0.1761 -0.1427 -0.1796  0.0557
                MEANSQUARE ERROR = 1.0488

 50      1.0555  0.1559 -0.1420 -0.1342  0.0406
                MEANSQUARE ERROR = 1.0482

 60      1.1062  0.1371 -0.2177 -0.0669  0.0380
                MEANSQUARE ERROR = 1.0309

 70      1.1142  0.0982 -0.2049 -0.0733  0.0226
                MEANSQUARE ERROR = 1.0443

 80      1.0693  0.1918 -0.2115 -0.0955  0.0194
                MEANSQUARE ERROR = 1.0350

 90      1.0444  0.2316 -0.1684 -0.1929  0.0748
                MEANSQUARE ERROR = 1.0478

100      1.0707  0.2436 -0.1868 -0.1585 -0.0101
                MEANSQUARE ERROR = 1.0578

110      1.0327  0.2228 -0.1414 -0.1915  0.0620
                MEANSQUARE ERROR = 1.0687

120      0.9815  0.2631 -0.1140 -0.1457 -0.0076
                MEANSQUARE ERROR = 1.0609

130      0.9532  0.3169 -0.1408 -0.2056  0.0534
                MEANSQUARE ERROR = 1.0629

140      0.9414  0.3904 -0.2188 -0.1987  0.0953
                MEANSQUARE ERROR = 1.0749

150      0.9473  0.4501 -0.2605 -0.2085  0.0540
                MEANSQUARE ERROR = 1.0739
```

```
160      0.9440  0.4304 -0.3314 -0.1286  0.0674
              MEANSQUARE ERROR = 1.0696


170      0.9992  0.4072 -0.3287 -0.0955 -0.0094
              MEANSQUARE ERROR = 1.0562


180      0.9527  0.4030 -0.3165 -0.0485 -0.0233
              MEANSQUARE ERROR = 1.0637


190      1.0022  0.3541 -0.2902 -0.0899  0.0154
              MEANSQUARE ERROR = 1.0496


200      1.0391  0.3314 -0.3456 -0.0738  0.0173
              MEANSQUARE ERROR = 1.0439


210      1.0158  0.3563 -0.2567 -0.1330  0.0024
              MEANSQUARE ERROR = 1.0412


220      1.0215  0.3571 -0.2440 -0.1683  0.0411
              MEANSQUARE ERROR = 1.0723


230      0.9804  0.3410 -0.2095 -0.1265  0.0126
              MEANSQUARE ERROR = 1.0526


240      1.0158  0.2938 -0.2264 -0.1370  0.0465
              MEANSQUARE ERROR = 1.0550


250      0.9579  0.2619 -0.1867 -0.0241 -0.0235
              MEANSQUARE ERROR = 1.0796


260      0.9859  0.2968 -0.2073 -0.0218 -0.0710
              MEANSQUARE ERROR = 1.0576


270      0.9902  0.2467 -0.1936 -0.0358 -0.0375
              MEANSQUARE ERROR = 1.0499


280      1.0531  0.2162 -0.2085 -0.0487 -0.0420
              MEANSQUARE ERROR = 1.0355


290      1.0592  0.1586 -0.1366 -0.0459 -0.0364
              MEANSQUARE ERROR = 1.0540


300      0.9678  0.1901 -0.0800 -0.0669 -0.0412
              MEANSQUARE ERROR = 1.0757


310      1.0208  0.1913 -0.1121 -0.0686 -0.0484
              MEANSQUARE ERROR = 1.0508


320      1.1222  0.1262 -0.1008 -0.1095 -0.0545
              MEANSQUARE ERROR = 1.0523
```

```
1810       1.0699  0.3708 -0.4338 -0.0244  0.0053
                MEANSQUARE ERROR - 1.0498

1820       1.1676  0.2528 -0.4968  0.0365  0.0249
                MEANSQUARE ERROR - 1.0458

1830       1.1143  0.2332 -0.3752  0.0477 -0.0215
                MEANSQUARE ERROR - 1.0336

1840       1.1391  0.1976 -0.4625  0.0816  0.0328
                MEANSQUARE ERROR - 1.0522

1850       1.0724  0.2908 -0.4057 -0.0012  0.0255
                MEANSQUARE ERROR - 1.0376

1860       1.0807  0.2777 -0.3864  0.0646 -0.0581
                MEANSQUARE ERROR - 1.0484

1870       1.0253  0.2623 -0.3482  0.0490 -0.0292
                MEANSQUARE ERROR - 1.0564

1880       1.0206  0.3282 -0.3571 -0.0071  0.0084
                MEANSQUARE ERROR - 1.0472

1890       1.0105  0.3136 -0.3425 -0.0476  0.0395
                MEANSQUARE ERROR - 1.0438

1900       1.0307  0.3859 -0.4360  0.0032 -0.0140
                MEANSQUARE ERROR - 1.0498

1910       1.0271  0.3962 -0.4764  0.0444 -0.0090
                MEANSQUARE ERROR - 1.0551

1920       1.0156  0.4603 -0.4436  0.0538 -0.1175
                MEANSQUARE ERROR - 1.1041

1930       0.9702  0.4214 -0.4306  0.0619 -0.0482
                MEANSQUARE ERROR - 1.0726

1940       0.9359  0.3811 -0.3517  0.0656 -0.0476
                MEANSQUARE ERROR - 1.0999

1950       1.0105  0.3883 -0.3834  0.1021 -0.1136
                MEANSQUARE ERROR - 1.0827

1960       1.0255  0.3171 -0.3448  0.0288 -0.0547
                MEANSQUARE ERROR - 1.0434

1970       1.0705  0.2556 -0.4278  0.1039 -0.0429
                MEANSQUARE ERROR - 1.0395
```

可以观察到，本案例研究的随机算法收敛速度比第 4. A 节的确定并行版本的收敛速度要慢得多。这是可以预期的，由于相对于确定性算法的系统性质，目前的搜索算法具有随机性。随机算法的主要优点是避免了在当前问题中不会出现的局部最小值。在目前的情况下，我们似乎经常得到非常接近好的估计，只是稍后（由于搜索的随机性）被抛弃。下一个案例研究（第 12. A 节）将展示一些情况，其中确定性网络卡在局部最小值，而在某些情况下，随机性网络克服了这个缺点。

第 12 章 循环（时间周期）反向传播网络

12.1 循环/离散时间网络

一个循环结构可以被引入到反向传播神经网络，其方式是在一个学习周期完成后将网络的输出反馈给输入。这种循环特征处于权值计算的离散步骤（周期）。它首先由 Rumelhart 等人（1986）提出，随后由 Pineda（1988）、Hecht - Nielsen（1990）和 Hertz 等人（1991）提出。这种安排允许使用少量隐藏层（也就是权值）的反向传播。如果使用 m 个循环计算，则其有效性相当于使用 m 倍的网络层数（Fausett，1993）。

图 12.1 描述了一个循环（时间周期）反向传播网络结构。反馈回路中的延迟单元（图 12.1 中的 D）在时间步（epochs，通常对应于单次迭代）之间分离。在首轮结束时，输出被反馈到输入。或者，可以在每轮训练结束时单独反馈输出误差，作为下一轮训练的输入。

图 12.1 所示网络在一个完整序列（集合）的不同时间步接收输入 x_1 和 x_2，该序列（集合）构成首轮（周期）。权值计算与传统的反向传播网络一样计算，并且在一个轮次的所有时间步上相加，直到该轮次结束时才对权值进行实际调整。在每个时间步，输出 y_1 和 y_2 被反馈作为下一个时间步的输入。在对所有输入进行一次完整扫描后，下一个轮次将开始对与前一个轮次相同的输入和时间步进行新的完整扫描。当输入的数量与输出的数量不同时，可以采用图 12.2 的循环神经网络结构（3 个输入/2 个输出）。

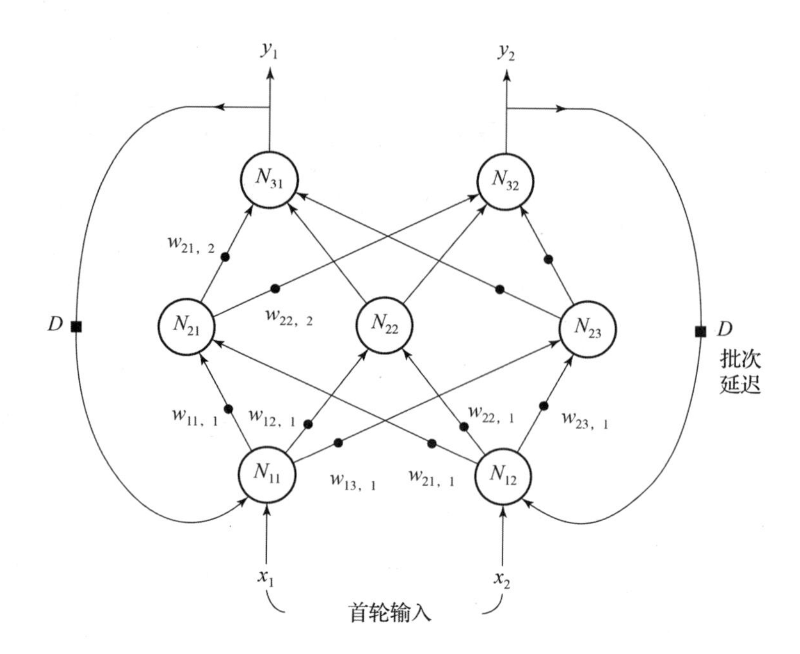

图 12.1　循环（时间周期）反向传播网络结构

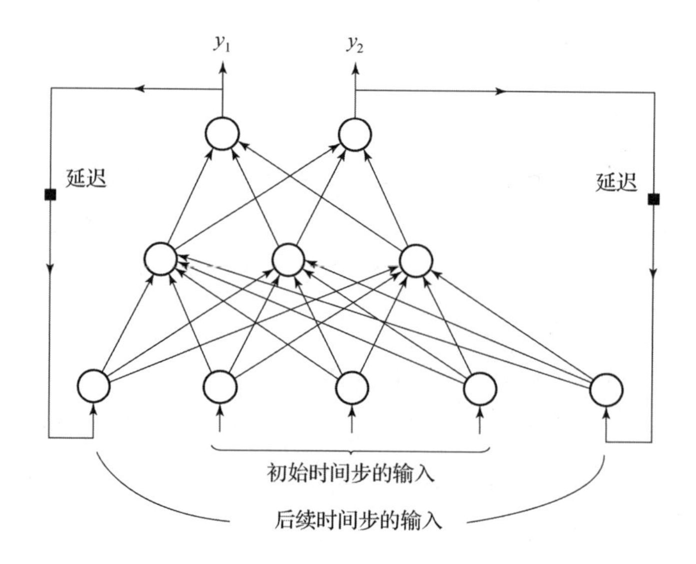

图 12.2　循环神经网络结构（3 个输入/2 个输出）

图 12. 1 和图 12. 2 中的两种结构都相当于一个结构，其中基本网络（除了从一个时间步到另一个时间步的反馈）重复 m 次，以解释循环结构中的时间步，如图 12. 3 所示。

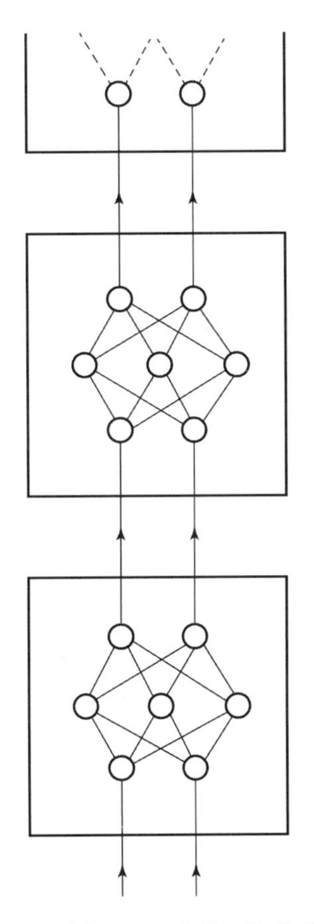

图 12. 3　图 12. 1 和图 12. 2 中循环结构的非循环等效

12. 2　完全循环反向传播网络

完全循环反向传播网络与第 12. 1 节的网络类似，不同之处是每一层反馈到前一层，而第 12. 1 节的网络是从 n 层网络的输出反馈到网络的输入，如图 12. 4 所示。此时，每轮的输出成为下一轮循环神经元的输入。

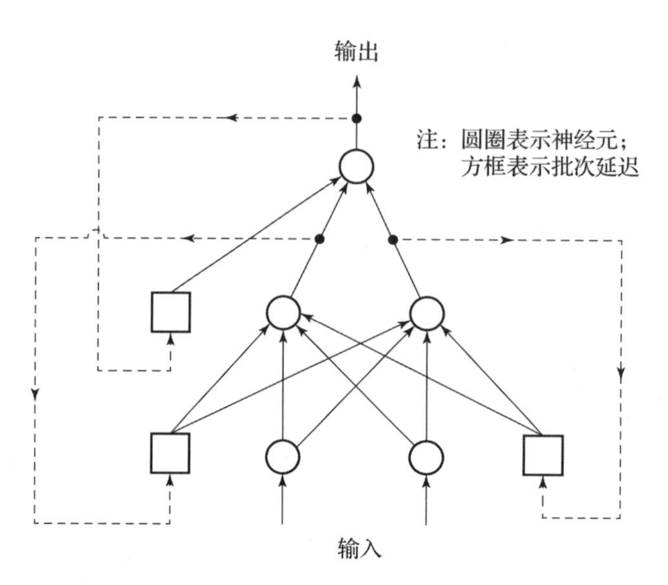

图 12.4 完全循环反向传播网络

12.3 连续循环反向传播网络

基于连续循环反向传播的神经网络采用与图 12.1 和图 12.2 相同的结构，但循环在无限小的时间间隔内重复。因此，循环服从连续 Hopfield 网络中的微分方程级数，即

$$\tau \frac{\mathrm{d}y_i}{\mathrm{d}t} = -y_i + g\left(x_i + \sum_j w_{ij} v_j\right) \tag{12.1}$$

其中，τ 为时间常数系数；x_i 为外部输入；$g(\cdots)$ 表示激活函数；y_i 表示输出；v_j 为隐藏层神经元的输出。对于稳定性，要求式（12.1）至少存在一个稳定解，即

$$y_i = g\left(x_i + \sum_j w_{ij} v_j\right) \tag{12.2}$$

12. A　循环反向传播案例研究：字符识别问题[①]

12. A. 1　概述

本案例研究使用循环反向传播神经网络解决简单的字符识别问题。任务是使用神经网络识别 3 个字符，即将它们映射到各自的配对 {0, 1}、{1, 0} 和 {1, 1}。网络还应该产生一个特殊的错误信号 0 来响应任何其他字符。

12. A. 2　神经网络设计

神经网络由 3 层组成，即 1 个输出层和 2 个隐藏层，每层 2 个神经元。有 36 个常规输入到网络，2 个输入连接到 2 个输出误差。因此，神经网络总共有 38 个输入。神经网络如第 6. A 节所示，它除了是一个循环网络外，它的输出 y_1 和 y_2 在每次迭代结束时作为额外的输入反馈。具有可训练权值的偏差项（等于 1）也包含在网络结构中。循环反向传播神经网络结构如图 12. A. 1 所示。

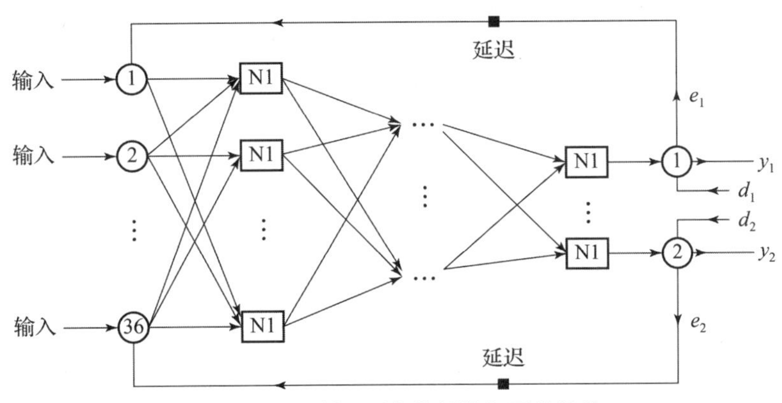

图 12. A. 1　循环反向传播神经网络结构

数据集设计：

该神经网络旨在识别字符 A、B 和 C。为了训练网络产生错误信号，我们将使用另外 6 个字符，即 D、E、F、G、H 和 I。为了检查网络是否已经学会识别

① Computed by Maxim Kolesnikov, ECE Dept., University of Illinois, Chicago, 2006.

错误，我们将使用字符 X、Y 和 Z。注意，我们感兴趣的是检查网络对训练过程中不涉及的错误字符的响应。待识别的字符在 6 ×6 网格上给出。36 个像素中的每一个都被设置为 0 或 1。对应的 6 ×6 矩阵如下：

```
A：001100  B：111110  C：011111
   010010     100001     100000
   100001     111110     100000
   111111     100001     100000
   100001     100001     100000
   100001     111110     011111
D：111110  E：111111  F：111111
   100001     100000     100000
   100001     111111     111111
   100001     100000     100000
   100001     100000     100000
   111110     111111     100000
G：011111  H：100001  I：001110
   100000     100001     000100
   100000     111111     000100
   101111     100001     000100
   100001     100001     000100
   011111     100001     001110
X：100001  Y：010001  Z：111111
   010010     001010     000010
   001100     000100     000100
   001100     000100     001000
   010010     000100     010000
   100001     000100     111111
```

权值设置：

采用反向传播学习方法求解该问题，该算法的目标是最小化输出层的误差能量。权值设置与第 6 章第 6.2 节的常规反向传播相同。

本案例研究的源代码（用 C++编写）在第 12.A.5 节中给出。

12.A.3　结果

训练模式：

为了训练网络识别上述字符，我们将相应的 6×6 网格以 1×36 向量的形式应用于网络输入。另外，两个输入最初被设置为零，在训练过程中被设置为当前输出误差。如果网络的两个输出与各自期望值相差不超过 0.1，则认为一个字符已被识别。初始学习率 η 设为 1.5，每 100 次迭代后降低 1/2。就像在常规的反向传播（第 6.A 节）中，在每 400 次迭代之后，我们将学习率重置为其初始值，以防止学习过程陷入局部最小值。然后，在大约 3 000 次迭代后，我们能够正确识别所有数据集。我们一直持续到完成 5 000 次迭代，以确保能量误差值不能进一步降低。此时，我们得到：

TRAINING VECTOR 0：[0.0296153 0.95788] — RECOGNIZED —

TRAINING VECTOR 1：[0.963354 2.83491e-06] — RECOGNIZED —

TRAINING VECTOR 2：[0.962479 0.998554] — RECOGNIZED —

TRAINING VECTOR 3：[0.0162449 0.0149129] — RECOGNIZED —

TRAINING VECTOR 4：[0.0162506 0.0149274] — RECOGNIZED —

TRAINING VECTOR 5：[0.0161561 0.014852] — RECOGNIZED —

TRAINING VECTOR 6：[0.0168284 0.0153119] — RECOGNIZED —

TRAINING VECTOR 7：[0.016117 0.0148073] — RECOGNIZED —

TRAINING VECTOR 8：[0.016294 0.0149248] — RECOGNIZED —

训练向量 0、1、…、8 在这些日志条目中对应字符 A、B、…、I。

识别结果（测试运行）：

（1）错误检测。为了检查错误检测性能，我们将得到的权值保存到一个数据文件中，修改程序中的数据集，用字符 X、Y 和 Z 替换字符 G、H 和 I（训练向量 6、7 和 8）。然后运行程序，从数据文件中加载之前保存的权值，并将输入数据应用到网络中。注意，我们没有进行进一步的训练。得到以下结果：

TRAINING VECTOR 6：[0.00599388 0.00745234] — RECOGNIZED —

TRAINING VECTOR 7：[0.0123415 0.00887678] — RECOGNIZED —

TRAINING VECTOR 8：[0.0433571 0.00461456] — RECOGNIZED —

所有 3 个字符都成功映射到错误信号 {0，0}。

（2）鲁棒性。为了研究该神经网络的鲁棒性，我们在输入中添加了一些噪声，得到了以下结果。在 1 位失真（总共 36 位）的情况下，识别率如下：

TRAINING SET 0：18/38 recognitions（47.368 4%）

TRAINING SET 1：37/38 recognitions（97.368 4%）

TRAINING SET 2：37/38 recognitions（97.368 4%）

TRAINING SET 3：5/38 recognitions（13.157 9%）

TRAINING SET 4：5/38 recognitions（13.157 9%）

TRAINING SET 5：5/38 recognitions（13.157 9%）

TRAINING SET 6：6/38 recognitions（15.789 5%）

TRAINING SET 7：5/38 recognitions（13.157 9%）

TRAINING SET 8：6/38 recognitions（15.789 5%）

如果每个字符有 2 个错误位，那么性能就更差了。

12.A.4 讨论和结论

综上可知，我们能够训练神经网络，使其成功识别 3 个给定的字符，同时能够将其他字符分类为错误。然而，对失真的输入数据集，结果并不好。在 1 位和 2 位失真情况下，我们训练的网络成功地识别了字符 A、B 和 C（字符 A 可能例外，但可以通过增加迭代次数来改进），但对其他字符的识别度并不高。

将此结果与使用纯反向传播获得的结果进行比较，可以看到对于这个特定问题，如果将噪声位添加到数据中，与常规（非循环）反向传播相比，循环会使识别结果恶化。此外，由于引入了循环输入，我们不得不将网络输入的总数增加 2。这导致了网络中权值数量的增加，因此在某种程度上减慢了学习速度。

12.A.5 源码（C++）

```
#include <cmath>
#include <iostream>
#include <fstream>
using namespace std;
#define N_DATASETS 9
#define N_INPUTS 38
#define N_OUTPUTS 2
#define N_LAYERS 3
//{# inputs, # of neurons in L1, # of neurons in L2, # of neurons in L3}
short conf[4] = {N_INPUTS, 2, 2, N_OUTPUTS};
//According to the number of layers double **w[3], *z[3], *y[3], *Fi
[3], eta; ofstream
ErrorFile("error.txt", ios::out);
//3 training sets; inputs 36 and 37 (starting from 0) will be used for
//feeding back the output error
bool dataset[N_DATASETS][N_INPUTS] = {
{0, 0, 1, 1, 0, 0,      //'A'
 0, 1, 0, 0, 1, 0,
 1, 0, 0, 0, 0, 1,
 1, 1, 1, 1, 1, 1,
 1, 0, 0, 0, 0, 1,
 1, 0, 0, 0, 0, 1, 0, 0},
{1, 1, 1, 1, 1, 0,      //'B'
 1, 0, 0, 0, 0, 1,
 1, 1, 1, 1, 1, 0,
 1, 0, 0, 0, 0, 1,
 1, 0, 0, 0, 0, 1,
 1, 1, 1, 1, 1, 0, 0, 0},
{0, 1, 1, 1, 1, 1,      //'C'
 1, 0, 0, 0, 0, 0,
 1, 0, 0, 0, 0, 0,
 1, 0, 0, 0, 0, 0,
 1, 0, 0, 0, 0, 0,
 0, 1, 1, 1, 1, 1, 0, 0},
{1, 1, 1, 1, 1, 0,      //'D'
 1, 0, 0, 0, 0, 1,
 1, 0, 0, 0, 0, 1,
 1, 0, 0, 0, 0, 1,
 1, 0, 0, 0, 0, 1,
 1, 1, 1, 1, 1, 0, 0, 0},
{1, 1, 1, 1, 1, 1,      //'E'
```

```
  1, 0, 0, 0, 0, 0,
  1, 1, 1, 1, 1, 1,
  1, 0, 0, 0, 0, 0,
  1, 0, 0, 0, 0, 0,
  1, 1, 1, 1, 1, 1, 0, 0},
{ 1, 1, 1, 1, 1, 1,       //'F'
  1, 0, 0, 0, 0, 0,
  1, 1, 1, 1, 1, 1,
  1, 0, 0, 0, 0, 0,
  1, 0, 0, 0, 0, 0,
  1, 0, 0, 0, 0, 0, 0, 0},
{ 0, 1, 1, 1, 1, 1,       //'G'
  1, 0, 0, 0, 0, 0,
  1, 0, 0, 0, 0, 0,
  1, 0, 1, 1, 1, 1,
  1, 0, 0, 0, 0, 1,
  0, 1, 1, 1, 1, 1, 0, 0},
{ 1, 0, 0, 0, 0, 1,       //'H'
  1, 0, 0, 0, 0, 1,
  1, 1, 1, 1, 1, 1,
  1, 0, 0, 0, 0, 1,
  1, 0, 0, 0, 0, 1,
  1, 0, 0, 0, 0, 1, 0, 0},
{ 0, 0, 1, 1, 1, 0,       //'I'
  0, 0, 0, 1, 0, 0,
  0, 0, 0, 1, 0, 0,
  0, 0, 0, 1, 0, 0,
  0, 0, 0, 1, 0, 0,
  0, 0, 1, 1, 1, 0, 0, 0}
//Below are the datasets for checking "the rest of the world". They
//are not the ones the NN was trained on.
/*
{ 1, 0, 0, 0, 0, 1,       //'X'
  0, 1, 0, 0, 1, 0,
  0, 0, 1, 1, 0, 0,
  0, 0, 1, 1, 0, 0,
  0, 1, 0, 0, 1, 0,
  1, 0, 0, 0, 0, 1, 0, 0},
{ 0, 1, 0, 0, 0, 1,       //'Y'
  0, 0, 1, 0, 1, 0,
  0, 0, 0, 1, 0, 0,
  0, 0, 0, 1, 0, 0,
  0, 0, 0, 1, 0, 0,
  0, 0, 0, 1, 0, 0, 0, 0},
{ 1, 1, 1, 1, 1, 1,       //'Z'
```

```
 0, 0, 0, 0, 1, 0,
 0, 0, 0, 1, 0, 0,
 0, 0, 1, 0, 0, 0,
 0, 1, 0, 0, 0, 0,
 1, 1, 1, 1, 1, 1, 0, 0} * /
},
datatrue[N_DATASETS][N_OUTPUTS] = {{0,1}, {1,0}, {1,1},
{0,0}, {0,0}, {0,0}, {0,0}, {0,0}, {0,0}};
//Memory allocation and initialization function void MemAllocAndInit(char S)
{
if(S == 'A')
for(int i = 0; i < N_LAYERS; i ++)
{
w[i] = new double * [conf[i + 1]]; z[i] = new double[conf[i + 1]];
y[i] = new double[conf[i + 1]]; Fi[i] = new double[conf[i + 1]];
for(int j = 0; j < conf[i + 1]; j ++)
{
}
}
w[i][j] = new double[conf[i] + 1];
//Initializing in the range ( -0.5;0.5) (including bias
//weight)
for(int k = 0; k <= conf[i]; k ++)
w[i][j][k] = rand() /(double)RAND_MAX - 0.5;
if(S == 'D')
{
for(int i = 0; i < N_LAYERS; i ++)
{
}
for(int j = 0; j < conf[i + 1]; j ++)
delete[] w[i][j];
delete[] w[i], z[i], y[i], Fi[i];
}
}
ErrorFile.close();
//Activation function double FNL(double z)
{
}
double y;
y = 1. /(1. + exp( -z));
return y;
//Applying input
void ApplyInput(short sn)
{
double input;
```

```
//Counting layers
for(short i = 0; i < N_LAYERS; i ++)
//Counting neurons in each layer for(short j = 0; j < conf[i + 1]; j ++)
{
z[i][j] = 0.;
//Counting input to each layer ( = # of neurons in the previous
//layer)
for(short k = 0; k < conf[i]; k ++)
{
//If the layer is not the first one if(i)
input = y[i - 1][k];
else
input = dataset[sn][k];
z[i][j] += w[i][j][k] * input;
}
}
}
z[i][j] += w[i][j][conf[i]];       //Bias term y[i][j] = FNL(z[i][j]);
//Training function, tr - # of runs void Train(int tr)
{
short i, j, k, m, sn;
double eta, prev_output, multiple3, SqErr, eta0;
//Starting learning rate eta0 = 1.5;
eta = eta0;
//Going through all tr training runs for(m = 0; m < tr; m ++)
{
SqErr = 0.;
//Each training run consists of runs through each training set for(sn = 0;
sn < N_DATASETS; sn ++)
{

ApplyInput(sn);
//Counting the layers down
for(i = N_LAYERS - 1; i >= 0; i --)
//Counting neurons in the layer for(j = 0; j < conf[i + 1]; j ++)
{
if(i == 2)//If it is the output layer multiple3 = datatrue[sn][j] - y[i][j];
else
{
}
multiple3 = 0.;
//Counting neurons in the following layer for(k = 0; k < conf[i + 2]; k +
+)
multiple3 += Fi[i + 1][k] * w[i + 1][k][j];
Fi[i][j] = y[i][j] * (1 - y[i][j]) * multiple3;
```

```
//Counting weights in the neuron
//(neurons in the previous layer)
for(k = 0; k < conf[i]; k ++)
{
{
switch(k)
{
case 36:
if(i) //If it is not a first layer prev_output = y[i - 1][k];
else
prev_output = y[N_LAYERS - 1][0] - datatrue[sn][0];
break;
case 37:
prev_output = y[N_LAYERS - 1][1] - datatrue[sn][1];
break;
default:
prev_output = dataset[sn][k];
}
}
}
w[i][j][k] += eta * Fi[i][j] * prev_output;

}
//Bias weight correction w[i][j][conf[i]] += eta * Fi[i][j];
}
SqErr += pow((y[N_LAYERS - 1][0] - datatrue[sn][0]), 2) +
pow((y[N_LAYERS - 1][1] - datatrue[sn][1]), 2);
}
}
ErrorFile << 0.5 * SqErr << endl;
//Decrease learning rate every 100th iteration if(! (m % 100))
eta /= 2.;
//Go back to original learning rate every 400th iteration if(! (m % 400))
eta = eta0;
//Prints complete information about the network void PrintInfo(void)
{
//Counting layers
for(short i = 0; i < N_LAYERS; i ++)
{
cout << "LAYER " << i << endl;
//Counting neurons in each layer for(short j = 0; j < conf[i + 1]; j ++)
{
cout << "NEURON " << j << endl;
//Counting input to each layer ( = # of neurons in the previous layer)
for(short k = 0; k < conf[i]; k ++)
```

```
cout << "w[" << i << "][" << j << "][" << k << "] = "
 << w[i][j][k] << ' ';
cout << "w[" << i << "][" << j << "][BIAS] = "
 << w[i][j][conf[i]] << ' ' << endl;
cout << "z[" << i << "][" << j << "] = " << z[i][j] << endl;
cout << "y[" << i << "][" << j << "] = " << y[i][j] << endl;
}
}

}
//Prints the output of the network void PrintOutput(void)
{
//Counting number of datasets
for(short sn = 0; sn < N_DATASETS; sn ++ )
{
}
}
ApplyInput(sn);
cout << "TRAINING SET " << sn << ": [ ";
//Counting neurons in the output layer for(short j = 0; j < conf[3]; j ++ )
cout << y[N_LAYERS - 1][j] << ' ';
cout << "] ";
if(y[N_LAYERS - 1][0] > (datatrue[sn][0] - 0.1)
&& y[N_LAYERS - 1][0] < (datatrue[sn][0] + 0.1)
&& y[N_LAYERS - 1][1] > (datatrue[sn][1] - 0.1)
&& y[N_LAYERS - 1][1] < (datatrue[sn][1] + 0.1))
cout << " --- RECOGNIZED --- ";
else
cout << " --- NOT RECOGNIZED --- ";
cout << endl;
//Loads weights from a file void LoadWeights(void)
{
double in;
ifstream file("weights.txt", ios::in);
//Counting layers
for(short i = 0; i < N_LAYERS; i ++ )
//Counting neurons in each layer for(short j = 0; j < conf[i + 1]; j ++ )
//Counting input to each layer ( = # of neurons in the previous layer)
for(short k = 0; k <= conf[i]; k ++ )
{
}
file >> in;
w[i][j][k] = in;
}
file.close();
```

```
//Saves weights to a file void SaveWeights(void)
{
}
ofstream file("weights.txt", ios::out);
//Counting layers
for(short i = 0; i < N_LAYERS; i ++)
//Counting neurons in each layer for(short j = 0; j < conf[i + 1]; j ++)
//Counting input to each layer ( = # of neurons in the previous layer)
for(short k = 0; k <= conf[i]; k ++)
file << w[i][j][k] << endl;
file.close();
//Gathers recognition statistics for 1 and 2 false bit cases void
GatherStatistics(void)
{
short sn, j, k, TotalCases;
int cou;
cout << "WITH 1 FALSE BIT PER CHARACTER:" << endl; TotalCases = conf[0];
//Looking at each dataset
for(sn = 0; sn < N_DATASETS; sn ++)
{
cou = 0;
//Looking at each bit in a dataset for(j = 0; j < conf[0]; j ++)
{
if(dataset[sn][j])
dataset[sn][j] = 0;
}
else
dataset[sn][j] = 1; ApplyInput(sn);
if(y[N_LAYERS - 1][0] > (datatrue[sn][0] - 0.1)
&& y[N_LAYERS - 1][0] < (datatrue[sn][0] + 0.1)
&& y[N_LAYERS - 1][1] > (datatrue[sn][1] - 0.1)
&& y[N_LAYERS - 1][1] < (datatrue[sn][1] + 0.1))
cou ++;
//Switching back if(dataset[sn][j])
dataset[sn][j] = 0;
else
dataset[sn][j] = 1;
}
cout << "TRAINING SET " << sn << ": " << cou << '/' << TotalCases
 << " recognitions (" << (double)cou / TotalCases * 100. << "% )" <<
endl;
cout << "WITH 2 FALSE BITS PER CHARACTER:" << endl;
TotalCases = conf[0] * (conf[0] - 1);
//Looking at each dataset
for(sn = 0; sn < N_DATASETS; sn ++)
```

```
{
cou = 0;
//Looking at each bit in a dataset for(j = 0; j < conf[0]; j ++)
for(k = 0; k < conf[0]; k ++)
{
if(j == k)
continue;
if(dataset[sn][j])
dataset[sn][j] = 0;
else
dataset[sn][j] = 1;
if(dataset[sn][k])
dataset[sn][k] = 0;
else
dataset[sn][k] = 1;
}

ApplyInput(sn);
if(y[N_LAYERS - 1][0] > (datatrue[sn][0] - 0.1)
&& y[N_LAYERS - 1][0] < (datatrue[sn][0] + 0.1)
&& y[N_LAYERS - 1][1] > (datatrue[sn][1] - 0.1)
&& y[N_LAYERS - 1][1] < (datatrue[sn][1] + 0.1))
cou ++;
if(dataset[sn][j]) //Switching back dataset[sn][j] = 0;
else
dataset[sn][j] = 1;
if(dataset[sn][k])
dataset[sn][k] = 0;
else
dataset[sn][k] = 1;
}
}
cout << "TRAINING SET " << sn << ": " << cou << '/' << TotalCases
<< " recognitions ( " << (double)cou / TotalCases * 100. << "% )" <<
endl;
//Entry point: main menu int main(void)
{
short ch;
int x;
MemAllocAndInit('A');
do
{
cout << "MENU" << endl;
cout << "1. Apply input and print parameters" << endl;
cout << "2. Apply input (all training sets) and print output" << endl;
```

```
cout << "3. Train network" << endl; cout << "4. Load weights" << endl;
cout << "5. Save weights" << endl;
cout << "6. Gather recognition statistics" << endl;
cout << "0. Exit" << endl;
cout << "Your choice: ";
cin >> ch; cout << endl; switch(ch)
{
case 1: cout << "Enter set number: ";
cin >> x; ApplyInput(x); PrintInfo(); break;
case 2: PrintOutput();
break;
case 3: cout << "How many training runs?: ";
cin >> x; Train(x); break;
case 4: LoadWeights();
break;
case 5: SaveWeights();
break;
case 6: GatherStatistics();
break;
case 0: MemAllocAndInit('D');
return 0;
}
}
cout << endl;
cin.get();
cout << "Press ENTER to continue..." << endl;
cin.get();
}
while(ch);
```

第 13 章 深度学习神经网络：原则及范围

13.1 定义

深度学习神经网络（deep learning neural networks，DLNNs）可以被定义为一种神经网络架构，它可以促进深度学习、检索和分析隐藏在输入信息中且不易检索的数据。它深入挖掘输入数据的能力通常优于其他（非神经网络）计算方法，因为它对给定任务有效地集成了多种数学的、逻辑和计算的、线性或非线性的、分析或启发式的、确定性的或随机的方法。此外，它实质上必须基于神经网络原理，不能与一般的深度学习网络混淆。

深度学习神经网络的另一个定义（Dong and Yu，2014）是“DLNNs 是一类机器学习技术，它利用多层非线性信息处理来进行有监督和无监督的特征提取和转换以及模式分析和分类”。此外，DLNN 网络在其设计中通常是前馈网络。

顾名思义，当简单的方法不够时就需要深度学习（deep learning），必须深入挖掘。这通常需要庞大的知识库。尽管知识库是强大的工具，但这个“庞大”知识库必须是多种多样的，并且这些工具必须智能地集成。集成不能有偏见，且它必须依赖于基于其学习结果的无偏学习。

人工神经网络可以学习，因此深度学习神经网络必须学习并通过学习自适应地对整个知识库进行排序。这就是它的目的，也是本文的内容。与其他神经网络架构一样，DLNNs 架构通常在一定程度上尝试模仿生物大脑的架构，有时多一些，有时少一些。它们整合不存在于生物大脑中算法的能力，与大脑接收来自外部预处理器输入的能力并没有太大的不同。视觉输入在视网膜中进行预处理，声音输入在耳蜗中进行预处理（分别用于颜色识别或声音频率识别）。类似地，在被送到中枢神经系统之前，气味或味道的化学预处理是在鼻子或舌头进行的。在某种程度上，一个人甚至可以把他所读的文献，无论是科学的还是其他的，看作是知识的预处理器。

计算速度是影响 DLNNs 有效性的重要因素。因此，在本章和接下来的章节中，只要 DLNNs 的性能不受速度的影响（与其他方法相比），我们就将集中在计算速度相对较快的 DLNNs 上进行研究。

13.2 深度神经网络简史及其应用

深度学习从一开始就是机器智能的主要目标之一，因此这也是人工神经网络的主要目标之一。人们希望人工神经网络能够利用电子计算机的速度及其相关的编程能力，比人类更深入地挖掘信息、更有效地整合各种数学方法，并直接将它们应用于数据。人们一直期望科学进步能够揭示那些对特定应用不明显，但又特别重要的知识，并认为电子计算机是实现这一目标的工具。此外，人们希望实现这一目标的基础可以在模仿人脑一般结构的机器中找到，即人工神经网络结构。

第一个用于深度学习的通用人工神经网络是反向传播（BP）神经网络，由 David Rumelhart 等人于 1986 年提出（Rumelhart et al.，1986）。[类似的设计已经由 Paul Werbos 在 1974 年的博士论文中提出（Werbos，1974），然后由 D. B. Parker 在 1982 年提出（Parker，1982）。] 反向传播（BP）基于 Richard Bellman 的动态规划理论（Bellman，1961），并且仍然在几个主要的深度学习神经网络架构中使用。然而，尽管它具有通用性，但它本身速度太慢了，不能有效地集成深度学习可能需要的许多预滤波器或预处理数学算法。

1975 年，Kunihiko Fukushima（Fukushima K，1975）提出了认知机神经网络（cognitron neural network）来模仿视网膜的功能，用于机器视觉模式识别。他在 1980 年扩展了认知机，提出了神经认知机（neocognitron）（Fukushima K，1980），但它仍然非常笨重且运算速度相当缓慢，并且像它的前身认知机一样，仍然局限于视觉模式识别（参见第 10 章）。它不是一个深度学习网络，也不是一个卷积网络，但它后来成了最重要的卷积神经网络的基础，这部分内容将在第 14 章中讨论。

卷积神经网络（convolutional neural networks，CNN）已成为目前应用最广泛的深度学习神经网络。历史上，CNN 的灵感来自对视觉皮层的建模（Fukushima et al.，1980）。它起源于 Yann LeCun 及其同事的工作，该工作涉及图像（邮政编码）识别（LeCun et al.，1989）。因此，直到今天 CNN 仍主要应用于图像相关的问题也就不足为奇了。

在 1989 年的这项工作中，LeCun 等人将卷积纳入了他们基于 BP 的五层网络设计中，从而实现了比单独使用 BP 更深入、更快的学习。虽然这种早期设计的训练时间约为 3 天，但今天基于 LeCun 的 Le－Net 5 的 CNN 设计（LeCun et al.，1998），只需几分钟即可完成训练（取决于所涉及问题的复杂程度），特别是在采用并行处理的情况下。

Hinton 及其同事将基于 CNN 架构的应用范围扩展到语音识别和自然语言处理问题（Hinton et al.，2012）。因此，CNN 很快成为（静止和视频）图像处理和语音处理的主要方法，使其他架构黯然失色，如在大多数此类问题中基于支持向量机（support vector machine，SVM）或其他算法的架构。目前，CNN 的应用范围已经扩展到许多其他应用，只要这些应用可以表示或重新表述为二维或更高维度的空间形式，即矩阵或张量表示法或任何其他合适的特征图。因此，CNN 成为解决复杂深度学习问题使用最广泛的神经网络。

在文献中出现的许多 CNN 应用中，我们只列举以下几个（除了前面提到的之外）。

静态图像和视频应用：LeCun 推出 CNN 的应用（LeCun et al.，1989）、Ciresan 打破手写文本记录的应用（Ciresan，2012）、Ji 等人的 3D 应用（Ji，2012）、Simonyan 和 Zisserman 对视频的应用（Simonyan and Zisserman，2014）以及语音的应用（Abdel－Hamid et al.，2013）。

其他应用领域包括故障检测（Calderon － Martinez et al.，2006）、金融（Dixon et al.，2015）、搜索引擎（Rios and Kavuluru，2015）、医学（Wallach et al.，2015）以及其他许多领域。可以参见第 14 章和第 16 章的案例研究。

1996 年，Graupe 和 H. Kordylewski 提出了一种深度学习网络的设计，即不受层数限制的大内存存储和检索神经网络（LAMSTAR 或 LNN）（Graupe and Kordylewski，1996）。该神经网络（NN）被开发为基于广义神经网络的学习机器，用于计算预测、检测和来自不同数据源的操作决策。数据可以是确定性的、随机的、空间的、时间的、逻辑的、时变的、非分析的或以上几种的组合。LAMSTAR 是 Hebbian（Hebb，1949）神经网络。它遵循 1969 年的机器智能模型（Graupe and Lynn，1969），该模型的灵感来自伊曼纽尔·康德在《Understanding》中提出的“Ververindungen”（“互连”）概念（Kant，1781），以及不同皮层和大脑层之间的神经元互连。它的计算能力是由于它能够整合和排序来自各种协处理器的参数（随机的、分析的或非分析的，包括熵、小波等）。它的速度来源于 Hebbian - Pavlovian 原理、Kohonen 的“赢者通吃”规则（Kohonen，1984），以及它适合并行计算的便利性。

LAMSTAR 神经网络成功应用于多个领域，这些领域包括医疗预测和诊断（Nigam，2004；Waxman et al.，2010；Khobragade，2017）、金融计算（Dong et al.，2012）以及视频处理（Girado et al.，2004）、计算机入侵（Venkatachalam，2007）和语音（Graupe and Abon，2003）。可以参见第 15 章和第 16 章的案例研究。

Schneider 和 Graupe 在 2008 年对 LAMSTAR 的基本结构（LAMSTAR 1 或 LNN - 1）进行了归一化处理，得到了一个改进的 LAMSTAR 版本（LAMSTAR - 2 或 LNN - 2）。这在不影响计算速度的情况下大大提高了性能。

13.3　DLNNs 的范围

尽管深度学习神经网络（DLNNs）的历史很短，但已经提出了几种不同的架构。即使在这些架构中使用不同的方法，为给定问题编写算法通常也是一项非常重要的任务。此外，尽管神经网络被认为遵循或近似于基于生物中枢神经系统（central nervous system，CNS）组织的通用架构，但许多（如果不是大多数）深度学习网络与任何 CNS 架构几乎没有共同之处，并且我们目前对 CNS 的理解仍然不足以对其深度学习进行建模。虽然许多 DLNNs 设计借鉴了广泛的数学技术，并将这些技术融入基于人工神经网络的设计中，但是除了简单的情况外，架构上的严格限制往往对这种集成限制太大。根据定义，深度学习需要“所有可能的工具”，因此除了借用数学上的所有进步，我们没有别的办法。毕竟，我们所知道的数学知识，是通过人脑获得的。其代价在于整合其他数学工具的便利程度。然而，深度学习网络中神经网络的作用是微不足道的，超出了本书讨论的范围。

因此，深度学习可以通过非神经网络（non - neural - network，non - NN）架构来实现。例如，支持向量机（SVM）或径向基函数（RBF），它们在应用范围内是通用的，但通常速度很慢（参见第 16 章的案例研究），特别是在处理非常复杂的问题或者作为特定问题的特别算法时。如前所述，这些体系结构超出了本书讨论的范围。

13.4 具体的 DLNNs 算法介绍

本书的以下章节侧重于快速 DLNNs，但通常也优于（或至少相等）较慢的 DLNNs 的性能。满足这些条件的两个网络是像第 14 章中详细描述的卷积神经网络和第 15 章中描述的 LAMSTAR 神经网络。这两个网络涉及不同的理念，它们被认为提供了对 DLNNs 原理的理解。

这些网络产生令人满意的性能和速度，可在许多工业、医疗工具和设备中作为产品提供，如飞机、汽车、非线性控制器、机器人、医疗植入物、医疗预测和诊断工具、交易和金融分析工具等。在大多数这些应用中，专有的深度学习设计速度太慢，过于依赖完全相同的输入数据，或者在适应现实世界和在线情况方面效率太低（详见第 16 章）。所有这些都可以通过 DLNNs 实现，而不会影响其性能和深度。

13.4.1 卷积神经网络

卷积神经网络（详见第 14 章）最初是为了图像识别而开发的。尽管如此，在其短暂的历史中，它几乎成为深度学习机器的代名词，已经广泛应用于各领域和主题中。在卷积神经网络中使用反向传播作为学习引擎。

13.4.2　LAMSTAR 神经网络

LAMSTAR（large memory storage and retrieval）神经网络（详见第 15 章）与本书其他神经网络不同的是，它使用 Hebbian 训练的连接权值（Hebbian - trained link - weights），用于整合和排序来自无限数量的预处理滤波器的输入。这个 DLNNs 与 CNN 网络不同，它的学习算法更接近中枢神经系统（CNS）的学习。LAMSTAR 的结构允许它将几个甚至许多外部数学工具集成到其学习算法中，并根据它们在学习过程中的相对权重（这在许多医疗或控制应用中很重要）动态地对它们进行排序。

13.4.3　反向传播

除了以上介绍的两个网络之外，第 6 章描述的反向传播（BP）神经网络在第 14 章中展示了它作为卷积神经网络的学习引擎。BP 神经网络通常被认为是一个独立的 DLNNs，尽管因为它太慢从而无法有效地处理复杂的深度学习问题（详见第 16 章的案例研究）。

13.4.4　其他 DLNNs 设计

在过去几年里，其他为深度学习服务的网络也被报道了出来。这些都没有达到 CNN 或 LAMSTAR 的计算速度或误差性能。它们通常在将外部数学工具集成到其学习算法中的能力方面过于烦琐，并且其中大多数更像是数学网络的性质，而不是神经网络。

尽管如此，本小节将会简要介绍两个更有趣的网络，即深度玻尔兹曼机（deep boltzmann machine，DBM）和深度循环网络（deep recurrent network，DRN）。这两者都是深度学习的发展，部分基于第 11 章和第 12 章中讨论的用于浅层学习的、更简单的神经网络。

DBM 和 DRN 的适用范围有限，且在复杂问题的应用中计算速度相对较低。此外，它们不能将大量外部数学工具集成到它们的学习算法中，而这在复杂的深度学习问题中通常是必不可少的。

13.4.4.1 深度玻尔兹曼机（DBM）

深度玻尔兹曼机是随机神经网络，就像第 11 章的神经网络一样。它由 Salakhutdinov 和 Hinton 提出（Salakhutdinov and Hinton，2009）。它是从 Ackley 和 Hinton 1985 年玻尔兹曼机的推导（Ackley et al.，1985）和随后的受限玻尔兹曼机演变而来的。与 CNN 或 LAMSTAR 不同，这些机器基本上是无监督的。

该神经网络的学习过程被设计为使网络收敛到符合吉布斯 – 玻尔兹曼（Gibbs – Boltzmann）分布的网络输入模式的热力学平衡。考虑到数据和模型之间的误差，它通过网络误差能量的 Log – Likelihood 的梯度最大化来进行学习。

由于 DBM 的计算时间较长，限制了其对复杂问题的适用性（Vincent et al.，2010）。DBM 所基于的随机马尔可夫场方法（RMF）在第 16 章的一个案例研究中进行了（间接）比较，该案例研究涉及 2D 图像的深度信息检索。文献中很少出现 DBM 的应用（Salakhutdinov Hinton，2009；Saxena et al.，2009）。

用于训练 DBM 网络的 MATLAB 工具的开放访问代码可在以下连接找到：https://github.com/kyunghyuncho/deepmat/blob/master/dbm.m（Copyright © 2011，KyungHyun Cho，Tapani Raiko，Alexander Ilin）。

13.4.4.2 深度循环网络（DRN）

深度循环网络是神经网络或深度神经网络（主要是反向传播网络），它们在离散时间间隔上随时间堆叠，并以这种离散时间间隔为自身提供输入（也可参见第 12 章）。它们在参考文献（Hermans and Schrauwen，2013）中有详细的讨论。对于需要将许多外部数学工具集成到其学习引擎中的应用，DRN 的速度都太慢。然而，有成功应用于语言建模产生了良好性能（Mikolov，2010；Hermans and Schrauwen，2013），及在口语理解方面应用的报道（Yao et al.，2013；Mesnil et al.，2013）。

13.4.5 DLNNs 的性能和速度

第 16 章给出了 CNN 和 LAMSTAR 网络在广泛应用中的计算速度和误差性能方面的比较。在这些应用中，还比较了其他深度学习方法。

在第 16 章中，我们展示了 CNN 和 LAMSTAR 网络能够以合理的速度为所考虑应用提供优异的性能。这些设计基于神经网络架构（甚至允许集成外部数学和算法工具)，不仅非常快，而且它们的性能和速度与 ad－hoc 算法相竞争，后者的设计显然非常耗时。不遵循此设计框架的深度学习技术，特别是生成式无监督技术不被视为深度学习神经网络（Dong and Yu，2014），并且超出了本书讨论的范围。

第 16 章中的案例研究是基于作者在美国伊利诺伊大学芝加哥分校的学期课程（CS－559 和 ECE－559）的研究生个人期末报告。这些代码是由这些学生在自己的电脑上编写的。

虽然误差性能是主要关注的问题，但对于医疗设备、医疗诊断、通信、控制、安全、流量等领域的实时在线应用来说，计算速度也是一个最重要的参数。它还会影响许多此类应用程序的可移植性和成本。

第 16 章的比较是在相对于相同输入数据的性能和计算速度方面进行的。必须强调的是，所考虑的情况是低复杂性的。它们不一定适用于更复杂的情况。此外，在所有情况下，该领域的专家可能会做得更好，就像高技能的程序员一样。案例研究大多使用直接和标准的程序，如本书所述（解释每个给定案例的预处理/协同处理，而不是专门的网络设计）。然而，神经网络的想法是提供一种固定架构的工具，而这种工具不需要特殊的专业知识就可以使用，并且可以轻松地应用于大多数问题，甚至在 PC 或微芯片上它也会产生“良好”的结果。尽管如此，一个对于给定问题给出 100% 成功率（在其中一些案例研究中实现了）并且比另一个更快的网络，那么在给定的应用程序中它是“好”的程序。

第 14 章
深度学习卷积神经网络

14.1 引言

深度学习卷积神经网络（ConvNet，CNN）是最受认可和最流行的深度学习神经网络。它既深又准又快。术语“卷积神经网络”（convolutional neural network）通常被认为是术语“深度学习神经网络”（deep learning neural network）的同义词。它适用于神经网络类别，而该神经网络基于 Yann LeCun 及其同事在 1989 年的工作（LeCun et al.，1989）和 La－Net 算法（LeCun，1998）。如第 10 章和第 13 章所述，CNN 的灵感来自生物视网膜模型（Hubel and Wiesel，1979）和 Fukushima 的认知机和神经认知机（Fukushima，1975，1980）；其计算使用反向传播算法，如第 6 章所述。它采用离散时间形式的卷积积分，其中卷积函数（滤波器）是某些（3D）数字（参数）体积的算法形式，这由 LeCun 等人提出。

Hubel/Fukushima（视网膜模型）起源和几何卷积函数的使用表明，CNN（ConvNet）是为视觉/成像（2D/3D）应用而开发的，实际上它仍然是最强大和最常用的。Hinton 等人的研究表明，CNN 在语音和自然语言处理中同样有效。这显然为其他应用开辟了领域，其中许多在第 16 章末尾的案例研究附录中进行了说明。鉴于 ConvNet 有许多变体，且考虑到特定的应用（甚至对于给定的应用），我们将以一种或多或少遵循广泛使用的 LeNet 5 的形式呈现其中的一些变体。Krizhevsky、Sutskever 和 Hinton（Krizhevsky et al.，2012）的 CNN 设计基于 LeNet 架构，但将几个卷积层堆叠在一起（而不是立即被池化层跟随——见下文）赢得了 2012 年的 ImageNet 挑战赛。在第 16 章的案例研究中，使用了不同版本的 CNN，但都遵循下面讨论的基本结构。

14.2　前馈环路

14.2.1　基本结构

本案例的 CNN 结构基于图像识别相关的 CNN 设计，如图 14.1 所示。其他应用需要一个过程来重新制定输入，以便构建一个输入特征图（图 14.1 阶段 1 的 FM 部分）。

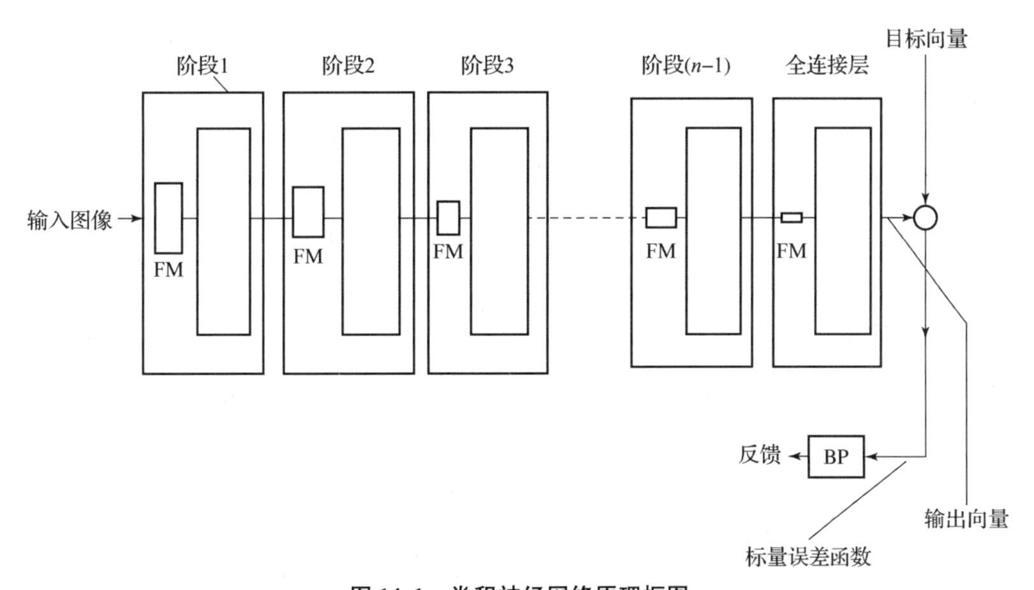

图 14.1　卷积神经网络原理框图

CNN 前馈环路各部分的主要单元概括如下：

特征图（feature map，FM）——在图像处理和大多数其他应用中，输入矩阵或张量的输入向量。FM 将在每个 CNN 阶段通过卷积操作进行卷积。

卷积层——通常有很多层，这取决于问题的维度和复杂性。卷积是通过卷积核函数在特征图区域上来计算的，它是经典控制理论意义上的传递函数。

整流线性单元（rectified linear unit，ReLU）算子（矩阵）——通常跟在每

个卷积层后面，并会重复使用它们（详见第 14.5 节）。

池化算子（矩阵）——有许多重复池化层，并且跟在卷积和 ReLU 层后面（参见第 14.6 节）。

全连接（fully connected，FC）层——这是一个单独的、全连接的输出层，用于分类和决策，位于前馈环路的末端（详见第 14.8 节）。

不需要在每个前馈阶段重复 ReLU 和池化。此外，ReLU 可以用下面将要讨论的其他非线性算子代替。

CNN 设计的另一个重要方面是在核设计中使用参数共享（parameter sharing），这对于加速该神经网络具有重要作用，只要它的使用是合理的。参数共享可应用于内核作用于特征图的全部或特定区域。特征图的不同区域将使用不同的共享参数或根本不使用共享参数（详见第 14.9 节）。

CNN 并不一定局限于视觉输入。只要输入可以转换为特征图，即使不一定是二维特征图，也可以将图 14.1 的输入图像替换为该特征图，如第 16 章中关于特定应用的解释。因此，它成为一个“等效输入图像”，并被任何 CNN 网络处理。

卷积神经网络的层考虑使用以三维体排列的神经元，即宽、高、深。

图 14.1 中最流行的 CNN 架构是在网络的每个阶段对卷积、ReLU 和池化 3 个函数的重复安排，如图 14.2 所示。

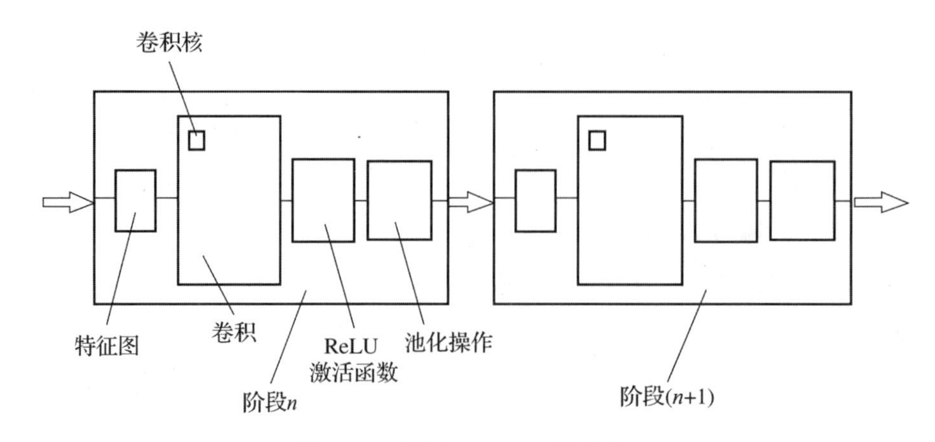

图 14.2　卷积 – ReLU – 池化序列

在所有情况下，层的排列都从输入特征图（如图片）开始，并以全连接输出（决策）层结束。一个稍微修改的 ImageNet 设计（Krizhevsky et al.，2012）赢得了 ImageNet 2012 竞赛。这个版本通过修改上面 3 个层的分组，使得卷积层/ReLU 操作的组合在池化层之后重复 2 次（或更多次），从而提高了性能。后来改进的卷积 – ReLU – 池化序列如图 14.3 所示（Karpathy et al.，2016）。

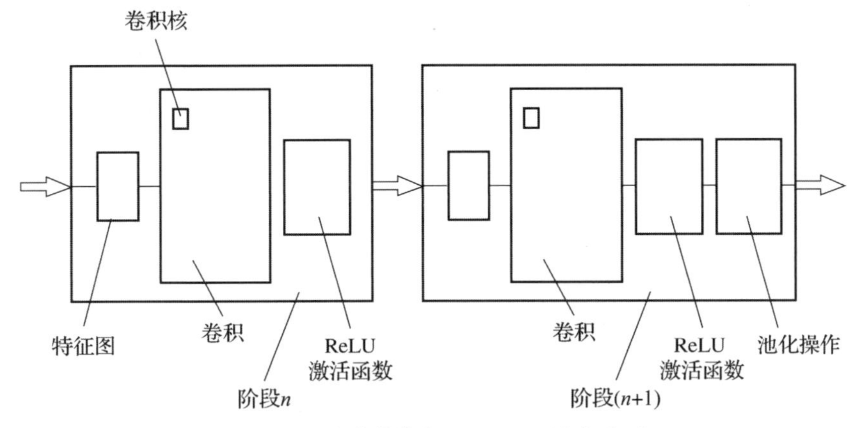

图 14.3　改进的卷积 – ReLU – 池化序列

每个单独阶段中的卷积层（图 14.1）接收一个输入，该输入主要是 2D 或 3D 体积，处理后（如下所述）在其输出处将其作为 2D 或 3D 体积传输到下一层。

CNN 网络末端的卷积层和全连接输出层具有正在学习（训练）的权值（参数），而 ReLU 和池化层没有权值（参数），尽管池化层具有超参数。

本章后面的章节中讨论上面提到的所有层和运算符，以及这些层中包含的特性（如反向传播和参数共享）。

14.2.2　进一步的设计细节

14.2.2.1　CNN 架构中的纵深维度

任何层中的体积深度由该层的并行特征图的数量给出。在彩色图像识别应用中，这可能是按红绿蓝（red – green – blue，RGB）表示的强度。在灰度图像中，它是基于范围在 0 ~ 1 的灰度级强度。在 3D 应用中，深度是基于 3D 空间中的图像切片。

此外，在将原始数据应用于 CNN 输入之前使用预处理滤波器时，将在纵深维度中计算此类预处理器的数量。

14.2.2.2 通用性设计扩展 – 输入预处理数组

最初，CNN 是基于生物视网膜模型进行图像识别的（LeCun et al.，1989）。然而，CNN 很快就被成功地应用到几乎所有的知识领域，正如本章后面和第 16 章所介绍的。

在某些应用中，特别是那些与语音处理和信号处理有关的应用中，CNN 可能会使用预处理器（如频谱图）将输入（如语音）转换为频率或小波域，以产生与数据本身不同域的特征图。在这种情况下，多个滤波器应该串联工作，且每个滤波器都依赖于前一个滤波器的输出，但这并不总是可行的。

此外，在某些应用中，CNN 网络可以采用类似第 15 章的 LAMSTAR 设计中使用的方法（Graupe and Kordylewski，1996；Graupe，1997），其中任何类型的输入数据都使用一系列不同的预处理滤波器（数学的、逻辑的或其他算法形式的）进行预处理（详见第 15 章）。这些滤波器的输出参数将成为 CNN 输入张量的额外维度，这可能与图像无关。因此，它们将在 CNN 网络的第一个卷积层的输入处形成一组特征图（FMs），如图 14.4 所示。这与 3D CNN 的输入张量没有什么不同。显然，使用预处理器的数量将增加第一个卷积层和所有后续层的纵深维度。

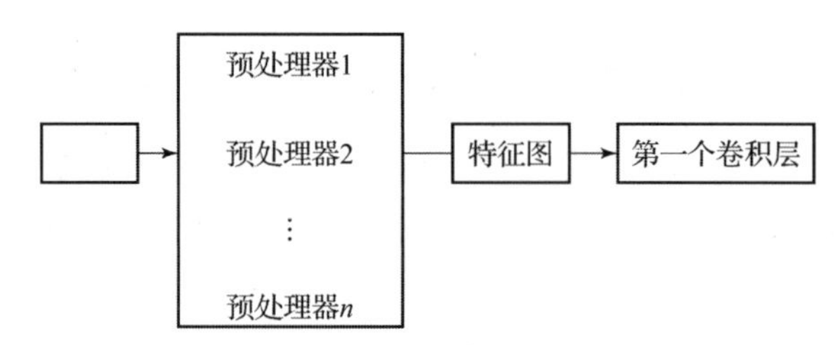

图 14.4 集成预处理器作为 n 维 CNN 输入

或者，在某些应用中，人们可以使用 LAMSTAR 的各种 SOM 层中获胜神经元的矩阵元素作为其输入“图像”（映射图），从而集成不同预处理器或协处理器的输出。

上述扩展可以很容易地使用并行计算进行协处理/预处理，就像 LAMSTAR 设计中的情况一样。参数共享（如第 14.9 节所讨论的）在图像处理以外的大多数应用中可能无效。

14.3　卷积层

14.3.1　卷积滤波器设计

根据定义，卷积需要一个滤波器（传递函数），表示为核（kernel），将层的输入与特征图的多个区域进行卷积。这种卷积已经在参考文献（Fukushima，1980）认知机和神经认知机神经网络的设计中提出（参见第 10 章）。核（矩阵或张量）由学习到的（训练的）权值组成。它通过在卷积层（convolution layer，CL）的输入特征图上逐元素地应用式（14.1）中所示的矩阵离散卷积操作，对输入图像进行卷积（折叠），从而产生该层的输出，如下所示（详见第 14.3.2 小节和第 14.3.3 小节）。

$$w_{rq} * x_q = z \tag{14.1}$$

其中，w_{rq}和 x_q 分别表示卷积（矩阵）函数和输入，而

$$z(m,n) = \sum_{k=0}^{K-1} \sum_{l=0}^{L-1} w_{rq}(k,l) x_q(m+k,n+l) \tag{14.2}$$

同时，

$$q = 1,2,\cdots,Q \tag{14.3a}$$

并且

$$r = 1,2,\cdots,R \tag{14.3b}$$

其中，Q、R 分别为输入和输出特征图。

权值的学习（训练）由第 6 章讨论的反向传播算法执行（Karpathy et al.，2016）。

CNN 的另一个重要组成部分是全部或部分参数共享，这有助于 CNN 的加速。注意到维度“诅咒”，这是第 6 章中反向传播神经网络速度缓慢的主要原因（Doraszelski and Judd，2012）。尽管它具有明显的通用性，但它作为独立深度学习神经网络的使用也受到限制。然而，正如本节所述，反向传播（BP）仍然是 CNN 中必不可少的工具，因为它提供了学习特性。在 CNN 中，BP 被用于正向或反向传播，具体这取决于算法 BP 部分的输入在计算中出现的位置。

CNN 中使用的参数共享和反向传播将分别在第 14.4 节和第 14.9 节中进一步进行讨论。

14.3.2 卷积层中权值核的角色

卷积层（CL）的输出是通过（训练的/学习的）权值从相应特征图区域（感受野）的输入计算得到的。这些权值集合作为 CNN 网络的卷积滤波器（即第 14.2.5 小节的卷积函数），在 CNN 术语中被称为卷积层的核，如图 14.5 所示。

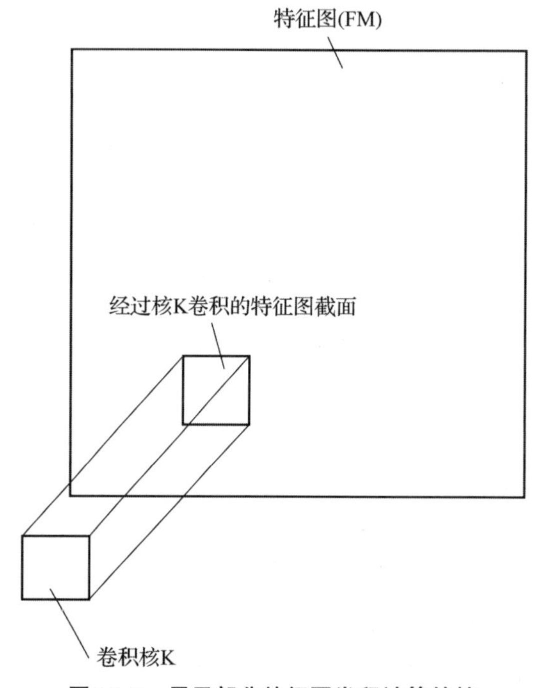

图 14.5 用于部分特征图卷积计算的核

参数共享在内核过滤器中的作用是一个重要特性，它有助于加速基于（耗时的）反向传播算法学习的网络，正如第 14.1 节提到的那样。参数共享的更多细节详见第 14.9 节。

图 14.6 展示了将核函数应用到一维特征图的输入时执行卷积操作的一维示例。

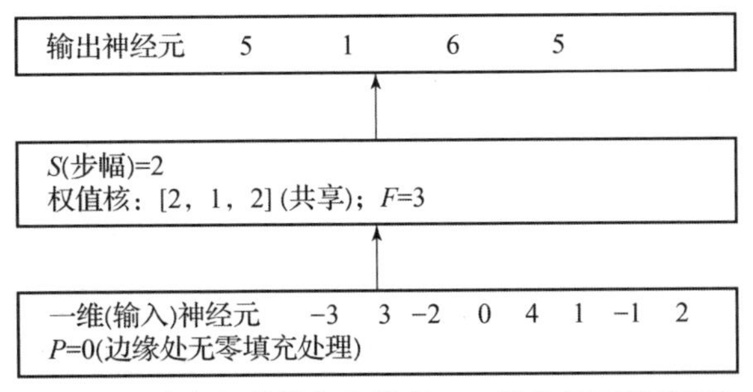

图14.6 卷积层的输入和输出（一维特征图的情况）

14.3.3 卷积层的输出

考虑一个图像识别问题，第一个卷积层输入特征图维度为$N \times D$，D表示输入图像的深度，且该层有维度为$K \times K \times D$的一组权值（核）。输出的每行神经元数量V由式（14.4）（Karpathy et al.，2016）给出，即

$$V = (N - K + 2P)/S + 1 \tag{14.4}$$

其中，P是行边缘的空神经元（像素）的数量（当使用补零处理时）；S表示该行使用的步幅（stride），即相邻内核之间的距离（前后内核开始处之间的像素数）。图像水平行中使用的步幅（S）不必与列之间使用的步幅相同。

14.4 反向传播

CNN中所有的权值训练（更新）都是通过反向传播（BP）完成的。误差从输出层传播到CNN网络的所有层。权值训练只在卷积层和全连接输出层中进行。

反向传播过程的细节已在第6章中给出，因此在这里不再重复。

BP既可用于正向传播，也可用于反向传播，具体取决于输入的位置。在池化层的正向传递期间，建议跟踪最大激活的索引，以便在反向操作期间进行高效操作。

14.5 ReLU层

ReLU（rectified linear unit，整流线性单元）是满足下列条件的函数$F(x)$：

$$F(x) = \max(0, x) \tag{14.5}$$

ReLU 层是对从卷积层接收的输入应用式（14.5）所示的非饱和激活函数。在 ReLU 层中没有执行任何学习，也没有应用任何其他函数或超函数。

ReLU 函数是一个 hard Max 函数，用于增强决策函数和整个 CNN 网络的非线性特性，而不影响卷积层的感受野，如图 14.7 所示。据报道，在 CNN 结构中加入重复的 ReLU 层（参见第 14.2 节）可以提高网络的计算速度，而不影响卷积或训练（Krizhevsky，2012）。

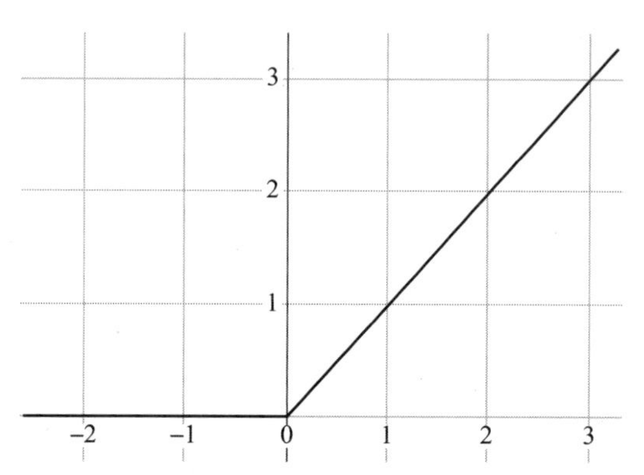

图 14.7 ReLU 函数 $F(x)=\max(0, ax)$；$a=1$

14.6 池化层

为了加快 CNN 处理复杂深度学习问题（特别是多像素图像）的计算速度，CNN 架构中集成了池化层（pooling layer），如第 5.2 节所述。池化用于逐步降低特征表示的大小和分辨率，并降低卷积层中的计算量，从而加快计算速度并控制过拟合。它在每个输入切片上独立操作。池化层不进行学习，其任务仅限于子采样。

池化层在 CNN 网络中反复设置，参见第 14.2 节的讨论。

14.6.1 最大池化

CNN 中通常首选的池化方法是最大池化（max - pooling）（Scherer et al.，2010）。它允许考虑给定感兴趣区域中响应最灵敏的节点。有生物学和心理学证据表明，这种聚焦也适用于人类视觉。

最大池化的原理是缩减集合（图 14.8）到低维度集合（图 14.9）。

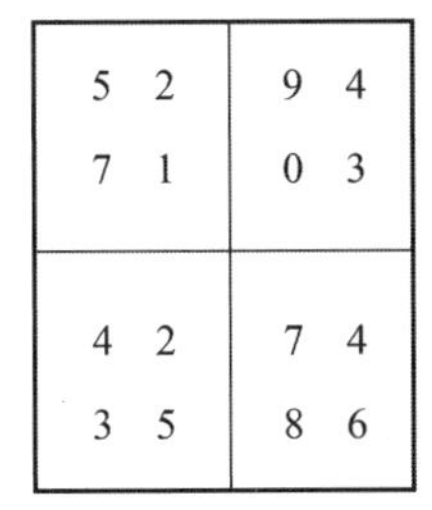

图 14.8　4×4 像素区域

7	9
5	8

图 14.9　2×2 像素区域

其中，区域（正方形）截面内的元素值（如图像强度）被其最大像素值（元素值，即图像强度）所取代。因此，较大的（正方形）区域被较小的区域取代，新的较小区域由原较大区域内较小区域（正方形）的最大值（强度）组成。数学上可以表示为（Scherer et al.，2010）

$$a_j = \max_{N \times N}\{a_j^{n \times n} u(n,n)\} \tag{14.6}$$

式中，$u(n, n)$为相关的窗口函数。

在最大池化层（max pooling layers）中，误差仅在$\mathrm{argmax}_{N \times N}\{a_j^{n \times n} \mu(n,n)\}$处。因此，最大池化层中的误差图是稀疏的。如果使用重叠池化窗口，建议将多个误差信号累加到一个单元中（Scherer et al.，2010）。

14.6.2　平均池化

CNN 中最大池化的替代方法之一是平均池化（average pooling）方法。它与最大池化的不同之处在于，用“平均”代替了“最大值”项，即

$$a_j = \mathrm{ave}_{N \times N}\{a_j^{n \times n} u(n,n)\} \tag{14.7}$$

14.6.3　其他池化方法

也存在其他池化方法，其池化函数由式（14.8）给出（Scherer et al.，2010）：

$$a_j = \tanh\left(\beta \sum_{N \times N} a_i^{n \times n} + b\right) \tag{14.8}$$

然而，在大多数情况下，最大池化是最常见的，且它的性能优于其他池化方法(Scherer et al. ，2010)。

14.7 Dropout

Dropout 由参考文献（Hinton et al. ，2012）引入，以减少过拟合，特别是在大型特征图的情况下，从而显著改善了语音和目标识别问题的应用。

当采用 Dropout 时，前馈操作由一个概率为 p 的独立伯努利随机变量向量进行门控，即网络中的任何神经元都会以该概率断开。因此，对门控向量进行采样，随机选择的概率与给定层的输出按元素相乘，以减少（稀释）神经元数量，因此减少了输出数量。稀释后的输出作为下一层的输入。这个过程应用于每一层，从一个更大的网络中产生一个子网络。因此，如果执行得当，则可以大大减少设置参数的计算工作量并加快计算速度。Dropout 神经网络可以通过 BP 以类似于标准神经网络的方式使用随机梯度下降方法来训练，以设置（学习）Dropout 比率（Srivastava, 2014）。

14.8 输出全连接层

CNN 网络正向回路末端的输出（决策）层有一个全连接（fully connected, FC）层（见图 14.1）。这一层用于 CNN 作出学习决策。全连接层将卷积层（阶段）的最后一个（前一个）网络层的输出，转换为 N 位数字向量（即 $1 \times 1 \times N$），如图 14.2 或图 14.3 所示。这些数字代表将从 CNN 的输入特征图中做出区分的 N 个类别（可能的结果）。例如，在二值决策（是/否）过程中，N 将等于 2，等等。随后，全连接层的矢量输出与图 14.1 中的目标矢量一起，通过内积向量乘法产生标量误差函数。该误差函数用作 CNN 反向传播反馈回路学习的驱动误差函数（见图 14.1）。

14.9　参数（权值）共享

在许多使用 CNN 的图像识别问题中，每个滤波器 h_i 都在整个视野中复制。复制的滤波器共享相同的参数设定（权值向量和偏置）并形成特征图。权值共享影响卷积和子采样（池化）层。

参数共享的基本假设是参数（权值）设置对于输入特征图的某个空间位置有用，且对于不同位置也有用。

如果任务是详细区分稀有方面，或者存在一个可能与其周围相关的中心特征网，那么这种假设是不合理的。因此，它与许多情况无关。另外，根据任务的细节，它也可能与图像处理之外的内容相关（Karpathy et al.，2016）。

如果以上只适用于图像的特定（足够大的）区域，那么我们仍然可以在该区域上使用部分参数共享（partial parameter sharing，也称为 limited parameter sharing）。

在适用的情况下，参数共享可以大大加快 CNN 的计算速度（Abdel – Hamid et al.，2013）。

14.10　应用

虽然 CNN 的大多数应用都在视觉领域，这激发了 1989 年该架构的发展，且在语音识别领域也有许多应用。目前，CNN 的应用已经覆盖了许多其他领域。

下面是其中一些应用的简单介绍，以说明它们的应用范围广泛。

（1）图像识别（2D 和 3D）。

首先，CNN 是在图像识别的基础上发展起来的（LeCun et al.，1989），并扩展到许多领域。

据报道，2013 年应用 CNN 识别 10 个受试者的 5 600 张静止面部图像时错误率为 2.4%（Matusugu et al.，2013）。2012 年，Ciresan 等人对手写文本 MNIST（国家标准与技术混合研究所）数据库的 CNN 应用错误率为 0.23%（Ciresan et al.，2012）。CNN 在 2D 和 3D 图像识别方面的应用不胜枚举。

另外，Shuiwang Ji 等人也将其用于人体动作识别中的 3D 处理（Ji et al.，2012）。

（2）视频处理。

在 CNN 对视频的应用中，我们提到了 2014 年 Karpathy 等人（Karpathy，2014）以及 Simonyan 和 Zisserman（Simonyan and Zisserman，2014）的论文。

（3）语音识别。

该领域的一篇论文是 Abdel – Hamid 等人（Abdel – Hamid et al.，2013）于 2013 年在 Interspeech Conference 上发表的论文。

（4）游戏。

Clark 和 Storkey（2014）发表的论文显示，CNN 在使用人类专业数据库进行训练时，速度要快得多，并且在和基于蒙特卡罗的 Fuego 1.1 的围棋游戏比赛中表现出色。

其他应用领域包括自然语言处理（Collobert et al.，2006）、金融（Dixon et al.，2013；Siripurapu，web）、故障检测（Calderon – Martinez et al.，2006），搜索引擎（Rios and Kavuluru，2015）、使用化学连接的 3D 表示进行药物发现（Wallach et al.，2015）、人类行为识别（Ji，2013），等等。

在第 16 章中，我们提出了 14 个案例研究，涵盖了 CNN 的广泛应用范围，其中许多将 CNN 与其他架构进行比较，用于相同情况和使用相同数据。在这些案例研究中使用的 3 个 CNN 代码在 16. A 附录给出。

16. A 附录中的案例研究主题包括人脸识别、指纹识别、癌症检测、蛋白质（DNA）分类、人类活动识别、场景分类、2D 图像的 3D 深度检索、蝴蝶种类和叶子分类、金融预测、癫痫发作检测、语音识别和音乐类型分类。

第 15 章
LAMSTAR 神经网络

15.1 LAMSTAR 原理

15.1.1 概述

本节讨论的神经网络是一种深度学习人工神经网络，用于快速大规模记忆存储和信息检索（Graupe and Kordylewski，1996a，1996b）。这个网络试图以一种粗略的方式模仿人类中枢神经系统（central nervous system，CNS）的过程，涉及模式、印象和感知观察的存储和检索，包括遗忘和回忆的过程。它试图在不抵触生理和心理观察结果的情况下，至少在输入/输出的意义上实现这一目标。此外，大规模记忆存储和检索（large memory storage and retrieval，LAMSTAR）网络使用前面章节中提到的神经网络工具，试图以一种计算效率高的方式来实现这一目标。因此，它采用基于自组织映射（self - organizing - map，SOM）的层（Kohonen，1977，1984），并将这些层与 Kohonen 的“赢者通吃”规则（Kohonen，1984）相结合，如本书第 8 章所述。Hebbian 权值（Hebb，1949）在网络学习中也起着重要作用。

然而，LAMSTAR 与所有其他神经网络在使用权值的方式上有所不同，因为它区分了存储权值［本质上是联想记忆（associative memory，AM）权值，如第 8 章所述（Kohonen，1977，1984）］和皮质间连接权值，后者是它的学习引擎，并通过简单、快速和智能地集成尽可能多的协处理器（一个给定问题可能需要这些协处理器）以便提供深度学习能力。

连接权值（link weights，LW）在概念上基于康德的“Ververindungen”概念，即他在著名的《纯粹理性批判》（Kant，1781）中引入的“互联”（Ewing，1938）。康德认为，理解过程建立在两个基本概念的基础上，即建立记忆要素（即“事物”，是记忆的原子）和记忆要素之间的互联。没有这两者，是不可能理解的。在人工神经网络（ANNs）中，如 Kohonen SOM 层（Kohonen，1984）一样，通过联想记忆权值促进记忆存储，而“Verbindungen”通过 Hebbian 规则（Hebb，1949）实现，这在大多数设计中只是隐含的，如前几章所述。在 LAMSTAR 神经网络中，通过使用连接权值（Graupe and Lynn，1969；Graupe and Kordylewski，1996b；Graupe，1997），以纯粹的 Hebbian，甚至巴甫洛夫的方式（Pavlov，1927）引入“Verbindungen”。

这些连接权值是功能性 MRI 观察到的从中枢神经系统（CNS）的一个部分到另一部分的神经信息连接（流）。它们是参考文献（Graupe and Lynn，1969）中用于机器学习的地址相关门（连接），这与 Minsky 的 K - Lines（Knowledge - Lines）相关（Minsky，1980）。与其他人工神经网络相比，连接权值的使用使 LAMSTAR 与其他人工神经网络相比成为一个透明的网络。缺乏透明度是人工神经网络的主要缺点之一。

连接权值在其结构和操作中具有生物学动机，它们遵循第 2.1 节所讨论的基本 Hebbian 规则（Hebb，1949），就像参考文献（Graupe，2016）中提到的 1901 年巴甫洛夫狗实验一样（Knowledge - Lines，1927），并通过功能性 MRI 观察得到验证。这样的磁共振观察也证实了大脑皮层间的联系。这种 Hebbian - Pavlovian 结构还支持 LAMSTAR 中用于连接权值的上下计数（count - up/down）和奖惩机制，通过避免在其基本结构中进行复杂的数学计算，从而提高网络的速度。

另外，非线性函数的积分对生物学来说也并不陌生。中枢神经系统（CNS）整合了外部传感器，如视网膜、耳蜗、味蕾、嗅觉，它们执行类似于小波变换（耳蜗）、颜色分离（视网膜）以及复杂但敏感的气味和味道的化学分析功能——所有这些都以皮层间的方式在 CNS 中被整合并进一步处理，并且都是并行处理的。

LAMSTAR 网络的其他特征包括遗忘特征（这是在非固定环境中学习的生物

学必要条件）和抑制特征（这是中枢神经系统的必要条件）。LAMSTAR 还可以补偿不平衡的数据集（详见第 15.5 节），并且它包含抑制。此外，它对初始化问题不敏感，最重要的是它从不停止学习（训练）——因此再次模仿了中枢神经系统。这也避免了陷入局部最小值。上述特征，尤其是遗忘和无休止地学习，也有助于网络避免过拟合。

15.1.2　LAMSTAR 的版本

在本章中，我们将讨论 LAMSTAR 的两个版本，分别表示为 LAMSTAR－1（LNN－1）和 LAMSTAR－2（LNN－2，也被称为改进的或标准化的 LAMSTAR），LNN－1 是原始版本，LNN－2 是更新的（2008）版本（Schneider and Graupe，2008）。这两个版本具有相同的基本原理，且差异很小。因此，除了第 15.3 节以外的所有内容都适用于这两个版本。然而，由于改进的 LAMSTAR 的性能实际上总是优于原始版本，且理论上也不会低于原始版本，因此我们将原始版本称为 LAMSTAR－1，而将改进的称为 LAMSTAR－2（LNN－2）。2008 年以前的文献中提到 LAMSTAR 时，通常指的是 LAMSTAR－1，而 2008 年以后提到 Modified－LAMSTAR 时，通常指的是 LAMSTAR－2（Graupe，2013）。尽管如此，当本书单独讨论 LAMSTAR 时，这些讨论均适用于两个版本。

本书中单独使用术语 LAMSTAR 的任何讨论都适用于两个版本，否则将会把两个版本分别称为 LNN－1 或 LNN－2。第 16 章的案例研究和该章的后续附录说明了两个版本之间的性能差异，分别解释了参考每个版本的必要性，并允许在需要时选择正确的版本。

LAMSTAR－1 的核心算法详见第 15.2 节，LAMSTAR－2 的核心算法详见 15.3.3 小节，以使读者明确两个版本之间的差异。的确，LAMSTAR－1 的核心程序可以从 LAMSTAR－2 的程序中提取出来，反之则不能。

15.1.3　LAMSTAR 神经网络的基本原理

LAMSTAR 神经网络的两个版本是专门设计用于信息检索、诊断、分类、预测和决策问题，涉及非常多的类别。所得到的 LAMSTAR 神经网络（Graupe，1997；Graupe and Kordylewski，1998）旨在使用神经网络的工具，特别是 Kohonen

基于 SOM 的网络模块（Kohonen，1988），结合统计决策工具，以高效计算的方式存储和检索模式。

根据第 15. 1. 4 小节所述的结构，LAMSTAR 网络特别适合处理分析性和非分析性问题，这些问题中数据有许多截然不同的类别和向量维度，其中某些类别可能偶尔部分或完全缺失，精确和模糊数据都会出现，庞大的数据需要非常快的算法（Graupe and Kordylewski，1996；Graupe，1997）。丢失的数据不需要重新编程或中断操作。这些特征在其他神经网络中很难找到，尤其是当它们结合在一起时。

LAMSTAR 可以看作是一个智能专家系统，即通过学习和关联，专家信息不断对每个案例进行排序。神经网络的遗忘、内插和外推特性促进了这些特征。这使得网络可以通过遗忘来缩小存储的信息，并且仍然能够通过外推或内插来近似被遗忘的信息。LAMSTAR 的完全透明取决于其独特的权值结构，因为它的权值能告诉我们在任何时间和任何网络点上，网络内部正在发生着什么。

如第 13 章所述，LAMSTAR 在深度学习方面的计算能力，很大程度上在于它能够轻松地将任何外部协处理器的输入（数学的、分析的或其他的）集成和排序到其输入层数组。因此，该网络已成功地应用于各个领域的决策、诊断和识别问题。

神经网络的主要原理几乎适用于所有神经网络方法。如第 2 章所述，它的基本神经单元或细胞（神经元）和在所有神经网络中使用的一样。因此，如果第 j 个 SOM 层输入到给定神经元的 p 个输入（来自其他神经元或来自为整个或部分网络提供输入的传感器）表示为 x_{ij}（$i = 1, 2, \cdots, p$），且该神经元的（单个）输出记为 y，则神经元的输出 y 满足下式：

$$y = f\left(\sum_{i=1}^{p} w_{ij} x_{ij}\right) \tag{15.1}$$

其中，$f(\cdot)$是一个非线性函数，表示为激活函数（activation function），可以视为（硬件或软件）二值（或双极）开关，如第 2. 2 节所述。式（15. 1）的权值 w_{ij}是分配给神经元输入的联想记忆权值，其设置是神经网络的学习动作。此外，神经的放电（产生输出）具有全有或全无的性质（McCulloch and Pitts，1943）。存储权值 w_{ij}的设置方法详见第 15. 1. 5 小节和第 15. 1. 6 小节。

如第 2.4 节所述，采用了“赢者通吃”规则（Kohonen，1984），这样当在第 j 个 SOM 模块上寻找最佳匹配记忆时，仅在获胜神经元上产生输出（发射），即在存储权值 w_{ij} 最接近向量 $\boldsymbol{x}(j)$ 的神经元的输出处产生输出。

LAMSTAR 网络通过对其决策和浏览使用连接权值结构，不仅像其他神经网络一样考虑存储的记忆值，还考虑这些记忆与决策模块之间以及记忆本身之间的相互关系（上面讨论的 Kantian Verbindungen）。这些关系（连接权值）是其操作的基础。如上所述，根据第 3 章的 Hebbian 规则（Hebb，1949），相互连接的皮层间连接权值调节并用于建立神经元组之间的神经元信号流。因此，当一个特定的神经元在一个给定的情况/任务中非常频繁地放电时，那么与其他互连相比，连接权值（而不是内存存储权值）会增加。事实上，连接权值作为突触间或皮层间的 Hebbian 权值，会相应地调整。这些权值及其调整方法（基于互连中的流量）原则上与 CNS 的组织一致（Levitan and Kaczmarek，1997）。它们构成了网络的动态特征映射。如前所述，它们还负责 LAMSTAR 在数据集不完整的情况下无须重新编程或重新训练即可进行内插/外推和操作的能力。

15.1.4　基本结构元素

LAMSTAR 网络的基本存储模块是经过改进的 Kohonen SOM 模块，它是基于联想记忆的 WTA（Kohonen，1984）。它们是根据所需的分辨率（详见第 15.1.6 小节），以及 AM 意义上的存储权值与任何输入子词的接近程度来存储的，而这些子词对于任何给定的神经网络输入词都是要考虑的。在 LAMSTAR 网络中，信息通过单独 SOM 模块中各个神经元之间的关联连接进行存储和处理。LAMSTAR 处理大量类别的能力是由于它使用了简单的连接权值计算，以及使用了遗忘特征和遗忘恢复特征。连接权值是网络的主要引擎，连接了许多 SOM 模块层，它的重点是内存原子之间连接权值关系，而不是内存原子（SOM 模块的 BAM 权值）本身。通过这种方式，设计变得更接近生物中枢神经系统中的知识处理，而不是大多数传统人工神经网络中的实践。遗忘特征也是生物网络的基本特征，生物网络的效率取决于此（详见第 15.1.10 小节）以及处理不完整数据集的能力（详见第 15.1.13 小节）。

输入词是一个编码实值矩阵 $\boldsymbol{X}$，由下式给出：

$$X=[x_1 \quad x_2 \quad \cdots \quad x_N] \tag{15.2}$$

其中，x_i 是子向量（描述输入词的类别或属性的子词）。每个子词被传送到对应的第 i 个 SOM 模块，该模块存储有关输入词的第 i 类数据。

许多输入子词以及几乎任何其他神经网络架构的许多输入，都只能在预处理后得到。这就是在信号/图像处理问题中的情况，其中只有自回归或离散谱/小波参数可以作为子词而不是信号本身。

然而，在大多数 SOM 网络中（Kohonen，1984），SOM 模块的所有神经元都被检查是否接近给定的输入向量。在 LAMSTAR 网络中，由于可能涉及的神经元数量巨大，因此一次只能检查较小的 q 个神经元的亚组。p 个神经元的有限集由连接权值（N）确定，如图 15.1 所示。然而，如果一个给定的问题，仅需要在给定的 SOM 存储模块中有少量神经元（通过考虑其量化），即输入子词的可能状态，那么将检查给定 SOM 模块中的所有神经元以确定可能的存储，并在随后选择 SOM 模块（层）中的获胜神经元，并且不使用 N_i 权值。因此，如果一个输入子词的量化水平的数量小，那么子词被直接传递到预定的 SOM 模块（层）中的所有神经元。有关存储输入数据的更多细节，详见第 15.1.5 小节。

LAMSTAR 的主要元素，也就是它的决策引擎，是神经元的连接权值数组，这些神经元连接了输入 SOM 层的所有输入 - 存储神经元和输出（决策）层的神经元。这些输入层连接权值根据通信量进行更新。输出层的连接权值由奖励或惩罚过程根据任何决策的成功或失败进行更新，从而形成一个不局限于训练数据的学习过程，并且在给定问题的 LAMSTAR 运行过程中持续不断地学习。权值初始化很简单，没有问题，因为所有权值最初都被设置为零。LAMSTAR 的前馈结构保证了其稳定性，因为在每个周期结束时提供反馈，即一步延迟。关于连接权值调整、奖惩强化、反馈策略和相关主题的细节将在下面的章节中讨论。

图 15.1 给出了广义 LAMSTAR 网络框图。图 15.2 给出了一个适用于大多数应用的基本 LAMSTAR 架构，这些应用中每个 SOM 层的神经元数量不是很多。这种设计是对广义架构的略微简化，因为每个输入子词都预先分配给特定的输入 SOM 层。它也用于下面附录的案例研究。只有那些缺乏输入预期先验信息的大型浏览/检索案例，才应该采用图 15.1 的完整设计。在图 15.2 的设计中，省略了一个输入层到其他输入层的内部权值和 N_{ij} 权值。因为它们通常没被实现（除

了非常具体的检索和庞大数据库的搜索引擎问题)。因此，图 15.2 表示了基本 LAMSTAR 架构。

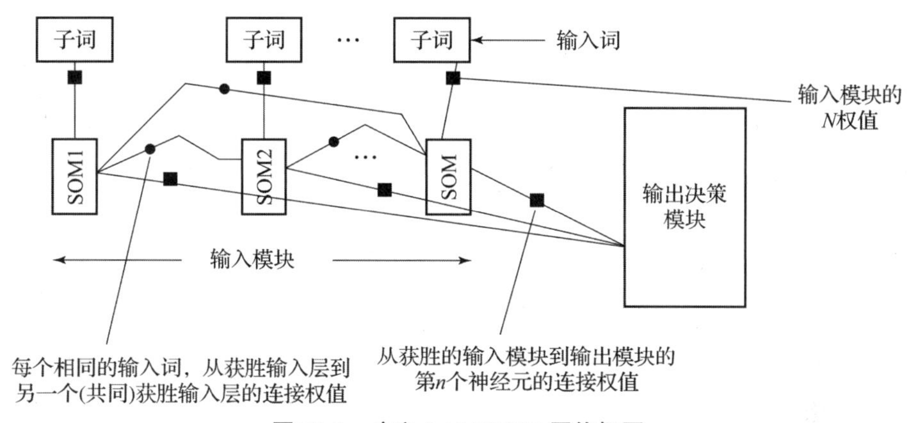

图 15.1 广义 LAMSTAR 网络框图

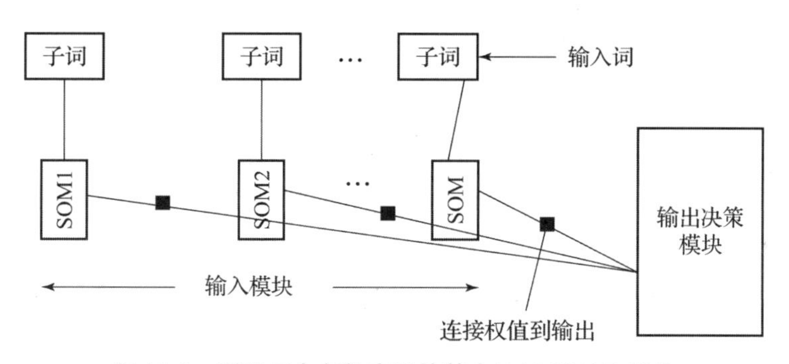

图 15.2 适用于大多数应用的基本 LAMSTAR 架构

15.1.5 输入存储权值的设置和获胜神经元的确定

当在训练阶段向系统提供一个新的输入词时，LAMSTAR 网络检查 SOM 模块 i 中与要存储的输入子词 $\boldsymbol{x}_i$ 对应的所有存储权值向量（$\boldsymbol{w}_i$）。如果任何存储模式在预设容忍度范围内与输入子词 $\boldsymbol{x}_i$ 匹配，则将其确认为这个特别观察到的输入子词的获胜神经元。因此，获胜神经元是根据图中输入（图 15.1 和图 15.2 中的向量 $\boldsymbol{x}$）和存储权值向量 $\boldsymbol{w}$（存储的信息）之间的相似性为每个输入确定的。对于输入子词 $\boldsymbol{x}_i$，获胜神经元通过最小化距离范数 $\|*\|$ 来确定，如下式所示：

$$d(j,j) = \|\boldsymbol{x}_j - \boldsymbol{w}_j\| \leqslant \|\boldsymbol{x}_j - \boldsymbol{w}_{k\neq j}\| = d(j,k) \quad \forall k \tag{15.3}$$

如前所述，在许多涉及数值输入子词存储的应用中，通过为每个输入－SOM层预先分配语句或不等式，将这些子词存储到 SOM 模块中可以简化，方法是将每个子词直接导入预设范围的值中。在这种情况下，每个值的范围将对应于该 SOM 的给定输入层。因此，值为 0.41 的输入子词将存储在给定 SOM 层对应于 0.25～0.50 的输入神经元中，以此类推，而不是使用上述式（15.3）的算法 。

15.1.6 调整 SOM 模块的分辨率

用于确定获胜神经元的式（15.3）并不能有效地处理密集簇/模式的分辨率。当决策依赖于局部和密切相关的模式/集群时，可能会使决策过程准确性降低，从而导致不同的诊断/决策。SOM 模块中神经元的局部灵敏度可以通过引入可调节的最大汉明距离函数 d_{max}来调节，如式（15.4）所示：

$$d_{\max} = \max[d(\boldsymbol{x}_i\boldsymbol{w}_i)] \tag{15.4}$$

因此，如果存储在相应模块的给定神经元中的子词数量超过阈值，则存储被划分为两个相邻的存储神经元（即设置一个新邻居神经元），d_{max}相应减小。

为了快速调整分辨率，输出层的连接权值（如第 15.3.4 小节中所讨论的）可以用来调整分辨率，这样产生相对高 N_{ij}权值的单元中的存储可以被划分（如分为 2 个单元），而输出连接权值低的单元可以合并到相邻的单元中。随着时间推移，当某些连接权值相对于其他连接权值增加或减少时，这种调整可以自动或定期更改，并考虑到网络遗忘的因素。

15.1.7 SOM 模块之间的连接以及从 SOM 模块到输出模块的连接

LAMSTAR 系统中的信息通过不同 SOM 模块中单个神经元之间的连接权值（图 15.1 和图 15.2）进行映射。LAMSTAR 系统不会为整个输入单词创建神经元。相反，只有选定的子词以类似于联想记忆的方式存储在 SOM 模块中时（$\boldsymbol{w}$ 权值），子词之间的关联以创建/调整连接不同 SOM 模块中神经元的 L 连接（图 15.1 中的连接权值）的方式存储。这使得 LAMSTAR 网络可以用部分不完整的数据集进行训练。L 连接是允许模式内插和外推的基础，SOM 模型中的神经元不对应于输入子词，但与其他模块高度连接作为内插估计。因此，本小节中考虑的连接权值设置（更新）既适用于输入－存储（内部）SOM 模块之间的连接权值，也适用于任何存储 SOM 模块和输出模块（层）的连接权值。在大多数应用中，只考虑到输出（决策）模块的连接是明智和经济的。在本书附录的案例研究中，所有应用都是这样做的。

具体来说，连接权值 L 被设置（更新），使得对于给定的输入词，在确定输入模块 j 中的第 i 个获胜神经元和任何输出或不同输入模块 m 中的第 k 个获胜神经元之后，连接 $L(i, j/k, m)$ 按奖励增量 ΔL 递增，而所有其他连接 $L(s, j/k, m)$ 可以按惩罚增量 ΔM 递减。

L 连接权值根据下式修改：

$$L_{i,j/k,m}(t+1)=L_{i,j/k,m}(t)+\Delta L \tag{15.5a}$$

$$L_{s,j/k,m}(t+1)=L_{s,j/k,m}(t+1)-\Delta M,\quad s\neq i \tag{15.5b}$$

$$L(0)=0 \tag{15.5c}$$

其中，$L_{i,j/k,m}$ 表示第 j 个输入模块中获胜神经元 i 与第 m 个输入或输出模块中获胜神经元 k 之间的连接；ΔL 和 ΔM 分别为奖/罚增量值（预先确定的固定值）。有时需要将 M（对于所有 LAMSTAR 决策或仅当决策正确时）设置为

$$\Delta M=0 \tag{15.6}$$

L 的值没有界限（约束）。然而，它们可能会因为忘记避免不合理的值（或高或低）而受到限制。

因此，连接权值作为地址相关性（Graupe and Lynn，1970）来评估神经元之间的流量速率（Graupe，1997；Minsky，1980），如图 15.1 所示。因此，上面的 L 连接权值用于指导存储过程并解决在每个模式中涉及非常多的子词（模式）和庞大记忆的问题。它们还用于排除完全重叠的模式，如其中一个或多个模式是冗余的，需要省略。在许多应用中，只考虑和更新 SOM 存储层（模块）和输出层之间的连接权值（图 15.2），而各个 SOM 输入存储层之间的连接权值（即内部连接权值）不考虑或更新，除非与第 15.1.12 小节相关的决策需要它们。

15.1.8　N_j 权值（在大多数应用中未实现）

图 15.1（Graupe and Kordylewski，1998）的 N_j 权值由给定输入 SOM 模块上给定神经元的流量来更新，即由存储在给定神经元上的子词累计数量更新，并根

据第 15.1.10 小节中由于遗忘而进行调整，由式（15.7）确定：

$$\| \boldsymbol{x}_i - \boldsymbol{w}_{i,m} \| = \min \| \boldsymbol{x}_i - \boldsymbol{w}_{i,k} \|, \forall k \in (l, l+p); \quad l \sim \{N_{i,j}\} \tag{15.7}$$

式中，m 是第 i 个 SOM 模块中的获胜单元（WTA）；$N_{i,j}$表示 SOM 模块 i 中确定最高优先级神经元邻域的权值，用于存储搜索，且在大多数应用中，k 覆盖模块中的所有神经元，忽略 $N_{i,j}$和 l，如图 15.2 所示；l 表示要扫描的第一个神经元（由权值 $N_{i,j}$决定）；~表示比例。

图 15.1 的 N_j 权值仅用于庞大的检索/浏览问题。它们初始化为从均匀分布中选择的一个小随机非零值，并且每次选择合适的神经元作为获胜者时线性增加。

我们注意到，在大多数应用中根本不使用 N 权值，因为 SOM 模块的选择是根据解决给定问题所需的特征数量预先设置的。消除未使用的 SOM 模块将在第 15.4 节中讨论。

15.1.9 初始化和局部最小值

与大多数其他网络相比，LAMSTAR 神经网络对初始化不敏感，不会收敛到局部最小值。所有的连接权值都应该初始化为零。

同样，与大多数其他神经网络相比，LAMSTAR 不会卡在局部最小值处，这是由于它的连接权值惩罚/奖励结构所决定，因为惩罚将继续在局部最小值处移动。

15.1.10 遗忘和抑制特征

遗忘是由遗忘因子 F 引入的，使得 $L(k)$ 在每次 $k = sK$（$s = 0, 1, 2, 3, \cdots$）时重置，其中 K 为预先设置的整数常数（如 $K = 100$），如下式：

$$L(k+1) = FL(k) \tag{15.8a}$$

其中，$0 < F < 1$ 是预设的遗忘因子。

随后，像往常一样继续 LAMSTAR 计算，包括对 $L(k+1)$ 应用强化（惩罚/奖励）。

在某些案例中，可以设定

$$F = 0 \tag{15.8b}$$

以在一定数量的数据集后完全删除旧数据。

或者，可以实现一种逐步遗忘算法，其中 $L(k)$ 在每个 $k = sK$（$s = 0, 1, 2, 3, \cdots$）处重置，即

$$L(k+1) = F(i)L(k) \tag{15.9}$$

其中，

$$F(i) = (1-\varepsilon)^i L(k), \quad 0 < \varepsilon < 1 \tag{15.10a}$$

$$i = (k - sK) \tag{15.10b}$$

式（15.10b）中的 s 表示满足 $Ks < k$ 的最大整数，以使 i 从零重启，每运行 k 次，i 的值增加 k。

随后，像往常一样继续 LAMSTAR 计算，包括对 $L(k+1)$ 应用强化（惩罚/奖励）。

抑制必须是预先设定好的。它通过在给定的输入层中预先分配一个或多个神经元作为抑制性神经元而纳入 LAMSTAR。它的抑制函数也必须预先编程，因为它们不会遵循常规连接权值格式。

LAMSTAR 神经网络的简单应用并不总是需要实现遗忘特性。如果对使用遗忘特性有疑问，那么比较“有遗忘”和“没有遗忘”的表现（在整个测试期间继续训练时）可能是明智的。

15.1.11　来自预处理器和协处理器的输入层设置

LAMSTAR 网络的一个主要方面，特别是在需要深度学习的复杂问题中，是它能够整合和排序任何类型的协同处理或预处理算法（这些算法可能有助于解决给定问题）。显然，要解决困难问题需要竭尽所能。通过其排序能力（由于使用连接权值），它还可以消除冗余的任何协处理和预处理算法或将其排在较低的位置，如第 15.4 节所述。此外，LAMSTAR（LNN－1 和 LNN－2）可以通过并行处理完成此任务，因此速度不会受到影响。

为了将这样的处理器集成到 LAMSTAR 中，处理器的输出将被视为输入字（矩阵/张量）的一个或多个子词。因此，它将被分配到一个或多个输入（SOM）层。

类似地，和给定问题相关的不同数据集也将是它们自己的子词，因此是单独的输入层。举例说明这种不同和并行数据集的使用和重要性可以从以下两个具体的医疗应用中看出。

在预测患者呼吸暂停事件的发生时（Waxman et al.，2014），数据来自几种非侵入性传感器，包括鼻压、血压等。所有这些都是同时获取的，且每个都作为一个或多个输入层。此外，它们之间的相关性形成了单独的层，特别是在多个时间延迟中对交叉相关性感兴趣时。同样，在金融分析中，人们对几天内的股票价格、股市整体交易量或趋势、与给定股票相关的市场部门都很感兴趣。这些将作为一个或多个独立输入层。

此外，在作者的实验室（Basu et al.，2010；Khobragade，2018）预测帕金森患者的震颤发作时，为了控制深部脑刺激，就必须同时使用来自单个传感器的任何可能的患者信息。因此，使用了几个数学预处理器来提供不同角度的患者情况，如熵、频率等信息。利用 LAMSTAR 的多层结构和连接权值，这些数据被送入不同的 LAMSTAR 层进行预测。由于使用冗余信息而导致的任何过度行为都由 LAMSTAR 的透明性处理，详见第 15.4 节的分析。

15.1.12 训练与运行

没有理由在任何时候停止训练，因为前 n 组数据（输入词）仅用于为输入词的测试集建立初始权值，这实际上是正常运行的情况。然而，在 LAMSTAR 中，我们仍然可以，并且应该继续以集合对集合（输入词对输入词）的方式进行训练。因此，网络在测试和定期运行期间继续自我调整。持续的训练大大提高了网络的性能，同时网络不会变慢，也不会增加复杂性。事实上，这确实稍微简化了网络的设计。尽管如此，在对网络性能进行评分时，不应该考虑大量的初始运行，因为网络还没有充分“学习”，离收敛还很远。然而，如果仍然需要在早期作出决定，那么即使是“未经训练的”输出也可以使用，尽管有出错的风险。

15.1.13 数据缺失处理

LAMSTAR 网络的运行及其决策过程，无论 LNN－1 还是 LNN－2 版本，（将在第 15.2 节和第 15.3 节中详细讨论）均完全适用于任何给定输入词中缺少某些数据子词的情况，因为当缺少某些 k 值时，对 k 的求和仍然有效。在这种情况下，k 的总和只是忽略了一些值，这就像即使有一个检查结果没有从实验室返回，医生仍可以根据已返回信息作出诊断决定一样。因此，LAMSTAR ANN 在缺少数据或数据集的情况下完全可以运行。当然，在这种情况下，决定可能不如所有子词都可用时那么好，就像医生在缺少一项或几项实验室检查结果时作出的诊断决定一样。但是，如果必须作出决定（如拯救一个危重病人），医生仍然会根据可获得的信息进行最佳评估。

15.1.14　LAMSTAR 的决策过程

前面章节中描述的 LAMSTAR 网络的结构及其设置对于 LAMSTAR－1（LNN－1）和 LAMSTAR－2（LNN－2）都是通用的。这两个版本也具有相同的决策原理，但是决策算法略有不同。LNN－1（LAMSTAR 的原始版本）的决策算法将在第 15.2 节中讨论。这个 1996 年的版本（Graupe and Kordylewski, 1996a；Graupe, 1997）在 2008 年进行了修改（Schneider and Graupe, 2008），被称为 LAMSTAR－2，第 15.3.2 小节描述了其决策过程。

LAMSTAR 两个版本的不同之处：它们在每个步骤中对获胜输出决策的计算，其中在 LAMSTAR－2 中实现了规范化，而在 LAMSTAR－1 中没有实现规范化。LAMSTAR－1 是在 2008 年参考文献（Schneider and Graupe, 2008）发表之前独家使用的应用程序，详见第 15.2 节，而 LAMSTAR－2 将在第 15.3.2 小节讨论。大多数特性在两个版本中都是通用的，正如第 15.1 节所讨论的那样。

15.2　LAMSTAR－1（LNN－1）

通过连接权值确定获胜决策

输出 SOM 模块的诊断/决策是通过分析输出 SOM 模块中的诊断/决策神经元与第 15.1.7 小节中所述过程里选择和接受的所有输入 SOM 模块中的获胜神经元之间的相关连接 L 来找到的。此外，所有 L 权值都被设置（更新），如第 15.1.7 小节所讨论的［式（15.5）和式（15.6）］。

来自输出 SOM 模块的获胜神经元（诊断/决策）是一个神经元，其连接到输入模块中选定的（获胜）输入神经元的连接 L 累积值最高。输出 SOM 模块（i）的诊断/决策公式为

$$\sum_{k(w)}^{M} L_{k(w)}^{i,n} \geqslant \sum_{k(w)}^{M} L_{k(w)}^{i,j}, \quad \forall i,j,k,n, \ j \neq n \tag{15.11}$$

式中，i 表示第 i 个输出模块；n 表示第 i 个输出模块的获胜神经元；$k(w)$ 表示第 k 个输入模块的获胜神经元；M 为输入模块的个数；$L_{k(w)}^{i,j}$ 为输入模块 k 中的获胜神经元与输出模块 j 中的神经元之间的连接权值。

连接权值可以是正的，也可以是负的。尽管在其他固定值处初始化所有权值没有困难，但是它们最好在零处初始化。如果两个或多个权值相等，则必须预先编程 以给予某个决策优先级。

注意，如果根据“赢者通吃”规则，那么在每个输入 SOM 层中只有一个获胜神经元。

15.3 LAMSTAR－2（LNN－2）

15.3.1 概述

在 LAMSTAR（LAMSTAR－1）神经网络的许多应用中，给定层中输入词的某些输入神经元可能很少是赢家，因为它们的形式（如值或形状）很少与该层表示的特征（子词）相符合。然而，当这种罕见的情况发生时，相对于手边的待决策问题来说，这可能是非常重要甚至是至关重要的。然而，如第 15.2 节所述，原始 LAMSTAR（LAMSTAR－1）的决策式（15.11）仅与比较连接权值有关。因此，对于很少出现的输入神经元 $\{i, j\}$，即使它是赢家（即它的情况发生在它的特定层），那么正确的结果（几乎）总是决策 A。然而，由于这个神经元很少出现，因此它的连接权值很低。相反，某个经常出现（获胜）的神经元总是具有相对较高的连接权值，即使在决策 A 被证明是正确的情况下，但是这种情况很少发生。因此，就连接权值而言，这个“受欢迎的”神经元可能会抵消很少出现（获胜）的神经元 $\{i, j\}$ 的影响，甚至对上述决策 A 也是如此。因此，

从逻辑上来讲，一个神经元获胜的次数不足以公正地对待那些很少出现的神经元，后者可能代表与决策 A 相关的重要信息。

下文参考文献（Schneider and Graupe, 2008）中的修改是为避免这种情况而制定的，正如下面的各种案例研究所述。它似乎经常很有帮助，而且它几乎不会对性能或计算速度产生负面影响。

15.3.2 LAMSTAR－2：LAMSTAR 算法的改进版

第 15.3.1 小节中描述的情况导致了参考文献（Schneider and Graupe, 2008）中提出的 LAMSTAR 改进版本的产生。通过这种改进，从第 k 个 SOM 输入层的神经元 m 到第 i 个输出（决策）层的任意输出层 j 的连接权值 $L_{i,j}(m,k)$ 被一个归一化的连接权值代替，表示为 $L_{i,j}^{*}(m,k)$，即

$$L_{i,j}^{*}(m,k)=L_{i,j}(m,k)/n(m,k) \tag{15.12}$$

其中，$n(m,k)$ 表示输入层 k 中的神经元 m 成为该层中获胜输入神经元的次数。

因此，如第 15.2 节的式（15.11）所示，获胜的判罚将自始至终使用 L^{*} 而不是 L。同样，如果适用，L^{*} 将取代任意两个不同输入层之间权值连接中的 L，以产生以下改进的决策公式：

$$\sum_{k(w)}^{M} L^{*}{}_{k(w)}^{i,n} \geqslant \sum_{k(w)}^{M} L^{*}{}_{k(w)}^{i,j}, \quad \forall i,j,k,n,\ j\neq n \tag{15.13}$$

当某些输入神经元很重要时，这种修改是重要的，尽管（成为“赢家”）这种情况很少发生。它在一些应用中被证明是重要的，如在 Waxman 等人 2010 年发表的文献中，其性能就极大地超越了原始（未归一化）版本的 LAMSTAR 网络。

但是，惩罚和奖励将与原来的 LAMSTAR（LAMSTAR－1）版本保持不变。

因此，LAMSTAR－2 仍然保留了原始 LAMSTAR 的所有优点，不同之处在于网络连接权值相对于最终决策过程的解释。

15.3.3 LAMSTAR－2 核心算法（动态 LAMSTAR 版本）

由于在公开文献中还没有其他资料提供 LAMSTAR－2 的详细源代码，并且

注意到它的性能，因此这里描述了一个详细的核心程序，并对其步骤进行了讨论。这可能有助于理解网络编程的难易程度。与 LAMSTAR－1 一样，提供各层的任何滤波器都是程序员针对特定问题（应用）所做的选择。在大多数情况下，这些可以从它们相应的数学程序库中取出，并完全在 LAMSTAR 之外处理，LAMSTAR 只将它们的输出作为其输入。因此，它们可以很容易地在并行设备中计算。

LAMSTAR－2 的核心算法与 LAMSTAR－1 非常相似。这些变化只影响到该程序的 3 个部分：

（1）当初始化时，步骤 3 计算某神经元为获胜神经元的次数不是 LAMSTAR－1 的一部分。

（2）步骤 5 关于根据获胜次数计算连接权值的归一化，对于 LAMSTAR－2 是唯一的。

（3）在步骤 7 中，算法的决策部分实现归一化。

该算法仅由 24 个编号的程序指令（或表达式组）组成，以斜体输入。其他的都是评论。

该程序假定直接输入存储（direct input storage），而不是使用第 15.1.5 小节的式（15.3）。但是，如果希望或需要，直接存储（direct storage）仍然可以在此程序中使用。该程序还假设一个单一的输出（决策）层具有两个决策神经元，分别表示为 A 和 B。

步骤 1　数据设置

将输入词的 F 个特征（子词）中的每一个设置为 N_k（$k=1, 2, \cdots, F$）范围（邻域）。参见第 15.2 节关于 DATA 设置的章节。（核心算法第一部分。）

步骤 2　输入

$$BIAS=\cdots;\ THRESHOLD=\cdots;\ M=\cdots;\ R=\cdots;\ P=\cdots \quad (1^{**}\mathrm{a, b, c, d, e})$$

$$F=\text{最大层数（一个输入词中特征或子词的最大数量）} \quad (1^{**}f)$$

$$N=\text{一个层中最大神经元数量；}N_k=\text{第 }k\text{ 层中最大神经元数量} \quad (1^{**}\mathrm{g})$$

$$i=1, 2, 3, \cdots, N_k;\ k=1, 2, 3, \cdots, F \quad (1^{**}\mathrm{h})$$

其中，j 表示第 j 个输入神经元；k 表示第 k 个输入层；R 表示奖励；P 表示惩罚。

注意，并非所有层（SOM 模块）都必须具有相同数量的神经元，即 SOM 矩阵 $\boldsymbol{V}$ 不是必须为方形。或者，可以填充输入为 0 的神经元，使 $\boldsymbol{V}$ 成为方阵。

输入数据被分配存储在输入（SOM）层的神经元中，如第 15.1.5 小节和第 15.1.6 小节中的情况。存储可以是直接的，这是最快的方式。或者，它可以遵循第 15.1.5 小节的式（15.3）。

步骤 3　初始化

所有连接权值初始化为 0，即对于可能的结果 A，

$$LA_{j,k}(0)=LB_{j,k}(0)=0;\ TLA(0)=TLB(0)=0;\ \text{对所有的}\ j\ \text{和}\ k, w(j,k)=0;$$
$$n=0;\ \text{对所有的}\ j\ \text{和}\ k, q(j,k)=0 \tag{2**}$$

其中，n 表示迭代次数（即 $n=0, 1, 2, 3, \cdots$）；q 表示给定神经元在给定层（SOM 模块）中获胜的次数。

步骤 4　输入矩阵中单个神经元的存储（迭代 n）

排序从这里开始：

设置

$$n=n+1 \tag{3**}$$

如果特征 $\{i\}$ 的子词符合子范围 $\{ik\}$，即为神经元 $\{j, k\}$ 分配的子范围，如上文提供的数据设置步骤 1 所示。对于特征 k，则执行以下内容：

输入：元素为 $V_{i,k}$ 的存储矩阵 $\boldsymbol{V}(N)$

对所有的 k，$W_{j=k(w),k}=1$，否则对所有的 i、k，$W_{j,i}=0$；$j=1, 2, \cdots, N$；$k=1, 2, \cdots, F$，而 $k(w)$ 表示由“赢者通吃”规则确定的第 k 层获胜神经元（4**）

现在，设置

$$W_{j=k(w),k}=W_{k(w)}(n) \tag{5**}$$

注意到 $\boldsymbol{V}$ 的每一列（向量）只有一个输出为 1 的元素（神经元），而该向量的所有其他元素输出为 0。

步骤 5　计算给定神经元的获胜次数

对所有 i、k，有 $W_{i,k}=1$，则

$$q_{j,k}(n)=q_{j,k}(n)+1 \tag{6**}$$

步骤 6 连接权值的计算

设从单个输入层神经元到“赢者通吃”决策层（对于单个输出层中有 2 个神经元的情况，即到决策神经元｛A｝和｛B｝）的权值分别表示为 $LA_{i,k}(n)$ 和 $LB_{i,k}(n)$，设始终有

$$LA_{i,k}(n) = LA_{i,k}(n-1) + W_{k(w)}(n);\ LB_{i,k}(n) = LB_{i,k}(n-1) + W_{k(w)}(n) \tag{7**}$$

使得对于每一个 $W_{i,k}(n)=0$ 的元组 $\{i,k\}$，$LA_{i,k}(n)$ 的值保持不变，即 $LA_{i,k}(n)=LA_{i,k}(n-1)$。

因此，对所有 i、k，有 $w_{i,k}(n)=1$，则

$$TLA(n) = \sum_{k}^{F} LA^{*}_{i,k}(n);\ TLB(n) = \sum_{k}^{F} LB^{*}_{i,k}(n),\text{否则 } TLA(n) = TLB(n) = 0 \tag{8**}$$

使得我们只考虑那些 $LA_{i,k}(n)$ 和 $LB_{i,k}(n)$，且 $w_{i,k}(n)=1$。

步骤 7 连接权值归一化

令

$$[LA_{i,k}(n)]/q_{j,k}(n) = LA^{*}_{i,k}(n),q>1 \tag{9**}$$

且令

$$[LB_{i,k}(n)]/q_{j,k}(n) = LB^{*}_{i,k}(n),q>1 \tag{10**}$$

然后，对所有 i、k，有 $w_{i,k}(n)=1$，则

$$TLA^{*}(n) = \sum_{k}^{F} LA^{*}_{i,k}(n);TLB^{*}(n) = \sum_{k}^{F} LB^{*}_{i,k}(n),\text{否则 } TLA^{*}(n) = TLB^{*}(n)=0 \tag{11**}$$

上式仅由 $LA_{i,k}(n)$ 和 $LB_{i,k}(n)$ 的值推导而来，且 $W_{k(w)}(n)=1$。

步骤 8 决策

令｛BIAS｝由下式给出：

$$BIAS = .\ (\text{输入值,如}\ 0) \tag{12**}$$

因此，决策为

$$TLA^{*}(n) > [1+BIAS][TLB^{*}(n)],\text{则输出决策“}A\text{”，否则输出决策“}B\text{”} \tag{13**}$$

使得只考虑 $LA_{ij}(n)$ 和 $LB_{ij}(n)$，且 $w_{i,j}(n)=1$。

令

$$DTL(n)=TLA(n)-TLB(n) \tag{14**}$$

$$\text{打印 } DTL(n) \tag{15**}$$

在这一点上，我们仍然有待发现决策是否正确，这所依赖的结果仍然是未知的，将进入下面的步骤 9。

步骤 9　连接权值的奖励/惩罚（连接权值的事后更新）

$$\text{输入 } OUTCOME(n)=\cdots\cdots \tag{16**}$$

上式从系统关于结果的信息中进行赋值（或在预测问题中，从输入的下一次迭代内容中进行赋值）。

$$\text{打印 } OUTCOME(n) \tag{17**}$$

输入 $R=\cdots$（输入奖励值，如 1），并输入 $P=\cdots$（输入惩罚值，如 1 或 0），如式（1**d）和式（1**e）所示。

因此，令

$$CORRECT=outcome(n)\geqslant outcome(n-1)+THRESHOLD \tag{18**-a}$$

$$INCORRECT=outcome(n)<outcome(n-1)+THRESHOLD \tag{18**-b}$$

随后，仅对于所有输入 ij，且 $w_{i,j}(n)=1$，则

如果决策 {A} 证明是正确的，那么

$$LA_{ij}(n)=LA_{ij}(n-1)+R;LB_{ij}(n)=LB_{ij}(n-1)-P \tag{19**}$$

如果决策 {A} 最终是不正确的，则

$$LA_{ij}(n)=LA_{ij}(n-1)-P;LB_{ij}(n)=LB_{ij}(n-1)+R \tag{20**}$$

对所有 ij，保存

$$LA_{ij}(n);LB_{ij}(n) \tag{21**}$$

并且像上面的步骤 3 一样，来到下一个输入单词 $(n+1)$。　(22**)

注意：式（16**）更新后的 LA 和 LB 是下一个 $(n+1)$ 运行（迭代）所使用的，因此它们必须在这一点上得到保存。

步骤 10　遗忘

在每 M 次迭代中［如 $M=50$ 或 $M=100$ 等，参见式（1**c）］将 $\{n\}$ 重置为零，并初始化 $LA(n)$、$LB(n)$、$TLA(n)$、$TLB(n)$ 为先前的最后一个 $LA(n)$、

$LB(n)$、$TLA(n)$、$TLB(n)$，乘以一个因子“FACTOR”。 (23**)

如果使用了遗忘，则在初始化时设置 FACTOR。

然后，重置 n（$n=51$，或者 $n=101$，…）为 $n=1$，并继续如上所述步骤（步骤 3 到步骤 10）。 (24**)

15.4 数据分析型 LAMSTAR

15.4.1 基于连接权值信息的数据分析能力

由于 LAMSTAR 两个版本中的所有信息都体现在连接权值，因此 LAMSTAR 可以作为数据分析工具使用。在这种情况下，系统提供输入数据的分析，如评估输入层及其各自子词的重要性、类别之间的相关性强度或单个神经元之间的相关性强度。

系统对输入数据的分析包括两个阶段：

（1）系统设置（如第 15.1.1 小节所述）。

（2）分析相关连接的值。

分析的目的是深入了解手头的问题。此外，性能和速度可以通过获得的信息来增强，这些信息与是否以及在何处添加或删除给定层或神经元的分析有关，如根据层或神经元的重要性。

由具有最高值连接所联系的集群确定了输入数据的趋势，并有助于校准网络的分辨率。

分析阶段可以在正常操作期间的任何时候进行。它是一个用于提高网络性能的阶段，即在继续正常运行的同时对网络进行训练。这是一种在线训练。

在这个训练阶段，LAMSTAR 系统找到最高的相关连接（连接权值），并检索由这些连接关联的 SOM 模块中与集群相关的信息。可以通过以下两种方法选择连接：一是连接权值超过预定义的阈值；二是预定义的具有最高值的连接数。

15.4.2 LAMSTAR 神经网络输入的连接权值态势图

LAMSTAR 神经网络的结构本身显示了关于数据状态的重要信息，从而显示了 LAMSTAR 所考虑的问题状态。

首先，每层中的获胜神经元（输出为 1 的神经元，因为所有其他神经元都为 0）给出一个条件映射（矩阵）。更重要的是，来自所有这些获胜神经元的连接权值映射是一个矩阵 $\boldsymbol{A}(i, j)$，它是一个状态图，显示了每个子词（记忆神经元）相对于手头问题的重要性。这说明了 LAMSTAR 的透明度和它的能力。如果需要，这个图可以用作 CNN 网络的输入特征图。

15.4.3　LAMSTAR 神经网络的特征提取与去除

根据 LAMSTAR 网络中某些元素属性的推导，可以在 LAMSTAR 网络中提取或删除特征，讨论如下。

定义 1：最重要/最不重要的记忆/层。一个最重要（或最不重要）的层（特征，SOM 模块）可以通过矩阵 $\boldsymbol{A}(i, j)$ 提取，其中 i 表示 SOM 存储模块 j 中的一个获胜神经元。根据“赢者通吃”规则，所有获胜者（神经元）为 1，其余为 0。此外，$\boldsymbol{A}(i, j)$ 可以通过考虑下面的性质以及定义 2、4 来简化。

（1）对于给定的输出决策 $\{dk\}$ 和所有输入词，所有 SOM 模块（即整个 NN）上的最重要（或最不重要）子词（获胜的记忆神经元）i，表示为 $[i^*, s^*/dk]$，且对任意模块 p 中的任意获神经元 j 有

$$[i^*, s^*/dk]: L(i, s/dk) \geqslant L(j, p/dk) \tag{15.14}$$

其中，p 不等于 s；$L(j, p/dk)$ 表示 p 层第 j 个（获胜）神经元与获胜输出层神经元 dk 之间的连接权值。注意，为确定最不重要的神经元，上面的不等式应取反。

（2）每个给定获胜输出决策 $\{dk\}$ 在所有输入词上的最重要（或最不重要）的 SOM 模块 $\{s^{**}\}$，由下式给出（对任何模块 p）：

$$s^{**}(dk): \sum_i [L(i, s/dk)] \geqslant \sum_j [L(j, p/dk)] \tag{15.15}$$

为确定最不重要的模块，上面的不等式应取反。

（3）对于每个给定问题类的所有输入单词，神经元 $i^{**}(dk)$ 是特定 SOM 模块中每个给定输出决策（dk）中最重要（或最不重要）的神经元，由 $i^*(s, dk)$ 给出，使得对同一模块 s 中的任意神经元 j 有

$$L(i,s/dk) \geqslant L(j,s/dk) \tag{15.16}$$

为了确定模块 s 中最不重要的神经元，将上面的不等式取反。

定义 2：冗余。如果 SOM 输入层 s 中的特定神经元 i 是 LAMSTAR 考虑的关于决策（dk）的任何输入词的赢家（对于分配给它的给定类别问题），然后 t 层中的神经元 j 也会因其相同输入词的特定子词而获胜。当这种唯一配置对两个层（s 和 t）中的所有神经元都成立时，那么这两个层（s 和 t）中的一个是冗余的。

定义 3：如果 $q(p)$ 神经元的数量小于 p 神经元的数量，则层 b 被称为比 a 低级的层。

另请参见第 15.4.4 小节“通过相关层进行冗余检测”。

定义 4：零信息冗余。如果 k 层中始终只有一个神经元是赢家，无论输出决策如何，则该层不包含信息，是冗余的。

上述定义和性质可用于削减特征或记忆数量，这通过只考虑减少数量的最重要模块或记忆，或通过消除最不重要的模块来实现。

因此，这个简单分析提供的信息可以通过删除最不重要或冗余的层或神经元来构建或重建一个更有效和更快的网络。

15.4.4 相关与插值

（1）相关性特征。

对于相同的输出决策，考虑与输出决策（dk）相关的 m 个最重要的层（模块）和这 m 个层中的 n 个最重要的神经元。（示例：设 $m=n=4$。）我们认为子词间的相关性也可以通过分配该相关性的特定输入子词来容纳在网络中，该子词通过预处理形成。

关联层建立规则：建立额外的 SOM 层，记为 CORRELATION - LAYERS $\lambda(p/q, dk)$，使这些额外的相关层的数量为

$$\sum_{i=1}^{m-1} i_{(per\ output\ decision\ dk)} \tag{15.17}$$

例如，当 $n=m=4$ 时，相关层为 $\lambda(1/2, dk)$、$\lambda(1/3, dk)$、$\lambda(1/4, dk)$、$\lambda(2/3, dk)$、$\lambda(2/4, dk)$、$\lambda(3/4, dk)$。

随后，当神经元 $N(i, p)$ 和 $N(j, q)$ 同时（即对相同的给定输入词）分别在 p

和 q 层获胜，且这两种神经元也属于最重要的神经元子集的“最重要”的层（使得 p 和 q 是“最重要”层）时，我们认为一个 Correlation - Layer $\lambda(p/q,dk)$ 中的神经元 $N(i,p/j,q)$，为该 Correlation - Layer 的获胜神经元，我们奖励或惩罚其输出连接权值 $L(i,\ p/j,\ q-dk)$，这是任何其他输入 SOM 层中获胜的神经元所需要的。

例如，相关层 $\lambda(p/q)$ 神经元为：$N(1,\ p/1,\ q)$；$N(1,\ p/2,\ q)$；$N(1,\ p/3,\ q)$；$N(1,\ p/4,\ q)$，$N(2,\ p/1,\ q)$；…，$N(2,\ p/4,\ q)$；$N(3,\ p/1,\ q)$；…$N(4,\ p/1,\ q)$；…$N(4,\ p/4,\ q)$。相关层中共有 $m\times m$ 个神经元。

相关层中任何获胜的神经元都被视为另一个（输入 SOM）层中任何获胜神经元，只要它对任何输出层神经元的权值被关注和更新。显然，在关联层 p/q 中获胜的神经元（根据给定的输入词，如果有的话）是该层中的神经元 $N(i,\ p/j,\ q)$，其中输入层 p 中的神经元 $N(i,\ p)$ 和层 q 中的神经元 $N(j,\ q)$ 都是给定输入词的赢家。

必须注意的是，在任意延迟（间隔）处的自相关和互相关也可以作为输入 SOM 层（对给定延迟）进入 LAMSTAR 神经网络，这需要从计算这些函数的适当预处理器开始。

（2）利用相关层进行插值/外推。

设 p 为“最重要”层，设 i 为 p 层中输出决策（dk）的“最重要”神经元，其中与 p 层相关的给定输入词中不存在输入子词。因此，如果神经元 $N(i,\ p)$ 满足下面的不等式，就被认为是 p 层的插值/外推神经元：

$$\sum_{q}\left[L(i,p/w,q-dk)\right]\geqslant\sum_{q}\left[L(v,p/w,q-dk)\right] \tag{15.18}$$

其中，v 不同于 i；$L(i,\ p/j,\ q\rightarrow dk)$ 表示相关层 $\lambda(p/q)$ 的连接权值。注意，在每一层 q 中，对于给定的输入词只有一个获胜的神经元，记为 $N(w,\ q)$，且无论输入词 w 在任何第 q 层。

例如，令 $p=3$，因此考虑相关层 $\lambda(1/3,\ dk)$、$\lambda(2/3,\ dk)$、$\lambda(3/4,\ dk)$，使得 $q=1,\ 2,\ 4$。

显然，如果一个神经元被认为是另一个神经元的插值/外推，而不是由输入词本身产生，那么就没有惩罚/奖励适用于这个神经元。

（3）通过相关层进行冗余检测。

设 p 为最重要层，i 为该层中最重要的神经元。如果对于所有输入词存在另一个“最重要”层 q，使得对于任何输出决策和任何神经元 $N(i, p)$，只有一个相关神经元$(i, p)/(j, q)$［即对于每组(i, p)，只有一个 j］对任何输出决策（dk）具有非零的输出连接权值，那么层 p 是冗余的。这使得每个神经元 $N(j, q)$ 仅与 p 层中的一个神经元 $N(i, p)$ 相关联。

例如，神经元 $N(1, p)$ 总是与神经元 $N(3, q)$ 相关联，从不与 $N(1, q)$ 或 $N(2, q)$ 或 $N(4, q)$ 相关联，而神经元 $N(2, p)$ 总是与 $N(4, q)$ 相关联，从不与 q 层的其他神经元相关联。

另外，也可参见第 15.4.3 小节定义 2。

15.4.5　LAMSTAR 神经网络的新息检测

如果从给定的输入 SOM 层到输出层输出的连接权值相对于其他输入 SOM 层的连接权值而言，在一定的时间间隔（应用了特定数量的连续输入词）内发生了相当大的反复变化（超过阈值水平），则检测到该输入层（类别）的新息。

如果从一个输入 SOM 层到另一个输入 SOM 层的神经元之间权值发生类似的变化，也可以检测到新息。

15.5　评论和应用

15.5.1　总结评论

LAMSTAR 神经网络利用了许多其他神经网络的基本特征，并采用 Kohonen 的 SOM 模块（Kohonen，1977，1988）、基于联想记忆的存储权值设置（本章为 w_{ij}）及其 WTA（“赢者通吃”）特征。

其神经元结构的不同之处在于，每个神经元不仅存储权值 w_{ij}，而且还存储连接权值 L_{ij}。这一特征直接遵循 Hebbian 定律（Hebb，1949）及其与巴甫洛夫狗实验的关系，如第 2.1 节所述。它遵循 Verbindungen 的概念（Kant，1781）及其在神经网络/机器智能设置里的“理解”的作用。因此，LAMSTAR 不仅处理两种神经元权值（用于存储和连接到其他层），而且连接权值在 LAMSTAR 中是用于决策目的的权值。存储权值形成了康德意义上的“记忆原子”（Ewing，1938），而连接权值提供了康德所说的“理解”。

LAMSTAR 的决策完全基于连接权值。连接权值有助于集成和排序任意数量的预处理器（滤波器），因此在需要时，具有强大的处理能力，并且它们对这个网络的计算能力负责。奖励/惩罚的简单算术中的直接 Hebbian 学习保证了计算速度。中枢神经系统本身使用了一个极好的组织系统，但不是高级微积分。它似乎以其聪明的二进制方式，使数学更简单而不是更复杂。

对于神经网络，尤其是基于 BP 网络的普遍缺点是缺乏透明度。BP 中的权值不能产生它们的值是何含义的直接信息。在 LAMSTAR 中，连接权值直接表示给定特征和特定子词相对于特定决策的重要性。与大多数神经网络不同，LAMSTAR 试图提供它必须解决问题的透明表示（Rosenblatt，1961）。对于网络决策，这种表示可以表达为输入（输入向量）和输出之间权值的非线性映射 $\boldsymbol{L}$，该映射 $\boldsymbol{L}$ 以矩阵形式排列。因此，$\boldsymbol{L}$ 是一个非线性映射函数，它的内容是输入和输出之间的权值，它们将输入映射到输出决策。考虑到 BP 网络，每层的权值都是 $\boldsymbol{L}$ 的列。这同样适用于 LAMSTAR 网络中 $\boldsymbol{L}$ 的连接权值 L_{ij} 到一个获胜的输出决策。显然，在 BP 和 LAMSTAR 中，矩阵 $\boldsymbol{L}$ 都不是一个类方阵函数，其列的长度也不相同。例如，在 BP 中，矩阵 $\boldsymbol{L}$ 在每个输出决策的每列中都有许多条目（权值）。与此相反，在 LAMSTAR 中，$\boldsymbol{L}$ 的每列在给定时间只有一个非零条目。这说明了它的透明度。

LAMSTAR－1 只需要计算式（15.5）和式（15.11）的每个迭代。这些操作只涉及加减法和阈值操作，而不涉及乘法，可提高 LAMSTAR 的计算速度。

为了在复杂的深度学习问题中充分利用 LAMSTAR 的独特结构，最重要的是在感兴趣的问题中使用任何协处理器或预处理器或相关数据集，并以单独子词的形式将其智能地集成到 LAMSTAR 中。这在第 15.1.11 小节中有详细讨论。

15.5.2　应用

如文献中所报道的，LAMSTAR 的应用涵盖了广泛的主题，包括医学诊断（Kordylewski and Graupe，2001；Nigam and Graupe，2004；Muralidharan and

Rouche, 2005; Sivaramakrishnan and Graupe, 2004; Isola et al., 2012; Waxman, 2015; Khobragade, 2018)、财务（Schneider and Graupe, 2008; Dong et al., 2012)、故障诊断（Yoon et al., 2013)、数据挖掘与信息检索（Chang et al., 1998; Carino et al., 2005; Malhorta and Nair, 2015; Isola et al., 2012)、视频处理（Girado et al., 2004)、预测（Waxman et al., 2010)、语音处理（Graupe and Abon, 2007)、自适应滤波（Graupe et al., 2008; Graupe and Abon, 2002)、计算机安全（入侵检测）(Venkatachalam, 2007)、浏览（Malhorta and Nair, 2015)、非线性控制（Graupe and Smollack, 2007)。

第16章的案例研究（参见附录16.A）详细介绍了LAMSTAR的几种应用，并将LAMSTAR的性能和速度与CNN和反向传播进行了比较。这些案例研究中的某些应用也给出了与DBM（深度玻尔兹曼机)、RBF（径向基函数）和SVM（支持向量机）的比较，但这些处于神经网络研究领域之外。

这些案例研究涵盖的应用领域包括天文学（星座映射)、金融（微观结构交易——与BP、SVM和RBF进行比较)、重噪声下的语音（对未知的高水平语音进行盲自适应滤波——与BP进行比较)、体育赛事预测、石油钻探场地选择、从2D图像估计3D（与CNN进行比较)、安全（信用卡欺诈检测)、人类活动分类（与CNN进行比较）等。

第 16 章

DLNNs 的性能——比较案例研究

本章通过作者课堂上研究生完成的应用于广泛领域的 20 个案例，来讨论深度学习神经网络的性能，特别是第 14 章和第 15 章的网络。本章还将比较这些网络的计算速度，这对于任何实时在线应用（作为控制器的一部分，或在医疗设备中的许多应用、医疗诊断和在许多金融流应用中）都是最重要的。本章还旨在对这些网络是如何应用于上述广泛领域提供更好的理解。从这 20 个案例研究中得出的结论当然不能代表关于深度学习神经网络的大量文献。特别是，它们可能不适用于大型数据库中的应用（其中一些在第 14 章中提到关于 CNN 的应用）。然而，在那些文献中几乎没有任何相关比较，至少没有比较 CNN 和 LAMSTAR，当然也没有比较相同的输入数据。如果被比较网络的数据不相同，那么任何比较都没有价值。相比之下，当前的案例研究是专门为此设计的，即将具有完全相同数据的多个 DLNNs 应用于广泛的领域和相同的计算设备（这在评估计算速度时是必不可少的）。当然，还需要在非常大的数据库上进行进一步的比较。

16.1 案例研究

CNN 的代码和工具箱都可以在网上下载。下面的案例研究使用了这样的工具箱，为了方便读者，给出了它们的来源和 URL 标题。目前，LAMSTAR（LNN－1 和 LNN－2）代码没有类似的可用性。在本章的附录中，给出了选定案例研究的 LNN－1、LNN－2 和 CNN 的示例代码（至少是它们的主要部分）。这些附录旨在说明网络如何处理它们的数据以及它们的程序如何工作。第 15 章中这些附加代码、讨论和核心代码应该很容易帮助读者编程并在未来工作中应用 LAMSTAR 网络，即使在没有工具箱可用的情况下。案例研究中考虑的其他网络和算法基于工具箱，而这些工具箱对下面的案例有很好的参考。

在下面的案例研究中，关于 LNN－1 和 LNN－2 深度学习网络的讨论，学习已在所有数据样本的训练期间和之后进行。因此，在 LAMSTAR 中，没有将特定的训练运行与测试运行区分开来，所有的数据集都被视为测试集，并计算性能统计数据。

案例研究的结果将在本章下一节进行讨论。

案例研究 1　人类活动识别（A. Bose）

本案例研究的目的是将 CNN、LNN－1 和 LNN－2 深度学习神经网络应用于识别人类活动分类问题，并比较这 3 种网络的性能和各自的计算时长。本研究中研究的 3 个网络共享相同的输入数据和相同的预处理。我们还与最近发表的 18 篇（2012—2015）关于同一问题的研究结果进行了比较，并使用了相同的数据库（见下文本研究的结果表）。

数据：本案例研究的数据来自 2 个人类活动数据集：一是来自微软研究实验室的 MSRDailyActivity3D（Microsoft. MSRDaily）；二是来自康奈尔大学计算机科学系的 CAD－60（Cornell. CAD60，2009）。数据为 RGBD（RGB 和 Depth）图像，来自 Kincet 传感器。

在 MSRDaily 的 16 种日常活动中选择了 6 种（吃东西、打电话、站起来、坐着不动、站着不动、走路）。在这 6 个活动中，7 590 个不同的姿势用于训练，600 个用于测试。

在 CAD－60 的 12 项活动中，选择了 5 项用于本研究（刷牙、打电话、喝水、烹饪/切菜、在电脑上工作）。

预处理：由于我们的数据是 3D 图像，因此我们必须考虑以下 20 个关节的三维欧氏坐标（图 16.1）：髋关节中心、脊柱、颈部、头部、右肩、右肘、右手腕、右手掌、左肩、左肘、左手腕、左手掌、右髋、右膝、右脚踝、右脚、左髋、左膝、左脚踝、左脚。因此，身体方向必须预处理（计算），以实现视觉不变的活动识别。

在上述归一化之后，我们得到每帧（人体活动的姿势）20 个身体关节的 60 个坐标。通过添加零，我们得到一个 1 ×64 输入向量，它被排列成 8 ×8 的输入矩阵，并作为本案例研究中所用神经网络的输入。

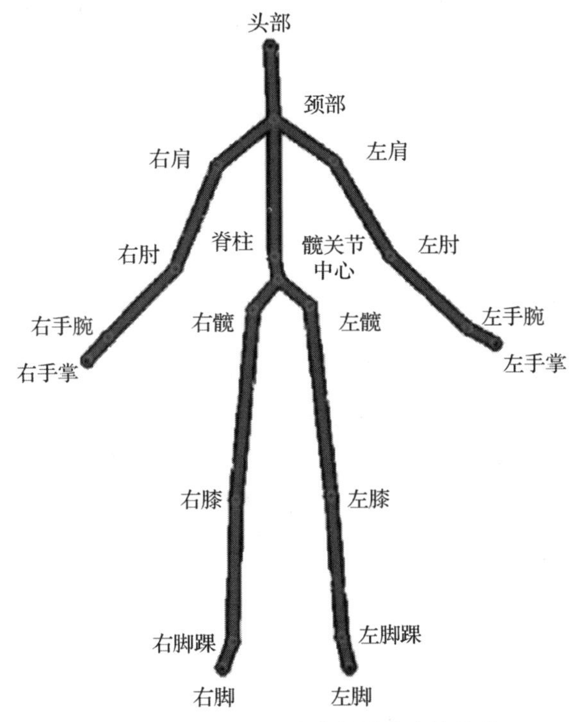

图 16.1　由 Kincet 给出的骨骼身体关节

计算： CNN 网络接收到上面坐标图像的 8 ×8 输入向量。本研究使用的 CNN 程序是用 MATLAB 编写的用于 CNN 的 DeepLearnToolbox（Rasmus，2012）。DeepLearnToolbox 是用于深度学习的 MATLAB/Octave 工具箱，参见 Graupe 2016 年发布的文章［Graupe，2016］中附录 A. 8. 1 的第 1 部分。LNN－1 和 LNN－2 的编码见本章附录 16. A. 1。它遵循第 15 章的设计。

结果： 表 16. 1 比较了当前研究（下 3 行）对 MSRDaily 数据库中姿势的性能，而表 16. 2 比较了当前研究（下 3 行）对 CAD－60 数据库中姿势的性能。表 16. 3 比较了本案例研究的 3 个网络的计算时长和准确度。这些表也给出了应用于相同数据的其他网络和算法的结果，如文献中给出的那样。在表 16. 3 的结果中观察到 LNN－2 的完美识别性能。同时，也可参见第 16.2 节的表 16.18 和表 16.19，这是关于案例研究附录 16.A.1 的。

表 16.1　当前和以前结果的准确度（MSRDaily 数据库）－人类活动识别

方法	准确度/%
LOP（Wang，2012）	42.5
Depth motion maps（Yang，2012）	43.13
Joint position（Wang，2012）	68
Moving pose（Zanfir，2013）	73.8
Local HOV4D（Oreifej，2013）	80
Actionlet ensemble（Wang，2012）	85.75
SNV（Yang，2014）	86.25
HDMM＋3ConvNets（Wang，2015）	81.88
CNN（本研究）	93
LNN－1（本研究）	95.33
LNN－2（本研究）	99.67

表 16.2　当前和以前结果的准确度和召回率（CAD－60 数据库）－人类活动识别

方法	准确度/%	召回率/%
MEMM（Sung，2011，2012）	67.9	55.5
SSVM（Koppula，2013）	80.8	71.4
Structure－Motion Features（Zhang，2012）	86	84
NBNN（Yang，2013）	71.9	66.6
Image Fusion（Ni，2013）	75.9	69.5
Spatial－based Clustering（Gupta，2013）	78.1	75.4
K－means Clustering＋SVM＋HMM（Gaglio，2014）	77.3	76.7
S－ONI（Parisi，2015）	91.9	90.2
SI Point Feature（Zhu，2014）	93.2	84.6

续表

方法	准确度/%	召回率/%
Pose Kinetic Energy（Shan，2014）	93.8	94.5
CNN（本研究）	92.33	93
LNN－1（本研究）	96.67	95.33
LNN－2（本研究）	100	100

表 16.3 准确度和速度比较（MSRDaily 数据库）－人类活动识别

参数	CNN	LNN－1	LNN－2
训练时长/s	507.30*	378.63†	429.425†
训练准确度/%	94.33‡	98.67‡	100‡
测试时长/s	172.36§	151.23§	153.365§

注：*7 590 个训练样本 50 批次的训练时长。

†7 590 个训练样本、阈值 0.999 9 情况下的训练时长。

‡ 使用与训练集相同的输入进行测试。

§600 个测试样本在训练网络上的测试时长。

案例研究 2 医学：预测癫痫发作（J. Tran）

本案例研究的目的是利用 BP、LNN－1 和 LNN－2 深度学习神经网络，从颅内脑电图（iEEG）数据预测癫痫发作患者，并比较这 3 种网络的性能和计算速度。

预测是通过检测发作前 20～30 min 与发作间期（无发作）相比较来进行的。发作间期通常持续数天甚至数周，持续到发作前几分钟。显然，计算速度几乎和准确预测（即将到来的癫痫发作被错过）一样重要。

数据集：本案例研究的数据下载自 https://www.kaggle.com/c/seizure－prediction/data(Epilepsy Soc.，2014)。作为使用数据的发作间期（无癫痫发作）和发作前段的持续时间相同（10 min）。癫痫发作前的数据是在癫痫发作前 15 min 和 5 min 采集的。每个数据窗口的持续时间为 30 s。所有间期数据均随机选取在癫痫发作前或发作后至少一周。

预处理：对于 LNN－1 和 LNN－2，输入数据在每 1 s 时间窗内都包含了主导频率。

计算：使用的卷积程序是 CNN 的 Python Lasagne 版本。CNN 网络的输入数据来自 https://lasagne. readthedocs. org/（也可参见附录 16. A. 2）。LAMSTAR LNN－1 和 LNN－2 程序都是基于第 15 章的核心代码。LNN－1 和 LNN－2 都使用 5 个 SOM 输入层。

结果：结果比较－癫痫发作预测如表 16. 4 所示。参考文献［Mirowski, 2009］报道了 CNN 灵敏度为 71% 的结果，尽管使用的是不同的数据源（德国弗莱堡大学），并且采用了不同的预处理。同时，也可参见与本研究第 16. 2 节中关于本案例研究的表 16. 18 和表 16. 19 的结果。

表 16. 4 结果比较－癫痫发作预测

方法	准确度/%	训练时长/s	测试时长/s
CNN	70	170	3
LNN－1	81. 25	<1	<1
LNN－2	81. 25	<1	<1

案例研究 3 医学：癌症检测的图像处理（D. Bose）

目标是建立一个分类器，可以从质谱数据中区分癌症患者和对照组个体。使用的分类器为 BP、CNN、LNN－1 和 LNN－2 深度学习神经网络。本案例研究使用的所有神经网络都使用了相同的数据和相同的预处理。

数据集：本案例中的数据来自 FDA－NCI 临床蛋白质组学计划数据库。具体来说，使用的数据是来自“High Resolution SELDI－TOF Study Sets”部分的数据库链接——http://home. ccr. cancer. gov/ncifdaproteomics/OvarianCD _ PostQAQC. zip。这个链接包含两组数据：一组是“癌症”；另一组是“正常”案例。它拥有 121 个癌症患者和 95 个正常个体的文本文件（. txt 文件）。

预处理：这个项目遵循的方法是选择一个测量或“特征”的削减集合，可用于分类器区分癌症患者和对照组个体。这些特征将是特定质量/电荷值下的离子强度水平。从上述数据集的文本文件中获得的原始质谱数据被提取出来，由名为 MSSEQPROCESSING 的程序#3 创建 OvarianCancerQAQCdataset. mat 文件。

MSSEQPROCESSING 文件包含 3 个变量，命名如下：

（1）“grp”，一个 216 × 1 矩阵，有“癌症”或“正常”的标签；

（2）“MZ”，一个拥有 15 000 个质量电荷值的 15 000 × 1 矩阵；

（3）“Y”，一个 15 000 × 216 矩阵，在 MZ 对应的 15 000 个质量电荷值处具有 15 000 个离子强度水平，共 216 名患者。

该程序的排名关键特征用于从先前讨论的 15 000 个点中选择具有 100 个点的特征向量，并形成 100 × 216 矩阵。得到的 100 × 216 矩阵，最终作为 LAMSTAR 和 CNN 的输入，即每 216 名患者有 100 个特征点。但对于 CNN，在 216 名患者中，每个患者的 100 个特征点都被转换成一个 10 × 10 矩阵。CNN 中的 data. mat 文件加载了两个变量，即 x in（格式为 100 个矩阵）和 t（维度为 2 × 216，用于标记“癌症”或“正常”）。

计算：对于卷积神经网络，使用了 CNN 的 ConvNet，这是一个 MATLAB/Octave 工具箱。源代码可在 https：//github. com/sdemyanov/ConvNet 中获得。版权所有为 2014 Sergey Demyanov。它的 100 × 216 矩阵输入如上文预处理段落所述。

LAMSTAR 使用 100 层来对应上述预处理产生的特征。BP 使用 MATLAB 工具箱。参见参考文献［Graupe，2016］中附录 A. 8. 3 的第 1 部分。

结果：癌症检测性能和计算时长的比较如表 16. 5 所示（也可参见第 16. 2 节的表 16. 18 和表 16. 19）。

表 16. 5　癌症检测性能和计算时长的比较

参数	BP	CNN	LNN - 1	LNN - 2
训练时长/s	3. 984	4. 119 0	0. 801 9	0. 799 8
训练准确度/%	88. 8	86. 768	98. 67	100
测试时长/s	1. 728	0. 706 8	0. 142	0. 160 5
识别率/%	84. 4	88	92	94

案例研究4 二维图像的深度估计（J. C. Somasundaram）

本案例研究的目的是应用 CNN 和 LNN－1 深度学习神经网络从 2D 图像中提取深度信息，并比较这 2 种网络的性能和各自的计算时长。本研究中 2 个网络共享相同的输入数据。我们还与最近发表的关于同一问题的另外两项研究的结果进行了比较，如表 16.6 所示。

数据库：本研究的数据来自 B3DO：Berkeley 3－D Object Dataset。该数据集主要用于目标识别和标记，但也适用于本研究。该数据集有 849 张 RGB 图像和 849 张相应的真值深度图，大小为 640×480。这些都是使用微软 Kinect 深度相机在室内环境中拍摄的。在本研究中，使用室内数据集来消除对无限深度条件的要求。

预处理：采用以下 3 个预处理步骤，即将图像分割成超像素、深度数据的量化和对数标度、超像素质心周围的 Patch 创建。这使得最终的训练集包含 319 200 个不重复图块，每个图块都被标记为 1～18 的整数深度。

编程：CNN 使用的程序是由 Sergey Demyanov 设计的 ConvNet。代码可以在以下链接中找到：https：//github. com/sdemyanov/ConvNet。CNN 网络使用 5 个卷积层和 4 个全连接层，参见参考文献［Graupe，2016］中附录 A. 8. 4 的第 1 部分。CNN 参数在所有 n 个超像素上共享。LNN－1 网络采用 22 个 SOM 层和决策层中的 18 个输出神经元，如该附录的第 2 部分所示。

结果：性能比较（均方根误差）－从 2D 图像转为 3D 如表 16.6 所示，并与 Eigen 等人基于 CNN 的研究结果进行了比较（Eigen et al. ，2014）。Make 3D 方法（Saxena，2009）采用了 RMF（随机马尔可夫场）算法，这是 DBM 神经网络的一个版本（参见第 13 章）。此外，请参见第 16. 2 节的表 16. 18 和表 16. 19 中的总结结果。

表 16. 6 性能比较（均方根误差）－从 2D 图像转为 3D

方法	RMSE 训练/%	RMSE 测试/%
CNN	19. 14	21. 82
LNN－1	15. 83	22. 46

续表

方法	RMSE 训练/%	RMSE 测试/%
Eigen 等人基于 CNN 的方法	17.51	24.92
基于 Make 3D – RMF 的方法	20.06	26.73

案例研究 5　图像分析：场景分类（N. Koundinya）

本案例研究的目的是将 CNN、LNN – 1 和 LNN – 2 深度学习神经网络应用于场景分类问题，并比较这 3 种网络的性能和各自的计算时长。本研究中 3 个网络共享相同的输入数据和相同的预处理。

数据集：考虑的数据集是那些集中在 Mini – Places 的数据集。具体而言，就是 Places 2 数据集和 ILSVRC2015（Russakovsky，2015）。Mini – Places 数据集涵盖了 400 余个场景类别，而本案例研究仅限于 100 个类别。每张图像都是 RGB 128 × 128。

预处理：在预处理步骤中，图像被重采样到 64 × 64 分辨率。

计算：在编码 CNN 网络时使用了 Python 的 Keras 框架（Murphy，2015）（详见附录 16. A. 3）。其输入为 128 × 128 × 3，输出为 1 × 100。它使用了带 3 × 3 过滤器的 10 个卷积层，5 个 Max – Pooling 层和 3 个全连接层。LNN – 1 代码遵循第 15. 3 节中的核心代码。它采用 128 层，在决策层（模块）中使用 100 个神经元。

结果：计算时长 – 场景分类以及场景分类的性能比较如表 16. 7 和表 16. 8 所示。同时，也可参见第 16. 2 节的表 16. 18 和表 16. 19 的总结结果。

表 16. 7　计算时间 – 场景分类

网络	最小训练时长（128 × 128 分辨率）/s	最小测试时长（10 000 张图像）/s
CNN	954（30 轮次）	5. 83
LNN – 1	734. 6（27 轮次）	62. 5
LNN – 2	58. 17（21 轮次）	64. 17

表 16.8　场景分类的性能比较

网络	准确率（128×128 分辨率）/%	准确率（64×64 分辨率）/%
CNN	69.24	47.53
LNN-1	71.04	49.54
LNN-2	73.04	47.23

我们观察到，即使对于 10 000 张图像，训练时长也远远长于测试时间。LNN-1 和 LNN-2 的训练轮数较少是因为它们的收敛速度比 CNN 的收敛速度更快。还可以观察到，LNN 中的并行计算，使得决策层中只有 2 个神经元，并且使用 30 个并行处理器（每个类别 1 个），将每个 LNN 网络的测试速度提高了 15 倍（因为连接权值的数量减少了 15 倍）。

案例研究 6　指纹识别 1（A. Daggubati）

本案例研究的目的是将 CNN、LNN-1 和 LNN-2 深度学习神经网络应用于指纹识别问题，并比较这 3 种网络的性能和各自的计算时长。本研究中 3 个网络共享相同的输入数据和相同的预处理。

数据集：本研究使用的数据集来自 FVC（2002）的指纹数据集。它包含 8 个黑白指纹，取自 10 个不同的人。每人 6 个指纹用于训练（共 60 个指纹），每人 2 个指纹（共 20 个）用于测试。

方法：本次指纹识别研究使用的基本图案为 3 种脊纹，即拱形、环状和螺旋形，如图 16.2 所示。

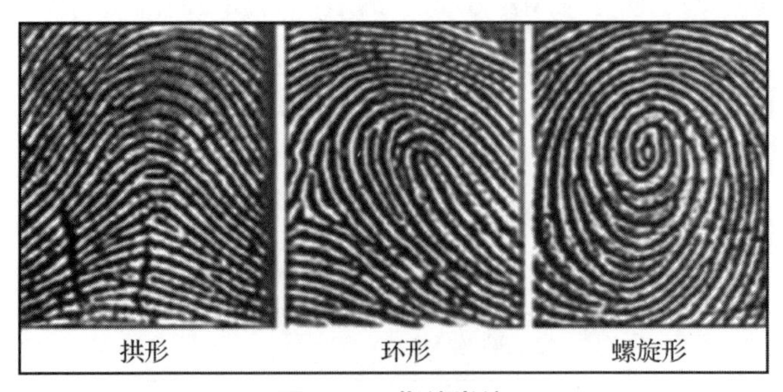

图 16.2　指纹脊纹

预处理：模式中的某些独特特征称为细节。指纹脊的主要特征是脊的末端和分叉（图 16.3）。这些细节是在预处理中提取的，使用参考文献网站（MATLAB，Fingerprint Minutiae）中的 MATLAB 算法代码，参见参考文献［Graupe，2016］中的附录 A.8.6。该算法还包括脊纹细化。

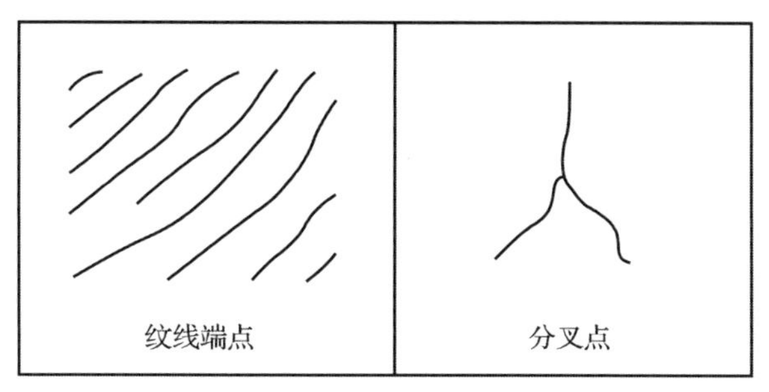

图 16.3　指纹细节

预处理程序见 FVC（2002）。它由 3 个部分组成，即细化、脊端细化和分岔查找。其输出被输入到本案例研究的 3 个深度学习神经网络中。

计算：使用 4 个程序进行计算，即预处理（见上文）、CNN、LNN－1 和 LNN－2。CNN 算法是 Python Theano. tensor 程序，其在本案例研究中的应用在参考文献［Graupe，2016］中附录 A.8.6 的第 1 部分。LNN－1 和 LNN－2 都有一个 16×16 输入矩阵，即 16 层，每层 16 个输入。LNN－1 程序的全部内容参见同一附录的第 2 部分。注意，第 6.3 节中 LNN－2 的核心程序，将 LNN－1 代码改编为 LNN－2 代码应该是直接的。

结果：本案例研究的结果摘要列于第 16.2 节的表 16.18 和表 16.19。

案例研究 7　指纹识别 2（A. Ponguru）

本案例研究的目的是将 BP、CNN 和 LNN－1 深度学习神经网络应用于指纹识别问题，并比较这 3 种网络的性能及其各自的计算时长。本研究中的 3 个网络共享相同的输入数据和相同的预处理。本案例研究在数据库和指纹细节的处理上与案例研究 6 有所不同。不同于第 8.6 节，这里使用 BP 而不是 LNN－2。

数据库：本研究的数据集来源，即 CASIA 指纹图像数据库 5.0 版本（http://biometrics.idealtest.org/）。该数据库包含 500 个人的 20 000 个指纹。使用 URU4000 采集指纹图像。共有 8 个手指（左右拇指/第二/第三/第四指）的 40 个指纹图像，即每个手指 5 个图像。所有指纹图像为 8 位灰度级 BMP 文件，图像分辨率为 328 ×356。

预处理：本研究的预处理过程包括图像增强、二值化、细化和特征提取等步骤。预处理如参考文献［Graupe，2016］附录 A. 8. 6 所示。

计算：BP 程序在参考文献［Kaur，2008］中通过后处理得到增强，其中包括去除虚假细节（这与第 8. 6 节的案例研究不同）。CNN 代码使用 Python 的 Lasagne 包（http://lasagne. readthedocs. org/en/latest/user/installation. html），参见参考文献［Graupe，2016］中的附录 A. 8. 7。LNN –1 代码不需要修改第 6 章的代码。BP 程序对数据进行了额外的预处理。

结果：结果见第 16. 2 节的表 16. 18 和表 16. 19。

案例研究 8　人脸识别（S. Gangineni）

本案例研究的目的是将 CNN、LNN –1 和 LNN –2 深度学习神经网络应用于人脸识别问题，并比较这 3 种网络的性能和各自的计算时长。本研究中 3 个网络共享相同的输入数据和相同的预处理。

数据库：在本案例研究中，使用了来自耶鲁大学面部数据库（Yale University face database）的 15 个人的 45 张 RGB 面部图像。

预处理：首先对上述数据进行 4 个阶段的预处理，具体如下：

（1）将 RGB 图像转换为灰度图像；

（2）裁剪；

（3）二值化；

（4）基于主成分分析的特征提取。

每张人脸 20 个特征向量的 PCA 输出，代表一张人脸的特征，作为本研究的 LNN –1 和 LNN –2 神经网络的输入。CNN 中的 PCA 预处理通过 Python 的 PIL 图像库整合到网络输入中。参见参考文献［Graupe，2016］的附录 A. 8. 8 第 1 部分。

计算：CNN 网络是一个 CaffeeNetConv 代码。它包括输入层 1（接受 64 ×64 图像）、卷积层 1（滤波器尺寸 5 ×5，步幅：1）、最大池化层 1（尺寸 2 ×2）、卷积层 2（滤波器尺寸 5×5，步幅：1）、最大池化层 2（尺寸 2×2）、ReLU 层、输出层（使用 Python Softmax Regression，15 个输出神经元）。也可参见参考文献[Graupe，2016]中附录 A. 8. 8 的第 1 部分，以获取 CNN 程序的初始部分。LNN－1 和 LNN－2 都使用 20 层（与特征面/特征向量的数量相同，每层有 10 个神经元）。LNN－1 程序遵循第 1 章给出的代码大纲。

结果：详见第 16. 2 节的表 16. 18 和 16. 19。

案例研究 9　蝴蝶种类分类（V. N. S. Kadi）

本案例研究的目的是将 CNN、LNN－1 和 LNN－2 深度学习神经网络应用于蝴蝶种类分类，并比较这 3 种网络的性能和各自的计算时长。本研究所用的 3 个网络共享相同的输入数据。

数据库：本案例研究的数据来自 Leeds Butterfly Dataset（Wang et al.，2009）。该数据集包括 10 个蝴蝶类别的 832 张 RGB 图像，按它们的学名进行排序。80% 的图像用于训练，20% 用于测试。

预处理：预处理步骤包括背景去除、灰度转换、去噪、使用轮廓和特征抽取方法分割的掩模。特征抽取涉及建立 3 个向量，即颜色、几何和纹理。颜色矢量采用归一化直方图；几何矢量采用几何面积、周长和距离方程；纹理矢量采用离散小波变换（Siddique，2002）。这样，总共得到 16 个特征来表示一幅图像。参见参考文献[Siddique，2002]附录 A. 8. 9 的第 1 部分。

编程：Keras（Python 库）Theano 代码（Keras，Python）用于 CNN 网络参见参考文献[Graupe，2016]中附录 A. 8. 9 的第 2 部分的描述。CNN 输入是 150×150 原始图像。CNN 输出大小为 1×10。LNN－1 代码在同一附录的第 3 部分给出。LNN－1 和 LNN－2 采用 16 层，从附录第 1 部分的预处理器算法接收输入。

结果：对比训练成绩－蝴蝶分类如表 16. 9 所示。注意，CNN 程序中没有进行预处理，这可能会影响 CNN 的精度，也会进一步增加 CNN 的计算时长，因为预处理时长包含在 LNN－1 和 LNN－2 的结果中。结果总结可参见第 16. 2 节的表 16. 18 和表 16. 19。

表 16.9 对比训练成绩 – 蝴蝶分类

网络	准确率/%	训练时长/s
CNN（1 轮训练）	91.2	20.3
LNN – 1	92.1	2.1
LNN – 2	94.4	1.07
使用 MLP – BP 网络的最好性能	81.57	—
使用 3 层前馈 BP 网络的最好性能	86	—

案例研究 10 叶片分类（P. Bondili）

本案例研究的目的是将 CNN、LNN – 1 和 LNN – 2 深度学习神经网络应用于图像分类问题，并比较这 3 种网络的性能和各自的计算时长。本研究中的 3 个网络共享相同的输入数据。

数据集： 从 Flavia 数据库（Flavia，Leaf）下载 32 个植物物种的 RGB 图像，每个物种共 50 张。

预处理： 将所有图像转换为灰度图像。随后进行特征提取（Chaki and Parekh, 2010），提取 5 个几何特征向量（面积、周长、直径、兼容度和紧致度）和 6 个纹理特征向量（中位数、方差、均匀性、熵、同质性和惯性）。得到总共 11 个特征向量用于表示每个图像。CNN 没有使用这种预处理。

编程： Lasagne（Python 库）Theano 代码（Lasagne，Python）用于 CNN 网络，参见参考文献［Graupe, 2016］中附录 A.8.10 的第 1 部分。CNN 输入是 200 × 200 原始图像。CNN 输出大小为 1 × 32。LNN – 1 代码在同一附录的第 2 部分给出。LNN – 1 和 LNN – 2 采用 11 层，其输入来自本附录 LNN – 1 算法中包含的预处理器算法。

结果： 性能比较 – 叶片分类（CNN 不使用预处理）如表 16.10 所示。结果总结将在第 16.2 节中的表 16.18 和表 16.19 中给出。注意，LAMSTAR 算法使用如上的预处理，而 CNN 使用原始数据。这可能会影响性能。

表 16.10　性能比较 – 叶片分类（CNN 不使用预处理）

网络	准确率/%	训练时长/s
CNN	91.7	100.3
LNN – 1	92.5	5.6
LNN – 2	94.2	3.48
使用（MLP）BP 网络的最好性能	90	—

案例研究 11　交通标志识别（D. Somasundaram）

本案例研究的目的是将 CNN、LNN – 1 和 LNN – 2 深度学习神经网络和 SVM 应用于交通标志识别，并比较这 3 种网络的性能和各自的计算时长。本研究中的 3 种网络和支持向量机共享相同的输入数据和相同的预处理。

数据集：本案例研究的数据来自 http://benchmark.ini.rub.de/? section = gtsrb&sub = DATASET。图片是 PPM（Portable Pixmap P6）格式。图片大小在 15 × 15 和 250 × 250 之间变化。

预处理：交通标志具有不同颜色、形状和大小。它们有矩形、圆形、三角形等，并可能与其他标志有关，因此预处理是必不可少的。主要的预处理步骤包括：灰度转换、噪声滤波、阈值化、区域孔洞填充、寻找边界和分离连接的标志、裁剪、调整大小。

计算：LNN 代码由 20 个输入层组成，每层有 10 个神经元。LNN 代码遵循第 15 章的核心代码。代码设置部分在参考文献［Graupe，2016］的附录 A.8.11 中给出。

CNN 代码来自 MatConvLibrary。使用的软件包如下：Python – dev、python – numpy、python – spicy、python – magic、python – matplotlib、libas – base – dev、libjpeg 和 libopencv – dev。CNN 网络由 2 个卷积层组成。在 CNN 输出层使用 Softmax 回归进行分类。代码本身没有附加到本文中。

结果：结果见第 16.2 节的表 16.18 和表 16.19。

案例研究 12　信息检索：编程语言分类（E. Wolfson）

本案例研究的目的是通过使用 3 个深度学习神经网络［反向传播（BP）、

LNN－1 和 LNN－2］，对以未知语言编写并输入的计算机程序中使用的编程语言进行分类，并比较这 3 个网络的性能和计算速度。目前的研究考虑了一个四路分类，以检测用 Python、C、Ruby 或其他语言编写的程序。

数据集： 本案例研究的数据来自 GENERATOR，它可从 C、Python、Ruby 或其他随机选择的语言生成代码片段。每个代码片段表示一个面向对象的函数，这些函数被传入了已声明（和/或赋值）的局部变量，并将这些参数（或局部变量）中的一个作为函数返回值。类型可以是整数，也可以是浮点值。代码行可以是原始操作、if 语句、while 循环或 for 循环。代码片段的大小始终是 600。

预处理： 所有代码片段将以 ASC II 编码表示，以允许在适当的减法之后在 0～63 的值中进行映射。在 BP 中，将所有值乘以 0. 015 873，以便将可能的 64 个值均匀地分布到［0，1］范围。在 LNN－1 和 LNN－2 中，输入的值归一化为长度为 1 的向量。

计算： 反向传播网络的编码采用 MATLAB BP Library 代码，LAMSTAR 编码采用第 15 章的核心代码。GENERATOR 代码的主要部分在参考文献［Graupe，2016］的附录 A. 8. 12 中给出。

结果： 结果比较－编程语言分类如表 16. 11 所示。结果总结将在第 16. 2 节的表 16. 18 和表 16. 19 中给出。

表 16. 11　结果比较－编程语言分类

网络	准确率/%	训练时长/s	测试时长/s
BP	44. 6	1. 34～11. 11	0. 036～0. 038
LNN－1	72. 76	0. 34～1. 25	0. 35～0. 46
LNN－2	83. 15	0. 12～0. 975	0. 27～0. 525

案例研究 13　信息检索：转录口语会话数据分类（A. Kumar）

本案例研究的目的是将 CNN、LNN－1 和 LNN－2 深度学习神经网络和 SVM 应用于自然语言对话转录信息的分类，以实现数据可视化，并比较这 3 种网络的性能和各自的计算时长。本研究中的 3 种网络和 SVM 共享相同的输入数据和相同的预处理。

在这个问题中，用户提供口头的自然语言查询，这些查询随后被转录并应用于 3 种可能响应类型的检索数据，如下所述：

（1）基于用户请求所描述的感兴趣数据进行新的数据可视化；

（2）基于用户请求所描述的感兴趣数据的现有可视化；

（3）在屏幕上移动现有的数据可视化。

数据集： 使用的数据来自芝加哥犯罪数据（https://data.cityofchicago.org/Public-Safety/Crimes-2001-to-present/ijzp-q8t2）。它包括犯罪类型、地点类型和时间类型。例如，用户可以查询“按月显示餐馆发生的凶杀案”。在本案例中，“凶杀案”是犯罪类型，“餐馆”是地点类型，“月”是时间类型。下面是对用户可用的芝加哥犯罪数据的类型描述（表 16.12）。

表 16.12　芝加哥犯罪数据的类型

犯罪类型	谋杀	刑事损害	非法侵入
	盗窃	殴打	欺诈行为
位置类型	小巷	公寓	街道
	加油站	停车场	住所
	小型零售商店	餐馆	食品杂货店
时间类型	日期	序数日	月份
	时间	年份	

在上述数据中，本案例研究考虑了 40 个用户训练请求和 60 个测试请求。

预处理： 在本案例研究中，对数据进行了预处理，这样不重要的单词就不会保留在每个用户请求中。为了只包含有区别的特征（即单词），下面列出了各种预处理步骤。注意，虽然停止词移除并不需要任何特殊的 API，因为我们只是从停止词列表中移除，但是词源化是通过 Java 中的 Stanford Parser（Stanford，lemmatization）完成的，而词性步骤是通过 Java 中的 OpenNLP（apache，OpenLNP）完成的。预处理步骤参见表 16.13。

表 16.13 预处理步骤

停止词删除	删除常用词 （“the”，“because”，“for”，…）
词形还原	提供每个词的词元 （“meet”是“meeting”的词元）
词性	删除非名词、动词或形容词的单词

计算：主 LNN 代码遵循第 6 章的核心代码。它后面是 LAMSTAR TextClassification. Java 代码，见附录 16. A. 4。

结果：结果见第 16. 2 节的表 16. 18 和表 16. 19。

案例研究 14 语音识别（M. Racha）

本案例研究的目的是将 CNN、LNN－1 和 LNN－2 深度学习神经网络应用于语音识别问题，并比较这 3 种网络的性能和各自的计算时长。本研究中的 3 个网络共享相同的输入数据和相同的预处理。

数据集：本研究的数据集包括 10 个单词（“紫色”“蓝色”“绿色”“黄色”“橙色”“红色”“白色”“黑色”“粉红色”“棕色”），由 20 个不同的扬声器使用手机和计算机等不同设备的麦克风记录。训练数据集由 15 组单词组成，测试数据集由 5 个未训练集组成，其中每个数据集包含上述提到的 10 个单词，由相同的说话者说出。

预处理：本研究有 4 个预处理步骤：预强调——使用一阶 FIR 滤波器 $H(z)$，其中 $H(z)=1-0.95z^{-1}$，用于增强高频；帧阻塞；开窗口；特征提取——梅尔频率倒谱系数（MFCC）。因此，每个单词将由 20 帧和每帧 12 个系数组成。

计算：本案例研究中使用的 CNN（LeNet）代码是 theano. tensor 程序（深度学习，lenet）。参见参考文献［Graupe，2016］附录 A. 8. 14 的第 1 部分（ReadData，cnn_ff，cnn_setup sections of the program）。

LNN－1 和 LNN－2 有 20 层（子词），每层有 12 个神经元。参见参考文献

[Graupe, 2016] 中附录 A. 8. 14 的第 2 部分（程序的 lamstar. m 部分）。

结果：结果见第 16. 2 节的表 16. 18 和表 16. 19。

案例研究 15　音乐类型分类（Y. Fan，C. Deshpande）

Y. Fan 进行的案例研究目的是将 CNN 和 BP 网络应用于音乐类型的分类，并比较所使用网络的性能和速度。研究中考虑的流派包括流行音乐、摇滚、民谣和中国音乐。

数据集：使用 500 首歌，每首歌 20 s。每首歌的采样频率为 20 kHz。歌曲来源：http://music. baidu. com、http://www. kuke. com。

预处理：对于 CNN 处理，首先将数据转换成二维谱图。得到的二维图像形状作为 CNN 输入。

计算：用 MATLAB BP 代码对 BP 网络进行计算。使用 MATLAB 语言的 CNN 代码，只有一个卷积层，见附录 16. A. 5。

结果：结果比较（Y. Fan/ Kuke. com）- 音乐类型分类如表 16. 14 所示。CNN 的结果是训练达到 100 个轮次时获得的。本表计算时长为训练时长。

表 16. 14　结果比较（Y. Fan/ Kuke. com）- 音乐类型分类

网络	准确率/%	计算时长/s
BP	81. 91	35. 66
CNN	92. 52	9. 46

C. Deshpande 进行的类似案例研究仅限于 3 种类型（古典、摇滚、爵士）。使用的数据集是 Marsyas GTZAN 数据集 http://marsyasweb. appspot. com/download/data_sets/。它覆盖了 CNN、LNN - 1 和 LNN - 2。所使用的 CNN 代码是用 Python 编写的，参见参考文献 [Graupe. 2016] 附录 A. 8. 15 中的设置代码；作为输入的类似图像的频谱图是使用 Marsyas Software（http://marsyas. info/）获得的。结果比较（C. Deshpande/Marsyas GTZAN）- 音乐类型分类如表 16. 15 所示。

表 16.15 结果比较（C. Deshpande/Marsyas GTZAN）– 音乐类型分类

网络	准确率/%	计算时长/s
CNN	90	5.33（训练），3.87（测试）
LNN – 1	96.3	4.965（训练），2.11（测试）
LNN – 2	96	3.17（训练），1.85（测试）

结果总结在第 16.2 节的表 16.18 和表 16.19 中给出。

案例研究 16 安全/金融：信用卡欺诈检测（F. Wang）

本案例研究的目的是使用 BP、LNN – 1、LNN – 2 网络和 SVM 用于检测信用卡欺诈风险，并比较它们的性能和计算速度。

数据集：本案例研究使用的数据集是德国信贷数据集（Blake，1998）。这个数据集包含 1 000 个客户，每一个都被分类为信用风险好/坏。

属性：德国信用数据集包含 20 个属性。在 20 个属性中，7 个是数字属性，13 个是分类属性。数字属性包括支付期限（月）、信用金额、分期付款利率、年龄等。分类属性包括现有支票账户状态、信用历史、用途、储蓄账户/债券等。定性属性分为几类，每个类别对应一个唯一的标签。例如，将信用历史属性分为 5 类，即未取得信贷或所有信贷按时偿还、本行所有信贷按时偿还、至今已有信贷按时偿还、过去延迟偿还、关键账户/其他信贷存在（在其他银行）。将数据集的 20 个属性重新排列（预处理）作为 24 个特征/子词输入到本研究的所有网络中。

计算：BP 代码是一个标准的 MATLAB 程序，有 24 个输入，1 个隐藏层，包含 20 个神经元。LAMSTAR 网络由 24 个 SOM 输入层组成，与上述 24 个特征相对应。LNN – 2 代码见参考文献［Graupe，2016］附录 A.8.16。本研究使用的 SVM（支持向量机）程序是 MATLAB Statistical Toolbox 中的函数 fitcsvm。

结果：结果见第 16.2 节的表 16.18 和表 16.19。

案例研究 17 利用测试钻探中的渗透率数据预测石油钻探点位置（A. S. Hussain）

目前的案例研究是使用深度学习神经网络来预测适合原油生产的地点，该预测基于昂贵测试井的测井渗透率数据。原油产量在很大程度上取决于这几个样本，正确的估计意味着巨大的节省。渗透率的数学分析是一个高度复杂的非线性问题，可能属于深度学习神经网络的范畴。本研究调查并比较了 BP、LNN – 1 和 LNN – 2 在这方面的应用。

数据集：本案例研究的数据来自某油藏区 356 个岩心的实际测井数据。所使用的数据为微球聚焦电阻率测井曲线（MSFL – ohm – m）、纵波传播时间（DT – μsec/m）、中子孔隙度（NPHI – fraction）、总孔隙度（PHIT – fraction）、体积密度（RHOB – gm/cc）、密度（DRHO – gm/cc）、未冲刷层饱和度（SWT – fraction）、井径测井曲线（CALI – inches）、地层真实电导率（CT – micromhos/cm）、伽马射线（GR – API unit）、电阻率（RT – ohm – m）和渗透率（PERM – Darcy）。

预处理：对岩心渗透率数据与单项测井数据进行相关性分析。Log10 应用于 MSFL 和 CT，在纳入相关系数方面观察到显著的改善。

编程：MATLAB BP 代码由 2 个隐藏层组成。隐藏层每层有 5 个神经元，输出层有 1 个神经元。网络的输入是不同的测井曲线。

MATLAB LAMSTAR（LNN – 1 和 LNN – 2）代码由每个日志变量组成一个 SOM 输入层（如本案例研究的预处理器部分所列），代码可参见参考文献［Graupe，2016］中的附录 A. 8. 17。

结果：结果见第 16. 2 节的表 16. 18 和表 16. 19。

案例研究 18　森林火灾预测（S. R. K. Muralidharan）

本案例研究的目的是通过使用 CNN、LNN – 1、LNN – 2 深度学习神经网络和 SVM 进行森林火灾预测，并比较它们的性能和计算速度。

数据集：本案例研究的数据来自加利福尼亚大学尔净分校（UCI）机器学习存储库（http://archive. ics. uci. edu/ml/datasets/Forest + fires）。它由 12 个输入变量和 1 个输出变量（特征）组成。输入变量为 XY 坐标、日、月、FFMC（fine fuel moisture code）、DMC（duff moisture code）、DC（drought code）、ISI（initial spread index）、温度、湿度、风速、降雨量。输出为 5 个类别（0 ~ 4），计算的目的是对所有 5 个输出类别进行正确分类。

预处理：在上述 12 个输入特征中，本研究选择 8 个特征，分别为 FFMC、DMC、DC、ISI、温度、湿度、风速和降雨量。该数据首先使用灰度归一化进行归一化，然后进行二值化。为了减少类别不平衡对数据的影响，使用了过采样和欠采样方法（Garcia，2007；Liu，2006）。

计算：CNN 源代码来自 https://github.com/rasmusbergpalm/DeepLearnToolbox。其初始部分参见参考文献［Graupe，2016］中附录 A. 8. 18 的第 1 部分。按照第 6 章的 LNN Core 代码对 LNN－1 和 LNN－2 进行编程。它由 8 层组成，符合数据集中使用的 8 个特征。参考文献［Graupe，2016］附录 A. 8. 18 的第 2 部分给出了该程序的 LNN 设置。在支持向量机的计算中，分别使用了线性和非线性支持向量机算法并进行了比较。

结果：性能和计算时长－森林火灾预测如表 16. 16 所示。

表 16. 16　性能和计算时长－森林火灾预测

网络	准确度/%	敏感度/%	计算时长/s
SVM（线性）	68. 8	60	52
SVM（非线性）	70. 6	70	53
CNN	85. 71	86	21. 3（训练），0. 23（测试）
LNN－1	90. 47	90. 7	21. 6（训练），1. 5（测试）
LNN－2	92. 86	93	13. 2（训练），1. 6（测试）

结果总结在第 16. 2 节的表 16. 18 和表 16. 19 中给出。

案例研究 19　市场微观结构下的价格走势预测（X. Shi）

概述：随着信息技术的飞速发展，金融机构现在正在从人工交易转向计算机交易策略，也被称为“高频交易（HFT）”或“算法交易”（http://en.wikipedia.org/wiki/high－frequencytrading）。从本质上来讲，高频交易试图利用计算机算法在金融市场中寻找盈利机会，并利用高速计算机自动进行交易。在高频交易中，计算机将接收有关市场微观结构的信息（包括当前价格、成交量、订单信息），并预测接下来几秒钟内的市场走势。大多数情况下，高频交易算法只持有金融产品不到 5 s。因此，算法的准确性和高效性是非常重要的。有了这样的算法，计算机将在一天内进行数万笔交易，即使每笔交易的微小收益也可以累积到相当大的数额。截至本研究之日，90% 的股票交易量来自市场微观结构中的算法交易。

高频交易的数据集是巨大的。例如，苹果公司（Apple Inc.）股价在一天内的变动次数约为 15 万次。

在高频交易中，由于市场微观结构的影响（如交易价差、大额交易的影响等），价格波动更大。

目标：在这个项目中，我们的目标是根据历史价格走势和订单信息，预测未来 10 次交易中的价格走势是上涨、下跌还是没有显著变化。因此，它被建模为具有 3 个类别标签的分类问题，即价格高于当前出价（上升）、价格低于当前出价（下降）、价格没有显著变化。

为了解决这个问题，我们采用了 LNN－1 网络。直观地说，我们有 3 种类型的子词：

（1）历史交易价格信息；

（2）当前订单状态（买入价、卖出价、买入量、卖出量等）；

（3）之前的订单状态（买入价、卖出价、买入量、卖出量等）。

随后，我们将 LAMSTAR 的性能与其他 3 种方法进行比较，我们也将完全相同的数据应用于其他 3 种方法，即 SVM（支持向量机）（Cortes and Vapnik, 1995）、BP［反向传播网络（本文第 6 章）］和 RBF（径向基函数）（Broomhead and Lowe, 1988）。

输入数据：此部分数据包括原始数据集和数据预处理两部分内容。

原始数据集：原始数据来自沃顿研究数据服务（https://wrds－web.wharton.upenn.edu/wrds/）。在这些数据中，本项目考虑了 NYSE TAQ 数据集。NYSE TAQ 数据集包含纽交所 2007—2008 年高频交易数据。由于数据集非常庞大（超过 100TB 的数据），我们只查看 2007 年 7 月 9 日的交易数据和报价数据（订单数据），我们以 AAPL 股票为例。

此外，原始数据集中还有以下一些重要的特征：

（1）交易价格——在给定时刻交易的价格；

（2）买入价格；

（3）卖出价格；

（4）价差——卖出价和买入价之间的差额；

（5）买入股数——交易者愿意购买的股票数量；

（6）卖出股数。

虽然原始数据集信息丰富，但我们不能直接在 LAMSTAR 网络中使用它。报价数据库比交易数据库包含更多的数据，因为报价数据库反映的是人们交易的“意愿”，而交易数据库记录的是“实际发生”的交易。因此，我们只考虑它们的区别。此外，价格是连续实数，必须转换为离散形式。

数据预处理：为了进行 LAMSTAR 网络实验，我们将交易数据与订单数据进行匹配处理，并提取出与任务相关的几个特征。

第一，对于报价数据库，我们只对实际交易之前的记录感兴趣。例如，如果在 15：13：45 发生了一笔交易，我们将对 15：13：44 的报价记录感兴趣，因为是报价订单导致交易，而在 15：13：45 的报价记录中，因为它是交易后立即发生的报价变化。

第二，对于交易数据库，我们对最后两个交易记录感兴趣，因为我们假设市场价格运动遵循 AR（二阶）随机过程（Graupe，1989）。因此，我们应该根据这些 AR 参数捕获最后两个交易记录。

第三，我们通过将交易过程分为 3 类来离散价格：一是以等于或低于买入价进行交易；二是在买入价与卖出价之间的交易；三是以等于或高于卖出价交易。任何等于或大于卖出价的价格将被标记为“1”；任何等于或低于买入价的价格将被标记为“-1”；买入价和卖出价之间的任何价格将被标记为“0”，即处于中间的交易。这个标注过程减少了大量数据。

第四，我们将预测问题建模为一个分类任务。因此，我们总结了接下来 10 笔交易的平均交易价格，并使用如上所述的标记过程对交易进行分类。在实际操作中，如果我们预测未来 10 个交易价格将高于卖出价，那么我们立即接受卖出价，并以未来 10 个交易的平均交易价格卖出。同样，如果我们预测下一个交易价格将低于当前买入价，那么我们将触及当前买入价，并以更低的价格买入。

第五，对于每一个交易数据，有以下特征：

（1）当前交易价格；

（2）前 2 个交易价格；

（3）当前价差（买入价和卖出价之间的差额）；

（4）当前 B/A 比率（买入价与卖出价之比）；

（5）当前 $B-A$ 股数差（买入股数和卖出股数之间的差额）；

（6）先前价差（买入价与卖出价之间的差额）；

（7）以前的 B/A 比率（买入股数与卖出股数之比）；

（8）以前的 $B-A$ 股数差（买入股数和卖出股数之间的差额）。

LAMSTAR 神经网络的设置：由于高频交易的特点，我们需要一个可扩展的、高效的算法，该算法可以处理多个源（即来自历史数据的子词、来自订单簿的子词、来自交易统计的子词等）。在所有的神经网络中，LAMSTAR 似乎是一个自然的选择。我们依图 16.4 所示设置 LAMSTAR 网络。网络有 3 层。在决策层（类标签）获得输出，以提前 10 个交易产生预测标签。第一层有 27 个神经元；第二层有 50 个神经元，每个神经元记录从训练数据中随机选择的样本；第三层也有 50 个神经元。

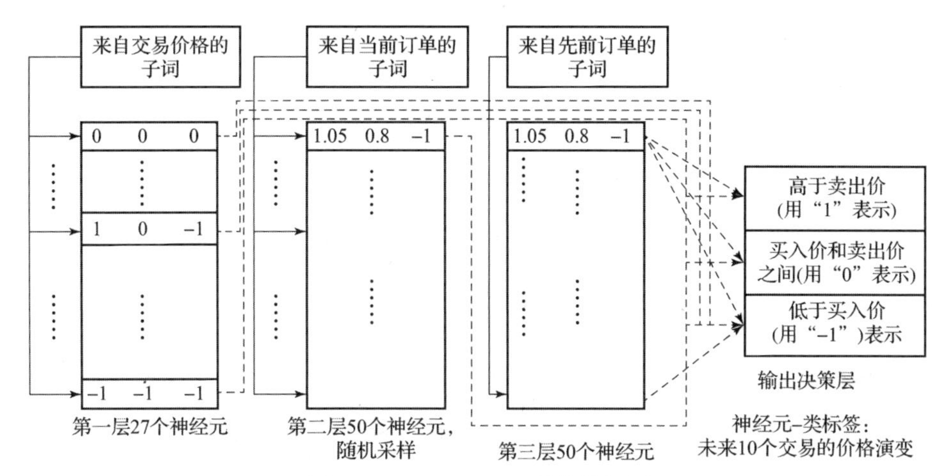

图 16.4　LAMSTAR 网络的设置

我们按照第 15 章中描述的过程来训练 LNN－1 网络。LNN－1 算法概要如图 16.5 所示（算法 1）。在实验中，我们将使用训练样本外的成功率来评估所有模型，因为它反映了模型在现实世界中的真实能力。更具体地来说，我们在评估中采用了 10 倍交叉验证。也就是说，整个数据集将被随机分成 10 组，其中 9 组用于训练，其余的用于测试。因此，算法的输入既包含训练数据，也包含测试数据。此外，用户可以输入连接权值的增量，默认值为 0.001。算法将首先使用训练数据来更新连接权值。具体来说，它将首先在每层中找到获胜神经元，并应用“赢者通吃”规则更新连接权值。在测试中，算法将根据类标签计算决策层中的获胜神经元。最后，算法将提供训练样本外测试的成功率。

输入：训练数据，增量 ΔL，测试数据
输出：附带已训练连接权值的 LAMSTAR 网络，成功率

1 初始化全部连接权值为 0
2 for 每个训练数据，执行
3 　for 每个层，执行
4 　　通过最小化下面的距离范数来计算获胜神经元：
5 　　$d(i,j) = \|x_i - w_j\| \leqslant \|x_i - w_k\|, \forall k$
6 　　对于获胜神经元，通过下式更新连接权值：
7 　　$L_{i,j}^{k,m}(t+1) = L_{i,j}^{k,m}(t) + \Delta L$
8 　end
9 end
10 for 每个测试数据，执行
11 　for 每个层，执行
12 　　通过最小化下面的距离范数来计算获胜神经元：
13 　　$d(i,j) = \|x_i - w_j\| \leqslant \|x_i - w_k\|, \forall k$
14 　end
15 　通过以下算式计算决策层中的获胜神经元：
16 　$\sum_{kw}^{M} L_{kw}^{i,n} \geqslant \sum_{kw}^{M} L_{kw}^{i,j}, \quad \forall k,j,n; i \neq n$
17 　更新成功率
18 end
19 返回成功率和 LAMSTAR 网络

图 16.5 LNN－1 算法概要

最重要因素分析：LAMSTAR 另一个非常重要的特点是可以很容易地观察学习任务中最重要的因素。我们在 LAMSTAR 中发现了一些有趣的现象（见第 15.7 节）。

备选方法：在实验中，我们将相同的数据应用于 3 种额外算法，即支持向量机（SVM）算法、反向传播网络（BP）和 RBF（径向基函数），这些算法在行业中都经常使用。此外，我们应用了开源软件 WEKA（Hall et al.，2009）进行比较。如前所述，使用 10 倍交叉验证来评估模型的成功率。我们还比较了算法在具有 3.4G CPU 和 6GB 内存的传统桌面上的运行时长（包括训练和测试）。

程序代码：LAMSTAR－1 代码见附录 16. A. 6。

结果：结果如第 16.2 节的表 16.18 和表 16.19 所示，LAMSTAR－1 的性能略优于所有比较模型。在高频交易中，即使是微小的准确度增加也意味着利润的巨大增加。更重要的是，运行时长对比表明，LNN－1 比 BP 和 RBF 网络快 30%，比 RBF 网络快 55%。正如在概述中所讨论的，速度是高频交易的关键问题。在分析最重要的因素时，LNN－1 对所有这些因素的决定似乎符合常识和人类直觉，涉及到最重要的层和神经元。

案例研究 20　基于声学数据的轴承制造故障检测（M. He）

本案例研究的目的是利用 3 种深度学习神经网络，即反向传播（BP）、LNN－1 和 LNN－2 从声波发射（acoustic emission，AE）数据中检测机器轴承故障，并比较这 3 种网络的性能和计算速度。

数据集：本案例研究中使用的数据来自声波发射测量数据，由美国伊利诺伊大学芝加哥分校（UIC）MIE 系 David He 博士实验室提供。声波发射测量是在博卡轴承公司生产的 6025 型全陶瓷轴承上进行的。

预处理：利用 Hilbert－Huang（HHT）变换（Huang，1971）对声发射信号进行预处理，得到几个本征模态函数（intrinsic mode functions，IMFs）。3 个 IMF 函数（RMS、峰度和峰间值）作为 LAMSTAR 网络的特征（sub－words）和本案例研究的 BP 网络输入。

计算：本案例研究使用 BP、LNN－1 和 LNN－2 神经网络进行计算。参考文献［Graupe，2016］中的附录 A.8.20 给出了本案例研究中使用的预处理代码。

结果：性能比较－故障检测如表 16.17 所示。表中的训练时长以秒为单位，其他数据项表示准确度（%），其中给出的时长对应于性能收敛到表中给出的（最大）准确度的时长。由表可知，LNN－2 的检测准确度接近完美（99.56%）。结果总结在第 16.2 节的表 16.18 和表 16.19 中给出。

表 16.17　性能比较－故障检测

性能	BP	LNN－1	LNN－2
内圈/%	93.75	95.89	98.78
外圈/%	100.00	100.00	100.00

续表

性能	BP	LNN - 1	LNN - 2
保持架/%	78.57	93.23	99.89
滚珠/%	94.12	96.89	100.00
健康度/%	100.00	100.00	100.00
总体准确率/%	93.75	97.20	99.56
训练时长/s	254	98	133

16.2 性能和计算速度的比较表

第 16.1 节中 20 个案例研究的结果总结于表 16.18 比较网络性能：准确度/识别率和表 16.19 [测试模式下的计算速度比较（时间单位为秒）]。每个给定案例研究的所有条目都完全基于相同的数据集。表 16.18 中案例研究 1 的性能结果分为两行，因为案例 1 使用两组不同的数据集来处理相同的问题。

本章开始已经提及，这些案例研究是作者在美国伊利诺伊大学芝加哥分校的神经网络课堂上进行的最后课程项目。在过去的 3 年里，这些案例研究是目前可用的唯一的比较性研究，所关注的网络对一系列主题使用完全相同的输入数据。也有人指出，在使用 CNN（第 14 章）时报道的对大型数据集的研究几乎没有任何的比较信息，特别是没有与 LNN 的比较。当然，在后一个大型数据集中比较数据可能会导致不同的结果。最近的 LAMSTAR 对大型数据集的研究（仍然没有 CNN 的一些应用那么大）是在参考文献 [Waxman, 2010] 和参考文献 [Khobragade, 2018] 中报道的，但是这些没有与 CNN 进行比较。

对于案例研究的结果，表 16.18 和 16.19 表明，在这 20 个案例研究中，LNN - 2 在绝大多数情况下在性能和计算速度上都优于 CNN 和 LNN - 1，而 BP、SVM 在速度和性能上都落后了。对于 RBF 和类似 DBM 网络的单个结果也是如此。即使 BP 或 SVM 有时会显示出与 CNN、LNN - 1 或 LNN - 2 相差不大的误差，但它们的速度相对而言很慢，不太适合在线实时应用。同时，这些是 20 个应用（21 个数据集）的结果。

表 16.18 比较网络性能:准确度/识别率(%)

单位:%

案例研究	CNN	LNN - 1	LNN - 2	BP	DBM **	SVM	RBF
人类活动识别(MSR Daily 数据库)	93.0	95.3	**99.7**			86.25	
人类活动识别(CAD - 60 数据库)	92.3	96.7	**100**			80.8	
医学(预测癫痫发作)	70.0	**81.2**	**81.2**				
医学癌症检测的图像处理	88	92	**94**	84.4			
二维图像的深度估计(RMS 误差/%)	**21.8** * RMSE	22.5 * RMSE			26.7 * RMSE		
图像分析(场景分类)	69.2	71.0	**73.0**				
指纹识别 1	90.0	92.0	**96.3**				
指纹识别 2	92.3	**95.1**		94.5			
人脸识别	91.1	95.6	**97.8**	90			
蝴蝶种类分类	91.2	92.1	**94.4**	86.0			
叶片分类	91.7	92.5	**94.2**				
交通标志识别	**94.2**	86.9	92.2				
信息检索(编程语言分类)		72.8	**83.15**	44.6			
信息检索(转录口语会话数据分类)		**78**	**78**	60		67	
语音识别	94	96	**98**				

续表

案例研究	CNN	LNN－1	LNN－2	BP	DBM**	SVM	RBF
音乐类型分类	90	93.3	**96.0**				
安全/金融(信用卡欺诈检测)		**70**	**70**	65.3		68.6	
利用测试钻探中的渗透率数据预测石油钻探点位置		65.79	**73.03**	50.0			
森林火灾预测	85.7	90.47	**92.86**				
市场微观结构下的价格走势预测		**73.35**		73.15		73.15	72.2
基于声学数据的轴承故障检测		97.2	**99.56**	93.75			

注:(a)二维图像的深度估计案例研究项目表示 RMS 误差的百分比,而不是准确度/精度;(b)DBM** 涉及基于 DBM 相关的随机马尔可夫场模型的 Make－3D 算法的结果;(c)最高分:加粗字体并加下划线。

表 16.19　测试模式下的计算速度比较(时间单位为秒)

案例研究	CNN	LNN－1	LNN－2	BP	SVM	RBF
人类活动识别(MSR Daily 数据库)	172	**151**	153			
医学(预测癫痫发作)	3.0	**1.0**	**1.0**			
医学癌症检测的图像处理	0.71	**0.142**	0.16			
二维图像的深度估计(RMS 误差/%)	—	—	—			
图像分析(场景分类)	**5.83**	62.5	64.2			
指纹识别 1	1.3	0.9	**0.7**			

续表

案例研究	CNN	LNN－1	LNN－2	BP	SVM	RBF
指纹识别 2	2.4	**1.1**		28.9		
人脸识别	1.4	1.29	**0.91**			
蝴蝶种类分类	20.3	2.1	**1.07**			
叶片分类	100.3	5.3	**3.48**			
交通标志识别	**12.6**	18.5	15.3			
信息检索(编程语言分类)	—	—	—			
信息检索(转录口语会话数据分类)		**0.32**	0.68	1.27	0.34	
语音识别	1.4	1.0	**0.93**			
音乐类型分类	3.87	2.11	**1.87**			
安全/金融(信用卡欺诈检测)	—	—	—			
利用测试钻探中的渗透率数据预测石油钻探点位置		0.86	**0.84**	57.8		
森林火灾预测	**0.23**	1.5	1.6		53	
市场微观结构下的价格走势预测		**92**		127	206	126
基于声学数据的轴承制造故障检测		**98**	133	254		

评论：上面列出的所有案例网络在训练和测试中使用相同的输入，并在同一台 PC 上运行。

16. A 附录

附录 16. A. 1 案例研究 1：人类活动识别（A. Bose）

```
LAMSTAR-2 Code
1. Code_LAMSTAR.m
clear all; close all; clc;
load ('activity_dataset.mat');

for i = 1 : size(traindata,1)
   traindata(i,3:62) = normalizeData(traindata(i,3:62));
end
disp('Training data acquisition done...');
X_train = traindata';
[row, col] = size(X_train);
numSubWords = 16;

nBit = 8;
alpha = 0.8;
tol = 1e-5;
thresh = 0.9999;

flag = zeros(1,numSubWords);
disp('Forming Sub Words');
for i = 1:size(X_train,2)
   tempX = reshape(X_train(:,i), nBit, nBit);
   for j = 1:numSubWords
      if j <= nBit
         X_in{i}(j,:) = tempX(j,:);
      else
      X_in{i}(j,:) = tempX(:,j - nBit)';
      end
   end

   check(1,:) = zeros(1, nBit);
   for k = 1:numSubWords
      for t = 1 : nBit
         if (X_in{i}(k,t) ~= check(1,t))
```

```
            X_norm{i}(k,:) = X_in{i}(k,:) /sqrt(sum(X_in{i}(k,:).^2));
         else
            X_norm{i}(k,:) = zeros(1,nBit);
         end
      end
    end
  end

  tic;
%%%%%%%%%%%%%%%%%%%%%%%%%%%%
disp('Dynamic Building of neurons');
%%%%%%%%%%%%%%%%%%%%%%%%%%%%
% Building of the first neuron is done as Kohonen Layer neuron
% (this is for all the subwords in the first input pattern for all SOM modules
i = 1;
ct = 1;
while (i <= numSubWords)
  cl = 0;
  for t = 1 : nBit
     if (X_norm{ct}(i,t) ==0)
        cl = cl +1;
     end
  end
  if (cl == nBit)
     Z{ct}(i) = 0;
  elseif (flag(i) == 0)
     W{i}(:,ct) = rand(nBit, 1);
     flag(i) = ct;
     W_norm{i}(:,ct) = W{i}(:,ct)/sqrt(sum(W{i}(:,ct).^2));
     Z{ct}(i) = X_norm{ct}(i,:) * W_norm{i};
     while(Z{ct}(i) <= (1 -tol)),
       W_norm{i}(:,ct) = W_norm{i}(:,ct) + alpha * (X_norm{ct}(i,:)' - W_
norm{i}(:,ct));
       Z{ct}(i) = X_norm{ct}(i,:) * W_norm{i}(:,ct);
     end
  end
  r(ct,i) = 1;
  i = i +1;
end

r(ct,:) = 1;
ct = ct +1;
while (ct <= size(X_train,2))
  for i = 1 : numSubWords
       cl = 0;
```

```
        for t = 1 : nBit
            if (X_norm{ct}(i,t) == 0)
                cl = cl +1;
            end
        end
        if (cl == nBit)
            Z{ct}(i) = 0;
        else
            r(ct,i) = flag(i);
            r_new =0;
            for k = 1:max(r(ct,i)),
                Z{ct}(i) = X_norm{ct}(i,:) * W_norm{i}(:,k);

                if Z{ct}(i) >= thresh
                    r_new = k;
                    flag(i) = r_new;
                    r(ct,i) = flag(i);
                    break;
            end
        end
        if (r_new == 0)
            flag(i) = flag(i) + 1;
            r(ct,i) = flag(i);
            W{i}(:,r(ct,i)) = rand(nBit,1);
            % flag(i) = r
            W_norm{i}(:,r(ct,i)) = W{i}(:,r(ct,i))/sqrt(sum(W{i}(:,r(ct,
i)).^2));
            Z{ct}(i) = X_norm{ct}(i,:) * W_norm{i}(:,r(ct,i));
            while(Z{ct}(i) <= (1 -tol)),
                W_norm{i}(:,r(ct,i)) = W_norm{i}(:,r(ct,i)) + alpha * (X_
norm{ct}(i,:)' -
                W_norm{i}(:,r(ct,i)));
                Z{ct}(i) = X_norm{ct}(i,:) * W_norm{i}(:,r(ct,i));
            end
        end
      end
    end
    ct = ct +1;
end

%%%%%%%%%%%%%%%
% Link Weights
%%%%%%%%%%%%%%%
outNum = size(trainlabel,2);
ct = 1;
```

```
m_r = max(r);
for i = 1:numSubWords,
   L_w{i} = zeros(m_r(i),outNum);
end

ct = 1;
disp('Link weights and output calculations');
Z_out = zeros(size(X_train,2), outNum);
while (ct <= size(X_train,2))
   L = zeros(size(X_train,2), outNum);
   for i = 1 : numSubWords
      count = size(find(r(:,i) == r(ct,i)) , 1);
      if (r(ct,i) ~=0)
         for j = 1 : outNum
            if (trainlabel(ct,j) ==0)
               % L_w{i}(r(ct,i),j) = L_w{i}(r(ct,i),j) - 5;
               L_w{i}(r(ct,i),j) = L_w{i}(r(ct,i),j)/count - 5;
            else
               % L_w{i}(r(ct,i),j) = L_w{i}(r(ct,i),j) + 5;
               L_w{i}(r(ct,i),j) = L_w{i}(r(ct,i),j)/count + 5;
            end
         end
         % L(i,:) = L_w{i}(r(ct,i),:);
         L(i,:) = L_w{i}(r(ct,i),:)/count;
       end
     end
     Z_out(ct,:) = sum(L);
     ct = ct +1;
end
toc;
save W_norm W_norm
save L_w L_w
LAMSTAR_test

2. generateConfusionMatrix.m
function generateConfusionMatrix(predicted)
classes = [1 0 0 0 0 0;
   0 1 0 0 0 0;
       0 0 1 0 0 0;
       0 0 0 1 0 0;
       0 0 0 0 1 0;
       0 0 0 0 0 1];
fprintf('+ ------------ + ----------------------------------------+ \n');
fprintf('| |Predicted Class |\n');
fprintf('+ ------------+----------+----------+----------+-------- + \n');
```

```
fprintf('|Actual Class |Class1 |Class2 |Class3 |Class4 |Class5 |Class6|Other | \n');
fprintf('+------------+-----------+----------- + ----------- + -----------\n');
for i = 1 : 6
   class1 = 0;
   class2 = 0;
   class3 = 0;
   class4 = 0;
   class5 = 0;
   class6 = 0;
   other = 0;
   for j = 1 : 100
      if (predicted((i -1) * 100 + j, :) == classes(1,:))
         class1 = class1 + 1;
      elseif (predicted((i -1) * 100 + j, :) == classes(2,:))
         class2 = class2 + 1;
      elseif (predicted((i -1) * 100 + j, :) == classes(3,:))
         class3 = class3 + 1;
      elseif (predicted((i -1) * 100 + j, :) == classes(4,:))
         class4 = class4 + 1;
      elseif (predicted((i -1) * 100 + j, :) == classes(5,:))
         class5 = class5 + 1;
      elseif (predicted((i -1) * 100 + j, :) == classes(6,:))
         class6 = class6 + 1;
      else
         other = other + 1;
      end
   end
   fprintf('|Class% d\t\t |% d \t\t |% d \t\t |% d \t\t |% d \t\t |% d \t\t
|% d \t\t |% d \t\t |\n', ...
      i, class1, class2, class3, class4, class5, class6, other);
   fprintf('+------------+-----------+-----------+-----------+----------- + \n');
end
end

3. LAMSTAR_test.m
clear all;
load W_norm
load L_w
load ('activity_dataset.mat');
nBit = 8;

for i = 1 : size(testdata,1)
   testdata(i,3:62) = normalizeData(testdata(i,3:62));
end
X_test = testdata';
```

```
[row, col] = size(X_test);
numSubWords = 16;
% To make 12 subwords
correct = 0;
wrong = 0;
errPer = 0;
for i = 1:size(X_test,2)
   tempX = reshape(X_test(:,i), nBit, nBit);
   for j = 1 : numSubWords
      if j <= nBit
         X_in{i}(j,:) = tempX(j,:);
      else
         X_in{i}(j,:) = tempX(:,j - nBit)';
      end
   end

   check(1,:) = zeros(1, nBit);
   for k = 1 : numSubWords
      for t = 1 : nBit
         if (X_in{i}(k,t) ~ = check(1,t))
            X_norm{i}(k,:) = X_in{i}(k,:) /sqrt(sum(X_in{i}(k,:).^2));
         else
            X_norm{i}(k,:) = zeros(1, nBit);
         end
      end
   end

   for k = 1 : numSubWords - 1
      if isempty(W_norm{k}),
         Z_out(k,:) = [0 0 0 0 0 0];
      else
         Z = X_norm{i}(k,:) * W_norm{k};
         index(k) = find((Z == max(Z)),1);
         L(k,:) = L_w{k}(index(k),:);
         Z_out(k,:) = L(k,:) * Z(index(k));
      end
   end
   final_Z(i,:) = sum(Z_out);
   sgm = sigmoid(final_Z(i,:));
   decision(i,:) = sgm >= max(sgm);
   err = xor(decision(i,:), testlabel(i,:));
   errPer = errPer + sum(err)_size(err,2);
   if (decision(i,:) == testlabel(i,:))
      out = 'Correct';
      correct = correct + 1;
```

```
    else
       out = 'Wrong';
       wrong = wrong + 1;
    end
    disp(['Test Pattern: ' num2str(i) ' |output: ' num2str(decision(i,:))
' :' out]);
    if rem(i,100) == 0
       disp('----------------------------------------------------');
    end
end
disp(['Correct: ' num2str(correct)]);
disp(['Wrong: ' num2str(wrong)]);
disp(['Bit Error (% ): ' num2str(errPer_size(X_test,2) *100) '% ']);
generateConfusionMatrix(decision);

4. normalizeData.m
%  Code for normalizing MSR Daily Activity 3D Dataset & Cornell CAD -
60 Dataset
function [normalized_data] = normalizeData(Coordinates)

errPer = errPer + sum(err)/size(err,2);
if (decision(i,:) == testlabel(i,:))
   out = 'Correct';
   correct = correct + 1;
else
   out = 'Wrong';
   wrong = wrong + 1;
end
disp(['Test Pattern: ' num2str(i) ' |output: ' num2str(decision(i,:)) ' :'
out]);
if rem(i,100) ==
   disp('----------------------------------------------------');
end
end
disp(['Correct: ' num2str(correct)]);
disp(['Wrong: ' num2str(wrong)]);
disp(['Bit Error (% ): ' num2str(errPer/size(X_test,2) *100) '% ']);
generateConfusionMatrix(decision);
```

附录 16. A. 2　案例研究 2　医学：预测癫痫发作（J. Tran）

CNN：下面的代码使用 Python 的 https://lasagne.readthedocs.org/。

```
import scipy, os, time, sys
```

```
import numpy as np

def cnn_preprocess(input, detect, predict):
  length = int(len(input) /23.6)
  dimension = 224
  padding = int((dimension - length) /2)
  result = []
  scaling = 0
  if detect is True :
    scaling = 1000
  if predict is True :
    scaling = 300

  while len(input) >= length:
    empty_array = create_empty_array(dimension)

    prev = -1
    for index in range(0, length):
      zero_axis = int(dimension /2)
      scale = int(scaling /zero_axis)
      if input[index] >= 0:
        row = index + padding
        col = int(input[index] /scale + zero_axis)
        if col >= dimension:
          col = dimension - 1
        if index ! = 0:
          if col < prev:
            for i in range(col + 1, prev):
              empty_array[row][i] = i
            prev = col
          if col > prev:
            for i in range(col - 1, prev, -1):
              empty_array[row][i] = i
            prev = col
        else:
          prev = col
        empty_array[row][col] = col
      elif input[index] < 0:
        row = index + padding
        scaled = int(input[index] /scale)
        if (zero_axis + scaled) < 0:
          col = 0
        else:
          col = zero_axis + scaled
```

```
        if col >= dimension:
          col = dimension - 1

        if index ! = 0:
          if col < prev:
            for i in range(col + 1, prev):
              empty_array[row][i] = i
            prev = col
          if col > prev:
            for i in range(col - 1, prev, -1):
              empty_array[row][i] = i
            prev = col
        else:
          prev = col
        empty_array[row][col] = col
    result.append(empty_array)
    input = input[length:]
  return result

def get_variable(filename):
  new_name = filename[6:-4]
  while True :
    length = len(new_name) - 3
    if new_name[length] == '0':
      new_name = new_name[:length] + new_name[length + 1:]
    else :
      break

  while True :
    length = len(new_name) - 2
    if new_name[length] == '0':
      new_name = new_name[:length] + new_name[length + 1:]
    else :
      break
  return new_name


def load_cnn_dataset(detect, predict):
  training = '/Users/PycharmProjects/untitled/cnn_training_set/'
  validation = '/Users/PycharmProjects/untitled/cnn_validation_set/'
  testing = '/Users/PycharmProjects/untitled/cnn_test_set/'

  training_prediction_i = '/Users/PycharmProjects/untitled/training_
prediction_interictal/'
  training_prediction_p = '/Users/PycharmProjects/untitled/training_
```

```
prediction_preictal/'
  validation _ prediction _ i  =  '/ Users/ PycharmProjects/ untitled/
validation_prediction_interictal/'
  validation _ prediction _ p  =  '/ Users/ PycharmProjects/ untitled/
validation_prediction_preictal/'

  testing_prediction_i = '/ Users/ PycharmProjects/ untitled/ test _
prediction_interictal/'
  testing_prediction_p = '/ Users/ PycharmProjects/ untitled/ test _
prediction_preictal/'

  training_data = []
  validation_data = []
  testing_data = []

  if predict is True:
    for filename in os.listdir(training_prediction_i):
      if filename.endswith('.mat'):
        f_path = training_prediction_i + filename
        mat = scipy.io.loadmat(f_path)
        variable = get_variable(filename)
        eeg = mat[variable][0][0][0][0]
        processed_data = cnn_preprocess(eeg[0:4096], detect, predict)
        for index in range(0, len(processed_data)):
          training_data.append(processed_data[index])

    for filename in os.listdir(training_prediction_p):
      if filename.endswith('.mat'):
        f_path = training_prediction_p + filename
        mat = scipy.io.loadmat(f_path)
        variable = get_variable(filename)
        eeg = mat[variable][0][0][0][0]
        processed_data = cnn_preprocess(eeg[0:4096], detect, predict)
        for index in range(0, len(processed_data)):
          training_data.append(processed_data[index])

    for filename in os.listdir(validation_prediction_i):
      if filename.endswith('.mat'):
        f_path = validation_prediction_i + filename
        mat = scipy.io.loadmat(f_path)
        variable = get_variable(filename)
        eeg = mat[variable][0][0][0][0]
        processed_data = cnn_preprocess(eeg[0:4096], detect, predict)
        for index in range(0, len(processed_data)):
          validation_data.append(processed_data[index])
```

```
for filename in os.listdir(validation_prediction_p):
    if filename.endswith('.mat'):
        f_path = validation_prediction_p + filename
        mat = scipy.io.loadmat(f_path)
        variable = get_variable(filename)
        eeg = mat[variable][0][0][0][0]
        processed_data = cnn_preprocess(eeg[0:4096], detect, predict)
        for index in range(0, len(processed_data)):
            validation_data.append(processed_data[index])

for filename in os.listdir(testing_prediction_i):
    if filename.endswith('.mat'):
        f_path = testing_prediction_i + filename
        mat = scipy.io.loadmat(f_path)
        variable = get_variable(filename)
        eeg = mat[variable][0][0][0][0]
        processed_data = cnn_preprocess(eeg[0:4096], detect, predict)
        for index in range(0, len(processed_data)):
            testing_data.append(processed_data[index])

for filename in os.listdir(testing_prediction_p):
    if filename.endswith('.mat'):
        print(filename)
        f_path = testing_prediction_p + filename
        mat = scipy.io.loadmat(f_path)
        variable = get_variable(filename)
        eeg = mat[variable][0][0][0][0]
        processed_data = cnn_preprocess(eeg[0:4096], detect, predict)
        for index in range(0, len(processed_data)):
            testing_data.append(processed_data[index])

if detect is True:
  for filename in os.listdir(training):
    if filename.endswith('.txt'):
        f_path = training + filename
        text_file = open(f_path, "r")
        lines = text_file.readlines()
        results = map(int, lines)
        text_file.close()
        processed_data = cnn_preprocess(results, detect, predict)
        for index in range(0, len(processed_data)):
            training_data.append(processed_data[index])

  for filename in os.listdir(validation):
```

```
    if filename.endswith('.txt'):
      f_path = validation + filename
      text_file = open(f_path, "r")
      lines = text_file.readlines()
      results = map(int, lines)
      text_file.close()
      processed_data = cnn_preprocess(results, detect, predict)
      for index in range(0, len(processed_data)):
        validation_data.append(processed_data[index])

  for filename in os.listdir(testing):
    if filename.endswith('.txt'):
      f_path = testing + filename
      text_file = open(f_path, "r")
      lines = text_file.readlines()
      results = map(int, lines)
      text_file.close()
      processed_data = cnn_preprocess(results, detect, predict)
      for index in range(0, len(processed_data)):
        testing_data.append(processed_data[index])

y_train = [1] * (23 * 2)
y_train += [0] * (23 * 2)
y_val = [1] * (23 * 2)
y_val += [0] * (23 * 2)
y_test = [1] * (23 * 2)
y_test += [0] * (23 * 2)
X_train = np.array(training_data)
X_val = np.array(validation_data)
X_test = np.array(testing_data)
y_val = np.array(y_val)
y_train = np.array(y_train)
y_test = np.array(y_test)
y_train = y_train.astype(np.uint8)
y_test = y_test.astype(np.uint8)
y_val = y_val.astype(np.uint8)
X_train = X_train.reshape(-1, 1, 224, 224)
X_val = X_val.reshape(-1, 1, 224, 224)
X_test = X_test.reshape(-1, 1, 224, 224)
X_train = X_train /np.float(224)
X_val = X_val /np.float(224)
X_test = X_test /np.float(224)
return X_train, y_train, X_val, y_val, X_test, y_test
```

```
def convolutional_neural_network(num_epochs, detect, predict):
  X_train, y_train, X_val, y_val, X_test, y_test = load_cnn_dataset
(detect, predict)
  input_var = T.tensor4('inputs')
  target_var = T.ivector('targets')
  network = build_cnn(input_var)

  prediction = lasagne.layers.get_output(network)
  loss = lasagne.objectives.categorical_crossentropy(prediction, target_var)
  loss = loss.mean()

  params = lasagne.layers.get_all_params(network, trainable=True)
  updates = lasagne.updates.nesterov_momentum(loss, params, learning_
rate=0.01, momentum=0.9)

  test_prediction = lasagne.layers.get_output(network, deterministic=
True)
  test_loss = lasagne.objectives.categorical_crossentropy(test_
prediction, target_var)
  test_loss = test_loss.mean()
  test_acc = T.mean(T.eq(T.argmax(test_prediction, axis=1), target_
var), dtype=theano.config.floatX)
  train_fn = theano.function([input_var, target_var], loss, updates=
updates)
  val_fn = theano.function([input_var, target_var], [test_loss, test_
acc])

  batches = 4

  print("Starting training...")
  # We iterate over epochs:
  for epoch in range(num_epochs):
    # In each epoch, we do a full pass over the training data:
    train_err = 0
    train_batches = 0
    start_time = time.time()
    for batch in iterate_minibatches(X_train, y_train, batches, shuffle=
True):
      inputs, targets = batch
    train_err += train_fn(inputs, targets)
    train_batches += 11
    print("Training took {:.3f}s".format(time.time() - start_time))

  print("Testing...")
  batch_num = 0
```

```
    test_err = 0
    test_acc = 0
    test_batches = 0
    test_time = time.time()
    for batch in iterate_minibatches(X_test, y_test, batches, shuffle =
False):
        batch_num += 1
        print(batch_num)
        inputs, targets = batch
        err, acc = val_fn(inputs, targets)
        test_err += err
        test_acc += acc
        test_batches += 1
    print("Final results:")
    print(" test loss:\t\t\t{:.6f}".format(test_err / test_batches))
    print(" test accuracy:\t\t{:.2f} % ".format(test_acc / test_batches *
100))
    print("Testing took {:.3f}s".format(time.time() - test_time))


def main(model = 'mlp', num_epochs =10):
    if model == 'cnn':
        convolutional_neural_network(num_epochs, True, False)
    elif model == 'lamstar':
        lamstar(False, True, False)

def iterate_minibatches(inputs, targets, batchsize, shuffle=False):
    assert len(inputs) == len(targets)
    if shuffle:
        indices = np.arange(len(inputs))
        np.random.shuffle(indices)
    for start_idx in range(0, len(inputs) - batchsize + 1, batchsize):
        if shuffle:
            excerpt = indices[start_idx:start_idx + batchsize]
        else:
            excerpt = slice(start_idx, start_idx + batchsize)
        yield inputs[excerpt], targets[excerpt]

def build_cnn(input_var=None):
    network = lasagne.layers.InputLayer(shape=(None, 1, 224, 224), input_
var=input_var)
    network = lasagne.layers.Conv2DLayer(network, num_filters=96, filter_
size=(7, 7), stride=2)
    network = lasagne.layers.MaxPool2DLayer(network, pool_size=(3, 3),
stride=3, ignore_border=False)
```

```
  network = lasagne.layers.DenseLayer ( network, num _ units = 2,
nonlinearity = lasagne.nonlinearities.softmax)
  return network


if __name__ == '__main__':
   # USAGE:
   # To run Convolutional neural network:
   # run: 'python NeuralNetwork.py 'cnn' < number_of_epochs > e.g. python
NeuralNetwork.py cnn 10
   #
   # To run LAMSTAR network:
   # run: 'python NeuralNetwork.py 'lamstar'
   #
   kwargs = {}
   if len(sys.argv) > 1:
     kwargs['model'] = sys.argv[1]
   if len(sys.argv) > 2:
     kwargs['num_epochs'] = int(sys.argv[2])
   main( ** kwargs)
```

附录 16. A. 3　案例研究 5　图像分析：场景分类（N. Koundinya）

CNN 代码是 Python Thaeno Keras 代码。

预处理

```
import cv2
import glob
from os import path
import os
import errno

# No Hierarchical Storing
# Resize the Input Images and save them to a user defined path
# Use this when the src folder has just .jpg files with no other file
hierarch y
# All the resized images will be dumped to one destination folder
def imgResizeWithOutHier(srcPath, destPath, reSampleSize):
  # Loop Variable
  loopVar = 0

  # Find and select all the Images, resize and write them to the destPath
  for imgs in glob.glob(srcPath + '/ * jpg'):
    filePath, ext = path.split(imgs)
```

```
        image = cv2.imread(imgs)
        image = cv2.resize(image, reSampleSize)
        cv2.imwrite(destPath + ext, image)
        print('Writing Image: %i' % loopVar)
        loopVar += 1

# For now hardcoding for this problem! (coding for this train hierarchy)
# With Hierarchical Storing (with out recursive copying)
# Resize the Input Images and save them to a user defined pat
# Use this when the src folder has a custom hierarchy in which .jpg files are stored
# All the resized images will be dumped with source file hierarchy
def imgResizeWithHier(srcRootPath, destRootPath, reSampleSize):
  # Loop Count
  loopVar = 0
  loopWrite = 0

  # Traverse through the directory tree and write the resized images
  # with hierarchy in destination directory
  for dirName, subdirList, fileList in os.walk(srcRootPath):
    for fname in fileList:
      # Source path
      imgDir = dirName
      imgExt = fname
      imgPath = imgDir + '/' + imgExt

      # To separate srcrootPath folder from full path
      destHier = imgDir.split(srcRootPath)
      destDir = destRootPath + str(destHier[1]) + '/'

      destPath = destDir + imgExt
      print(destPath)

      # Create directory if it doesnt exists and eliminate the race condition
      # if neccessary checkDir = os.path.dirname(destDir)
      if not os.path.exists(checkDir):
        try:
          os.makedirs(checkDir)
        except OSError as exception:
          if exception.errno != errno.EEXIST:
            raise
      # Read images and resize them
      img = cv2.imread(imgPath)
      reSize = (64, 64)
      img = cv2.resize(img, reSize)
      cv2.imwrite(destPath, img)
```

```
# Main()
from dataParser import getData
from datetime import datetime
from dataParser import kerasDataFormat
from utilityModule import writeToPickle
from utilityModule import writeToFile
from utilityModule import recordTime
from cnnNetwork import cnnClassifier


def main():
  # Start time for loading the data, creating a container and writing the
output to a file
  dataLoadStartTime = datetime.now()

  # Load Training Data (with appropriate data structure) and write to a txt
file and a pickle file
  trainData = getData('train')
  trnPklFile = '/home/koundinya/Koundi/UIC/Projects/DeepLearning/
MiniPlacesTheano/Output Folder/trainDataPickleFile.plk'
  trnTxtFile = '/home/koundinya/Koundi/UIC/Projects/DeepLearning/
MiniPlacesTheano/Output Folder/trainDataTextFile.txt'
  writeToFile(trainData, trnTxtFile)
  writeToPickle(trainData, trnPklFile)
  print('Writing Finished! ')

  # Load Validation Data (with appropriate data structure) and write to
a file
  valData = getData('val')
  valPklFile = '/home/koundinya/Koundi/UIC/Projects/DeepLearning/
MiniPlacesTheano/Output Folder/valDataPickleFile.plk'

  valTxtFile = '/home/koundinya/Koundi/UIC/Projects/DeepLearning/
MiniPlacesTheano/Output Folder/valDataTextFile.txt'
  writeToFile(valData, valTxtFile)
  writeToPickle(valData, valPklFile)
  print('Writing Finished! ')

  # Load Validation Data (with appropriate data structure) and write to
a file
  testData = getData('test')
  testPklFile = '/home/koundinya/Koundi/UIC/Projects/DeepLearning/
MiniPlacesTheano/Output Folder/testDataPickleFile.plk'
```

```
  testTxtFile = '/home/koundinya/Koundi/UIC/Projects/DeepLearning/
MiniPlacesTheano/Output Folder/testDataTextFile.txt'
  writeToFile(testData, testTxtFile)
  writeToPickle(testData, testPklFile)
  print('Writing Finished! ')

  # Format/structure the data for Keras library
  trnKerasFormat = kerasDataFormat(trainData, 'train')
  valKerasFormat = kerasDataFormat(valData, 'val')
  X_train = trnKerasFormat[0]
  Y_train = trnKerasFormat[1]
  X_val = valKerasFormat[0]
  Y_val = valKerasFormat[1]

  # End time for loading the data, creating a container and writing the
output to a file


if __name__ == '__main__':
  main()

# Data Parser
# ----------------------------------------
from utilityModule import writeToFile
import glob
import cv2
import numpy
from utilityModule import fileLength
from SceneRecognition.utilityModule import encode

# Training File Path and length
trnIpFile = '/home/koundinya/Koundi/UIC/Projects/DeepLearning/
MiniPlacesTheano/Data/development_kit/data/train.txt'
trnImgFolder = '/home/koundinya/Koundi/UIC/Projects/DeepLearning/
MiniPlacesTheano/Data/Data/images/train'
trainLen = fileLength(trnIpFile)

# Validation File Path and length
valIpFile = '/home/koundinya/Koundi/UIC/Projects/DeepLearning/
MiniPlacesTheano/Data/development_kit/data/val.txt'
valImgFolder = '/home/koundinya/Koundi/UIC/Projects/DeepLearning/
MiniPlacesTheano/Data/Data/images/val'
valLength = fileLength(valIpFile)

# Testing File Path
```

```
testImgFolder = '/home/koundinya/Koundi/UIC/Projects/DeepLearning/
MiniPlacesTheano/Data/Data/images/test'


# Get Data for training and validation (both Images and associated Class
labels) from input text file
def getDataFromFile(fname, length, label):
  # Input File
  datafileName = fname
  dataFile = open(datafileName)

  # Find the length of the file
  length = length

  # Empty Dictionary
  data = {}

  # Read by line and store Images, Class labels in a dictionary for i in
range(length):
  ipDataByLine = dataFile.readline()
  ipDescrp = ipDataByLine.split()
  imagePath = '/home/koundinya/Koundi/UIC/Projects/DeepLearning/
MiniPlacesTheano/Data/Data/images' + '/' + ipDescrp[0]
  imageClassLabl = int(ipDescrp[1])

  # Read the image (OpenCV)
  image = cv2.imread(imagePath)
  # Store the data
  data[i] = (image, imageClassLabl)

  # Show progress
  if label == 'train':
    print('Percentage Completion of Training Data Modelling is: % f' % i)
  elif label == 'val':
    print('Percentage Completion of Validation Data Modelling is: % f' % i)
  else:
    print('Percentage of Completion is : % f' % i)
  return data


# Get data for testing from test folder
def getTestData(fname):
  # Empty List
  testData = []
  loopVar = 0
```

```
  for images in glob.glob(fname + '/*.jpg'):
    img = cv2.imread(images)
    testData.append(img)

    # Show progress
    print('Percentage Completion of Testing Data Modelling is: % f' %
loopVar)
    loopVar = loopVar + 1
  return testData

def kerasDataFormat(data, label):
    X = []
    Y = []
    totalSamples = len(data)

    for i in range(totalSamples):
      imgData = data[i][0]
      X.append(imgData)
      labels = encode(data[i][1])
      Y.append(labels)
      print("The current Iteration for Keras Data Model is: ", i)

  X = numpy.asarray(X)
  X = X.reshape(totalSamples, 3, 128, 128)
  Y = numpy.asarray(Y)
  if label == 'train':
    imgPath = '/home/koundinya/Desktop/Link to MiniPlaces - Theano/
OutputFolder/kerasFormatForTrnImg.txt'
    labelPath = '/home/koundinya/Desktop/Link to MiniPlaces - Theano/
OutputFolder/kerasFormatForTrnLab.txt'
    writeToFile(X, imgPath)
    writeToFile(Y, labelPath)
  if label == 'val':
    imgPath = '/home/koundinya/Desktop/Link to MiniPlaces - Theano/
OutputFolder/kerasFormatForValImg.txt'
    labelPath = '/home/koundinya/Desktop/Link to MiniPlaces - Theano/
OutputFolder/kerasFormatForValLab.txt'
    writeToFile(X, imgPath)
    writeToFile(Y, labelPath)

  return X, Y

  # Pass train, validation and test data to main function
  def getData(label):
```

```
    if label == 'train':
      trainData = getDataFromFile(trnIpFile, trainLen, label)
      print("Loading Training data - Completed!")
      return trainData
    elif label == 'val':
      valData = getDataFromFile(valIpFile, valLength, label)
      print("Loading Validation data - Completed!")
      return valData
    elif label == 'test':
      testData = getTestData(testImgFolder)
      print("Loading Testing data - Completed!")
      return testData
    else:
      print("Unknown Label: %s Please check your entry" % label)

# Convolutional Network
from keras.models import Sequential
from keras.layers.core import Dense, Dropout, Activation, Flatten
from keras.layers.convolutional import Convolution2D, MaxPooling2D
from keras.optimizers import SGD
from keras.regularizers import l2, activity_l1l2
```

附录 16. A. 4 案例研究 13 信息检索：转录口语会话数据分类（A. Kumar）

```
Lamstar 1 & 2 Code
LamstarNeuralNetwork.java
package uic.edu.neuralnetwork.lamstar;

import java.math.BigDecimal;
import java.util.ArrayList;
import java.util.Calendar;
import java.util.LinkedHashMap;
import java.util.List;

import uic.edu.neuralnetwork.shared.container.Edge;
import uic.edu.neuralnetwork.shared.container.Layer;
import uic.edu.neuralnetwork.shared.container.Neuron;
import uic.edu.neuralnetwork.shared.container.Neuron.ActivationMode;
import uic.edu.neuralnetwork.shared.utils.CommonUtils;

public class LamstarNeuralNetwork extends ForwardFeedNeuralNetwork {
   private boolean normalizedLinkWeights;

   public LamstarNeuralNetwork(int totalInputSubwords, int totalInputNeuronsPerSubword,
```

```
            int totalOutputNeurons, BigDecimal learningRate, int learningRateMode,
                int maxIterations, BigDecimal threshold, boolean normalizeLink-
Weights) {
        super(totalInputSubwords, totalInputNeuronsPerSubword, totalOutputNeurons,
              learningRate, learningRateMode, maxIterations, threshold);

        //Lamstar can be implemented using normalized link weights
        this.normalizedLinkWeights = normalizeLinkWeights;

         //We care about summation of the input to see what is the winner in
kohonen layer hence need summation mode//
         Neuron.setOutputActivation(ActivationMode.SUMMATION_FUNCTION);

         //Although initial weights are randomized, we must normalize the
storage weights(not the link weights)
         normalizeStorageWeights();
    }
    //Normalize the random weights assigned to each neuron in each kohonen layer
    //(just one neuron perkohonen layer initially)

    private void normalizeStorageWeights() {
        for (Layer kohonenLayer : kohonenLayers) {
            for (Neuron neuron : kohonenLayer) {
                List<BigDecimal> weights = new ArrayList<BigDecimal>();
                for (Edge neighbor : neuron.backwardNeighbors()) {
                    weights.add(neighbor.weight());
                }

                weights = CommonUtils.normalize(weights);
                List<Edge> backwardNeighbors = neuron.backwardNeighbors();
                for (int cnt = 0; cnt < weights.size(); cnt++) {
                    Edge neighbor = backwardNeighbors.get(cnt);
                    BigDecimal weight = weights.get(cnt);
                    neighbor.setWeight(weight);
                    neighbor.target().forwardNeighbor(neighbor.source().id
()).setWeight(weight);
                }
            }
        }
    }

    private void updateWeightsForWinningNeuron(Neuron maximumNeuron, BigDecimal
                learningRate, List<BigDecimal> subword) {
        BigDecimal output = maximumNeuron.output();
        LinkedHashMap<Integer, BigDecimal> normalizedWeightsMap = new
```

```
                LinkedHashMap < Integer, BigDecimal >();

        // while the only neuron is not close enough to output of 1,
keep updatingweights
        while (output.compareTo(new BigDecimal(0.99999)) < 0) {
          //this.totalIterations ++;
          //the lone neuron that we deem as the winner, need to iterate its
          subword neighbors and update the weight for each, as(w + alpha * (x -
w)) //
          for (int cnt1 = 0; cnt1 < maximumNeuron.backwardNeighbors().size
(); cnt1 ++) {
             Edge neighbor = maximumNeuron.backwardNeighbors().get(cnt1);
             BigDecimal value = subword.get(cnt1);

             //extract normalized weight for current neighbor
             BigDecimal weight = neighbor.weight();

             //delta = (x - w)
             BigDecimal deltaWeight = value.subtract(weight);

             //delta = alpha * delta = alpha * (x - w)
             deltaWeight = learningRate.multiply(deltaWeight);
             neighbor.setDeltaWeight(deltaWeight);

             //w = w + delta = w + alpha(x - w)
             BigDecimal newWeight = neighbor.weight().add(deltaWeight);

             //update the new weight into map. Don't update actual weight until
we normalize so that we maintain the previous weight states correctly//
             //otherwise the previous weight state would be recorded as he
unnormalized weight rather than the true previous normalized weight value//
          normalizedWeightsMap.put(neighbor.target().id(), newWeight);
          } //end for
          //compute the normalized weight values for the backward neighbors
(subword neighbors) and
          //store back into map
          normalizedWeightsMap = CommonUtils.normalize(maximumNeuron.
backwardNeighbors(),
                                                          lizedWeightsMap);
          //finally update the backward neighbors with the normalized weightvalues
          for (int neuronId : normalizedWeightsMap.keySet()) {
             Edge backwardNeighbor = maximumNeuron.backwardNeighbor(neuronId);
             BigDecimal normalizedWeight = normalizedWeightsMap.get(neuronId);
             backwardNeighbor.setWeight(normalizedWeight);
```

```
            Edge forwardNeighbor = backwardNeighbor.target().forwardNeighbor
(maximumNeuron.id());
            forwardNeighbor.setWeight(normalizedWeight);
        }//end for

        //update output of the only neuron to check again if it's close
enoughto 1.0 yet
        maximumNeuron.applySummation();
        maximumNeuron.applyActivationFunction();
        output = maximumNeuron.output();
    }
}
//only update the winning neuron. It's link weight is rewarded if it should
have fired and
//punished if it should not have fired .

private void updateLinkWeightsForWinningNeuron(Neuron maximumNeuron,
List<BigDecimal> xpectedOutput) {
    BigDecimal deltaWeight = new BigDecimal(0.05).multiply(new
BigDecimal(20));
    //this.totalIterations += 20;
    for (int cnt1 = 0; cnt1 < maximumNeuron.forwardNeighbors().size(); cnt1++) {
        Edge neighbor = maximumNeuron.forwardNeighbors().get(cnt1);
        neighbor.setDeltaWeight(deltaWeight);

        Edge backwardNeighbor = neighbor.target().backwardNeighbor
(maximumNeuron.id());
        backwardNeighbor.setDeltaWeight(deltaWeight);

        BigDecimal expectedValue = expectedOutput.get(cnt1);
        //punish if winning neuron should not have fired for this outputneuron
        if (expectedValue.compareTo(BigDecimal.ZERO) == 0) {
           //BigDecimal newWeight = neighbor.weight().subtract(deltaWeight);
           BigDecimal newWeight = neighbor.weight();
            //if normalized version of lamstar, then divide by number of
times that neuron has won
            if (normalizedLinkWeights)
              newWeight = CommonUtils.ratio(newWeight, new BigDecimal
(maximumNeuron.noOfWins()));

            newWeight = newWeight.subtract(deltaWeight);
            neighbor.setWeight(newWeight);

            backwardNeighbor.setWeight(newWeight);
        } else { //output is one so reward since winning neuron should
```

```
havefired for this output neuron
            BigDecimal newWeight = neighbor.weight().add(deltaWeight);
            neighbor.setWeight(newWeight);
            backwardNeighbor.setWeight(newWeight);
          }
        }
    }

    private boolean isOutputComplete ( List < BigDecimal >
expectedOutput) {
      List <BigDecimal> actualOutput = new ArrayList <BigDecimal>();
      for (int cnt1 = 0; cnt1 < expectedOutput.size(); cnt1 ++) {
          BigDecimal summation = BigDecimal.ZERO;
          for (Layer kohonenLayer : kohonenLayers) {
              Neuron maximumNeuron = kohonenLayer.maximumActivatedNeuron();
              BigDecimal weight = maximumNeuron.forwardNeighbors ( ) .get
(cnt1).weight();
              summation = summation.add(weight);
          }
          actualOutput.add(summation);
      }

      for (int cnt = 0; cnt < expectedOutput.size(); cnt ++) {
          BigDecimal expected = expectedOutput.get(cnt);
          BigDecimal actual = actualOutput.get(cnt);

          if (expected.compareTo(BigDecimal.ZERO) == 0) {
              if (actual.compareTo(new BigDecimal( -1)) >= 0)
                  return false;
              continue;
          }

          if (actual.compareTo(BigDecimal.ONE) < 0) return false;
      }
      return true;
    }

    @ Override
    public LinkedHashMap < String, BigDecimal > train(List < List < List <
BigDecimal >>> inputs, List <List <BigDecimal >> expectedOutputs) {
        Calendar calStart = Calendar.getInstance();

        List <List <List <BigDecimal >>> normalizedInputs = new ArrayList
<List <List <BigDecimal >>>();
        for (List <List <BigDecimal >> input : inputs) {
```

```
        List<List<BigDecimal>> normalizedInput = new ArrayList<List
<BigDecimal>>();
        for (List<BigDecimal> subword : input) {
            normalizedInput.add(CommonUtils.normalize(subword));
        }
        normalizedInputs.add(normalizedInput);
    }

    //maintains which outputs are incomplete. When all outputs are complete,
    //then this is empty and we stop training since that means we have converged.
    List<List<BigDecimal>> incompleteOutputs = new ArrayList<List<
BigDecimal>>();
    for (List<BigDecimal> output : expectedOutputs)
        incompleteOutputs.add(output);

    for (int iteration = 0; iteration < maxIterations; iteration++) {
        this.totalIterations++;

        int currentIndex = iteration % inputs.size();
        List<List<BigDecimal>> normalized = normalizedInputs.get
(currentIndex);
        List<BigDecimal> expectedOutput = expectedOutputs.get
(currentIndex);

        //The input is normalized and so are the storage weights (input to
kohonen layer weights),
        //so lets feedforward so that we have outputs at the kohonen layer.
        feedForward(normalized);

        //if the expected and actual outputs are close enough,
        //then mark as completed training for that expected output
        if (incompleteOutputs.contains(expectedOutput) && isOutputComplete
(expectedOutput))
                incompleteOutputs.remove(expectedOutput);

        //if no more outputs are incomplete then we have converged so end the
training
        if (incompleteOutputs.isEmpty()) break;

        //choose the output neuron with maximum activation w*x. Why?
        //Because this is the neuron for which the weight and input vectors
are closest to each other.
        for (int cnt = 0; cnt < kohonenLayers.size(); cnt++) {
            //extract the subword and current kohonen layer to examine
            Layer kohonenLayer = kohonenLayers.get(cnt);
```

```
        List < BigDecimal > subword = normalized.get(cnt);
        Layer inputLayer = inputLayers.get(cnt);

        BigDecimal alpha = learningRate(learningRate, iteration);
        //pick the neuron in each kohonen layer that has the max output
        Neuron maximumNeuron = kohonenLayer.maximumActivatedNeuron();

        //if just one neuron exists in the kohonen layer and it's the first
input,
        //then let's adjust weights to make the lone neuron in each
kohonen layer the winner
        if (kohonenLayer.size() == 1 && iteration == 0) {
          //declare the winning neuron
          maximumNeuron.declaredWinner();

          //while the only neuron is not close enough to output of 1, keep
updating weights.
          updateWeightsForWinningNeuron(maximumNeuron, alpha, subword);

          //Now that we have the winning neuron lets update its output to
1.0 and the other neurons to 0.0
          //updateNeuronOutputsForKohonenLayer(maximumNeuron, kohonenLayer);
          //now let's update the link weights
          updateLinkWeightsForWinningNeuron(maximumNeuron, expectedOutput);
          continue;
        }
        //otherwise, this is a subsequent pattern input, not the first input

        //the winning neuron of all the neurons in the current kohonen
layer has its link weights updated
        //if its value is at least 0.95
        if (maximumNeuron.output().compareTo(newBigDecimal(0.95)) >=
0) {
          //declare the winning neuron
          maximumNeuron.declaredWinner();

          //successful winning neuron so no need to update weights, just
the link weights
          //(that is, the weights going to the output layer)
          updateLinkWeightsForWinningNeuron(maximumNeuron, expectedOutput);
          continue;
        }

        //otherwise the winning neuron is not within 0.05 of 1.0 and hence
need to update the weight vector
```

```
        //for it. This means we need to create a new neuron and declare
that as the winner.
        Neuron newNeuron = new Neuron();
        kohonenLayer.addNeuron(newNeuron);

        //declare the winning neuron
        newNeuron.declaredWinner();

        // connect it to all the corresponding input layer neurons,
including normalized weights
        List<BigDecimal> normalizedWeights = new ArrayList<BigDecimal>
();
        for (@SuppressWarnings("unused") Neuron inputNeuron : inputLayer) {
           BigDecimal newWeight = random();
           normalizedWeights.add(newWeight);
        }
        normalizedWeights = CommonUtils.normalize(normalizedWeights);
        for (int cnt1 = 0; cnt1 < inputLayer.size(); cnt1++) {
           Neuron inputNeuron = inputLayer.neuron(cnt1);
           BigDecimal normalizedWeight = normalizedWeights.get(cnt1);
           newNeuron.addBackwardNeighbor (newNeuron, inputNeuron,
normalizedWeight);
           inputNeuron.addForwardNeighbor (inputNeuron, newNeuron,
normalizedWeight);
        }

        //next add link weights to the output layer
        for (Neuron outputNeuron : outputLayer) {
           BigDecimal newWeight = random();
           newNeuron.addForwardNeighbor(newNeuron, outputNeuron, newWeight);
           outputNeuron.addBackwardNeighbor (outputNeuron, newNeuron,
newWeight);
        }

        //finally, update the output value of the new winning neuron
        newNeuron.applySummation();
        newNeuron.applyActivationFunction();

        //while the winning neuron is not close enough to output of 1, keep
updating weights
        updateWeightsForWinningNeuron(newNeuron, newNeuron.output(),
subword);

        //Now that we have the winning neuron lets update its output to 1.0
and the other neurons to 0.0
```

```
            updateNeuronOutputsForKohonenLayer(newNeuron,kohonenLayer);

            //now let's update the link weights
            updateLinkWeightsForWinningNeuron(newNeuron, expectedOutput);
        }
    }

    buildTrainedWeightsMap();
    printTrainedWeights();

    Calendar calEnd = Calendar.getInstance();

    this.duration = calEnd.getTimeInMillis() - calStart.getTimeInMillis();
    this.error = BigDecimal.ZERO;
    printStatistics();
    return trainedWeights;
  }

  @Override
  public void test(List<List<List<BigDecimal>>> inputs, List<List<
BigDecimal>> expectedOutputs) {
    int correct = 0;
    for (int cnt = 0; cnt < inputs.size(); cnt++) {
        List<List<BigDecimal>> input = inputs.get(cnt);
        List<List<BigDecimal>> normalized = new ArrayList<List<
BigDecimal>>();

        for (List<BigDecimal> subword : input) {
            normalized.add(CommonUtils.normalize(subword));
        }

        List<BigDecimal> expectedOutput = null;
        if (expectedOutputs != null)
            expectedOutput = expectedOutputs.get(cnt);
        feedForward(normalized);

        for (Layer kohonenLayer : kohonenLayers) {
            Neuron maximumNeuron = kohonenLayer.maximumActivatedNeuron();
            for (Neuron neuron : kohonenLayer) {
              if (neuron == maximumNeuron)
                neuron.setOutput(BigDecimal.ONE);
              else
                neuron.setOutput(BigDecimal.ZERO);
            }
        }
```

```
        outputLayer.feedForward();

        System.out.println();
        System.out.println();

        printWinnerStatistics();

        System.out.println();
        System.out.println();

        printOutputs(normalized, expectedOutput, outputLayer.outputs());

        if (isCorrect(expectedOutput, outputLayer.outputs())) correct ++;
    }
    System.out.println();
    System.out.println();

    BigDecimal accuracy = CommonUtils.ratio(new BigDecimal(correct), new
BigDecimal(inputs.size()));
    System.out.println("Accuracy: " + accuracy);
  }

  private boolean isCorrect(List <BigDecimal > expectedOutput, List <BigDecimal >
                actualOutput) {
    for (int cnt = 0; cnt < expectedOutput.size(); cnt ++) {
        BigDecimal expected = expectedOutput.get(cnt);
        BigDecimal actual = actualOutput.get(cnt);

        if (expected.compareTo(BigDecimal.ZERO) == 0) {
            if (actual.compareTo(new BigDecimal(0)) > 0) return false;
        continue;
        }

        if (actual.compareTo(BigDecimal.ONE) < 0) return false;
    }
    return true;
}

private void printWinnerStatistics() {
    for (int cnt = 0; cnt < kohonenLayers.size(); cnt ++) {
        Layer kohonenLayer = kohonenLayers.get(cnt);
        System.out.print("[SOM][" + (cnt + 1) + "]");
        for (Neuron neuron : kohonenLayer) {
           int neuronId = neuron.id();
           int noOfWins = neuron.noOfWins();
```

```
            System.out.print("[Neuron][" + neuronId + "][" + noOfWins
+ "]");
        }
        System.out.println();
    }
  }
  ........
INTERRUPTED
```

LAMSTAR Code Above Incorporates the Following
Text Classification Code
TextClassification.java

```
package uic.edu.textclassification.lamstar;

import java.io.File;
import java.math.BigDecimal;
import java.util.ArrayList;
import java.util.LinkedHashMap;
import java.util.List;

import nlp.cs.uic.edu.CorpusUtilities.parser.ParserUtil;
import nlp.cs.uic.edu.CorpusUtilities.util.PunctuationUtil;
import nlp.cs.uic.edu.shared_utilities.shared_containers.Pair;
import nlp.cs.uic.edu.shared_utilities.shared_helpers.FileUtil;
import      nlp.cs.uic.edu.shared      _      utilities.shared      _
parsers.DynamicTextReader;
import      nlp.cs.uic.edu.shared      _      utilities.shared      _
parsers.DynamicTextWriter;
import uic.edu.characterrecognition.parser.Parser;
import uic.edu.neuralnetwork.lamstar.LamstarNeuralNetwork;
import uic.edu.neuralnetwork.shared.utils.CommonUtils;
import uic.edu.neuralnetwork.lamstar.ForwardFeedNeuralNetwork.LearningRateMode;

public class TextClassification {
  public static void main(String[] args) {
    boolean isModifiedLamstar = false;

    int sentenceLengthLimit = 3;

    File unprocessedDataFile = null;

    File preprocessedDataFile = null;

    File indexedDataFile = null;
```

```
    List<File> unprocessedDataFiles = null;

    List<List<List<BigDecimal>>> subwords = null;
    List<List<BigDecimal>> expectedOutputs = null;
    LinkedHashMap<String, String> labelMap = null;

    Pair<List<List<List<BigDecimal>>>, List<List<BigDecimal>>>
modelData = null;

    LinkedHashMap<String, String> vocabulary = null;
    labelMap = new LinkedHashMap<String, String>();
    labelMap.put("Based on data", "0 0");
    labelMap.put("Based on template", "0 1");
    labelMap.put("Windows Management", "1 0");

    unprocessedDataFiles = new ArrayList<File>();
    unprocessedDataFiles.add(new File("../TextClassification/src/
main/java/uic/edu/textclassification/
                        lamstar/data/unprocessedtrainingdata.data"));

    nprocessedDataFiles.add(new File("../TextClassification/src/main/
java/uic/edu/textclassification/
                         lamstar/data/unprocessedtestingdata.data"));

    vocabulary = buildVocabulary(unprocessedDataFiles, labelMap, 3);
    unprocessedDataFile = unprocessedDataFiles.get(0);

    preprocessedDataFile = new File("../TextClassification/src/main/
java/uic/edu/textclassification/
                        lamstar/data/preprocessedtrainingdata.data");
    indexedDataFile = new File("../TextClassification/src/main/java/
uic/edu/textclassification/
                                  lamstar/data/trainingdata.data");
    modelData = preprocessAndExtractModelData(unprocessedDataFile,
preprocessedDataFile,
            indexedDataFile, sentenceLengthLimit, vocabulary, labelMap);

    subwords = modelData.getFirst();
    expectedOutputs = modelData.getSecond();

    uic.edu.neuralnetwork.lamstar.NeuralNetwork lamstar = new
                LamstarNeuralNetwork(sentenceLengthLimit, 16, 2, new
BigDecimal(0.80),
                LearningRateMode.CONSTANT, 10000, new BigDecimal(0.00001),
isModifiedLamstar);
```

```
        lamstar.train(subwords, expectedOutputs);
        unprocessedDataFile = unprocessedDataFiles.get(1);

        preprocessedDataFile = new File("../TextClassification/src/main/
java/uic/edu/textclassification/
                        lamstar/data/preprocessedtestingdata.data");

        indexedDataFile = new File("../TextClassification/src/main/java/
uic/edu/textclassification/
                                lamstar/data/testingdata.data");

        modelData = preprocessAndExtractModelData(unprocessedDataFile,
preprocessedDataFile,
                indexedDataFile, sentenceLengthLimit, vocabulary, labelMap);

        subwords = modelData.getFirst();
        expectedOutputs = modelData.getSecond();

        lamstar.test(subwords, expectedOutputs);

        //unprocessedDataFiles = new ArrayList<File>();
        //unprocessedDataFiles.add(newFile("../TextClassification/src/
main/java/uic/edu/textclassification/
        //lamstar/data/unprocessedaggregatetrainingdata.data"));
        //unprocessedDataFiles.add(newFile("../TextClassification/src/
main/java/uic/edu/textclassification/
        //lamstar/data/unprocessedaggregatetestingdata.data"));
        //vocabulary = buildVocabulary(unprocessedDataFiles, labelMap, 3);
        //labelMap = new LinkedHashMap<String, String>();
        //labelMap.put("Aggregate neighborhood", "0 0");
        //labelMap.put("Aggregate time", "0 1");
        //labelMap.put("Aggregate crime-type", "1 0");
        //labelMap.put("Aggregate location-type", "1 1");

        //unprocessedDataFile = unprocessedDataFiles.get(0);
        //preprocessedDataFile = newFile("../TextClassification/src/
main/java/uic/edu/textclassification/
        //lamstar/data/preprocessedaggregatetrainingdata.data");
        //indexedDataFile = new File("../TextClassification/src/main/
java/uic/edu/textclassification/
        //lamstar/data/aggregatetrainingdata.data");

        //modelData = preprocessAndExtractModelData(unprocessedDataFile,
preprocessedDataFile,
```

```
    //indexedDataFile, sentenceLengthLimit, vocabulary, labelMap);

    //subwords = modelData.getFirst();
    //expectedOutputs = modelData.getSecond();

    //uic.edu.neuralnetwork.lamstar.NeuralNetwork aggregateLamstar =
    //newLamstarNeuralNetwork(sentenceLengthLimit, 16, 2, new
    // BigDecimal ( 0.80 ), LearningRateMode.CONSTANT, 10000, new
BigDecimal(0.00001), true);

    //aggregateLamstar.train(subwords, expectedOutputs);
    //unprocessedDataFile = unprocessedDataFiles.get(1);
    // preprocessedDataFile = new File ( "../TextClassification/src/
main/java/uic/edu/textclassification/
    //lamstar/data/preprocessedaggregatetestingdata.data");

    // indexedDataFile = new File ( "../TextClassification/src/main/
java/uic/edu/textclassification/
    //lamstar/data/aggregatetestingdata.data");

    //modelData = preprocessAndExtractModelData(unprocessedDataFile,
preprocessedDataFile,
    //indexedDataFile, sentenceLengthLimit, vocabulary, labelMap);

    //subwords = modelData.getFirst();
    //expectedOutputs = modelData.getSecond();

    //aggregateLamstar.test(subwords, expectedOutputs);

    //unprocessedDataFiles = new ArrayList<File>();
    //unprocessedDataFiles.add(new File("../TextClassification/src/
main/java/uic/edu/textclassification/
    //lamstar/data/unprocessedfiltertrainingdata.data"));

    //unprocessedDataFiles.add(new File("../TextClassification/src/
main/java/uic/edu/textclassification/
    //lamstar/data/unprocessedfiltertestingdata.data"));

    //vocabulary = buildVocabulary(unprocessedDataFiles, labelMap, 3);

    //labelMap = new LinkedHashMap<String, String>();
    //labelMap.put("Filter neighborhood", "0 0");
    //labelMap.put("Filter time", "0 1");
    //labelMap.put("Filter crime-type", "1 0");
    //labelMap.put("Filter location-type", "1 1");
```

```
        //unprocessedDataFile = unprocessedDataFiles.get(0);
        // preprocessedDataFile  = newFile ( " .. / TextClassification/ src/
main/java/uic/edu/textclassification/
        //lamstar/data/preprocessedfiltertrainingdata.data");
        // indexedDataFile  = new File( " .. / TextClassification/ src/ main/
java/uic/edu/textclassification/
        //lamstar/data/filtertrainingdata.data");

        //modelData = preprocessAndExtractModelData(unprocessedDataFile,
preprocessedDataFile,
        //indexedDataFile, sentenceLengthLimit, vocabulary, labelMap);

        //subwords = modelData.getFirst();
        //expectedOutputs = modelData.getSecond();

        //uic.edu.neuralnetwork.lamstar.NeuralNetwork filterLamstar = new
        //LamstarNeuralNetwork(sentenceLengthLimit, 16, 2, new BigDecimal
(0.80),
        //LearningRateMode.CONSTANT, 10000, new BigDecimal(0.00001), true);

        //filterLamstar.train(subwords, expectedOutputs);

        //unprocessedDataFile = unprocessedDataFiles.get(1);
        // preprocessedDataFile  = new File( " .. / TextClassification/ src/
main/java/uic/edu/textclassification/
        //lamstar/data/preprocessedfiltertestingdata.data");

        // indexedDataFile  = new File( " .. / TextClassification/ src/ main/
java/uic/edu/textclassification/
        //lamstar/data/filtertestingdata.data");
        //
        //       modelData       =       preprocessAndExtractModelData
(un  processedDataFile,preprocessedDataFile,
        //indexedDataFile, sentenceLengthLimit, vocabulary, labelMap);

        //subwords = modelData.getFirst();
        //expectedOutputs = modelData.getSecond();
        //filterLamstar.test(subwords, expectedOutputs);
    }

    public static Pair<List<List<List<BigDecimal>>>, List<List<BigDecimal>>>
                preprocessAndExtractModelData(File unprocessedDataFile,
File preprocessedDataFile,
                File indexedDataFile, int sentenceLengthLimit, LinkedHashMap
```

```
<String, String> vocabulary,
                LinkedHashMap<String, String> labelMap) {
        LinkedHashMap<String, String> unprocessedData = new
                DynamicTextReader(unprocessedDataFile).readMapping();
        List<String> preprocessed = preprocess(unprocessedData, labelMap,
sentenceLengthLimit);

        write(preprocessed, preprocessedDataFile);
        List<String> indexed = extractIndex(preprocessed, vocabulary);

        write(indexed, indexedDataFile);

        LinkedHashMap<List<BigDecimal>, List<BigDecimal>>
inputOutputMap =
        Parser.Parse(indexedDataFile);
        List<List<BigDecimal>> inputs = new ArrayList<List<BigDecimal
>>(inputOutputMap.keySet());
        List<List<List<BigDecimal>>> subwords = Parser.toSubwords
(inputs, 16);
        List<List<BigDecimal>> expectedOutputs = new
                ArrayList<List<BigDecimal>>(inputOutputMap.values());

        return new Pair<List<List<List<BigDecimal>>>, List<List<
BigDecimal>>>(subwords, expectedOutputs);
    }

public static LinkedHashMap<String, String> buildVocabulary(List<File>
unprocessedDataFiles, LinkedHashMap<String, String> labelMap, int
sentenceLengthLimit) {
    List<String> preprocessed = new ArrayList<String>();
    for (File unprocessedDataFile : unprocessedDataFiles) {
        LinkedHashMap<String, String> unprocessedData = new
                DynamicTextReader(unprocessedDataFile).readMapping();

        List<String> preprocessedData = preprocess(unprocessedData,
labelMap, sentenceLengthLimit);
        preprocessed.addAll(preprocessedData);
    }
    return dataToIndex(preprocessed);
    }

    public static void write(List<String> data, File outputFile) {
     FileUtil.deleteFile(outputFile);
     DynamicTextWriter writer = new DynamicTextWriter(outputFile,
DynamicTextWriter.APPEND_ON);
```

```
    writer.write(data.toArray(new String[data.size()]), "\n");
  }

  public static List<String> preprocess(LinkedHashMap<String, String
> unprocessedData, LinkedHashMap<String, String> labelMap, int
sentenceLengthFilter) {
    File stopWordsFile = new File("../TextClassification/src/main/
java/uic/edu/textclassification/
                                     lamstar/data/stopwords.txt");
    List<String> stopWords = new DynamicTextReader(stopWordsFile)
.readList();

    File contractionWordsFile = new File("../TextClassification/src/
main/java/uic/edu/textclassification/
                                  lamstar/data/contractions.txt");
    LinkedHashMap<String, String> contractions = new
              DynamicTextReader(contractionWordsFile).readMapping();

    List<String> preprocessed = new ArrayList<String>();
    for (String line : unprocessedData.keySet()) {
      String processed = line.toLowerCase();
      processed = ParserUtil.replaceLineTokens(processed, contractions);
      processed = ParserUtil.removeLineTokens(processed, stopWords);
      processed = ParserUtil.lemmatize(processed);
      processed = ParserUtil.removeSpecialCharacters(processed);
      processed = PunctuationUtil.removeAllPunctuation(processed);
      int sentenceLength = processed.split(" ").length;
      if (sentenceLength != sentenceLengthFilter) continue;
      preprocessed.add(processed);
      preprocessed.add(labelMap.get(unprocessedData.get(line)));
    }
    return preprocessed;
  }

  public static LinkedHashMap<String, String> dataToIndex(List<
String> data) {
     int j = 1;
     LinkedHashMap<String, String> vocabulary = new LinkedHashMap<
String, String>();
     for (int cnt = 0; cnt < data.size(); cnt++) {
       String line = data.get(cnt);
       if (cnt % 2 == 1) continue;
       String[] tokens = line.split(" ");
       for (String token : tokens) {
         String index = vocabulary.get(token);
```

```
            if (index == null) {
                String binary = CommonUtils.toBinary(j ++, 16);
                vocabulary.put(token, binary);
            }
        }
 }
 return vocabulary;
}

 public static List < String > extractIndex ( List < String > data,
LinkedHashMap < String, String > vocabulary) {
   for (int cnt = 0; cnt < data.size(); cnt ++ ) {
      String line = data.get(cnt);
      if (cnt % 2 == 1) continue;
      String[] tokens = line.split(" ");
      String indexed = "";
      for (String token : tokens) indexed = indexed + vocabulary.get(token) + " ";
      indexed = indexed.substring(0, indexed.length() - 1);
      data.set(cnt, indexed);
   }
   return data;
 }
}
```

附录 16. A. 5　案例研究 15：音乐类型分类（Y. Fan，C. Deshpande）

```
CNN/Python code
# File 1
import sys, os.path, json
import gaia2.fastyaml as yaml
from optparse import OptionParser

def convertJsonToSig(filelist_file, result_filelist_file):
  fl = yaml.load(open(filelist_file, 'r'))
  result_fl = fl
  errors = []
  for trackid, json_file in fl.iteritems():
    try:
      data = json.load(open(json_file))
      if 'tags' in data['metadata']:
        del data['metadata']['tags']
      if 'smpl_rt' in data['metadata']['audio_prop']:
        del data['metadata']['audio_prop']['smpl_rt']
      sig_file = os.path.splitext(json_file)[0] + '.sig'
```

```
        yaml.dump(data, open(sig_file, 'w'))
        result_fl[trackid] = sig_file
      except:
        errors += [json_file]
    yaml.dump(result_fl, open(result_filelist_file, 'w'))
    print "Failed to convert", len(errors), "files:"
    for e in errors:
      print e
    return len(errors) == 0


if __name__ == '__main__':
  parser = OptionParser(usage = '% prog [options] filelist_file result_
filelist_file \n' +
        """Converts json files found in filelist_file into *.sig yaml files
compatible with Gaia. The result files are written to the same directory
where original files were located."""
        )

  options, args = parser.parse_args()
  try:
    filelist_file = args[0]
    result_filelist_file = args[1]
  except:
    parser.print_help()
    sys.exit(1)
  convertJsonToSig(filelist_file, result_filelist_file)


# File 2
def dumpFeaturesIntoJson(recordingID, jsonOutputFolder, genre):
  url = ' http://marsyasweb.appspot.com/download/data _ sets/' +
recordingID + '/lowlevel'
  response = urllib.urlopen(url).read()
  try:
    lowlevel = json.loads(response)
    outputFilename = jsonOutputFolder + '/' + genre + '/' + recordingID
+ '.json'

    with open(outputFilename, 'w + ') as outfile:
      json.dump(lowlevel, outfile)
    return True
  except:
    return False
  # print lowlevel
```

```
# File 3
def b_l(featureDict):
  return featureDict['rhythm']['b_l']['median']

def dis(featureDict):
  return featureDict['lowlevel']['dis']['median']

def t_d(featureDict):
  return featureDict['tonal']['t_d_strength']

def t_e_t(featureDict):
  return featureDict['tonal']['t_e_t_deviation']

def readThem2List(jsonPath):
  with open(jsonPath) as data_file:
    data = json.load(data_file)

    bl = b_l(data)
    ds = dis(data)
    td = t_d(data)
    te = t_e_t(data)
    return bl, ds, td, te

# File 4
def groundtruthMaker(className, groundtruthDict):
  rDict = {}
  rDict['className'] = className
  rDict['groundTruth'] = groundtruthDict
  rDict['type'] = 'singleClass'

  rDict['version'] = 1.0
  # rStr = 'className: ' + className + '\n' + groundtruthStr + '\n' + '
type: singleClass' + '\n' + 'version: 1.0'
  return rDict


# File 5
import compmusic as cm
import os
from os import listdir
from os.path import isfile, join

def jingjuRecordingIDreader(folder):
```

```
  mp3Files = []
  recordingIDs = []
  for name in listdir(folder):
    if not name.startswith('.'):
      name = "/Users/Chinmayi/Documents/Neural/Classical/No.5/" + name + '/'
      files = [join(name, f) for f in listdir(name) if isfile(join(name,
f)) and f.endswith('.mp3')]
      mp3Files = mp3Files + files

  ii = 1
  length = len(mp3Files)
  for f in mp3Files:
    recordingIDs.append(cm.file_metadata(f)['meta']['recordingid'])
    print 'reading recording ID ', ii, 'of total', length
    ii += 1

  return recordingIDs


# File 6
import compmusic as cm
from compmusic import dunya as dy

dy.conn.set_token('0186a989507de593d7e83e530a7a5c1280507217')

def rockRecordingIDfetcher():
  '''this function get all recordingIDs for all rock artistis
  no need to query concerts for the recording IDs, because the rock
  api is well developped.'''
  # get artists
  rockArtists = dy.rock.get_artists()

  # get artist mbids
  rockMBIDs = []
  for rockArtist in rockArtists:
    rockMBIDs.append(rockArtist['mbid'])

  # get recordingID
  rockRecordingIDs = []
  ii = 1
  length = len(rockMBIDs)

  print 'fetching rock recording Ids... ...'
  for mbid in rockMBIDs:
    rdic = dy.rock.get_artist(mbid)
```

```
    rdic = rdic['recordings']

    if len(rdic) ! = 0:
      for recording in rdic:
        rockRecordingIDs.append(recording['mbid'])

    print 'fetching rock artist number ', ii, 'of total ', length
    ii += 1
  return rockRecordingIDs

def jazzRecordingIDfetcher():
  '''this function get all recordingIDs for all jazz artistis
  no need to query releases for the recording IDs, because the jazz
  api is well developped.'''
  # get artists
  jazzArtists = dy.jazz.get_artists()

  # get artist mbids
  jazzMBIDs = []
  for jazzArtist in jazzArtists:
    jazzMBIDs.append(jazzArtist['mbid'])

  # get recordingID
  jazzRecordingIDs = []
  ii = 1
  length = len(jazzMBIDs)

  print 'fetching jazz recording Ids... ...'
  for mbid in jazzMBIDs:
    rdic = dy.jazz.get_artist(mbid)
    rdic = rdic['recordings']

    if len(rdic) ! = 0:
      for recording in rdic:
        jazzRecordingIDs.append(recording['mbid'])

    print 'fetching jazz artist number ', ii, 'of total ', length
    # if ii/float(length) > jj/20:
    # print 'fetched ', jj, '/', 20
    # jj += 1
    ii += 1
  return jazzRecordingIDs

def classicalRecordingIDfetcher():
  '''this function get all recordingIDs for all markam artistis
```

```
  we need to query releases firstly'''
  # get artists
  classicalArtists = dy.classical.get_artists()

  # get artist mbids
  classicalMBIDs = []
  for classicalArtist in classicalArtists:
    classicalMBIDs.append(classicalArtist['mbid'])

  # get recordingID
  classicalRecordingIDs = []
  ii = 1
  length = len(classicalMBIDs)

  print 'fetching classical recording Ids... ...'
  for mbid in classicalMBIDs:
    rdic = dy.classical.get_artist(mbid)
    # print rdic

    if 'releases' in rdic:
      rdic = rdic['releases'] # release of the artist

      if len(rdic) != 0:
        for release in rdic:
          releaseDict = dy.classical.get_release(release['mbid'])
          recordingArray = releaseDict['recordings'] # recordings of
the release
          if len(recordingArray) != 0:
            for recording in recordingArray:
              classicalRecordingIDs.append(recording['mbid'])

      print 'fetching markam artist number ', ii, 'of total ', length
      ii += 1
  return classicalRecordingIDs
```

附录 16. A. 6　案例研究 19：市场微观结构下的价格走势预测（X. Shi）

```
LAMSTAR -1 Code
1.LAMSTAR
  === Run information ===
  Instances: 144552
  Attributes: 8
               V2, V4, V5, V6, V7, V8, V9, V10
  Test mode:10 - fold cross - validation
```

```
  testLamstarMM
Elapsed time to build model is 88.4936008 seconds.
2.SVM
   == Run information ===
  Relation:combine_discrete - weka.filters.unsupervised.attribute. Remove -
R1,3
  Instances: 144552
  Attributes: 8
              V2, V4, V5, V6, V7, V8, V9, V10
  Test mode:10 - fold cross - validation
   === Classifier model (full training set) ===
  Kernel used:
    Linear Kernel: K(x,y) = <x,y>
  Classifier for classes: Bid, Between
  BinarySMO
  Machine linear: showing attribute weights, not support vectors.
  + Number of kernel evaluations: 520653862 (39.369% cached)
  Classifier for classes: Bid, Ask
  Number of kernel evaluations: 481084673 (39.778% cached)
Time taken to build model: 207.5 seconds
3.BP network (2 layer, 4 by 2 by 1)
   === Run information ===
  Relation:combine_discrete - weka.filters.unsupervised.attribute.Remove -
R1,3
  Instances: 144552
  Attributes: 8
              V2, V4, V5, V6, V7, V8, V9, V10
  Test mode:10 - fold cross - validation
   === Classifier model (full training set) ===
  Sigmoid Node
  Inputs       Weights
      Threshold        -3.942077028655493
Time taken to build model: 126.94 seconds
4. RBF network
   === Run information ===
  Relation:combine_discrete - weka.filters.unsupervised.attribute.Remove -
R1,3
  Instances: 144552
  Attributes: 8
              V2, V4, V5, V6, V7, V8, V9, V10
  Test mode:10 - fold cross - validation
   === Classifier model (full training set) ===
  (Logistic regression applied to K - means clusters as basis functions):
  Logistic Regression with ridge parameter of 1.0E - 8
Time taken to build model: 126.37 seconds
```

```
% LAMSTAR Source Code (MATLAB)
function [successRate,list_predict] = lamstarNetwork_mm(trainData,
                          trainLabel,testData,testLabel,maxIteration)
% dimension = 12
[row,col] = size(trainData);
% numTrain = floor(9 * row/10);
deltaL = [0.001, 0.001, 0.001];
deltaM = 0.00;
% forgeting rate
alpha = 1.0;
n_neurons = 50;
%% initialization from 0
L_hist = zeros(27, 3); % link weights from AR historical data to decision
neurons ( -1, 0, 1)
L_orderbook = zeros(n_neurons, 3); % link weights from current order book
to decision neurons (1, 0, 1)
L_order_pre = zeros(n_neurons, 3); % link weights from previous order
book to decision neurons (1, 0, 1)
%% Generate the representative points for all layers
% [k,rp1] =kmeans(trainData(1:row,4:6),n_neurons);
% [k,rp2] =kmeans(trainData(1:row,7:9),n_neurons);
rp1 = zeros(n_neurons, 3);
selected = zeros(row,1);
for i =1:n_neurons
    id = floor(rand * row);
    if id ==0
        id =1;
    end
    while selected(id) ==1
        id = floor(rand * row);
        if id ==0
            id =1;
        end
    end
    selected(id) =1;
    rp1(i,1:3) = trainData(id,4:6);
end
rp2 = zeros(n_neurons, 3);
selected = zeros(row,1);

for i =1:n_neurons
    id = floor(rand * row);
    if id ==0
        id =1;
    end
```

```
    while selected(id) ==1
        id = floor(rand * row);
        if id ==0
            id =1;
        end
    end
    selected(id) =1;
    rp2(i,1:3) = trainData(id,7:9);
end
values =[1,0,1];
rp0 =zeros(27,3);
for a =1:3
    for b =1:3
        for c =1:3
            rp0(9 * (a1) +3 * (b1) +c,1:3) = [values(a),values(b),values(c)];
        end
    end
end
%% Start the iteration
successRate = 0;
list_predict = [];
for i =1:row
    label = trainLabel(i);
    aaa = i;
    for t =1:maxIteration
           %% forgetting factor
           L_hist = alpha * L_hist;
           L_orderbook = alpha * L_orderbook;
           L_order_pre = alpha * L_order_pre;
           % Update the first layer
           diff = (ones(27,1) * trainData(i,1:3) - rp0);
           [minv, minl] = min(diag(diff * diff'));
           for j =1:3
               if abs(label - values(j)) <0.5
                   L_hist(minl,j) = L_hist(minl,j) + deltaL(j);
               else
                   L_hist(minl,j) = L_hist(minl,j) - deltaM;
               end
           end
           % Update the second layer
           diff = (ones(n_neurons,1) * trainData(i,4:6) - rp1);
           [minv, minl] = min(diag(diff * diff'));
           label = trainLabel(i);
           for j =1:3
               if abs(label - values(j)) <0.5
```

```
                L_orderbook(minl,j) = L_orderbook(minl,j) + deltaL(j);
            else
                L_orderbook(minl,j) = L_orderbook(minl,j) - deltaM;
            end
        end
        % Update the 3rd layer
        diff = (ones(n_neurons,1) * trainData(i,7:9) - rp2);
        [minv, minl] = min(diag(diff * diff'));
        label = trainLabel(i);
        for j =1:3
            if abs(label - values(j)) <0.5
                L_order_pre(minl,j) = L_order_pre(minl,j) + deltaL(j);
            else
                L_order_pre(minl,j) = L_order_pre(minl,j) - deltaM;
            end
        end
    end
end
%% Out of sample testing
[testRow, testCol] = size(testData);
list_predict = [];
for i = 1:testRow
    pred_label = zeros(1,3);
    label = testLabel(i);
    % Get the first layer
    diff = (ones(27,1) * testData(i,1:3) - rp0);
    [minv, minl] = min(diag(diff * diff'));
    pred_label = pred_label + L_hist(minl,1:3);
    % Get the second layer
    diff = (ones(n_neurons,1) * testData(i,4:6) - rp1);
    [minv, minl] = min(diag(diff * diff'));
    pred_label = pred_label + L_orderbook(minl,1:3);
    % Get the 3rd layer
    diff = (ones(n_neurons,1) * testData(i,7:9) - rp2);
    [minv, minl] = min(diag(diff * diff'));
    pred_label = pred_label + L_order_pre(minl,1:3);
    [maxv, maxLabel] = max(pred_label);
    pred_label = 0;
    if maxLabel == 1
        pred_label = -1;
    end
    if maxLabel == 3
        pred_label = 1;
    end
    if abs(label - pred_label) <0.5
```

```
        successRate = successRate +1;
    end
    list_predict = [list_predict; [pred_label, label]];
end
successRate = successRate /(testRow);
```

习　题

第 1 章

习题 1.1：简述传统（串行）计算机和神经网络之间的主要区别。

习题 1.2：简述数学模拟生物神经系统（中枢神经系统）和人工神经网络的不同点。

第 2 章

习题：重建一个生物神经网络的基本输入/非线性算子/输出结构，说明生物神经元的每个部分在该结构中的作用。

第 3 章

习题 3.1：简述第 3.4.1 小节的 LMS 算法与第 3.4.2 小节梯度算法的区别。它们的优点各是什么?

习题 3.2：简述 μ 在梯度算法中的作用，并注意其在式（3.25）中的形式。

第 4 章

习题 4.1：计算单个感知器的权值 $\boldsymbol{w}_k$，使代价 J 最小。其中，$J=E[(d_k-z_k)^2]$；E 表示期望，d_k 表示期望输出，z_k 表示网络（求和）输出，$z_k=\boldsymbol{w}_k^{\mathrm{T}}\boldsymbol{x}_k$；$\boldsymbol{x}_k$ 是输入向量。

习题 4.2：为什么单层感知机不能解决异或问题? 使用 X1 与 X2 图表明一条直线不能将 XNOR 状态分开。

习题 4.3：为什么两层感知机可以解决异或问题?

第 5 章

习题：设计一个两层 Madaline 神经网络，从 3 个手写数字中识别数字（数字存于5×5 网格)。

第 6 章

习题 6.1：设计一个 BP 网络来解决异或问题。

习题 6.2：设计一个 BP 网络来解决 XNOR 问题。

习题 6.3：设计一个 BP 网络，从 3 个数字集中识别手写数字，这些数字写在一个 10×10 的网格中。

习题 6.4：设计一个 BP 网络来识别问题6.3 中的手写数字，但添加1 位错误噪声。

习题 6.5：设计一个 BP 网络进行连续小波变换 $W(\alpha,\tau)$，且

$$W(\alpha,\tau) = \frac{1}{\sqrt{\alpha}}\int f(t)g\left(\frac{t-\tau}{\alpha}\right)\mathrm{d}t$$

其中，$f(t)$是一个时域信号；α 表示缩放；τ 表示平移。

第 7 章

习题 7.1：设计一个 Hopfield 网络来解决 6 个城市和 8 个城市的旅行商问题。给出 30 次迭代的解决方案。从美国道路地图中任意选择 6 个或 8 个城市，确定这些城市的距离，并作为距离矩阵。

习题 7.2：设计一个 Hopfield 网络，从 5 个手写字符集中识别手写字符（字符存于 6×6 网格)。

习题 7.3：附加 1 位错误噪声，重复习题 7.2。

习题 7.4：附加 2 位噪声，重复习题 7.2。

习题 7.5：为什么 w_{ii}必须为 0 才能保证 Hopfield 网络的稳定性?

习题 7.6：Hopfield 网络能解决 XNOR 问题吗?

第 8 章

习题 8.1：设计一个对偶传播（CP）网络，从 6 个手写数字集中识别手写数字（数字存于 8×8 网格)。

习题 8.2：附加 1 位错误噪声，重复习题 8.1。

习题 8.3：简述 CP 网络如何解决异或问题。

第 9 章

习题 9.1：设计一个 ART－I 型网络，从 6 个手写字符集中识别手写字符

(字符存于8 ×8 网格中)。

习题 9. 2：附加 1 位错误噪声，重复习题 9. 1。

第 10 章

习题 10. 1：简述竞争是如何在认知机网络中完成的，以及它的目的是什么?

习题 10. 2：简述神经认知机网络中 S 层和 C 层的区别，并介绍它们各自的作用。

第 11 章

习题 11. 1：设计一个随机 BP 网络，从 6 个手写字符集中识别手写字符（字符存于 8 ×8 网格)。

习题 11. 2：对于带有附加的 1 位错误噪声的字符，重复习题 11. 1。

习题 11. 3：设计一个随机 BP 网络，识别离散时间信号 x_k 的 AR 模型的自回归（AR）参数，由下式给出：

$$x_k = a_1 x_{k-1} + a_2 x_{k-2} + w_k;\ k = 1,\ 2,\ 3,\ \cdots$$

其中，a_1、a_2 为待识别的 AR 参数。

使用模型生成信号（对神经网络来说是未知的)，如下所示：

$$x_k = 0.5 x_{k-1} - 0.2 x_{k-2} + w_k$$

其中，w_k 为高斯白噪声。

第 12 章

习题 12. 1：设计一个循环 BP 网络来解决习题 11. 3 中的 AR 识别问题。

习题 12. 2：当在循环 BP 网络中采用模拟退火时，重复习题 12. 1。

第 14 章

习题 14. 1：设计一个 CNN 网络来识别 3 个字符/字母（存于 8 ×8 的网格)，其中待识别的符号在网格的每个元素中以黑/白（1/0）的形式输入。输入数据库应由 6 组 4 个不同符号组成。然而，你只使用数据集的 4 个符号中的 3 个符号构成的 4 组数据来训练网络，而你使用 4 个符号的 2 组未训练所有的数据进行测试。当达到至少 90% 的成功率时停止计算。写出你的完整代码并给出成功率(%)、训练时长和测试时长。保留代码以便以后使用。应把 4 个符号的所有结果制成表格，但要指定哪个是未训练的符号。

习题 14. 2：使用相同的符号重复习题 5. 1，但在每个符号中随机放置 1 位噪声，并重新计算和存储成功率和计算时长。重复 2 位、3 位、4 位…随机放置的噪声。将关于噪声位数的性能和计算时长制成表格。当网格中的一个元素从 1 变为 0 时，输入一点噪声，反之亦然。

习题 14.3：简述 CNN 中应用共享的考虑。

习题 14.4：医学中的许多应用涉及非平稳数据（时变参数），如在疾病或紊乱的演变过程中 - 无论是否接受治疗。非平稳性在金融市场和许多其他领域（季节性天气效应等）中也占主导地位。简述当 CNN 用于非平稳应用时，数据的非平稳性（时变参数）如何影响 CNN 的性能和速度？

习题 14.5：举例说明 Dropout 的动机。

习题 14.6：相关的案例研究表明，用 CNN 通常比用 BP（并入 CNN）的计算快得多，为什么？

第 15 章

习题 15.1：为什么 LAMSTAR 网络是透明的？这对 LNN - 1 和 LNN - 2 是否成立？

习题 15.2：简述 LNN - 2 与 LNN - 1 相比的设计动机。

习题 15.3：LNN - 1 和 LNN - 2 是否受到局部极小值的影响？

习题 15.4：设计一个 LNN - 1 网络，以识别 3 个字符/字母（存于 8 × 8 的网格），其中待识别的符号在网格的每个元素中以黑/白（1/0）的形式输入。输入数据库应由 6 组 4 个不同符号组成。然而，你只使用数据集的 4 个符号中的 3 个符号构成的 4 组数据来训练网络，而你使用 4 个符号的 2 组所有的未训练数据进行测试。当达到至少 90% 的成功率时停止计算。写出你的完整代码并给出成功率（%）、训练时长和测试时长。保留代码以便以后使用。应把 4 个符号所有的结果制成表格，但要指定哪个是未训练的符号。

习题 15.5：使用相同的符号重复习题 3.3，但在每个符号中随机放置 1 位噪声，并重新计算和存储成功率和计算时长。重复 2 位、3 位、4 位…随机放置的噪声。将关于噪声位数的性能和计算时长制成表格。当网格中的一个元素从 1 变为 0 时，输入一点噪声，反之亦然。

习题 15.6：使用 LNN - 2 重复习题 6.4。

习题 15.7：使用 LNN - 2 重复习题 6.5。

习题 15. 8：简述遗忘在 LNN-1 和 LNN-2 中的作用和必要性。

习题 15. 9：LAMSTAR 网络中的哪些元素有助于其速度？

习题 15. 10：LNN-1 和 LNN-2 能解决异或习题吗？设计一个 LNN-1 网络来完成（指定输入、SOM 输入层、它们的数量和内容以及网络的输出层/神经元）。

参考文献

[Abdel - Hamid et al. , 2013] Abdel - Hamid, O. , Deng, L. and Yu, D. (2013) "Exploring convolutional neural network structures and optimization techniques for speech recognition", Interspeech Conf. , pp. 3366 - 3370.

[Ackley et al. , 1985] Ackley, D. H. , Hinton, G. E. and Sejnowski, T. J. (1985) "A learning algorithm for Boltzmann machines", Cognitive Science, Vol. 8, No. 1, pp. 147 - 169.

[Allman et al. , 1985] Allman, J. , Miezen, F. and McGuiness, E. (1985) "Stimulus specific responses from beyond the classical receptive field", Annual Review of Neuroscience, 8: 147 - 169.

[Apache, OpenNLP] Apache OpenNLP Java API used for part - of - speech preprocessing (https: //opennlp. apache. org/) .

[Barlow, 1972] Barlow, H. (1972) "Single units and sensation: A neuron doctrine for perceptual psychology", Perception, 1: 371 - 392.

[Barlow, 1994] Barlow, H. (1994) "What is the computational goal of the neocortex?", Large - Scale Neuronal Theories of the Brain, MIT Press, Chap. 1.

[Basu et al. , 2013] Basu, I. , Graupe, D. , Tuninetti, D. , Shukla, P. , Slavin, K. V. , Metman, L. V. and Corcos, D. (2013) "Pathological tremor prediction using surface electromyogram and acceleration: Potential use in 'ON - OFF' demand driven deep brain stimulator design", Jour. of Neural Engineering, Vol. 10, No. 3.

[Bear et al. , 1989] Bear, M. F. , Cooper, L. N. and Ebner, F. E. (1989) "A physiological basis for a theory of synapse modification", Science, 237: 42 -47.

[Beauchamp, 1984] Beauchamp, K. G. (1984) Applications of Walsh and Related Functions, Academic Press, London.

[Beauchamp, 1987] Beauchamp, K. G. (1987) "Sequency and series", in Encyclopedia of Science and Technology, ed. Meyers, R. A., Academic Press, Orlando, FL, pp. 534 -544.

[Bellman, 1961] Bellman, R. (1961) Dynamic Programming, Princeton Univ. Press, Princeton, N. J.

[Bierut et al., 1998] Bierut, L. J. et al. (1998) "Familiar transmission of substance dependence: Alcohol, marijuana, cocaine, and habitual smoking", Arch. Gen. Psychiatry, 55 (11): 982 -988.

[Blake and Merz., 1998] Blake, C. and Merz, C. (1998) "UCI repository of machine learning databases", in http://archive.ics.uci.edu/ml/index.html.

[Broomhead and Lowe, 1988] Broomhead, D. S. and Lowe, D. (1988) "Radial basis functions, multivariable functional interpolation and adaptive networks", https://apps.dtic.mil/dtic/tr/fulltext/u2/a196234.pdf.

[Broomhead and Lowe, 1988] Broomhead, D. S. and Lowe, D. (1988) "Multivariable functional interpretation and adaptive networking", Complex Systems, 2: 321 -335.

[Calderon - Martinez and Campoy - Cervera, 2006] Calderon - Martinez, J. A. and Campoy - Cervera, P. (2006) "An application of convolutional neural networks for automatic inspection", IEEE Conf. Cybernetics and Intelligent Systems, pp. 1 -6.

[Carino et al., 2005] Carino, C., Lambert, B., West, P. M. and Yu, C. (2005) "Mining officially unrecognized side effects of drugs by combining web search and machine learning", Proceedings of the 14th ACM International Conference on Information and Knowledge Management.

[Carlson, 1986] Carlson, A. B. (1986) Communications Systems, McGraw Hill, NY.

[Carpenter and Grossberg, 1987a] Carpenter, G. A. and Grossberg, S.

(1987a) "A massively parallel architecture for a self - organizing neural pattern recognition machine", Computer Vision, Graphics, and Image Processing, 37: 54 - 115.

[Carpenter and Grossberg, 1987b] Carpenter, G. A. and Grossberg, S. (1987b) "ART - 2: Self - organizing of stable category recognition codes for analog input patterns", Applied Optics, 26: 4919 - 4930.

[Chaki and Parekh, 2011] Chaki, J. and Parekh, R. (2011) "Plant leaf recognition using shape based features and neural network classifiers", Int. Jour. Advanced Computer Science and Applic. (IJACSA), 2 (10).

[Chang et al., 1998] Chang, S. K., Graupe, D., Hasegawa, K. and Kordylewski H. (1998) "An active multimedia information system for information retrieval, discovery and fusion, Int. J. Software Eng. and Knowledge Eng., 8 (1): 139 - 160.

[Ciresan et al., 2012] Ciresan, D., Meier, U. and Schmidhuber, J. (2012) "Multi - column deep neural networks for image classification", IEEE Conf. Computer Vision and Pattern Recognition.

[Clark and Storkey, 2014] Clark, C. and Storkey, A. (2014) "Teaching deep convolutional neural networks to play go". arXiv preprint arXiv: 1412. 3409.

[Cohen and Grossberg, 1983] Cohen, M. and Grossberg, S. (1983) "Absolute stability of global pattern formation and parallel memory storage by competitive neural networks", IEEE Trans. Sys., Man and Cybernet., SMC - 13: 815 - 826.

[Collobert and Weston, 2008] Collobert, R. and Weston, J. (2008) "A unified architecture for natural language processing: Deep neural networks with multitask learning", Proc. 25th ACM International Conf. Machine learning.

[Cooper, 1973] Cooper, L. N. (1973) "A possible organization of animal memory and learning", Proc. Nobel Symp. on Collective Properties of Physical Systems, ed. Lundquist, B. and Lundquist, S., Academic Press, NY, pp. 252 - 264.

[Cornell. CAD - 60, 2009] http: //pr. cs. cornell. edu/humanactivities/data. php,

Cornell University, 2009.

[Cortes and Vapnik, 1995] Cortes, C. and Vapnik, V. N. (1995) "Support - vector networks", Machine Learning, 20 (3): 273 - 297.

[Crane, 1965] Crane, E. B. (1965) Artificial Intelligence Techniques, Spartan Press, Washington, DC.

[deep learning, lenet] http://deeplearning.net/tutorial/lenet.html.

[Dixon et al., 2015] Dixon, M., Klabian, D. and Bang, J. H. (2015) "Implementing deep neural networks for financial market prediction on the Intel Xeon Phi", Proc. 8th Workshop High Performance Computational Finance, Paper 6.

[Dong et al., 2012] Dong, F., Shatz, S. M., Xu, H. and Majumdar, D. (2012) "Price comparison: A reliable approach to identifying shill bidding in online auctions", Electronic Commerce Research and Applications, 11 (2): 171 - 179.

[Dong and Yu, 2014] Dong, L. and Yu, D. (2014) "Deep learning methods and applications", Foundations and Trends in Signal Processing, 7 (3 - 4): 197 - 387.

[Doraszelski and Judd, 2012] Doraszelski, U. and Judd, K. L. (2012) "Avoiding the curse of dimensionality in dynamic stochastic games", Quantitative Economics, 3 (1): 53 - 93.

[Eigen et al., 2014] Eigen, D., Puhrsch, C. and Fergus, R. (2014) "Depth map prediction from a single image using a multi - scale deep network", CoRR, abs/1406.2283.

[Epilepsy Soc., 2014] American Epilepsy Society Seizure Prediction Challenge, https://www.kaggle.com/c/seizure - prediction/data, 2014.

[Ewing, 1938] Ewing, A. C. (1938) A Short Commentary of Kant' s Critique of Pure Reason, Univ. of Chicago Press.

[Fausett, 1993] Fausett, L. (1993) Fundamentals of Neural Networks, Architecture, Algorithms and Applications, Prentice Hall, Englewood Cliffs, NJ.

[Flavia, Leaf] Flavia Database, http://flavia - plant - leaf - recognition - system.soft112.com/.

[Freeman and Skapura, 1991] Freeman, J. A. and Skapura, D. M. (1991) Neural Networks, Algorithms, Applications and Programming Techniques, Addison Wesley, Reading, MA.

[Fukushima, 1975] Fukushima, K. (1975) "Cognitron: A self - organizing multi - layered neural network", Biological Cybernetics, 20: 121 - 175.

[Fukushima, 1980] Fukushima, K. (1980) "Neocognitron: A self - organizing neural network model for a mechanism of pattern recognition unaffected by shift in position", Biological Cybernetics, 36 (4): 193 - 202.

[Fukushima et al., 1983] Fukushima, K., Miake, S. and Ito, T. (1983) "Neocognitron: A neural network model for a mechanism of visual pattern recognition", IEEE Trans. on Systems, Man and Cybernetics, SMC - 13: 826 - 834.

[FVC, 2002] FVC, 2nd Fingerprint Verification Competition (2002) University of Bologna, bias. csr. unibo. it/fvc2002/databases. asp.

[Gaglio et al., 2014] Gaglio, S., Lo Re, G. and Morana, M. (2014) "Human activity recognition process using 3 - D posture data", IEEE Transactions on Human - Machine Systems.

[Ganong, 1973] Ganong, W. F. (1973) Review of Medical Physiology, Lange Medical Publications, Los Altos, CA.

[Garcia et al., 2007] Garcia, V., Sanchez, J. S., Mollineda, R. A., Alejo, R. and Sotoca, J. M. (2007) "The class imbalance in Pattern Classification and Learning", in: F. J. FerrerTroyano (ed.) Cong Espanol de Informatica, pp. 283 - 291, Zaragoza, 2007.

[Gee and Prager, 1995] Gee, A. H. and Prager, R. W. (1995) Limitations of neural networks for solving traveling salesman problems, IEEE Trans. Neural Networks, Vol. 6, pp. 280 - 282.

[Geman and Geman, 1984] Geman, S. and Geman, D. (1984) "Stochastic relaxation, Gibbs distributions, and the Bayesian restoration of images", IEEE Trans. on Pattern Anal. and Machine Intelligence, PAM1 - 6: 721 - 741.

[Gilstrap et al., 1962] Gilstrap, L. O., Lee, R. J. and Pedelty, M. J. (1962)

"Learning automata and artificial intelligence", in Human Factors in Technology, ed. Bennett, E. W. Degan, J. and Spiegel, J., McGraw-Hill, NY, pp. 463-481.

[Girado et al., 2003] Girado, J. I., Sandin, D. J., DeFanti, T. A. and Wolf, L. K. (2003) "Realtime camera-based face detection using modified LAMSTAR neural network system", Proc. IS&T/SPIE 15th Annual Symp. on Electronic Imaging.

[Graupe, 1989] Graupe, D. (1989) Time Series Analysis, Identification and Adaptive Filtering, second edition, Krieger Publishing Co., Malabar, FL.

[Graupe, 1997] Graupe, D. (1997) Principles of Artificial Neural Networks, World Scientific Publishing Co., Singapore and River Edge, N. J., (especially, Chapter 13 thereof).

[Graupe, 2016] Graupe, D. (2016) Deep Learning Neural Networks: Design and Case Studies, World Scientific Publishing Co., Singapore and Hackensack, NJ.

[Graupe and Abon, 2002] Graupe, D. and Abon, J. (2002) "Neural network for blind adaptive filtering of unknown noise from speech", Proc. ANNIE Conf., Paper WP2. 1A.

[Graupe and Kordylewski, 1995] Graupe, D. and Kordylewski, H. (1995) "Artificial neural network control of FES in paraplegics for patient responsive ambulation", IEEE Trans. on Biomed. Eng., 42: 699-707.

[Graupe and Kordylewski, 1996a] Graupe, D. and Kordylewski, H. (1996a) "Network based on SOM modules combined with statistical decision tools", Proc. 29th Midwest Symp. on Circuits and Systems, Ames, IO.

[Graupe and Kordylewski, 1996b] Graupe, D. and Kordylewski, H. (1996) "A large memory storage and retrieval neural network for browsing and medical diagnosis applications", Intelligent Engineering Systems through Artificial Neural Networks, ed. Dagli, C. H. et al., Vol. 6 (ASME Press), pp. 711-716.

[Graupe and Kordylewski, 1998] Graupe, D. and Kordylewski, H. (1998) A Large Memory Storage and Retrieval Neural Network for Adaptive Retrieval and Diagnosis, Internat. J. Software Eng. and Knowledge Eng., Vol. 8, No. 1, pp. 115-138.

[Graupe and Kordylewski, 2001] Graupe, D. and Kordylewski, H., (2001) A Novel LargeMemory Neural Network as an Aid in Medical Diagnosis, IEEE Trans. on Information Technology in Biomedicine, Vol. 5, No. 3, pp. 202 – 209, Sept. 2001.

[Graupe and Lynn, 1969] Graupe, D. and Lynn, J. W. (1969) "Some aspects regarding mechanistic modelling of recognition and memory", Cybernetica, 3: 119.

[Grossberg, 1969] Grossberg, S. (1969) "Some networks that can learn, remember and reproduce any number of complicated space – time patterns", J. Math. and Mechanics, 19: 53 – 91.

[Grossberg, 1974] Grossberg, S. (1974) "Classical and instrumental learning by neural networks", Progress in Theoret. Biol., 3: 51 – 141, Academic Press, NY.

[Grossberg, 1982] Grossberg, S. (1982) "Learning by neural networks", in Studies in Mind and Brain, ed. Grossberg, S., D. Reidel Publishing Co., Boston, MA, pp. 65 – 156.

[Grossberg, 1987] Grossberg, S. (1987) "Competitive learning: From interactive activation to adaptive resonance", Cognitive Science, 11: 23 – 63.

[Gupta et al., 2013] Gupta, R., Chia, A. Y. S. and Rajan, D. (2013) "Human activities recognition using depth images", Proc. of the 21st ACM International Conference on Multimedia.

[Guyton, 1971] Guyton, A. C. (1971) Textbook of Medical Physiology, 14th edition, W. B. Saunders Publ. Co., Philadelphia.

[Hall et al., 2009] Hall, M., Frank, E., Holmes, G., Pfahringer, B., Reutermann, P. and Witten, I. H. (2009) "The WEKA data mining software", SIGGDD Exploration, 11 (1): 10 – 18.

[Hammer et al., 1972] Hammer, A., Lynn, J. W. and Graupe, D. (1972) "Investigation of a learning control system with interpolation", IEEE Trans. on System Man, and Cybernetics, 2: 388 – 395.

[Hammerstrom, 1990] Hammerstrom, D. (1990) "A VLSI architecture for high – performance low – cost on – chip learning", Proc. Int. Joint Conf. on Neural Networks, Vol. 2, San Diego, CA, pp. 537 – 544.

[Hamming, 1950] Hamming, R. W. (1950) "Error detecting and error correcting codes", Bell Sys. Tech. J., 29: 147 - 160.

[Happel and Murre, 1994] Happel, B. L. M. and Murre, J. M. J. (1994) "Design and evolution of modular neural network architectures", Neural Networks, 7 (7): 985 - 1004.

[Harris, 1980] Harris, C. S. (1980) "Insight or out of sight?" Two examples of perceptual plasticity in the human", Visual Coding and Adaptability, 95 - 149.

[Haykin, 1994] Haykin, S. (1994) Neural Networks, A Comprehensive Foundation, Macmillan Publ. Co., Englewood Cliffs, NJ.

[Hebb, 1949] Hebb, D. (1949) The Organization of Behavior, John Wiley publ.

[Hecht - Nielsen, 1987] Hecht - Nielsen, R. (1987) "Counter propagation networks", Applied Optics, 26: 4979 - 4984.

[Hecht - Nielsen, 1990] Hecht - Nielsen, R. (1990) Neurocomputing, Addison - Wesley, Reading, MA.

[Hermans and Schrauwen, 2013] Hermans, M. and Schrauwen, B. (2013) "Training and analyzing deep recurrent neural networks", Advances in Neural Information Processing Systems (NIPS' 13), Vol. 26.

[Hertz et al., 1991] Hertz, J., Krogh, A. and Palmer, R. G. (1991) Introduction to the Theory of Neural Computation, Addison - Wesley, Reading, MA.

[Hinton, 1986] Hinton, G. E. (1986) "Learning distributed representations of concepts", Proc. Eighth Conf. of Cognitive Science Society Vol. 1, Amherst, MA.

[Hinton et al., 2012] Hinton, G. E., Srivastava, N., Krizhevsky, A., Sutskever, I. and Salakhutdinov, R. R. (2012) "Improving neural networks by preventing co - adaptation of feature detectors". arXiv: 1207.0580.

[Hinton et al., 2013] Hinton, G. E., Deng, L., Yu, D. and Dahl, G. et al. (2013) "Deep neural networks for acoustic modeling in speech recognition", IEEE Signal Processing Magazine, 9 (6): 82 - 97.

[Hopfield, 1982] Hopfield, J. J. (1982) "Neural networks and physical systems with emergent collective computational abilities", Proceedings of the National Academy of Sciences, 79: 2554 – 2558.

[Hopfield and Tank, 1985] Hopfield, J. J. and Tank, D. W. (1985) Neural computation of decisions in optimization problems, Biol. Cybern., Vol. 52, pp. 141 – 152.

[Huang, 2014] Huang, N. E. (2014) Hilbert – Huang Transform and Its Applications, World Scientific Publishing Co.

[Hubel and Wiesel, 1979] Hubel, D. H. and Wiesel, T. N. (1979) "Brain mechanisms of vision", Scientific American, 241: 150 – 162.

[Isola et al., 2012] Isola, R., Carvalho, R. and Tripathy, A. K. (2012) "Knowledge discovery in medical systems using differential diagnosis, LAMSTAR, and k – NN", IEEE Trans. Info Theory and Biomed., 16 (6): 1287 – 1295.

[Jabri et al., 1996] Jabri, M. A., Coggins, R. J. and Flower, B. G. (1996) Adaptive Analog VLSI Neural Systems, Chapman and Hall, London.

[Kallio and Kuncove, 2003] Kallio, P. and Kuncove, J. (2003) "Manipulation of living cells", Internat. Conf. on Intelligent Robots and Systems (IROS' 03), Las Vegas, USA.

[Kant, 1781] Kant, E. (1781) Critique of Pure Reason, Koenigsbarg, Germany.

[Kaski and Kohonen, 1994] Kaski, S. and Kohonen, T. (1994) "Winner – takes – all networks for physiological models of competitive learning", Neural Networks, 7 (7): 973 – 984.

[Kass et al., 1988] Kass, M., Witkin, A. and Terzopoulos, D. (1988) "Snakes and active contour models", Int. Jour Computer Vision, 1 (4): 321 – 331.

[Katz, 1966] Katz, B. (1966) Nerve, Muscle and Synapse, McGraw – Hill, NY.

[Kaur et al., 2008] Kaur, M., Singh, M., Girdhar, A. and Sandhu, P. S. (2008) "Fingerprint verification system using minutiae extraction technique", Int. J. Computer, Electrical, Automation, Control and Information Engineering, Vol. 2, No. 10.

[Keras, Python] Keras 0. 1. 0, Python Software Foundation, https://testpypi. python. org/ pypi/Keras/0. 1. 0.

[Khobragade et al. , 2018] Khobragade, N. , Tuninetti, D. and Graupe, D. (2018) "On the need for adaptive learning in on – demand Deep Brain Stimulation for Movement Disorders", 40th Annual Internat. Conf. IEEE Engi. in Medicine and Biology (EMBC), 18 –21 July.

[Kohonen, 1977] Kohonen, T. (1977) Associated Memory: A System – Theoretical Approach, Springer Verlag.

[Kohonen, 1984] Kohonen, T. (1984) Self – Organization and Associative Memory, Springer Verlag, Berlin.

[Kohonen, 1988] Kohonen, T. (1988) "The neural phonetic typewriter", Computer, 21 (3) .

[Kol et al. , 1995] Kol, S. , Thaler, I. , Paz, N. and Shmueli, O. (1995) "Interpretation of nonstress tests by an artificial neural network", Amer. J. Obstetrics & Gynecol. , 172 (5): 1372 – 1379.

[Koppula et al. , 2013] Koppula, H. S. , Gupta, R. and Saxena, A. (2013) "Learning Human Activities and Object Affordances from RGB – D Videos", arXiv: 1210. 1207v2, May 2013.

[Kordylewski, 1998] Kordylewski, H. (1998) A Large Memory Storage and Retrieval Neural Network for Medical and Industrial Diagnosis, Ph. D. Thesis, EECS Dept. , Univ. of Illinois, Chicago.

[Kordylewski and Graupe 1997] Kordylewski, H. and Graupe, D. (1997) "Applications of the LAMSTAR neural network to medical and engineering diagnosis/ fault detection", Proc. 7th ANNIE Conf. , St. Louis, MO.

[Kordylewski et al. , 1997] Kordylewski, H. , Graupe, D. and Liu, K. (1999) "Medical diagnosis applications of the LAMSTAR neural network", Proc. of Biol. Signal Interpretation Conf. (BSI –99), Chicago, IL.

[Kosko, 1987] Kosko, B. (1987) "Adaptive bidirectional associative memories", Applied Optics, 26: 4947 –4960.

[Krizhevsky et al., 2012] Krizhevsky, A. Sutskever, I. and Hinton, G. E. (2012) "ImageNet classification with deep convolutional neural networks", Advances in Neural Information Processing Systems (NIPS' 12), Vol. 25.

[Lasagne, Python] https://pypi.python.org/pypi/Lasagne.

[LeCun et al., 1989] LeCun, Y., Boser, B., Denker, J. S., Henderson, D., Howard, R. E., Hubbard, W. and Jackel, L. D. (1989) "Backpropagation applied to handwritten zip code recognition", Neural Computation, 1 (4): 541 – 551.

[LeCun et al., 1998] LeCun, Y., Bottou, L., Bengio, Y. and Haffner, P. (1998) "Gradient – based learning applied to document recognition", Proceedings of the IEEE, Vol. 86, Issue 11, pp. 2278 – 2324. doi: 10.1109/5.726791.

[Lee, 1959] Lee, R. J. (1959) "Generalization of learning in a machine", Proc. 14th ACM National Meeting, September.

[Levitan and Kaczmarek, 1997] Levitan, L. B. and Kaczmarek, L. K. (1997) The Neuron, 2nd ed., Oxford University Press.

[Liu et al., 2006] Liu, X. Y., Wu, J. and Zhou, Z. H. (2006) "Exploratory undersampling for class – imbalance learning", Proc. IEEE ICDM Conf., pp. 965 – 969.

[Livingstone and Hubel, 1988] Livingstone, M. and Hubel, D. H. (1988) "Segregation of form, color, movement, and depth: Anatomy, physiology, and perception", Science, 240: 740 – 749.

[Longuett – Higgins, 1968] Longuett – Higgins, H. C. (1968) "Holographic model of temporal recall", Nature, 217: 104.

[Luciano et al., 2006] Luciano, C., Banerjee, P., Lemole, G. M. and Charbel, F. (2006) "Second generation haptic ventriculostomy simulator using the ImmersiveTouch system", Proc. 14th Conference on Medicine Meets Virtual Reality, pp. 343 – 348.

[Lyapunov, 1907] Lyapunov, A. M. (1907) "Probléme général de la stabilité du mouvement", Ann. Fac. Sci. Toulouse, 9: 203 – 474; English edition: Stability of Motion, Academic Press, NY, 1957.

[Maeda et al. , 1998] Maeda, K. , Utsu, M. , Makio, A. , Serizawa, M. , Noguchi, Y. , Hamada, T. , Mariko, K. and Matsumo, F. (1998) "Neural network computer analysis of fetal heart rate", J. Maternal – Fetal Investigation, 8: 163 – 171.

[Martin, 1988] Martin, K. A. C. (1988) "From single cells to simple circuits in the cerebral cortex", Quart. J. of Experimental Physiology, 73: 637 – 702.

[MATLAB, Fingerprint Minutiae] http://www.mathworks.com/matlabcentral/fileexchange/31926fingerprint – minutiaeextraction/content/Fingerprint Minutiae Extraction/Minutuae Extraction. m.

[Matusugu et al. , 2013] Matusugu, M. , Mori, K. , Mitari, Y. and Kaneda, Y. (2013) "Subject independent facial expression recognition with robust face detection using a convolutional neural network", Neural Networks, 16 (5): 555 – 559.

[McClelland, 1988] McClelland, J. L. (1988) "Putting knowledge in its place: A scheme for programming parallel processing structures on the fly", in Connectionist Models and Their Implication, Chap. 3, Ablex Publishing Corporation.

[McCulloch and Pitts, 1943] McCulloch, W. S. and Pitts, W. (1943) "A logical calculus of the ideas imminent in nervous activity", Bulletin Mathematical Biophysics, 5: 115 – 133.

[Mesnil et al. , 2013] Mesnil, G. , He, X. , Deng, L. and Bengio, Y. (2013) "Investigation of recurrent neural network architectures and learning methods for spoken language understanding", Proceedings of Interspeech.

[Metropolis et al. , 1953] Metropolis, N. , Rosenbluth, A. W. , Rosenbluth, M. N. , Teller, A. H. and Teller, E. (1953) "Equations of state calculations by fast computing machines", J. Chemistry and Physics, 21: 1087 – 1091.

[Microsoft. MRSDaily] http://research.microsoft.com/en – us/um/people/zliu/actionrecorsrc/.

[Mikolov et al. , 2010] Mikolov, T. et al. (2010) "Recurrent neural network based language model", Interspeech.

[Minsky, 1980] Minsky, M. L. (1980) "K – lines: A theory of memory", Cognitive Science, 4: 117 – 133.

[Minsky, 1987] Minsky, M. L. (1987) The Society of Mind, Simon and Schuster, NY.

[Minsky, 1991] Minsky, M. L. (1991) "Logical versus analogical or symbolic versus neat versus scruffy", AI Mag.

[Minsky and Papert, 1969] Minsky, M. and Papert, S., Perceptrons, MIT Press.

[Mirowski et al., 2009] Mirowski, P., Madhavan, D., LeCun, Y. and Kuzniecky, R. (2009) "Classification of patterns of EEG synchronization for seizure prediction", Clinical Neurophysiology, 120 (11): 1927 - 1940. https://epilepsy. uni - freiburg. de/freiburgseizureprediction - project/eeg - database/.

[Morrison, 1996] Morrison, D. F. (1996) Multivariate Statistical Methods, McGraw - Hill, p. 222.

[Mumford, 1994] Mumford, D. (1994) "Neural architectures for pattern - theoretic problems", Large - Scale Neuronal Theories of the Brain, Chap. 7, MIT Press.

[Muralidharan and Rousche, 2005] Muralidharan, A. and Rousche, P. J. (2005) "Decoding of auditory cortex signals with a LAMSTAR neural network", Neurological Research, 27 (1): 4 - 10.

[Murphy, 2015] Murphy, J. (2015) https://www. microway. com/hpc - tech - tips/kerastheano - deep - learning - frameworks/.

[Ni et al., 2013] Ni, B., Pei, Y., Moulin, P. and Yan, S. (2013) "Multilevel depth and image fusion for human activity detection", IEEE Trans. Cybernetics.

[Niederberger et al., 1996] Niederberger, C. S. et al. (1996) "A neural computational model of stone recurrence after ESWL", Internat. Conf. on Eng. Appl. of Neural Networks (EANN' 96), pp. 423 - 426.

[Nigam and Graupe, 2004] Nigam, P. V. and Graupe, D. (2004) "A neural - network - based detection of epilepsy", Neurological Research, 26 (1): 55 - 60.

[Nii, 1986] Nii, H. P. (1986) "Blackboard systems: Blackboard application systems", AI Mag. , 7: 82 - 106.

[Noujeime, 1997] Noujeime, M. (1997) Primary Diagnosis of Drug Abuse for Emergency Case, Project Report, EECS Dept. , Univ. of Illinois, Chicago.

[Oreifej and Liu, 2013] Oreifej, O. and Liu, Z. (2013) "HON4D: Histogram of oriented 4D normals for activity recognition from depth sequences", CVPR.

[Parisi et al. , 2015] Parisi, G. I. , Weber, C. and Wermter, S. (2015) "Self - organizing neural integration of pose - motion features for human action recognition", Frontiers in Neurobotics.

[Parker, 1982] Parker, D. B. (1982) "Learning logic", Invention Report 5 - 81 - 64, File 1, Office of Technology Licensing, Stanford University.

[Patel, 2000] Patel, T. S. (2000) LAMSTAR NN for Real Time Speech Recognition to Control Functional Electrical Stimulation for Ambulation by Paraplegics, MS Project Report, EECS Dept. , Univ. of Illinois, Chicago.

[Pavlov, 1927] Pavlov, I. P. (1927) Conditional Reflexes (in Russian), 1927. English translation: Oxford University Press, 1927, Dover Press, 1962.

[Pineda, 1988] Pineda, F. J. (1988) "Generalization of backpropagation to recurrent and higher order neural networks", in Neural Information Processing Systems, ed. Anderson, D. Z. , Amer. Inst. of Physics, NY, pp. 602 - 611.

[Poggio et al. , 1988] Poggio, T. , Gamble, E. B. and Little, J. J. (1988) "Parallel integration of vision modules", Science, 242: 436 - 440.

[Rasmus, 2012] https: //github. com/rasmusbergpalm/DeepLearnToolbox. Copyright (c), 2012.

[Riedmiller and Braun, 1993] Riedmiller, M. and Braun, H. (1993) "A direct adaptive method for faster backpropagation learning: The RPROP algorithm", Proc. IEEE Conf. Neur. Networks, 586 - 591, San Francisco.

[Rios and Kavuluru, 2015] Rios, A. and Kavuluru, R. (2015) "Convolutional neural networks for biomedical text classification: Application in indexing biomedical article", Proc. 6th ACM Conf. on Bioinformatics, Computational Biology and Health Informatics, pp. 258 - 267.

[Rosen et al. , 1997] Rosen, B. E. , Bylander, T. and Schifrin, B. (1997) Automated diagnosis of fetal outcome from cardio – tocograms, Intelligent Eng. Systems Through Artificial Neural Networks, NY, ASME Press, 7, pp. 683 – 689.

[Rosenblatt, 1958] Rosenblatt, F. (1958) "The Perceptron, a probabilistic model for information storage and organization in the brain", Psychol. Rev. , 65: 386 – 408.

[Rosenblatt, 1961] Rosenblatt, F. (1961) Principles of Neurodynamics, Perceptrons and the Theory of Brain Mechanisms, Spartan Press, Washington, DC.

[Rumelhart et al. , 1986] Rumelhart, D. E. , Hinton, G. E. and Williams, R. J. (1986) "Learning internal representations by error propagation", in: Parallel Distributed Processing: Explorations in Microstructures of Cognitron, ed. Rumelhart, D. E. and McClelland, J. L. , MIT Press, pp. 318 – 362.

[Rumelhart and McClelland, 1986] Rumelhart, D. E. and McClelland, J. L. (1986) "An interactive activation model of the effect of context in language learning", Psychological Review, 89: 60 – 94.

[Russakovsky, 2015] Russakovsky, O. et al. (2015) ImageNet Large Scale Visual Recognition Challenge, IJCV, 2015. paper — bibtex — paper content on arxiv

[Sage and White, 1977] Sage, A. P. and White, C. C. , III (1977) Optimum Systems Control, second edition, Prentice Hall, Englewood Cliffs, NJ.

[Salakhutdinov and Hinton, 2009] Salakhutdinov, R. and Hinton, G. (2009) "Deep Boltzmann Machines", AISTAS. http://machinelearning. wustl. edu/mlpapers/paper files/ AISTATS09 SalakhutdinovH. pdf.

[Saxena et al. , 2009] Saxena, A. , Sun, M. and Ng, A. Y. (2009) "Make3D: Learning 3D scene structure from a single still image", IEEE Transactions of Pattern Analysis and Machine Intelligence (PAMI), 30 (5): 824 – 840.

[Scarpazza et al. , 2002] Scarpazza, D. P. , Graupe, M. H. , Graupe, D. and Hubel, C. J. (2002) "Assessment of fetal well – being via a novel neural network", Proc. IASTED International Conf. On Signal Processing, Pattern Recognition and Application, Heraklion, Greece, pp. 119 – 124.

[Schneider and Graupe, 2008] Schneider, N. A. and Graupe, D. (2008) "A modified LAMSTAR neural network and its applications", International Jour. Neural Systems, 18 (4): 331 -337.

[Sejnowski, 1986] Sejnowski, T. J. (1986) "Open questions about computation in cerebral cortex", Parallel Distributed Processing, 2: 167 -190.

[Sejnowski and Rosenberg, 1987] Sejnowski, T. J. and Rosenberg, C. R. (1987) "Parallel networks that learn to pronounce English text", Complex Systems, 1: 145 -168.

[Shan and Akella, 2014] Shan, J. and Akella, S. (2014) "3D human action segmentation and recognition using pose kinetic energy", IEEE Workshop on Advanced Robotics and its Social Impacts, (ARSO) .

[Scherer et al. , 2010] Scherer, D. , Muller, A. and Behnke, S. (2010) "Evaluation of pooling operations in convolutional architectures for object recognition", 20th International Conference on Artificial Neural Networks (ICANN), Thessaloniki. http: //www. ais. uni - bonn. de.

[Siddique, 2002] Siddique, S. (2002) "A wavelet based technique for analysis and classification of texture images", Carleton University, Ottawa, Canada, Proj. Rep. 70. 593, April 2002.

[Simonyan and Zisserman, 2014] Simonyan, K. and Zisserman, A. (2014) "Two - stream convolutional networks for action recognition in videos", arXiv: 1406. 2199 cs. CV.

[Singer, 1993] Singer, W. (1993) "Synchronization of cortical activity and its putative role in information processing and learning", Ann. Rev. Physiol. , 55: 349 - 374.

[Siripurapu, web] Siripurapu, A. "Convolutional networks for stock trading", http: // cs231n. stanford. edu/reports/ashwin final paper. pdf.

[Sivaramakrishnan and Graupe, 2004] Sivaramakrishnan, A. and Graupe, D. (2004) "Brain tumor demarcation by applying a LAMSTAR neural network to spectroscopy data", Neurol. Research, 26 (6): 613 -621.

[Smith et al. , 1998] Smith, K. , Palaniswami, M. and Krishnamoorthy, M. (1998) "Neural techniques for combinatorial optimization with applications", IEEE Trans. Neural Networks, 9 (6): 1301 – 1318.

[Srivastava et al. , 2014] Srivastava, N. , Hinton, G. , Krizhevsky, A. , Sutskever, I. and Salakhutdinov, R. (2014) "Dropout: A simple way to prevent neural networks from overfitting", Journal of Machine Learning Research, Vol. 15, 1929 – 1958.

[Stanford, Lemmatization] Stanford Parser Java API used for Lemmatization preprocessing (http: //nlp. stanford. edu/software/lex – parser. shtml) .

[Sung et al. , 2011] Sung, J. , Ponce, C. , Selman, B. and Saxena, A. (2011) "Human activity detection from RGBD images", Proc. AAAI workshop on Pattern, Activity and Intent Recognition (PAIR), 2011.

[Sung et al. , 2012] Sung, J. , Ponce, C. , Selman, B. and Saxena, A. (2012) "Unstructured human activity detection from RGBD images", Proc. ICRA.

[Szu, 1986] Szu, H. (1986) "Fast simulated annealing", in Neural Networks for Computing, ed. Denker, J. S. , Amer. Inst. of Physics, NY.

[Thompson, 1986] Thompson, R. F. (1986) "The neurobiology of learning and memory", Science, 233: 941 – 947.

[Todorovic, 1998] Todorovic, V. (1998) Load Balancing in Distributed Computing, Project Report, EECS Dept. , Univ. of Illinois, Chicago.

[Ullman, 1994] Ullman, S. (1994) "Sequence seeking and counterstreams: A model for bidirectional information flow in the cortex", Large – Scale Neuronal Theories of the Brain, Chap. 12 MIT Press.

[Venkatachalam and Selvan, 2007] Venkatachalam, V. and Selvan, S. (2007) "Intrusion detection using an improved competitive learning LAMSTAR neural network", Int. Jour. Computer Science and Network Security, 7 (2): 255 – 263.

[Vincent et al. , 2010] Vincent, P. , Larochelle, H. , Lajoie, I. , Bengio, Y. and Manzagol, P. A. (2010) "Stacked denoising autoencoders: Learning useful representations in a deep network with a local denoising criterion", Journal of Machine

Learning Research, 11: 3371 -3408.

[Wallach et al. , 2015] Wallach, I. , Dzamba, M. and Heifets, A. (2015) "AtomNet: A deep convolutional neural network for bioactivity prediction in structure - based drug discovery", arXiv: 1510. 02855 cs. LG.

[Waltz and Feldman, 1988] Waltz, D. and Feldman, J. (1988) Connectionist Models and Their Implication, Ablex Publishing Corporation.

[Wang et al. , 2015] Wang, P. , Li, W. , Gao, Z. , Zhang, J. , Tang, C. and Ogunbona, P. (2015) "Deep convolutional neural networks for action recognition using depth map sequences", arXiv, preprint arXiv: 1501. 04686.

[Wang et al. , 2009] Wang, J. , Markert, K. and Everingham, M. (2009) "Leeds Butterfly Dataset", in: Learning Models for Object Recognition from Natural Language Descriptions, Proc. 20th British Machine Vision Conf. (BMVC) . http: // www. comp. leeds. ac. uk/scs6jwks/dataset/leedsbutterfly/.

[Wang et al. , 2012] Wang, J. , Liu, Z. , Wu, Y. and Yuan, J. (2012) "Mining actionlet ensemble for action recognition with depth cameras", Proc. CVPR 2012, Providence, Rhode Island, June 16 -21.

[Wasserman, 1989] Wasserman, P. D. (1989) Neural Computing: Theory and Practice, Van Nostrand Reinhold, NY.

[Waxman et al. , 2010] Waxman, J. A. , Graupe, D. and Carley, D. W. (2010) "Prediction of apnea and hypopnea using LAMSTAR artificial neural network", Amer. Jour. Respiratory and Critical Care Medicine, 181 (7): 727 -733.

[Waxman, 2011] Waxman, J. A. (2011) Ph. D. Dissertation, Dept. of Electrical and Computer Engineering, University of Illinois at Chicago.

[Waxman et al. , 2015] Waxman, J. A. , Graupe, D. and Carley, D. W. (2015) "Real - time prediction of disordered breathing events in people with obstructive sleep apnea", Sleep and Breathing, 19 (1): 205 -2012.

[Werbos, 1974] Werbos, P. J. (1974) "Beyond recognition: New tools for prediction and analysis in the behavioral sciences", Ph. D. Thesis, Harvard Univ. , Cambridge, MA.

[Widrow and Hoff, 1960] Widrow, B. and Hoff, M. E. (1960) "Adaptive switching circuits", Proc. IRE WESCON Conf., NY, pp. 96 - 104.

[Widrow and Winter, 1988] Widrow, B. and Winter, R. (1988) "Neural nets for adaptive filtering and adaptive pattern recognition", Computer, 21: 25 - 39.

[Wilks, 1938] Wilks, S. (1938) "The large sample distribution of the likelihood ration for testing composite hypothesis", Ann. Math. Stat., 9: 2 - 60.

[Wilson and Pawley, 1998] Wilson, G. V. and Pawley, G. S. (1998) "On the stability of the TSP algorithm of Hopfield and Tank", Biol. Cybern., 58: 63 - 70.

[Windner, 1960] Windner, R. O. (1960) "Single storage logic", Proc. AIEE, Fall Meeting, 1960.

[yale face - database] http://vision.ucsd.edu/content/yale - face - database.

[Yang et al., 2012] Yang, X., Zhang, C. and Tian, Y. (2012) "Recognizing actions using depth motion maps - based histograms of oriented gradients", ACMMM.

[Yang and Tian, 2013] Yang, X. and Tian, Y. (2013) "Effective 3D action recognition using eigenjoints", J. Visual Communication and Image Representation (JVCIR), Special Issue: Visual Understanding and Applications with RGBD Cameras.

[Yang and Tian, 2014] Yang, X. and Tian, Y. (2014) "Super normal vector for activity recognition using depth sequences", CVPR.

[Yao et al., 2013] Yao, K., Zweig, G., Hwang, M., Shi, Y. and Yu, D. (2013) "Recurrent neural networks for language understanding", Proc. of Interspeech.

[Zanfir et al., 2013] Zanfir, M., Leordeanu, M. and Sminchisescu, C. (2013) "The moving pose: An efficient 3D kinematics descriptor for low - latency action recognition and detection", ICCV.

[Zhang and Tian, 2012] Zhang, C. and Tian, Y. (2012) "RGB - D camera - based daily living activity recognition", Journal of Computer Vision and Image Processing, Vol. 2, No. 4.

[Zhu et al., 2014] Zhu, Y., Chen, W. and Guo, G. (2014) "Evaluating spatiotemporal interest point features for depth - based action recognition", Image and Vision Computing.